律蛱蝶属 / *Lexias* Boisduval, 1832

中大型蛱蝶。雌雄异型。分布于偏热带低海拔。翅背面黑色，后翅有大面积蓝色、绿色及紫色过渡斑块，雌蝶翅背面满布黄色斑点。

成虫于热带雨林中飞行和晒日光浴，动作敏捷，飞行迅速。成虫不访花，喜欢吸取树汁，也常见于在地上吸食腐果。幼虫以藤黄科植物为寄主。

主要分布于东洋区。国内目前已知3种，本图鉴收录3种。

小豹律蛱蝶 / *Lexias pardalis* (Moore, 1878)

03-06 / P1732

中大型蛱蝶。雌雄异型。翅背面黑色，前翅外缘由顶角到后缘有1条橄榄绿色带，前窄后宽；后翅亚外缘有1大块由紫蓝绿渐变过渡色斑，各室有1个黑斑。翅腹面黄褐色，顶角有1个白点。雌蝶体形较大，翅背面黑色，满布淡黄色斑点。

1年多代，成虫几乎全年可见。幼虫以藤黄科黄牛木属植物为寄主。

分布于海南、广东、广西、云南、香港等地。此外见于泰国、缅甸、马来西亚、越南、老挝、印度等地。

黑角律蛱蝶 / *Lexias dirtea* (Fabricius, 1793)

07

中大型蛱蝶。雌雄异型。本种与小豹律蛱蝶常混生，翅面上没有明显差异，很难准确区分，体形大小也几乎一样。主要区别是小豹律蛱蝶触角尖有1段黄色，前者雌雄触角全黑，雌蝶前翅中室端外有3块较方形白斑，斜排列。

1年多代，成虫几乎全年可见。

分布于云南。此外见于泰国、越南、缅甸、菲律宾、马来西亚、老挝、印度等地。

蓝豹律蛱蝶 / *Lexias cyanipardus* (Butler, [1869])

08 / P1733

大型蛱蝶。雌雄异型。雄蝶翅背面黑色，前翅由基部到顶角有零散白点，外缘由顶角到后缘有1条暗蓝绿色带，前窄后宽；后翅亚外缘色带较宽，为蓝紫色，前翅腹面为黑色，由中室到中域及外缘有较大白斑，后翅为橄榄绿色，中域有零散白点。雌蝶体形更大，翅背面黑色，满布偏白色的斑点。

1年多代，成虫几乎全年可见。

分布于云南。此外见于泰国、缅甸、菲律宾、马来西亚、老挝等地。

01 ♂
点蛱蝶
云南勐腊

01 ♂
点蛱蝶
云南勐腊

02 ♂
点蛱蝶
西藏墨脱

02 ♂
点蛱蝶
西藏墨脱

03 ♂
小豹律蛱蝶
广东珠海

03 ♂
小豹律蛱蝶
广东珠海

04 ♀
小豹律蛱蝶
广东珠海

04 ♀
小豹律蛱蝶
广东珠海

05 ♂
小豹律蛱蝶
云南景洪

05 ♂
小豹律蛱蝶
云南景洪

06 ♀
小豹律蛱蝶
云南勐腊

06 ♀
小豹律蛱蝶
云南勐腊

⑦ ♂
黑角律蛱蝶
云南勐腊

⑦ ♂
黑角律蛱蝶
云南勐腊

⑧ ♂
蓝豹律蛱蝶
云南勐腊

⑧ ♂
蓝豹律蛱蝶
云南勐腊

婀蛱蝶属 / *Abrota* Moore, 1857

中型蛱蝶。属于山地中高海拔蝶种，雌雄异型。翅面橙黄色，有黑色波浪纹。

雄蝶有领域性，喜欢在开阔向阳地方活动，不访花，常见落地吸水及腐食，机警敏感，通常靠近即直线上升飞走，飞行快速。幼虫以壳斗科植物为寄主。

国内目前已知1种，本图鉴收录1种。

婀蛱蝶 / *Abrota ganga* Moore, 1857

01-08 / P1734

中型蛱蝶。雌雄异型。雄蝶翅背面橙黄色，前翅中室有2个黑色斑点，顶角黑色，外缘黑色，亚外缘有1列模糊黑斑，后翅面有3列平行黑色线纹，后翅淡黄色，花纹不明显，台湾亚种前翅中域多出1列波纹状黑花纹，整体翅面花纹较粗较深。雌蝶体形较大，翅背面黑色，黄色条纹，近似菲蛱蝶属种类，腹面花纹区别较大。

1年1代，成虫多见于7–9月。幼虫以多种壳斗科植物为寄主。幼虫期长，以幼虫越冬。

分布于广东、广西、福建、湖南、浙江、江西、四川、陕西、云南、台湾等地。此外见于越南、缅甸、印度等地。

奥蛱蝶属 / *Auzakia* Moore, [1898]

中大型蛱蝶。属于高海拔山地蝶种。翅背面黑色，外带橄榄绿色。

通常独自出没，在原始密林里穿梭，快速滑翔低飞，常见到地面吸水和矿物质，不访花，停留休息时，翅张开。幼虫寄主未明。

主要分布于东洋区。国内目前已知1种，本图鉴收录1种。

奥蛱蝶 / *Auzakia danava* (Moore, [1858])

09-14 / P1735

中大型蛱蝶。雌雄异型。雄蝶翅背面黑褐色，不同产地的标本外缘外带颜色不同，华南、 华中地区为橄榄绿色，西南地区为褐色或浅灰褐色等，中室有2斑点，端外有2个“V”形纹，前翅腹面顶角白色，有暗白色纹斜中带，后翅靠近基部有3个斑点。雌蝶翅背面黑色，有白色中带贯穿前后翅，亚外缘有模糊白色过渡纹。

1年1代，成虫多见于6–10月。

分布于福建、广东、湖南、江西、江苏、浙江、四川、云南、西藏等地。此外见于泰国、老挝、越南、印度等地。

01 ♂ 婀蛱蝶 台湾台东

01 ♂ 婀蛱蝶 台湾台东

02 ♀ 婀蛱蝶 台湾宜兰

02 ♀ 婀蛱蝶 台湾宜兰

03 ♂ 婀蛱蝶 广东乳源

03 ♂ 婀蛱蝶 广东乳源

04 ♀ 婀蛱蝶 云南贡山

04 ♀ 婀蛱蝶 云南贡山

05 ♂ 婀蛱蝶 西藏墨脱

05 ♂ 婀蛱蝶 西藏墨脱

06 ♀ 婀蛱蝶 西藏墨脱

06 ♀ 婀蛱蝶 西藏墨脱

07 ♂ 婀蛱蝶 福建顺昌

07 ♂ 婀蛱蝶 福建顺昌

08 ♀ 婀蛱蝶 福建福州

08 ♀ 婀蛱蝶 福建福州

⑨ ♂
奥蛱蝶
云南腾冲

❾ ♂
奥蛱蝶
云南腾冲

⑩ ♂
奥蛱蝶
云南西双版纳

❿ ♂
奥蛱蝶
云南西双版纳

⑪ ♂
奥蛱蝶
云南临沧

⓫ ♂
奥蛱蝶
云南临沧

⑫ ♂ 奥蛱蝶 西藏墨脱

⓬ ♂ 奥蛱蝶 西藏墨脱

⑬ ♂ 奥蛱蝶 福建武夷山

⓭ ♂ 奥蛱蝶 福建武夷山

⑭ ♂ 奥蛱蝶 广东乳源

⓮ ♂ 奥蛱蝶 广东乳源

线蛱蝶属 / *Limenitis* Fbricius, 1807

中小型蛱蝶。翅背多为灰黑色，具圆形或条形白斑，部分种类翅背面具紫色光泽，腹面颜色浅于背面，部分种类呈黄色、灰色或白色。

成虫飞行迅速，雄蝶有领地性，有访花或在地面吸水习性，常在林缘、溪谷、农田、荒地环境活动。幼虫主要以忍冬科、蔷薇科植物为寄主。

主要分布于古北区、东洋区、新北区。国内目前已知15种，本图鉴收录12种。

巧克力线蛱蝶 / *Limenitis ciocolatina* Poujade, 1885

01

中型蛱蝶。翅背面黑褐色，前翅近顶角处有2个小白斑，后翅外缘有暗蓝色线3条，外侧2条，较清晰；臀斑橙色，有2个黑点。翅腹面红褐色，前翅中室内有2个白斑，中室外侧有1条弧形白色斑带，顶角处2个白斑较背面清楚；后翅基部有几条不规则黑线纹，围成斑块，中部有1条白带纹，前后翅端区有白色线纹2条，臀斑同背面。

1年1代，成虫多见于6-7月。在海拔800-1000米左右的落叶阔叶林地区发生，飞行迅速，有在林下地面吸水的习性，常在落叶阔叶林、溪谷环境活动。幼虫寄主为忍冬科忍冬属植物。

分布于陕西、河北、北京、河南、陕西、四川等地。

红线蛱蝶 / *Limenitis populi* (Linnaeus, 1758)

02-04 / P1736

中大型蛱蝶。翅色黑褐色至黑色，翅背面斑点为白色，前翅中室有1条横斑；中室外侧有1条不整齐斑列，自顶角向下方有4枚白斑；后翅中部有1条白带纹，亚缘有1列黑色新月形斑，斑内侧镶红边；外缘有2条青蓝色波状细纹。翅腹面红褐色，前翅中室基部有1个三角形青蓝色斑，后缘上方区域多黑色；后翅内缘青蓝色，翅基部有几枚青蓝色斑，亚缘区红褐色区域内有1列黑斑。前后翅外缘青蓝色，后翅较宽，中有1条黑线纹。

1年1代，成虫多见于6-7月。在海拔800-1000米的落叶阔叶林地区发生，飞行迅速，有在林下地面吸水、吸食牲畜粪便及烂水果的习性，常在落叶阔叶林、溪谷环境活动。本种为欧洲保护种。幼虫越冬。幼虫寄主植物为杨柳科杨属山杨。

分布于陕西、甘肃、宁夏、山西、河北、北京、河南等地。此外见于日本及朝鲜半岛、欧洲等地。

折线蛱蝶 / *Limenitis sydyi* Lederer, 1853

05-06 / P1736

中型蛱蝶。翅背面黑褐色，雌蝶稍淡。前翅顶角有2个白斑；雄蝶布满淡紫色闪光鳞片，中室端有1条“一”字形纹，且不清晰；雌蝶前翅中室从基部发出1条白色细纵纹，中室端有1条“一”字纹，比雄蝶明显清晰，中室外侧有1列白色斑纹组成斜带，其下侧有2个白斑；后翅中域有1条白色宽带，雌蝶亚缘有1条间断的白线纹。翅腹面前翅红褐色，中室下侧黑褐色，中室内有2个白斑，并围有黑线纹，余斑同背面；后翅基部、前缘、内缘青蓝色，近基部有5个黑点及4条短黑线，翅中部有1条白带纹，亚缘红褐色区有2列黑色圆点。前后翅外缘有1条青蓝色带纹，带纹中央有1条褐色纹。

1年1代，成虫多见于6-8月。在海拔800-1000米的落叶阔叶林地区发生，飞行迅速，有在林下地面吸水的习性，常在落叶阔叶林、溪谷环境活动。幼虫寄主植物为忍冬科植物。

分布于黑龙江、吉林、辽宁、内蒙古、山西、河北、北京、河南、陕西、甘肃、宁夏、新疆、湖北、江西、浙江、四川、云南。此外见于蒙古、俄罗斯及朝鲜半岛等地。

细线蛱蝶 / *Limenitis cleophas* Oberthür, 1893 07

中型蛱蝶。和折线蛱蝶相似，但白斑很窄，雄蝶前翅中室内只有1条白色横条斑，无沿径脉白线，中室后缘有极细的白线；后翅有细的亚外缘线，中带前端不弯曲。

1年1代，成虫多见于6-8月。在海拔800-1000米的落叶阔叶林地区发生，飞行迅速，有在林下地面吸水的习性，常在落叶阔叶林、溪谷环境活动。

分布于四川、西藏。

横眉线蛱蝶 / *Limenitis moltrechti* Kardakov, 1928 08-09 / P1737

中型蛱蝶。近似于细线蛱蝶，前翅中室有1个白色横斑，但前后翅外缘线及亚外缘线可见。腹面后翅亚外缘线白色，前后翅基部斑纹简单。

1年1代，成虫多见于6-8月。在海拔800-1000米的落叶阔叶林地区发生，飞行迅速，有在林下地面吸水的习性，常在落叶阔叶林、溪谷环境活动。幼虫以忍冬科植物为寄主。

分布于黑龙江、河北、北京、河南、湖北、山西、陕西、宁夏。此外见于朝鲜半岛。

重眉线蛱蝶 / *Limenitis amphyssa* Ménétriés, 1859 10 / P1737

中型蛱蝶。与横眉线蛱蝶及细线蛱蝶相近，但前翅背面中室除1个白色横斑外，在内侧还有1个白斑。

1年1代，成虫多见于6-8月。在海拔800-1000米的落叶阔叶林地区发生，飞行迅速，有在林下地面吸水的习性，常在落叶阔叶林、溪谷环境活动。幼虫以忍冬科植物为寄主。

分布于黑龙江、辽宁、河北、北京、河南、陕西、湖北、四川。此外见于俄罗斯及朝鲜半岛等地。

01 ♀
巧克力线蛱蝶
陕西长安

01 ♀
巧克力线蛱蝶
陕西长安

02 ♂
红线蛱蝶
北京

02 ♂
红线蛱蝶
北京

03 ♂
红线蛱蝶
北京

03 ♂
红线蛱蝶
北京

04 ♂
红线蛱蝶
甘肃定西

04 ♂
红线蛱蝶
甘肃定西

⑤ ♀
折线蛱蝶
陕西长安

⑥ ♀
折线蛱蝶
北京

⑦ ♂
细线蛱蝶
四川峨眉山

05 ♀
折线蛱蝶
陕西长安

06 ♀
折线蛱蝶
北京

07 ♂
细线蛱蝶
四川峨眉山

⑧ ♂
横眉线蛱蝶
陕西南郑

⑨ ♀
横眉线蛱蝶
北京

⑩ ♂
重眉线蛱蝶
辽宁本溪

08 ♂
横眉线蛱蝶
陕西南郑

09 ♀
横眉线蛱蝶
北京

10 ♂
重眉线蛱蝶
辽宁本溪

扬眉线蛱蝶 / *Limenitis helmanni* Lederer, 1853

01-02 / P1738

中型蛱蝶。翅背面黑褐色，前翅中室内有1条纵的眉状白斑，斑近端部中断，端部1段向前尖出；中横白斑列在前翅弧形弯曲，在后翅带状，边缘不齐；前后翅的亚缘线在雄蝶翅上不明显。翅腹面红褐色，后翅基部及臀区蓝灰色，翅面除白斑外各翅室有黑色斑或点，外缘线及亚缘线清晰。

1年1代，成虫多见于6-8月。在海拔800-1000米的落叶阔叶林地区发生，飞行迅速，有在林下地面吸水的习性，常在落叶阔叶林、溪谷环境活动。幼虫以忍冬科植物为寄主。

分布于黑龙江、河北、北京、浙江等地。此外见于日本、俄罗斯及朝鲜半岛等地。

戟眉线蛱蝶 / *Limenitis homeyeri* Tancré, 1881

03-04

中型蛱蝶。和扬眉线蛱蝶非常近似，但前翅中列的白斑特别小，后翅中横带外缘整齐；两性前后翅的亚缘线均明显。

1年1代，成虫多见于6-8月。在海拔800-1000米的落叶阔叶林地区发生，飞行迅速，有在林下地面吸水的习性，常在落叶阔叶林、溪谷环境活动。幼虫寄主忍冬科植物。

分布于黑龙江、河北、北京、山西、陕西、四川、云南等地。

拟戟眉线蛱蝶 / *Limenitis misuji* Sugiyama, 1994

05-07

中型蛱蝶。与戟眉线蛱蝶非常近似，前翅中室内眉状斑中断，亚外缘两白点中上白斑很小，下白斑较大，后翅中横带较戟眉线蛱蝶狭窄且直，由6块白斑组成，是与戟眉线蛱蝶的主要区别。

1年1代，成虫多见于6-7月。

分布于甘肃、浙江、湖北、江西、湖南、福建、四川等地。

断眉线蛱蝶 / *Limenitis doerriesi* Staudinger, 1892

08-09 / P1739

中型蛱蝶。与戟眉线蛱蝶非常近似，前翅中室内眉状斑中断，亚外缘两白斑中上白斑很小，下白斑较大，后翅中横带“S”形弯曲。

1年1代，成虫多见于6-7月。在海拔800-1000米的落叶阔叶林地区发生，飞行迅速，有在林下地面吸水的习性，常在落叶阔叶林、溪谷环境活动。

分布于黑龙江、吉林、辽宁、河北、河南、云南等地。此外见于俄罗斯及朝鲜半岛。

残锷线蛱蝶 / *Limenitis sulpitia* (Cramer, 1779)

10-15 / P1739

中型蛱蝶。翅背面黑褐色，斑纹白色，前翅中室内剑眉状纹在2/3处残缺；前翅中横斑列弧形排列。后翅中横带极倾斜，到达翅后缘的1/3处；亚缘带的大部分与中横带平行，不与翅的外缘平行。翅腹面红褐色，除白色斑纹外有黑色斑点，还有白色的外缘线。

1年1代，成虫多见于6-7月。在落叶阔叶林地区发生，飞行迅速，有在林下地面吸水的习性，常在落叶阔叶林、溪谷环境活动。

分布于海南、广东、广西、湖北、江西、浙江、福建、台湾、河南、四川、香港等地。此外见于越南、缅甸、印度等地。

愁眉线蛱蝶 / *Limenitis disjucta* (Leech, 1890)

16

中型蛱蝶。与戟眉线蛱蝶相似，但前翅中室内有白色眉状斑基部的1段弯曲，蝌蚪状；后翅腹面肩区有1条弧形白纹。

1年1代，成虫多见于6-7月。在落叶阔叶林地区发生，飞行迅速，有在林下地面吸水的习性，常在落叶阔叶林、溪谷环境活动。

分布于湖北、四川、陕西等地。

01 ♂ 扬眉线蛱蝶 陕西镇安

02 ♀ 扬眉线蛱蝶 甘肃定西

03 ♂ 戟眉线蛱蝶 云南贡山

01 ♂ 扬眉线蛱蝶 陕西镇安

02 ♀ 扬眉线蛱蝶 甘肃定西

03 ♂ 戟眉线蛱蝶 云南贡山

04 ♂ 戟眉线蛱蝶 北京

05 ♂ 拟戟眉线蛱蝶 云南贡山

06 ♂ 拟戟眉线蛱蝶 福建福州

04 ♂ 戟眉线蛱蝶 北京

05 ♂ 拟戟眉线蛱蝶 云南贡山

06 ♂ 拟戟眉线蛱蝶 福建福州

⑦ ♂ 拟戟眉线蛱蝶 广西金秀

⑧ ♂ 断眉线蛱蝶 陕西镇安

⑨ ♀ 断眉线蛱蝶 江西玉山

❼ ♂ 拟戟眉线蛱蝶 广西金秀

❽ ♂ 断眉线蛱蝶 陕西镇安

❾ ♀ 断眉线蛱蝶 江西玉山

⑩ ♂ 残锷线蛱蝶 台湾台北

⑪ ♀ 残锷线蛱蝶 台湾新北

⑫ ♀ 残锷线蛱蝶 贵州沿河

❿ ♂ 残锷线蛱蝶 台湾台北

⓫ ♀ 残锷线蛱蝶 台湾新北

⓬ ♀ 残锷线蛱蝶 贵州沿河

⑬ ♂
残锷线蛱蝶
陕西宁陕

⓭ ♂
残锷线蛱蝶
陕西宁陕

⑭ ♂
残锷线蛱蝶
福建福州

⓮ ♂
残锷线蛱蝶
福建福州

⑮ ♀
残锷线蛱蝶
福建武夷山

⓯ ♀
残锷线蛱蝶
福建武夷山

⑯ ♂
愁眉线蛱蝶
四川芦山

⓰ ♂
愁眉线蛱蝶
四川芦山

带蛱蝶属 / *Athyma* Westwood, [1850]

中型蛱蝶。翅背面黑色，部分种类前翅角向外突出，后翅波浪状，通常雌雄异型，雄蝶前后翅中域有白色环形带相连，有橙色或紫蓝色过渡斑，雌蝶为橙色或白色条纹，部分种类及雌蝶与线蛱蝶属比较相似，可以从腹面基部是否有黑色点而快速区分。

栖息于高海拔和低海拔山地林边，在较空旷地方活动，喜阳光，成虫飞行迅速，有领域性，驱赶过往的蝴蝶，部分喜欢访花，主要以树汁腐果为食，常见落地面吸水及矿物质。幼虫食性跨度广，主要以小檗科、冬青科、大戟科、茜草科、木樨科、忍冬科等植物为寄主。

此属主要分布东洋区和古北区。国内目前已知15种，本图鉴收录15种。

虬眉带蛱蝶 / *Athyma opalina* (Kollar, [1844])

01-05 / P1740

中型蛱蝶。雌雄同型。与珠履带蛱蝶相似，主要区别为前翅中室内白斑分成4段，后翅亚外缘白斑内没有黑点。此种热带产地个体，胸部有2个白点，前翅顶角外缘缘毛黑白相间，亚热带产地没有此特征。雌蝶翅面颜色较浅，翅形较圆，体形较大。

1年2-3代，成虫多见于5-11月。幼虫主要以小檗科十大功劳属植物为寄主。

分布于广东、福建、云南、陕西、四川、台湾。此外见于泰国、印度、老挝、越南等地。

畸带蛱蝶 / *Athyma pravara* Moore, [1858]

06

中型蛱蝶。雌雄同型。与玉杵带蛱蝶非常接近，主要区别在于，前者体形较小，前翅中室内白斑由基部到中域变大，末端膨大较圆，呈棒槌状，中域m_2室没有白斑，m_3室白斑分离，呈圆形。

1年多代，成虫几乎全年可见，多见于5-10月。

分布于云南。

东方带蛱蝶 / *Athyma orientalis* Elwes, 1888

07-10

中型蛱蝶。雌雄同型。与虬眉带蛱蝶较难区分，较容易区分特征为，本种前翅中室内条形斑细窄，分离的三角斑明显较尖、略长，前翅腹面中室内白条斑分离不够明显，后翅内缘银灰色与中域弧形白斑衔接位颜色没有融合与过渡，不同产地特征略有不同。

1年2-3代，成虫多见于5-10月。幼虫主要以小檗科十大功劳属植物为寄主。

分布于长江以南各省。此外见于印度、越南、老挝等地。

备注：有学者将本种列为虬眉带蛱蝶亚种处理，也有学者认为此种为虬眉带蛱蝶季节型，目前最准确的鉴定靠幼虫形态决定。

双色带蛱蝶 / *Athyma cama* Moore, [1858]

11-16 / P1741

中型蛱蝶。雌雄异型。本种与新月带蛱蝶较为接近，区别在于，本种前翅顶角有1个橙色斑，基部到中室没有红色纹，中域白斑圆润，呈“U”形，亚外缘有褐色暗斑。雌蝶翅背面颜色褐色，斑纹为橙黄色。

1年多代，成虫多见于5-11月。幼虫主要以大戟科算盘子属植物为寄主。

分布于广东、广西、福建、湖南、江西、浙江、云南、四川、海南、台湾、香港等地。此外见于泰国、老挝、越南、马来西亚、印度、缅甸、菲律宾等地。

01 ♂ 虬眉带蛱蝶 台湾台中
02 ♀ 虬眉带蛱蝶 台湾台中
03 ♂ 虬眉带蛱蝶 福建福州

01 ♂ 虬眉带蛱蝶 台湾台中
02 ♀ 虬眉带蛱蝶 台湾台中
03 ♂ 虬眉带蛱蝶 福建福州

04 ♂ 虬眉带蛱蝶 云南贡山
05 ♂ 虬眉带蛱蝶 陕西宝鸡
06 ♂ 畸带蛱蝶 云南西双版纳

04 ♂ 虬眉带蛱蝶 云南贡山
05 ♂ 虬眉带蛱蝶 陕西宝鸡
06 ♂ 畸带蛱蝶 云南西双版纳

⑦ ♂ 东方带蛱蝶 西藏墨脱

❼ ♂ 东方带蛱蝶 西藏墨脱

⑧ ♂ 东方带蛱蝶 四川都江堰

❽ ♂ 东方带蛱蝶 四川都江堰

⑨ ♂ 东方带蛱蝶 贵州江口

❾ ♂ 东方带蛱蝶 贵州江口

⑩ ♂ 东方带蛱蝶 浙江临安

❿ ♂ 东方带蛱蝶 浙江临安

⑪ ♂ 双色带蛱蝶 台湾花莲
⑫ ♀ 双色带蛱蝶 台湾台北
⑬ ♂ 双色带蛱蝶 福建福州
⓫ ♂ 双色带蛱蝶 台湾花莲
⓬ ♀ 双色带蛱蝶 台湾台北
⓭ ♂ 双色带蛱蝶 福建福州
⑭ ♀ 双色带蛱蝶 福建福州
⑮ ♀ 双色带蛱蝶 广东乳源
⑯ ♂ 双色带蛱蝶 西藏墨脱
⓮ ♀ 双色带蛱蝶 福建福州
⓯ ♀ 双色带蛱蝶 广东乳源
⓰ ♂ 双色带蛱蝶 西藏墨脱

玄珠带蛱蝶 / *Athyma perius* (Linnaeus, 1758)

01-04 / P1742

中型蛱蝶。与虬眉带蛱蝶较接近，主要区别为前者翅背面白色斑纹较发达、饱满，翅腹面颜色褐黄色，后翅亚外缘白斑边缘上有黑色点。雌雄同型，雌蝶翅背面颜色较浅，体形较大。

1年多代，成虫多见于5-11月。幼虫主要以大戟科算盘子属植物为寄主。

分布于广东、广西、福建、湖南、江西、浙江、云南、四川、海南、台湾、香港等地。此外见于泰国、老挝、越南、马来西亚、印度、缅甸、尼泊尔、斯里兰卡等地。

新月带蛱蝶 / *Athyma selenophora* (Kollar, [1844])

05-11 / P1743

中型蛱蝶。雌雄异型。雄蝶前翅背面黑色，中室靠基部有暗红色斑，中域4个大小不一白斑相连，亚顶区有3个白斑，亚外缘斑点不明显。后翅中域白斑倾斜，前窄后宽，与前翅白斑相连。雌蝶与虬眉带蛱蝶很相似，较难区分，前者翅形更圆润。

1年多代，成虫多见于5-11月。幼虫主要以茜草科玉叶金花及水锦树等植物为寄主。

分布于广东、广西、福建、湖南、江西、浙江、云南、四川、海南、台湾等地。此外见于泰国、老挝、越南、马来西亚、印度、缅甸、尼泊尔、不丹等地。

倒钩带蛱蝶 / *Athyma recurva* Leech, 1893

12

中型蛱蝶。雌雄同型。雄蝶翅背面黑色，中室白条斑有钩形状斑纹为最显著特征，后翅腹面基部白斑带与中域白斑带沿前缘相连。雌蝶腹面颜色较雄蝶深，呈褐黑色。

成虫多见于6-9月。

分布于四川、湖北。

孤斑带蛱蝶 / *Athyma zeroca* Moore, 1872

13-14 / P1744

中型蛱蝶。雌雄异型。本种与新月带蛱蝶较为接近，区别在于，本种前翅亚顶区没有白斑，亚外缘没有半纹，前翅腹面中室有断裂白斑。雌蝶与双色带蛱蝶相似，前者中室斑纹段裂2段。

1年多代，成虫多见于5-11月。幼虫主要以茜草科钩藤等植物为寄主。

分布于广东、广西、福建、湖南、江西、浙江、海南等地。此外见于泰国、老挝、印度、缅甸、尼泊尔等地。

素靛带蛱蝶 / *Athyma whitei* (Tytler, 1940)

15-16

中型蛱蝶。雌雄异型。前翅外缘略弯，后翅外缘波浪状，翅背面黑色，贯穿前后翅中带较为独特、较宽，暗紫蓝色向白色过渡，中心白色，有光泽，前翅顶角区有2个白斑，翅腹面颜色较浅，前翅中室白斑断裂2段，边缘有锯齿状；雌蝶与新月带蛱蝶雌蝶相似，主要区别在于本种胸部没有白点。

1年多代，成虫多见于5-7月。

分布于福建、海南、广西等地。此外见于越南、缅甸、泰国、印度等地。

相思带蛱蝶 / *Athyma nefte* (Cramer, [1780])

17-18 / P1745

中型蛱蝶。雌雄异型。雄蝶与双色带蛱蝶相似，主要区别在于，前者中室有白斑并分离4段，顶角斑较发达，呈橙黄色，中域环形白带边有暗蓝色过渡，后翅腹面亚缘带白点外有1列黑点。雌蝶呈橙黄色，与双色带蛱蝶相似，前者橙色斑纹更宽大，颜色较深，前翅中室斑有锯齿纹。

1年多代，成虫多见于5-11月。幼虫主要以大戟科算盘子属植物为寄主。

分布于广东、广西、福建、云南、海南、香港等地。此外见于泰国、老挝、越南、菲律宾、印度、缅甸、尼泊尔等地。

01 ♂
玄珠带蛱蝶
福建福州

02 ♀
玄珠带蛱蝶
福建金门

03 ♂
玄珠带蛱蝶
台湾台北

01 ♂
玄珠带蛱蝶
福建福州

02 ♀
玄珠带蛱蝶
福建金门

03 ♂
玄珠带蛱蝶
台湾台北

04 ♂
玄珠带蛱蝶
广西上思

05 ♂
新月带蛱蝶
台湾台北

06 ♀
新月带蛱蝶
台湾台北

04 ♂
玄珠带蛱蝶
广西上思

05 ♂
新月带蛱蝶
台湾台北

06 ♀
新月带蛱蝶
台湾台北

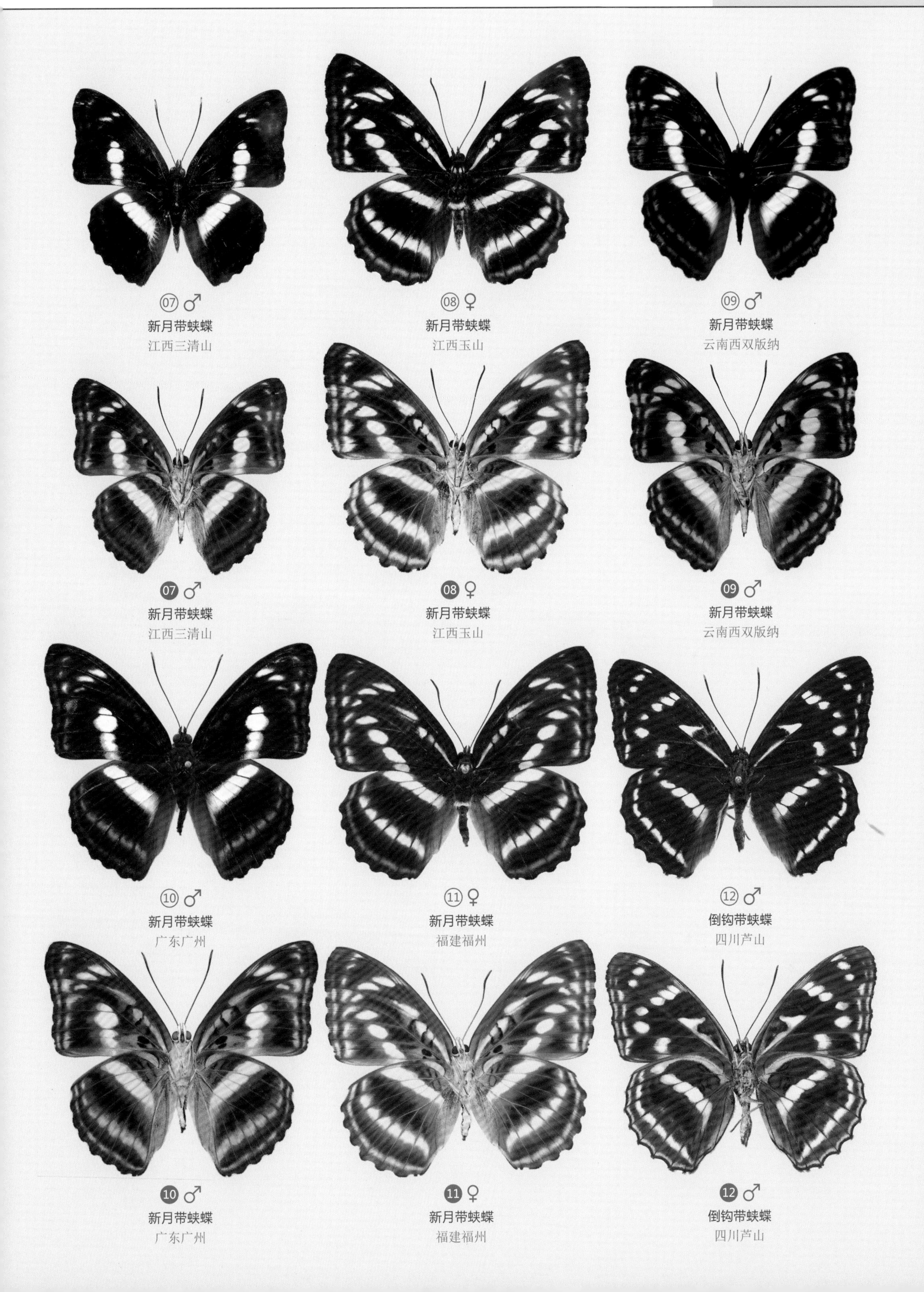

07 ♂
新月带蛱蝶
江西三清山

08 ♀
新月带蛱蝶
江西玉山

09 ♂
新月带蛱蝶
云南西双版纳

07 ♂
新月带蛱蝶
江西三清山

08 ♀
新月带蛱蝶
江西玉山

09 ♂
新月带蛱蝶
云南西双版纳

10 ♂
新月带蛱蝶
广东广州

11 ♀
新月带蛱蝶
福建福州

12 ♂
倒钩带蛱蝶
四川芦山

10 ♂
新月带蛱蝶
广东广州

11 ♀
新月带蛱蝶
福建福州

12 ♂
倒钩带蛱蝶
四川芦山

⑬ ♂ 孤斑带蛱蝶 福建福州

⑭ ♀ 孤斑带蛱蝶 福建福州

⑮ ♂ 素靛带蛱蝶 福建顺昌

⓭ ♂ 孤斑带蛱蝶 福建福州

⓮ ♀ 孤斑带蛱蝶 福建福州

⓯ ♂ 素靛带蛱蝶 福建顺昌

⑯ ♀ 素靛带蛱蝶 福建顺昌

⑰ ♂ 相思带蛱蝶 云南西双版纳

⑱ ♂ 相思带蛱蝶 福建福州

⓰ ♀ 素靛带蛱蝶 福建顺昌

⓱ ♂ 相思带蛱蝶 云南西双版纳

⓲ ♂ 相思带蛱蝶 福建福州

六点带蛱蝶 / *Athyma punctata* Leech, 1890

01-05 / P1745

中大型蛱蝶。雌雄异型。雄蝶翅背面黑色，有6个白色斑点，前翅2个斑，顶角斑最小，依次增大，后翅中域斑最大。雌蝶与新月带蛱蝶及双色带蛱蝶相似，本种形较大，腹面颜色为褐黄色，后翅中室黄斑边缘直。

1年1代，成虫多见于6-7月。

分布于广东、广西、福建、湖南、江西、浙江等地。此外见于老挝、越南等地。

离斑带蛱蝶 / *Athyma ranga* Moore, [1858]

06-10 / P1746

中型蛱蝶。雌雄同型。雄蝶翅背面蓝黑色，中室斑分离没规律，端角有4个弧形斑，中域斑分离，不成带，亚外缘2列白色斑点，整体斑纹分散。雌蝶斑纹较大，腹部有白色斑点。

1年多代，成虫多见于5-10月。幼虫主要以木樨科金桂等植物为寄主。

分布于广东、广西、福建、湖南、江西、四川、香港等地。此外见于泰国、缅甸、印度、老挝、不丹等地。

玉杵带蛱蝶 / *Athyma jina* Moore, [1858]

11-17 / P1747

中型蛱蝶。雌雄同型。雄蝶翅背面黑色，顶角区有3个白斑，中室白条斑没有分离，白色环形带中部白斑小，分离较大，基部白色弧形斑贴近前缘。雌蝶翅背面颜色较浅，体形大，腹部前段有白色纹。

1年2-3代，成虫多见于5-9月。幼虫主要以忍冬科多种植物为寄主。

分布于广东、广西、福建、湖南、浙江、江西、台湾、云南等地。此外见于老挝、印度、缅甸、尼泊尔等地。

幸福带蛱蝶 / *Athyma fortuna* Leech, 1889

18-21 / P1747

中型蛱蝶。雌雄同型。与玉杵带蛱蝶非常接近，主要区别在于，前者前翅顶角区仅有2个白斑，中室白条斑更窄细，腹面中域到后缘有黑色斑纹，后翅中域白带与亚外缘第1个斑相连，基部的弧形白斑与前缘分离。雌蝶颜色较浅，体形较大。

1年2-3代，成虫多见于5-8月。幼虫主要以忍冬科荚蒾属植物为寄主。

分布于广东、福建、河南、陕西、浙江、江西、台湾等地。此外见于泰国、老挝、越南等地。

珠履带蛱蝶 / *Athyma asura* Moore, [1858]

22-27 / P1748

中型蛱蝶。翅背面黑色，有数白斑。前翅中室内白斑分离2段，中域有白斑连接到后翅，翅面花纹呈“V”形，亚外缘有1列小白斑。后翅亚外缘白斑圆形，大小均匀，除靠近臀角白斑外，其他白斑内有1个黑点。雌雄同型。雌蝶翅面颜色较淡，体形较大。

1年2-3代，成虫多见于5-8月。幼虫主要以冬青科植物为寄主。

分布于广东、广西、福建、湖南、江西、浙江、四川、海南、台湾、西藏。此外见于老挝、印度、印度尼西亚、缅甸、尼泊尔等地。

01 ♂
六点带蛱蝶
云南贡山
02 ♂
六点带蛱蝶
四川都江堰
03 ♂
六点带蛱蝶
福建三明
01 ♂
六点带蛱蝶
云南贡山
02 ♂
六点带蛱蝶
四川都江堰
03 ♂
六点带蛱蝶
福建三明
04 ♀
六点带蛱蝶
广东乳源
05 ♀
六点带蛱蝶
江西吉安
04 ♀
六点带蛱蝶
广东乳源
05 ♀
六点带蛱蝶
江西吉安

06 ♂ 离斑带蛱蝶 福建三明

07 ♀ 离斑带蛱蝶 福建三明

08 ♂ 离斑带蛱蝶 广西兴安

06 ♂ 离斑带蛱蝶 福建三明

07 ♀ 离斑带蛱蝶 福建三明

08 ♂ 离斑带蛱蝶 广西兴安

09 ♂ 离斑带蛱蝶 广东韶关

10 ♀ 离斑带蛱蝶 广东韶关

11 ♂ 玉杵带蛱蝶 陕西宁陕

09 ♂ 离斑带蛱蝶 广东韶关

10 ♀ 离斑带蛱蝶 广东韶关

11 ♂ 玉杵带蛱蝶 陕西宁陕

⑫ ♂
玉杵带蛱蝶
福建福州
⑬ ♀
玉杵带蛱蝶
福建武夷山
⑭ ♀
玉杵带蛱蝶
江西玉山
⓬ ♂
玉杵带蛱蝶
福建福州
⓭ ♀
玉杵带蛱蝶
福建武夷山
⓮ ♀
玉杵带蛱蝶
江西玉山
⑮ ♂
玉杵带蛱蝶
台湾苗栗
⑯ ♀
玉杵带蛱蝶
台湾新竹
⑰ ♂
玉杵带蛱蝶
西藏墨脱
⓯ ♂
玉杵带蛱蝶
台湾苗栗
⓰ ♀
玉杵带蛱蝶
台湾新竹
⓱ ♂
玉杵带蛱蝶
西藏墨脱

⑱ ♂
幸福带蛱蝶
台湾新竹

⓲ ♂
幸福带蛱蝶
台湾新竹

⑲ ♀
幸福带蛱蝶
台湾新竹

⓳ ♀
幸福带蛱蝶
台湾新竹

⑳ ♂
幸福带蛱蝶
四川都江堰

⓴ ♂
幸福带蛱蝶
四川都江堰

㉑ ♀
幸福带蛱蝶
四川都江堰

㉑ ♀
幸福带蛱蝶
四川都江堰

㉒ ♂ 珠履带蛱蝶 四川青城山

㉓ ♀ 珠履带蛱蝶 四川青城山

㉔ ♂ 珠履带蛱蝶 广西上思

22 ♂ 珠履带蛱蝶 四川青城山

23 ♀ 珠履带蛱蝶 四川青城山

24 ♂ 珠履带蛱蝶 广西上思

㉕ ♂ 珠履带蛱蝶 台湾新北

㉖ ♀ 珠履带蛱蝶 台湾台北

㉗ ♂ 珠履带蛱蝶 西藏墨脱

25 ♂ 珠履带蛱蝶 台湾新北

26 ♀ 珠履带蛱蝶 台湾台北

27 ♂ 珠履带蛱蝶 西藏墨脱

缕蛱蝶属 / *Litinga* Moore, [1898]

中型蛱蝶。顶角略外突，后翅外缘波浪状，翅背面黑色，满布放射状白色条纹，腹面花纹等同翅面。主要分布于古北区和东洋区。本图鉴将此属独立处理，国内目前已知4种，本图鉴收录3种。

注：此属部分学者认为归于线蛱蝶属。

缕蛱蝶 / *Litinga cottini* (Oberthür, 1884)

01-02 / P1749

中小型蛱蝶。是本属体形最小一种，翅背面白色条纹工整。前翅内中区有3个较大白色斑，中区白色条斑短，弧形排列，后翅各室中区白斑直线排列整齐，靠基部有1个较大椭圆形斑，前后翅亚外缘有1列白点。.

成虫多见于6-9月。

分布于云南、西藏、甘肃。

拟缕蛱蝶 / *Litinga mimica* (Poujade, 1885)

03-04

中型蛱蝶。雌雄同型。翅背面黑色，翅脉明显，各室有白色条纹，前后翅亚外缘有1列白点。雌蝶翅背面颜色较浅，翅形较圆。

成虫多见于6-7月。

分布于四川、陕西、湖北、河南、云南。此外见于老挝。

西藏缕蛱蝶 / *Litinga rileyi* Tytler, 1940

05

中型蛱蝶。体形及花纹接近拟缕蛱蝶，主要区别在于本种前翅中室端外的3条白斑延长，几乎与中区斑等长，翅面白色条纹颜色较浅，有灰色过渡，后翅腹面前缘斑为褐黄色。

成虫多见于7-8月。

分布于西藏。此外见于印度。

01 ♂ 缕蛱蝶 云南贡山

02 ♀ 缕蛱蝶 甘肃榆中

03 ♂ 拟缕蛱蝶 云南贡山

01 ♂ 缕蛱蝶 云南贡山

02 ♀ 缕蛱蝶 甘肃榆中

03 ♂ 拟缕蛱蝶 云南贡山

04 ♂ 拟缕蛱蝶 四川宝兴

05 ♂ 西藏缕蛱蝶 西藏墨脱

04 ♂ 拟缕蛱蝶 四川宝兴

05 ♂ 西藏缕蛱蝶 西藏墨脱

葩蛱蝶属 / *Patsuia* Moore, 1898

中型蛱蝶。成虫翅背面底色为黑色，具土黄色斑纹。前翅近顶角4个，外横斑前面3个小，后面4个大，中室中部与端部各1个。后翅外横带弧形，从翅前缘到中室后缘有圆形大斑1个。腹面前翅顶角土黄色，其余斑纹同背面；后翅土黄色，有褐色弧形中带及外缘带。

成虫飞行迅速，有在林下地面吸水、吸食牲畜粪便及烂水果的习性，常在落叶阔叶林、溪谷环境活动。幼虫以杨柳科柳属植物为寄主。

主要分布于古北区。国内目前已知1种，本图鉴收录1种。

中华葩蛱蝶 / *Patsuia sinensis* (Oberthür, 1876)

01-03 / P1/49

中型蛱蝶。翅背面底色为黑色，具土黄色斑纹。前翅近顶角4个，外横斑前面3个小斑纹，后面4个大斑纹，中室中部与端部各1个。后翅外横带弧形，从翅前缘到中室后缘有圆形大斑1个。腹面前翅顶角土黄色，其余斑纹同背面；后翅土黄色，有褐色弧形中带及外缘带。

1年1代，成虫多见于6-7月。在海拔800米左右的落叶阔叶林地区发生，飞行迅速，有在林下地面吸水、吸食牲畜粪便及烂水果的习性，常在落叶阔叶林、溪谷环境活动。

分布于四川、云南、甘肃、陕西、河北、河南、山西等地。

俳蛱蝶属 / *Parasarpa* Moore, [1898]

中型蛱蝶。翅背面黑色，有白色、黄色等斜带贯穿前后翅，部分物种斑块分散，前翅顶较略微外突，后翅外缘向臀角收窄、略尖，辨识度高。

成虫栖息于中高海拔林边，飞行快速，雄蝶有登峰习性，喜阳光晒日光浴，偏爱吸食花蜜，偶见落地面吸水或者矿物质。幼虫以忍冬科多种植物为寄主。

主要分布于东洋区、古北区。国内目前已知4种，本图鉴收录4种。

白斑俳蛱蝶 / *Parasarpa albomaculata* (Leech, 1891)

04-05

中型蛱蝶。雌雄异型。雄蝶翅背面黑色，分布3个白色斑。前翅顶角1个较小，前后翅中区各1个，椭圆形，后翅斑最大；雌蝶前翅中室黄色条形斑，外缘中区到顶角有2段弧形黄色纹，后翅中部有斜条黄色纹连接前翅下缘，前后翅亚外缘有波浪黄色线纹。雌雄蝶与六点带蛱蝶相似，但翅形不一样，翅腹面花纹完全不一样，

1年1-2代，成虫多见于6-9月。幼虫主要以忍冬科荚蒾属植物为寄主。

分布于四川、云南等地。此外见于泰国、缅甸、越南、印度等地。

丫纹俳蛱蝶 / *Parasarpa dudu* (Doubleday, [1848])

06-12 / P1750

中型蛱蝶。雌雄同型。翅背面黑色，顶角向外突出，由前翅前缘到后翅内缘边有1条白色带贯穿，前翅白带顶部分叉，呈“Y”形，中室有暗红色斑，臀角尖，有红色斑，雌蝶翅形较圆，白带较宽，红斑较发达。

1年1-2代，成虫多见于6-9月。幼虫主要以忍冬科华南忍冬等植物为寄主。

分布于福建、广东、海南、云南、西藏、香港、台湾等地。此外见于泰国、缅甸、越南、印度、老挝等地。

西藏俳蛱蝶 / *Parasarpa zayla* (Doubleday, [1848])

13-14 / P1751

中型蛱蝶。翅背面黑色，前翅角尖，前后翅外缘波浪状，前翅中域为等宽黄色带，后缘贯穿到前缘，后翅色带白色，由前缘到内缘收窄，呈三角形。腹面花纹较暗、模糊。

1年多代，成虫多见于6-8月。

分布于云南、西藏等地。此外见于泰国、印度等地。

彩衣俳蛱蝶 / *Parasarpa hourberti* (Oberthür, 1913)

15-16 / P1751

中型蛱蝶。雌雄同型。翅背面黑色，前后翅有黄色带贯穿，前翅黄色带斑纹有分离，不平整，前后翅亚外缘有“U”形红色线纹，中室有暗红色斑纹，后翅腹面基部到内缘为浅蓝色。

1年多代，成虫多见于6-7月。

分布于云南等地。此外见于泰国、老挝、印度等地。

肃蛱蝶属 / *Sumalia* Moore, [1898]

中型蛱蝶。翅背面黑色，前翅角尖，略外突出，后翅向臀角收窄，臀角有红斑，前后翅有色带贯穿。

成虫栖息于中高海拔常绿热带雨林，喜欢在晴天出没，在林间快速飞行，没有访花习性，喜欢落地吸水及矿物质。

主要分布于东洋区。国内目前已知1种，本图鉴收录1种。

肃蛱蝶 / *Sumalia daraxa* (Doubleday, [1848])

17-18 / P1752

中型蛱蝶。雌雄同型。翅背面黑色，由前翅顶角到后翅内缘贯穿1条浅绿色带，较紧密平直，前部分4个斑点分离，顶角靠外缘有1个白点，后翅亚外缘各室有1个黑点，臀角有褐红色斑。雌蝶翅面颜色较淡。

1年多代，成虫多见于4-10月。

分布于海南、云南、西藏。此外见于泰国、越南、缅甸、老挝、印度等地。

01 ♂ 中华葩蛱蝶 四川峨眉山

02 ♂ 中华葩蛱蝶 内蒙古赤峰

03 ♀ 中华葩蛱蝶 甘肃榆中

01 ♂ 中华葩蛱蝶 四川峨眉山

02 ♂ 中华葩蛱蝶 内蒙古赤峰

03 ♀ 中华葩蛱蝶 甘肃榆中

04 ♂ 白斑俳蛱蝶 四川都江堰

05 ♂ 白斑俳蛱蝶 云南西双版纳

06 ♂ 丫纹俳蛱蝶 海南陵水

04 ♂ 白斑俳蛱蝶 四川都江堰

05 ♂ 白斑俳蛱蝶 云南西双版纳

06 ♂ 丫纹俳蛱蝶 海南陵水

⑦ ♂ 丫纹俳蛱蝶 福建漳州

⑧ ♂ 丫纹俳蛱蝶 台湾新北

⑨ ♀ 丫纹俳蛱蝶 台湾台北

❼ ♂ 丫纹俳蛱蝶 福建漳州

❽ ♂ 丫纹俳蛱蝶 台湾新北

❾ ♀ 丫纹俳蛱蝶 台湾台北

⑩ ♂ 丫纹俳蛱蝶 西藏墨脱

⑪ ♂ 丫纹俳蛱蝶 广东龙门

⑫ ♂ 丫纹俳蛱蝶 云南盈江

❿ ♂ 丫纹俳蛱蝶 西藏墨脱

⓫ ♂ 丫纹俳蛱蝶 广东龙门

⓬ ♂ 丫纹俳蛱蝶 云南盈江

⑬ ♂
西藏俳蛱蝶
云南贡山
⑭ ♂
西藏俳蛱蝶
西藏墨脱
⑮ ♂
彩衣俳蛱蝶
云南屏边
⑬ ♂
西藏俳蛱蝶
云南贡山
⑭ ♂
西藏俳蛱蝶
西藏墨脱
⑮ ♂
彩衣俳蛱蝶
云南屏边
⑯ ♂
彩衣俳蛱蝶
云南贡山
⑰ ♂
肃蛱蝶
云南绿春
⑱ ♂
肃蛱蝶
西藏墨脱
⑯ ♂
彩衣俳蛱蝶
云南贡山
⑰ ♂
肃蛱蝶
云南绿春
⑱ ♂
肃蛱蝶
西藏墨脱

黎蛱蝶属 / *Lebadea* Felder, 1861

中小型蛱蝶。热带种类，翅面橙色，有白色中带。
成蝶通常在林边慢速滑翔，停靠较低处晒日光浴。
主要分布于东洋区。为单属单种。国内目前已知1种，本图鉴收录1种。

黎蛱蝶 / *Lebadea martha* (Fabricius, 1787)

01

中小型蛱蝶。雌雄同型。雄蝶翅背面橙红色，前翅顶角略凸出，顶角有白斑，前后翅中域贯穿1条白带，较细窄，不连成直线，中室有1个模糊白斑，外缘中区有5个“V”形白斑，亚外缘有1列黑色波浪线，基部有不规则波浪斑纹，腹面颜色浅褐色，花纹等同背面。雌蝶前翅顶角凸出不明显，白色带更窄，翅背面颜色偏暗，黑斑更发达，翅形较圆。

1年多代，成虫几乎全年可见。

分布于云南、西藏。此外见于泰国、柬埔寨、缅甸、老挝、印度等地。

穆蛱蝶属 / *Moduza* Moore, [1881]

中型蛱蝶。前翅顶角向外突出，前后翅外缘波浪形，翅背面红褐色，颜色鲜艳，前后翅中部白斑发达。

成虫栖息于属于低海拔林边，雄蝶有领域性，通常活动于开阔向阳林边树上，喜晒日光浴，灵敏机警，有访花行为，喜欢吸食树汁，偶尔落地吸水。幼虫主要以茜草科植物为寄主。

主要分布于东洋区。国内目前已知1种，本图鉴收录1种。

穆蛱蝶 / *Moduza procris* (Cramer, [1777]).

02-04 / P1752

中小型蛱蝶。雌雄同型。雄蝶翅背面橙红色，前翅中室有1个大白斑，中室端外有4个弧形白斑，中域白斑发达，亚外缘有褐红色锯齿纹，后翅红色锯齿斑发达，斑上各室有黑点，中域白斑带宽，腹面花纹与翅背面相同，颜色较浅，基部到后翅内缘为灰白色，雌蝶翅背面白色斑更发达，橙红斑颜色较浅，亚外缘白色锯齿纹更清晰。

1年多代，成虫多见于6-10月。幼虫主要以茜草科钩藤、水锦树等植物为寄主。

分布于广东、香港、海南、广西、福建、云南等地。此外见于泰国、马来西亚、菲律宾、越南、老挝、缅甸、印度等地。

01 ♀
黎蛱蝶
云南西双版纳

01 ♀
黎蛱蝶
云南西双版纳

02 ♂
穆蛱蝶
云南西双版纳

02 ♂
穆蛱蝶
云南西双版纳

03 ♀
穆蛱蝶
广东广州

03 ♀
穆蛱蝶
广东广州

04 ♀
穆蛱蝶
香港

04 ♀
穆蛱蝶
香港

环蛱蝶属 / *Lethe* Fabricius, 1807

中型蛱蝶。雌雄斑纹相似，翅背面底色呈黑褐色，有白色、黄色或橙色带纹，腹面底色较淡，斑纹较复杂。雄蝶前翅腹面后缘及后翅背面前缘有性标。

主要栖息在温带和热带森林，适应性较强，在草原、农田、荒地等环境中也能发现其踪影。成虫喜欢在阳光充足的地方活动，有访花习性，也会吸食动物粪便或腐烂的水果。幼虫寄主种类繁多，包括壳斗科、槭树科、梧桐科、蔷薇科、无患子科、朴树科、锦葵科、豆科、荨麻科等植物。

分布于东洋区、古北区、澳洲区及非洲区。国内目前已知53 种，本图鉴收录49种。

小环蛱蝶 / *Neptis sappho* (Pallas, 1771)

01-04 / P1753

小型蛱蝶。触角末端为明显的黄色，雌雄斑纹相似，翅背面黑褐色，斑纹白色，前翅中室内有1条形纹，条纹内有1个深色断痕，中端外有1眉状纹，眉纹呈短三角形，长条形纹和眉纹间有1黑色纹将它们分隔，中室外围排列数个呈弧状的白斑，亚外缘还有1列微弱的白斑，后翅有黑白相间的缘毛，白色缘毛至少与黑色等宽，内中区有1条白色横带，横带宽度始终等宽，亚外缘有1列更细的横带，并被深色翅脉分隔。翅腹面深棕褐色，斑纹与背面相似，后翅除2条较宽的横带外，外缘还有2条白色细纹。

1年多代，部分地区成虫几乎全年可见。

分布于从东北到西南的广大区域，包括黑龙江、辽宁、北京、山东、浙江、河南、四川、福建、台湾、广东、广西、云南等地。此外见于日本、印度、泰国、越南、朝鲜半岛及欧洲等地。

中环蛱蝶 / *Neptis hylas* (Linnaeus, 1758)

05-11 / P1754

中型蛱蝶。与小环蛱蝶较相似，但体形明显更大，后翅外中区的白色横带明显比小环蛱蝶宽，尤其在腹面更加明显，同时腹面的颜色为鲜明的橙黄色，极易与其他环蛱蝶区分，不易混淆。

1年多代，部分地区成虫几乎全年可见。幼虫以多种豆科植物为寄主。

分布于河南、陕西、湖北、江西、福建、台湾、广东、海南、广西、四川、重庆、云南、西藏、香港等地。此外见于印度、缅甸、越南、老挝、马来西亚、泰国、印度尼西亚等地。

耶环蛱蝶 / *Neptis yerburii* Butler, 1886

12-14 / P1755

小型蛱蝶。与小环蛱蝶较相似，但体形稍大，前翅背面中室条内无深色断痕，后翅黑白相间的缘毛中，白色的缘毛更窄更弱，较不明显，翅腹面的颜色为巧克力色，色泽较小环蛱蝶更暗淡。

1年多代，部分地区成虫几乎全年可见。

分布于陕西、湖北、安徽、浙江、江西、福建、四川、重庆、西藏等地。此外见于印度、缅甸、巴基斯坦、泰国等地。

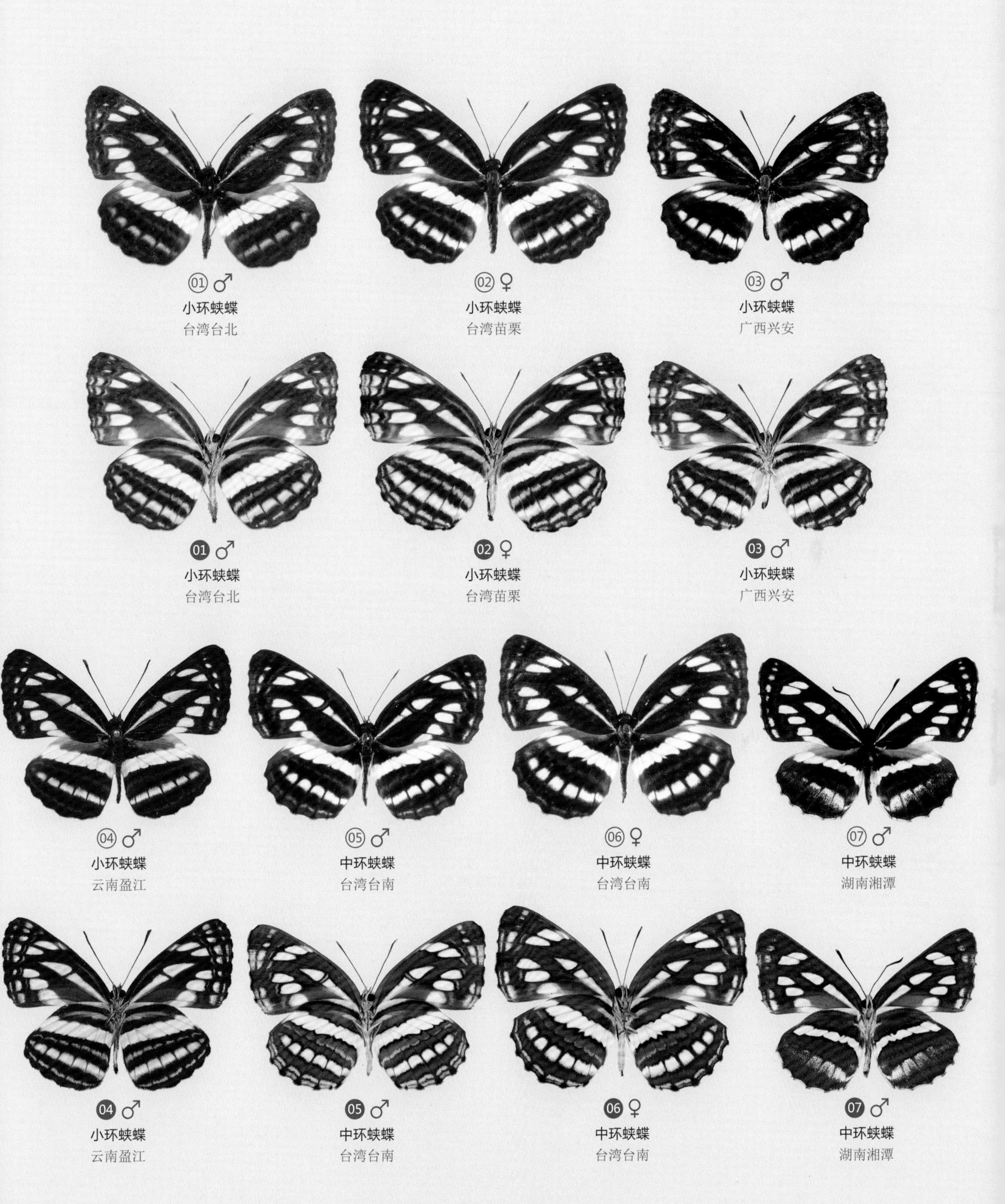

01 ♂
小环蛱蝶
台湾台北
02 ♀
小环蛱蝶
台湾苗栗
03 ♂
小环蛱蝶
广西兴安
01 ♂
小环蛱蝶
台湾台北
02 ♀
小环蛱蝶
台湾苗栗
03 ♂
小环蛱蝶
广西兴安
04 ♂
小环蛱蝶
云南盈江
05 ♂
中环蛱蝶
台湾台南
06 ♀
中环蛱蝶
台湾台南
07 ♂
中环蛱蝶
湖南湘潭
04 ♂
小环蛱蝶
云南盈江
05 ♂
中环蛱蝶
台湾台南
06 ♀
中环蛱蝶
台湾台南
07 ♂
中环蛱蝶
湖南湘潭

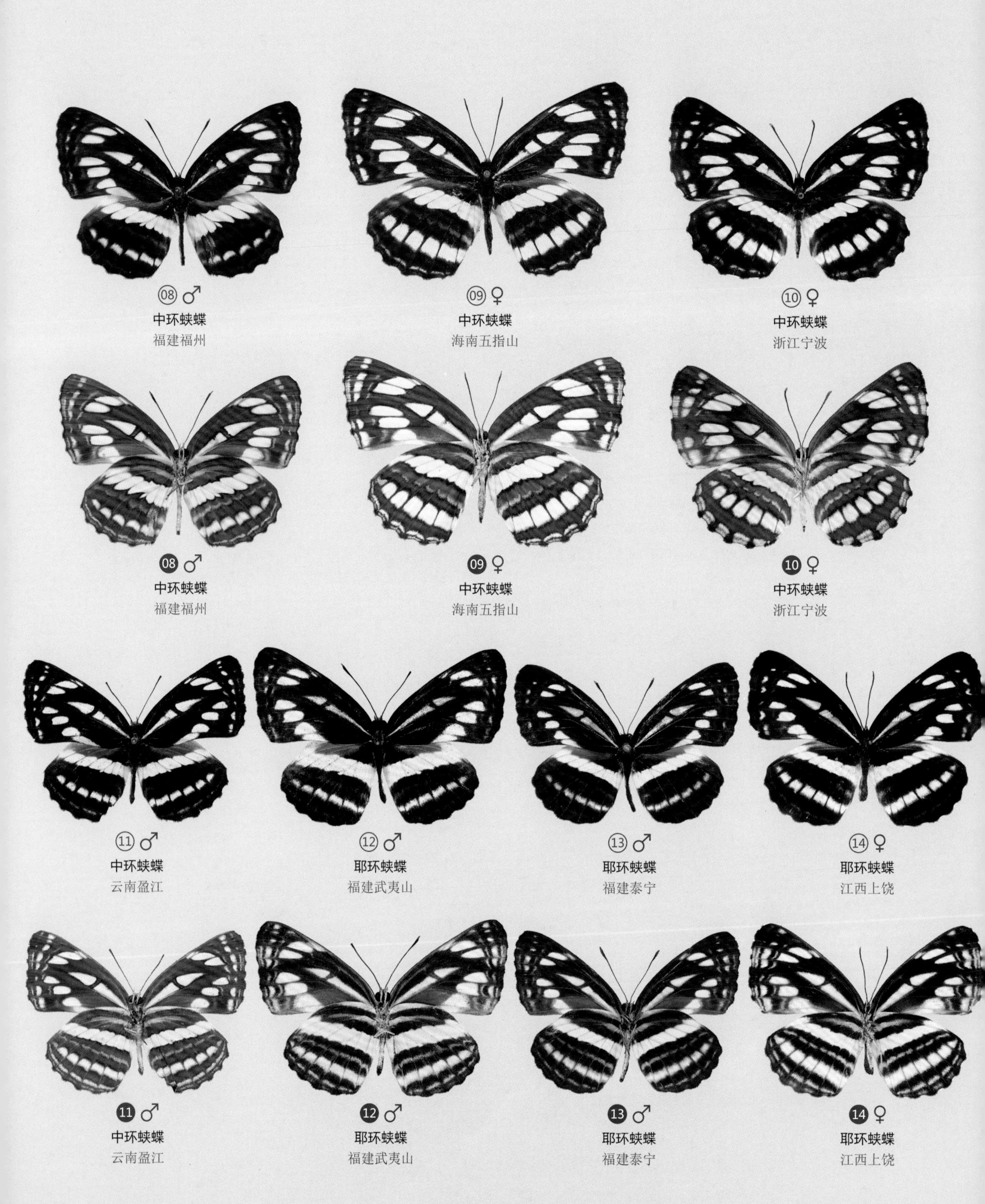

⑧ ♂
中环蛱蝶
福建福州

⑨ ♀
中环蛱蝶
海南五指山

⑩ ♀
中环蛱蝶
浙江宁波

❽ ♂
中环蛱蝶
福建福州

❾ ♀
中环蛱蝶
海南五指山

❿ ♀
中环蛱蝶
浙江宁波

⑪ ♂
中环蛱蝶
云南盈江

⑫ ♂
耶环蛱蝶
福建武夷山

⑬ ♂
耶环蛱蝶
福建泰宁

⑭ ♀
耶环蛱蝶
江西上饶

⓫ ♂
中环蛱蝶
云南盈江

⓬ ♂
耶环蛱蝶
福建武夷山

⓭ ♂
耶环蛱蝶
福建泰宁

⓮ ♀
耶环蛱蝶
江西上饶

珂环蛱蝶 / *Neptis clinia* Moore, 1872

01-03 / P1756

小型蛱蝶。与小环蛱蝶及耶环蛱蝶都较相似，前翅背面中室条内无深色横线，与耶环蛱蝶相似而不同于小环蛱蝶；后翅黑白相间的缘毛中，白色部分与黑色部分起码等宽，与小环蛱蝶相似而不同于耶环蛱蝶；前翅腹面中室内白条与中室外的眉纹相连，可与小环蛱蝶及耶环蛱蝶区分，同时眉纹较细长，不似小环蛱蝶粗短。

1年多代，部分地区成虫几乎全年可见。幼虫以梧桐科苹婆属植物为寄主。

分布于四川、西藏、云南、浙江、福建、海南、广东、广西、重庆、贵州、香港等地。此外见于印度、缅甸、泰国、老挝、越南、马来西亚、菲律宾、印度尼西亚等地。

娑环蛱蝶 / *Neptis soma* Moore, 1857

04-09 / P1756

中型蛱蝶。与小环蛱蝶较相似，但体形明显更大，触角末端黄色不明显，后翅内中区的白色横带明显不等宽，由内缘向外逐渐变宽，该特征可与其他所有近似种区别，翅腹面暗红褐色，白斑明显更加发达。

1年多代，部分地区成虫几乎全年可见。幼虫以豆科鸡血藤属植物为寄主。

分布于四川、西藏、云南、浙江、福建、海南、广东、广西、重庆、贵州、香港等地。此外见于印度、缅甸、泰国、老挝、越南、马来西亚、菲律宾、印度尼西亚等地。

娜环蛱蝶 / *Neptis nata* Moore, 1857

10-11 / P1757

中小型蛱蝶。与娑环蛱蝶较相似，但本种翅背面的白色斑纹明显更细，同时后翅的2条白色横带的宽度几乎相等，而其他大部分近似种内侧白带的宽度明显比外侧白带宽。

1年多代，部分地区成虫几乎全年可见。

分布于福建、台湾、海南、云南、西藏等地。此外见于印度、缅甸、泰国、老挝、越南、马来西亚、印度尼西亚等地。

宽环蛱蝶 / *Neptis mahendra* Moore, 1872

12-14 / P1757

中型蛱蝶。雌雄相似。翅背面黑褐色，白色斑纹呈纯净的象牙白，白斑和白带非常发达，后翅内中区的白色横带非常宽阔，同时由内缘向外扩展逐渐变宽，翅腹面为暗棕褐色，斑纹与背面相似，但白色斑纹较背面更加发达。

成虫多见于5-7月。

分布于四川、云南、西藏等地。此外见于印度、尼泊尔等地。

周氏环蛱蝶 / *Neptis choui* Yuan & Wang, 1994

15-16

中大型蛱蝶。翅面斑纹较细，与娜环蛱蝶较相似，但体形明显更大，后翅内中区横带外侧几个白斑分离较明显，而娜环蛱蝶的白斑排列很紧密，同时最外侧的白斑明显向外凸出，长度远超其内的白斑。

成虫多见于5-6月。

分布于陕西、河南、北京等地。

回环蛱蝶 / *Neptis reducta* Fruhstorfer, 1908

17-18 / P1757

中型蛱蝶。与娑环蛱蝶较相似，但前翅中室端外的眉纹细长，而娑环蛱蝶更粗短，后翅内中区的白色横带内外宽度基本相等，而娑环蛱蝶外部宽度明显大于内侧宽度。同时本种仅产于台湾，从产地上可区隔其他近似种。

1年多代，成虫多见于4-10月。

分布于台湾。

弥环蛱蝶 / *Neptis miah* Moore, 1857

19-22 / P1758

小型蛱蝶。与瑙环蛱蝶较相似，但体形明显更小，翅背面色泽更深，斑纹为鲜亮的橙黄色，中室内斑条与外侧的眉形纹连接，亚顶角斑纹粗壮，中室斑条外侧的斑明显粗大，最上方的斑块为接近方形，与下方的斑纹几乎相连，翅腹面为深棕褐色，后翅内侧横带外还伴有1条紫白色细带。

成虫多见于4-8月。幼虫以豆科羊蹄甲属植物龙须藤为寄主。

分布于甘肃、湖北、湖南、四川、重庆、云南、广西、海南、福建、广东、香港等地。此外见于印度、不丹、缅甸、泰国、老挝、越南、马来西亚、印度尼西亚等地。

瑙环蛱蝶 / *Neptis noyala* Oberthür, 1906

23-24

中型蛱蝶。雌雄斑纹相似。翅背面黑褐色，斑纹黄色或泛黄的白色，前翅中室内有长条形斑，中室端外侧有眉形纹，2条斑纹被1条模糊灰色带截断，亚顶角有2个外倾的小斑，2个斑往往粘连，中室斑条外侧有数个弧形排列的斑，其中最上1个斑较圆，与下方斑纹分离明显，后翅有2条横带，内侧横带较宽。翅腹面橙褐色，前翅中室条纹与眉形纹粘连，但有1条明显的淡色条纹，前后翅外缘有1条清晰的银白色线纹。

1年1代，成虫多见于6-8月。

分布于福建、台湾、海南、四川、重庆等地。

烟环蛱蝶 / *Neptis harita* Moore, 1875

25-27

小型蛱蝶。翅背面为黑褐色，斑纹细，前翅中室内有长条斑条，亚顶角有2个明显的细纹，靠下还有1个月牙形斑，后翅有2条细的横带，翅腹面色泽淡，斑纹与背面相似。该种斑纹棕灰色，呈烟雾状，模糊，带微弱的白，极易与其他环蛱蝶区别。

成虫多见于4-8月。

分布于云南、西藏。此外见于印度、孟加拉国、缅甸、泰国、老挝、越南、马来西亚、印度尼西亚等地。

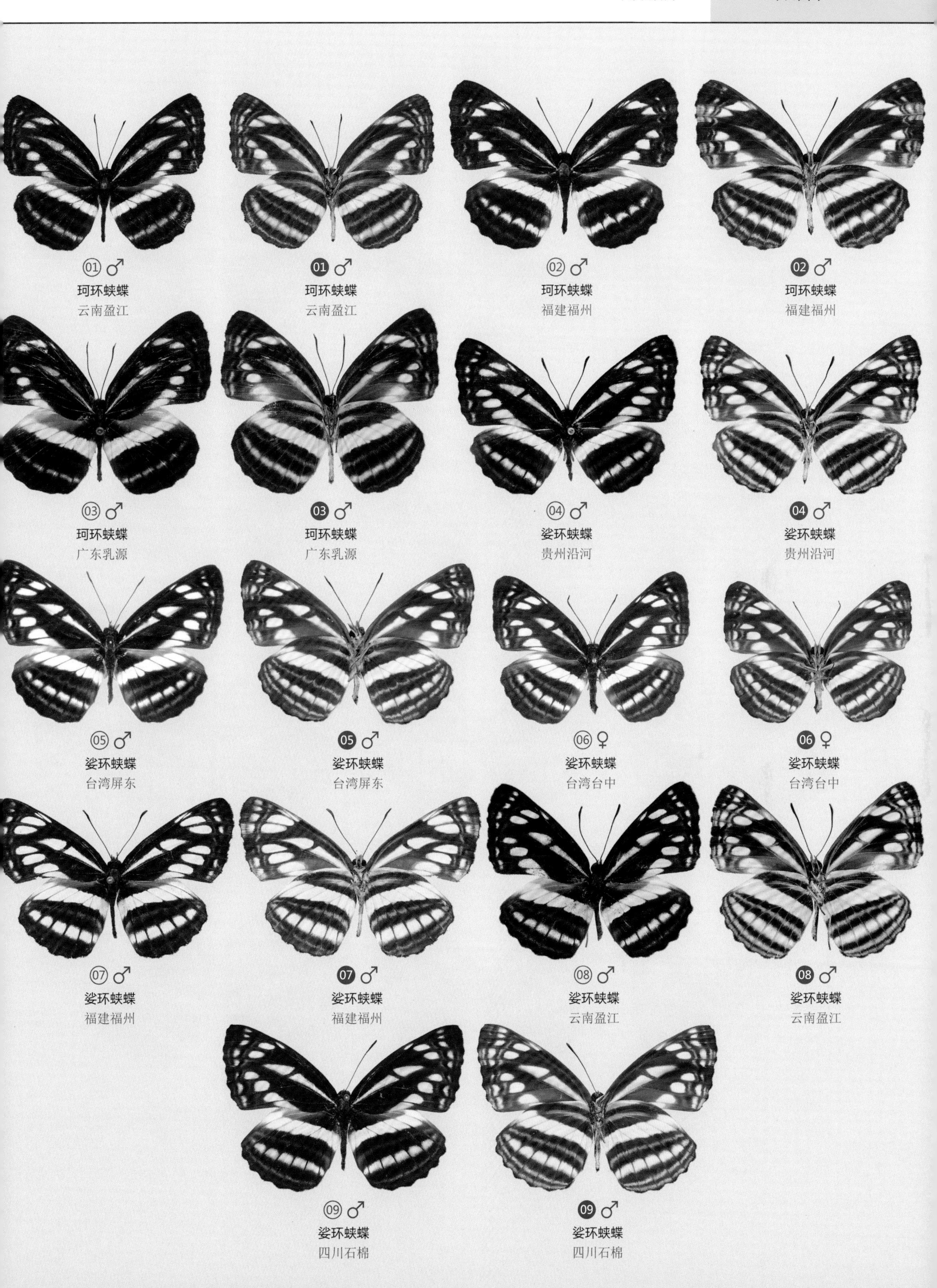

01 ♂ 珂环蛱蝶 云南盈江
01 ♂ 珂环蛱蝶 云南盈江
02 ♂ 珂环蛱蝶 福建福州
02 ♂ 珂环蛱蝶 福建福州
03 ♂ 珂环蛱蝶 广东乳源
03 ♂ 珂环蛱蝶 广东乳源
04 ♂ 娑环蛱蝶 贵州沿河
04 ♂ 娑环蛱蝶 贵州沿河
05 ♂ 娑环蛱蝶 台湾屏东
05 ♂ 娑环蛱蝶 台湾屏东
06 ♀ 娑环蛱蝶 台湾台中
06 ♀ 娑环蛱蝶 台湾台中
07 ♂ 娑环蛱蝶 福建福州
07 ♂ 娑环蛱蝶 福建福州
08 ♂ 娑环蛱蝶 云南盈江
08 ♂ 娑环蛱蝶 云南盈江
09 ♂ 娑环蛱蝶 四川石棉
09 ♂ 娑环蛱蝶 四川石棉

⑩ ♂ 娜环蛱蝶 台湾台中

⑪ ♀ 娜环蛱蝶 台湾台北

⑫ ♂ 宽环蛱蝶 四川泸定

❿ ♂ 娜环蛱蝶 台湾台中

⓫ ♀ 娜环蛱蝶 台湾台北

⓬ ♂ 宽环蛱蝶 四川泸定

⑬ ♂ 宽环蛱蝶 云南贡山

⑭ ♂ 宽环蛱蝶 云南丽江

⑮ ♀ 周氏环蛱蝶 陕西宝鸡

⓭ ♂ 宽环蛱蝶 云南贡山

⓮ ♂ 宽环蛱蝶 云南丽江

⓯ ♀ 周氏环蛱蝶 陕西宝鸡

⑯♀ 周氏环蛱蝶 北京

⑰♂ 回环蛱蝶 台湾南投

⑱♀ 回环蛱蝶 台湾南投

⓰♀ 周氏环蛱蝶 北京

⓱♂ 回环蛱蝶 台湾南投

⓲♀ 回环蛱蝶 台湾南投

⑲♂ 弥环蛱蝶 福建福州

⑳♂ 弥环蛱蝶 云南盈江

㉑♀ 弥环蛱蝶 江西井冈山

⓳♂ 弥环蛱蝶 福建福州

⓴♂ 弥环蛱蝶 云南盈江

㉑♀ 弥环蛱蝶 江西井冈山

㉒ ♀
弥环蛱蝶
广东广州

㉓ ♂
瑙环蛱蝶
台湾新北

㉔ ♀
瑙环蛱蝶
台湾新竹

❷❷ ♀
弥环蛱蝶
广东广州

❷❸ ♂
瑙环蛱蝶
台湾新北

❷❹ ♀
瑙环蛱蝶
台湾新竹

㉕ ♂
烟环蛱蝶
西藏墨脱

㉖ ♂
烟环蛱蝶
云南勐腊

㉗ ♂
烟环蛱蝶
云南河口

❷❺ ♂
烟环蛱蝶
西藏墨脱

❷❻ ♂
烟环蛱蝶
云南勐腊

❷❼ ♂
烟环蛱蝶
云南河口

断环蛱蝶 / *Neptis sankara* Kollar, 1844

01-05 / P1759

中型蛱蝶。雌雄斑纹相似.有黄、白两种色型，二者斑纹相同。翅背面黑褐色，前翅中室内斑条和外侧眉形纹相连，但有1个明显的缺刻，亚顶角处有3个斑块，与中室外下方的斑块呈弧形排列，斑块外侧有1列与外缘平行的线纹，后翅有2条横带，内侧横带宽于外侧，外侧横带外有不明显的淡色细带；翅腹面深褐色，斑纹与背面相似，中室斑条内的缺刻较背面浅，后翅翅基处有2条细条纹，其中上方的条纹极细，并抵达后翅前缘。

1年1代，成虫多见于5-8月。幼虫以蔷薇科多种植物为寄主。

分布于浙江、江西、福建、台湾、广东、广西、湖北、湖南、云南、四川、甘肃、西藏等地。此外见于印度、尼泊尔、缅甸、泰国、老挝、越南、马来西亚、印度尼西亚等地。

广东环蛱蝶 / *Neptis kuangtungensis* Mell, 1923

06-08

大型蛱蝶。与断环蛱蝶较相似，斑纹也有黄、白两种色型，但本种体形明显更大，前翅顶角较圆阔，翅面斑纹更细更窄，前翅中室内斑条与外侧的眉形纹相连，没有缺刻，亚顶角只有2个斑块，靠亚顶角处最上方的斑块明显长于下方，后翅2条横带的宽度较接近。

1年1代，成虫多见于5-7月。

分布于广东、广西、海南、云南、四川、湖南等地。

卡环蛱蝶 / *Neptis cartica* Moore, 1872

09-10

中型蛱蝶。与断环蛱蝶极为相似，但前翅背面亚顶角斑块为2个，中室条斑的缺刻较浅，后翅腹面基部只有1个白条，且白条非常宽，呈月牙状，白条的上缘抵达后翅的前缘。

1年1代，成虫多见于5-6月。幼虫以多种壳斗科植物为寄主。

分布于浙江、福建、海南、广西、云南、广东。此外见于印度、缅甸、尼泊尔、不丹、泰国、老挝、越南等地。

司环蛱蝶 / *Neptis speyeri* Staudinger, 1887

11

中型蛱蝶。与啡环蛱蝶较相似，但前翅中室条斑有缺刻，中室外下侧斑块中，最上方的斑块较为发达，也向内突进，但距离中室条的距离更远，亚顶角有2个明显的白斑，最下方的第3个斑往往退化消失，后翅腹面2条横带中央有1条明显的深色中线。

成虫多见于5-7月。

分布于黑龙江、吉林、辽宁、浙江、福建、广西、贵州、云南。此外见于俄罗斯、越南及朝鲜半岛等地。

01 ♂
断环蛱蝶
福建福州

02 ♂
断环蛱蝶
四川芦山

03 ♂
断环蛱蝶
云南贡山

01 ♂
断环蛱蝶
福建福州

02 ♂
断环蛱蝶
四川芦山

03 ♂
断环蛱蝶
云南贡山

04 ♂
断环蛱蝶
台湾桃园

05 ♂
断环蛱蝶
广东乳源

06 ♂
广东环蛱蝶
广东乳源

04 ♂
断环蛱蝶
台湾桃园

05 ♂
断环蛱蝶
广东乳源

06 ♂
广东环蛱蝶
广东乳源

⑦ ♀
广东环蛱蝶
福建武夷山

⑧ ♀
广东环蛱蝶
四川石棉

❼ ♀
广东环蛱蝶
福建武夷山

❽ ♀
广东环蛱蝶
四川石棉

⑨ ♂
卡环蛱蝶
广东广州

⑩ ♀
卡环蛱蝶
广东广州

⑪ ♂
司环蛱蝶
福建永安

❾ ♂
卡环蛱蝶
广东广州

❿ ♀
卡环蛱蝶
广东广州

⓫ ♂
司环蛱蝶
福建永安

啡环蛱蝶 / *Neptis philyra* Ménétriès, 1859

01-07 / P1760

中型蛱蝶。与断环蛱蝶较相似，但前翅中室条斑没有缺刻，中室外下侧的斑纹中，最上方的斑块非常发达，向内凸进并几乎抵触到中室条，仅隔着1条微弱的脉纹线，中室条与外侧斑纹形成勺状，翅腹面偏棕褐色，后翅基部的白条仅1条，较为微弱，且不靠近后翅前缘。

成虫多见于5-7月。幼虫以槭树科多种植物为寄主。

分布于黑龙江、吉林、辽宁、河南、安徽、陕西、浙江、湖北、重庆、台湾、西藏、云南等地。此外见于日本、俄罗斯、老挝、越南及朝鲜半岛等地。

阿环蛱蝶 / *Neptis ananta* Moore, 1857

08-09 / P1760

中型蛱蝶。前后翅有微弱缘毛，黑白相间但非常不明显。翅背面黑褐色，斑纹黄色，前翅中室内黄色中室条有缺刻，亚顶角有2个黄斑，靠上方黄斑外角尖突，后翅有2条黄色横带，翅腹面红棕褐色，斑纹与背面相似，雄蝶前翅中室条斑下部外方有黄棕色鳞区，后翅基部有紫白色条斑，2条横带外侧各有1条紫白色横线。

成虫多见于5-7月。幼虫以樟科植物乌药为寄主。

分布于浙江、安徽、江西、福建、广东、海南、广西、云南、西藏等地。此外见于印度、尼泊尔、不丹、缅甸、泰国、老挝、越南等地。

金环蛱蝶 / *Neptis zaida* Doubleday, 1848

10

中型蛱蝶。翅背面斑纹较粗，尤其亚顶角2个斑块发达，粘连明显，与中室斑条连接的眉形纹黄斑微微侵入下方的脉室中，该特征可与大多数近似种区分，翅腹面土黄色，后翅2条横带外侧有浅棕色模糊的细带。

成虫多见于5-6月。

分布于云南。此外见于印度、尼泊尔、不丹、缅甸、泰国、老挝、越南等地。

娜巴环蛱蝶 / *Neptis namba* Tytler, 1915

11-12

中型蛱蝶。与阿环蛱蝶非常相似，但前后翅缘毛黑白相间非常明显，尤其白色缘毛非常显眼。翅背面斑纹相对更细，偏红，雄蝶腹面前翅中室条斑下部外方鳞区偏灰白。

成虫多见于5-7月。

分布于福建、四川、重庆、云南等地。此外见于印度、缅甸、泰国、老挝、越南等地。

伪娜巴环蛱蝶 / *Neptis pseudonamba* Huang, 2001

13

中型蛱蝶。与阿环蛱蝶较相似，但体形明显较大，翅形更圆阔，翅背面的斑纹非常细，后翅外侧的横带往往模糊，不明显，翅腹面颜色更加深暗，后翅靠内侧横带为灰白色，外侧有3条银灰色横带或横线。

成虫多见于7-8月。

分布于西藏。

台湾环蛱蝶 / *Neptis taiwana* Fruhstorfer, 1908

14-15 / P1761

中型蛱蝶。与娜巴环蛱蝶较相似，同时缘毛黑白相间也非常明显，但本种翅背面斑纹为白色，亚顶角的2个斑纹分离较明显，不粘连，其中下方的白斑呈三角形。

1年多代，成虫几乎全年可见。

分布于台湾。

茂环蛱蝶 / *Neptis nemorosa* Oberthür, 1906

16

中大型蛱蝶。前翅背面亚顶角的2个黄斑中，靠下的黄斑呈心形，翅腹面为土黄色，后翅2条横带为黄白色，内中区横带下侧伴有红棕色细带，外中区横带边界较模糊，下侧外缘为波纹状，2条横带区间还有1条红棕色波纹状细带。

成虫多见于6-7月。

分布于陕西、甘肃、四川、湖北、云南等地。

泰环蛱蝶 / *Neptis thestias* Leech, 1892

17-18

中型蛱蝶。雌雄斑纹相似，翅背面黑褐色，斑纹黄色，前翅中室内斑条与外侧眉形纹相连，亚顶角及中室外侧斑呈弧形排列，后翅有2条黄色横带，翅腹面为浅黄褐色，后翅基部无基条，2条横带外侧都不伴有横线，只有边界模糊的红棕色斑点或斑纹。

成虫多见于5-7月。

分布于四川、重庆、云南。

羚环蛱蝶 / *Neptis antilope* Leech, 1890

19-21 / P1761

小型蛱蝶。雌雄斑纹相似，翅背面黑褐色，斑纹黄色，前翅中室内斑条与外侧眉形纹相连，中室斑条外侧黄斑中，靠上方的黄斑大，且距离较近，后翅有2条黄色横带，翅腹面为棕黄色，后翅基部无基条，内侧横带白色，下方伴有1条不规则波状的红棕色横线，外侧的横带非常不明显。

成虫多见于5-7月。

分布于河北、河南、陕西、山西、四川、重庆、浙江、福建、广东、湖北、湖南、云南等地。此外见于越南。

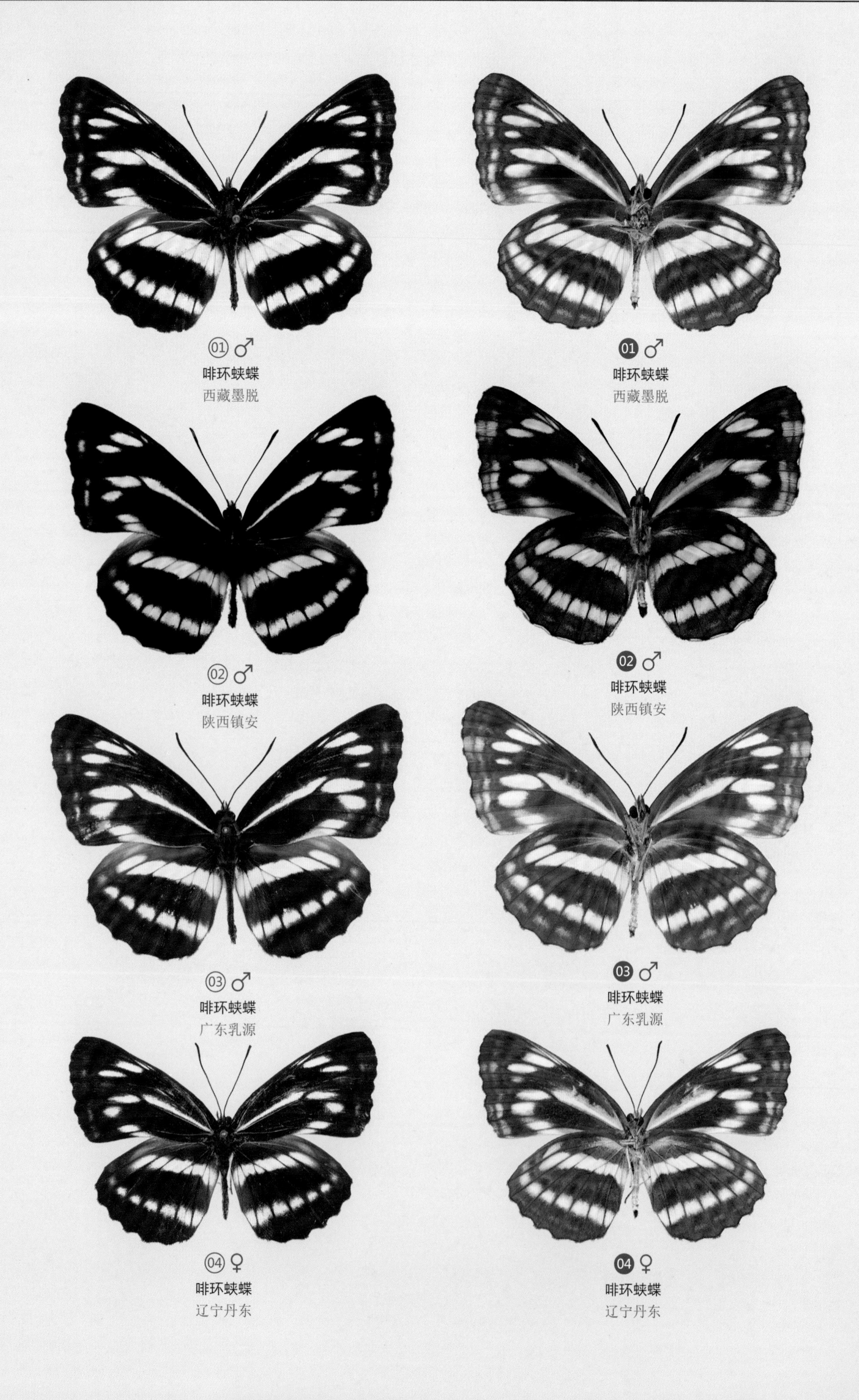

01 ♂
啡环蛱蝶
西藏墨脱

02 ♂
啡环蛱蝶
陕西镇安

03 ♂
啡环蛱蝶
广东乳源

04 ♀
啡环蛱蝶
辽宁丹东

01 ♂
啡环蛱蝶
西藏墨脱

02 ♂
啡环蛱蝶
陕西镇安

03 ♂
啡环蛱蝶
广东乳源

04 ♀
啡环蛱蝶
辽宁丹东

⑤ ♂
啡环蛱蝶
台湾新竹

⑥ ♀
啡环蛱蝶
台湾新竹

⑦ ♂
啡环蛱蝶
吉林靖宇

❺ ♂
啡环蛱蝶
台湾新竹

❻ ♀
啡环蛱蝶
台湾新竹

❼ ♂
啡环蛱蝶
吉林靖宇

⑧ ♂
阿环蛱蝶
福建三明

⑨ ♂
阿环蛱蝶
云南贡山

⑩ ♂
金环蛱蝶
云南贡山

❽ ♂
阿环蛱蝶
福建三明

❾ ♂
阿环蛱蝶
云南贡山

❿ ♂
金环蛱蝶
云南贡山

⑪ ♂ 娜巴环蛱蝶 四川芦山

⑫ ♂ 娜巴环蛱蝶 福建武夷山

⑬ ♂ 伪娜巴环蛱蝶 西藏察隅

⓫ ♂ 娜巴环蛱蝶 四川芦山

⓬ ♂ 娜巴环蛱蝶 福建武夷山

⓭ ♂ 伪娜巴环蛱蝶 西藏察隅

⑭ ♂ 台湾环蛱蝶 台湾南投

⑮ ♀ 台湾环蛱蝶 台湾新竹

⑯ ♂ 茂环蛱蝶 四川芦山

⓮ ♂ 台湾环蛱蝶 台湾南投

⓯ ♀ 台湾环蛱蝶 台湾新竹

⓰ ♂ 茂环蛱蝶 四川芦山

⑰ ♂ 泰环蛱蝶 云南贡山

⑱ ♀ 泰环蛱蝶 四川芦山

⓱ ♂ 泰环蛱蝶 云南贡山

⓲ ♀ 泰环蛱蝶 四川芦山

⑲ ♂ 羚环蛱蝶 广东乳源

⑳ ♂ 羚环蛱蝶 云南贡山

㉑ ♂ 羚环蛱蝶 陕西宁陕

⓳ ♂ 羚环蛱蝶 广东乳源

⓴ ♂ 羚环蛱蝶 云南贡山

21 ♂ 羚环蛱蝶 陕西宁陕

林环蛱蝶 / *Neptis sylvana* Oberthür, 1906

01-03 / P1761

中型蛱蝶。与金环蛱蝶、泰环蛱蝶较相似，但翅背面斑纹为黄白色或白色，部分类群中室条外侧的眉形纹不侵入下方脉室（台湾产的类群有该特征，而大陆产的类群则和金环蛱蝶类似，眉形纹侵入下方脉室，同时斑纹也偏黄，部分文献将产于台湾的类群视为独立，但本图鉴作为同种处理），前翅前缘中部有1至数枚短纹，尤其腹面更加显著，而金环蛱蝶和泰环蛱蝶无此斑纹，后翅腹面底色为均匀的苍黄色或浅褐色。

1年1代，成虫多见于5-7月。

分布于台湾、云南。此外见于缅甸。

玫环蛱蝶 / *Neptis meloria* Oberthür, 1906

04-05

中型蛱蝶。与林环蛱蝶较相似，但前翅背面前缘中部无短纹，翅腹背面底色偏棕红，尤其后翅2条横带之间填充着大块深红棕色斑纹，几乎填满整个区间，而林环蛱蝶这一区间为纯净均匀的苍黄色或浅褐色。

成虫多见于6-7月。幼虫以槭科多种植物为寄主。

分布于福建、四川。

莲花环蛱蝶 / *Neptis hesione* Leech, 1890

06-08

中型蛱蝶。翅背面斑纹与羚环蛱蝶相似，但斑纹呈黄色或黄白色，翅腹面为红褐色，后翅斑纹发达、繁杂，2条横带呈乳黄色，内侧横带2边镶嵌有深棕红色边纹，外侧横带边界模糊，外边缘呈莲座状，外侧伴有1条深棕红色波状纹，前后翅亚外缘有1道灰白色线纹，后翅基部附近有斑驳的浅色纹。

1年1代，成虫多见于5-8月。

分布于福建、台湾、四川、湖北等地。

那拉环蛱蝶 / *Neptis narayana* Moore, 1858

09

中小型蛱蝶。翅背面斑纹与莲花环蛱蝶较相似，但斑纹较细，中室斑条外侧斑块与中室斑条距离较远，后翅内中区横带较平直，最外1个斑块的外侧向内凹，翅腹面红棕色，后翅内中区的带外侧为锯齿状，基部有1条鸭脚状银灰色斑纹，斑纹不抵达后翅前缘。

成虫多见于5-7月。

分布于四川、云南。此外见于印度、不丹、泰国、老挝、越南等地。

矛环蛱蝶 / *Neptis armandia* (Oberthür, 1876)

10

小型蛱蝶。翅背面斑纹与羚环蛱蝶相似，但前翅前缘中部通常有短纹，亚顶角的2个较大黄斑上方还有1个较明显前缘斑，而羚环蛱蝶前缘斑非常短小，后翅腹面充满大片纯净的橙黄色区，中部横带黄白色，外侧的红棕色区域内有1条蓝灰色横线，横线外侧部分呈锯齿状，易与其他近似种区别。

成虫多见于5-7月。幼虫以蔷薇科悬钩子属植物为寄主。

分布于陕西、浙江、湖北、湖南、海南、广西、四川、重庆、贵州、云南、西藏等地。此外见于印度、不丹、缅甸、泰国、老挝、越南等地。

紫环蛱蝶 / *Neptis radha* Moore, 1857

11-12

中大型蛱蝶。雄蝶前翅顶角较突出，翅背面斑纹与金环蛱蝶较相似，但前翅前缘中部有短纹，中室斑条外侧的眉形纹向下方脉室侵入非常明显，翅腹面为深红棕色，前后翅密布复杂的紫色线条和斑纹，较易与其他环蛱蝶区别。

1年1代，成虫多见于5-7月。

分布于四川、重庆、云南、西藏等地。此外见于印度、不丹、尼泊尔、缅甸、泰国、越南、老挝等地。

黄重环蛱蝶 / *Neptis cydippe* Leech, 1890

13

大型蛱蝶。翅背面黑褐色，斑纹黄色，前翅中室内斑条与外侧眉形纹相连，无缺刻，前缘中部有短纹，亚顶角有2个明显黄斑，黄斑有部分交搭，中室斑条外侧斑块与中室斑条距离较近，但不紧挨，后翅有2条黄色横带，翅腹面棕褐色，后翅内中区横带为白色，靠外缘为蓝灰色，向内曲，其内侧有2个蓝灰色斑点，横带外侧伴有1条深棕红色带，外缘呈波状，外中区横带退化模糊。

成虫多见于6-8月。

分布于云南、四川、甘肃、福建、湖北、重庆等地。此外见于印度。

折环蛱蝶 / *Neptis beroe* Leech, 1890

14-15

中大型蛱蝶。翅背面黑褐色，斑纹黄色，前翅中室内斑条与外侧眉形纹相连，无缺刻，前缘中部有1条非常细长的黄纹，亚顶角有2个明显黄斑，下侧黄斑与上方完全交搭，中室斑条外侧斑块向内弯曲，几乎触及中室斑条，仅隔着1条细小的黑色脉纹，后翅有2条黄色横带，雄蝶后翅前缘平直，至中部突然向下折，同时有一大片银白色鳞，极易与其他环蛱蝶区分，翅腹面棕黄色，后翅内侧横带黄白色，外侧横带紫白色，区间有深红棕色斑纹。

成虫多见于6-7月。

分布于浙江、安徽、湖北、河南、陕西、四川、重庆、云南等地。此外见于缅甸。

森环蛱蝶 / *Neptis nemorum* Oberthür, 1906

16

小型蛱蝶。翅背面斑纹棕黄色，后翅腹面基部的紫白色基条末端断裂，中部横带黄色，最外侧斑块白色，横带下方伴有深棕红色区，内有1条淡黄色细带，外侧边缘为紫白色，紫白色细带外为大片均匀的黄色鳞区，无任何斑纹，该特征可以与其他近似种区别。

成虫多见于6-7月。

分布于云南。此外见于印度。

蛛环蛱蝶 / *Neptis arachne* Leech, 1890

17-18

中大型蛱蝶。翅背面斑纹与折环蛱蝶相似，前翅前缘中部有微弱的短纹，亚顶角2个黄斑形状较不规则，而折环蛱蝶为椭圆形，雄蝶后翅前缘不折弯，翅腹面黄色，后翅2条横带颜色接近底色，后翅有数道红棕色波纹状细纹，类似蛛网，极易与其他环蛱蝶区分。

成虫多见于6-7月。

分布于浙江、湖北、四川、陕西、甘肃、云南等地。

玛环蛱蝶 / *Neptis manasa* Moore, 1857

19-22

中大型蛱蝶。翅背面斑纹与蛛环蛱蝶相似，但前翅亚顶角2个黄斑非常发达，呈粘连状弯曲，翅腹面为土黄色，较纯净，不似蛛环蛱蝶有复杂线纹，后翅2条横带为黄白色，区间有1条银灰色横线。

成虫多见于5-7月。幼虫以桦木科植物千金榆为寄主。

分布于安徽、浙江、湖北、福建、湖南、广西、海南、四川、重庆、云南、西藏等地。此外见于印度、尼泊尔、缅甸、泰国、老挝、越南等地。

备注：产于藏东南的亚种翅背面斑纹为白色。

提环蛱蝶 / *Neptis thisbe* Ménétriès, 1859

23-24 / P1761

中大型蛱蝶。与黄重环蛱蝶较相似，但前翅中室斑条外侧斑块与中室斑条非常接近，亚顶角的2个黄斑其中下方黄斑较小，且2个黄斑之间几乎不交搭，后翅外中区的横带细，不明显，呈淡黄白色，翅腹面为深棕红色，后翅腹面基部有1条紫白色基条，基条不贴近前缘，基条外侧下方还有1个紫白色斑点，内中区横带黄白色，横带内最靠外侧的斑块明显较小，而靠内的那个黄斑凸出非常明显，为横带中最长的斑块，外中区的横带窄，为紫白色，2个横带区间为深棕红色，外中区横带的外侧为较纯净的土黄色。

成虫多见于5–7月。

分布于黑龙江、吉林、辽宁、浙江、福建、湖北、四川、云南等地。此外见于俄罗斯及朝鲜半岛。

奥环蛱蝶 / *Neptis obscurior* Oberthür, 1906

25-26

中型蛱蝶。与提环蛱蝶较相似，但后翅翅形明显不同，本种后翅前缘部分下切明显，不似提环蛱蝶圆阔，且前缘有大面积的灰白鳞，后翅内中区横带平直，最外缘较提环蛱蝶少1个黄斑，外中区的横带为非常微弱的淡白色。翅腹面为深棕红色，后翅基部有1条紫白色基条，基条不靠近前缘，末端分散成几个紫白色斑点。

成虫多见于6–7月。

分布于黑龙江、吉林、辽宁、北京、河北、陕西、甘肃、湖北、福建、四川等地。此外见于俄罗斯、朝鲜半岛等地。

云南环蛱蝶 / *Neptis yunnana* Oberthür, 1906

27-28

小型蛱蝶。翅背面斑纹与提环蛱蝶较相似，但斑纹明显更粗，更黄，后翅外缘近臀角处有明显的黄色鳞，翅腹面为黄褐色至深棕色，后翅基部有紫白色基条，基条不靠近前缘，末端分散成几个紫白色斑点，内中区横带为黄色，最外侧1个斑纹为白色，横带外方为橙黄色，有一深一浅2条红棕色细带。

成虫多见于6–7月。

分布于云南、四川。

黄环蛱蝶 / *Neptis themis* Leech, 1890

29-33 / P1762

中型蛱蝶。与提环蛱蝶较相似，但前翅亚顶角2个黄斑之间距离较远，而提环蛱蝶的2个黄斑极为靠近，后翅腹面基部只有1条紫白色基条，而提环蛱蝶基条外下方还多了1个紫色斑点，后翅内中区横带最外侧2个斑纹长度相近。

成虫多见于6–8月。

分布于北京、河北、陕西、甘肃、四川、湖北、湖南、浙江、云南、西藏等地。此外见于越南。

伊洛环蛱蝶 / *Neptis ilos* Fruhstorfer, 1909

34-36 / P1762

中型蛱蝶。与黄环蛱蝶极为相似，前翅亚顶角的2个黄斑似乎较黄环蛱蝶靠得更近，分离感没有黄环蛱蝶那么强，但由于存在个体和种群差异，该区别点也不十分可靠，准确的判断必须依据前翅翅脉的微弱差别和生殖器解剖。

成虫多见于6–7月。

分布于黑龙江、吉林、辽宁、北京、河北、陕西、山西、甘肃、湖北、湖南、福建、四川、云南等地。此外见于俄罗斯及朝鲜半岛。

01 ♂ 林环蛱蝶 云南维西

02 ♂ 林环蛱蝶 台湾桃园

03 ♀ 林环蛱蝶 台湾南投

01 ♂ 林环蛱蝶 云南维西

02 ♂ 林环蛱蝶 台湾桃园

03 ♀ 林环蛱蝶 台湾南投

04 ♂ 玫环蛱蝶 四川芦山

05 ♂ 玫环蛱蝶 福建武夷山

06 ♀ 莲花环蛱蝶 四川芦山

04 ♂ 玫环蛱蝶 四川芦山

05 ♂ 玫环蛱蝶 福建武夷山

06 ♀ 莲花环蛱蝶 四川芦山

⑦ ♂ 莲花环蛱蝶 台湾台中

⑧ ♀ 莲花环蛱蝶 台湾桃园

⑨ ♂ 那拉环蛱蝶 四川峨边

⑩ ♂ 矛环蛱蝶 云南贡山

❼ ♂ 莲花环蛱蝶 台湾台中

❽ ♀ 莲花环蛱蝶 台湾桃园

❾ ♂ 那拉环蛱蝶 四川峨边

❿ ♂ 矛环蛱蝶 云南贡山

⑪ ♂ 紫环蛱蝶 四川宝兴

⑫ ♂ 紫环蛱蝶 西藏墨脱

⑬ ♂ 黄重环蛱蝶 四川芦山

⓫ ♂ 紫环蛱蝶 四川宝兴

⓬ ♂ 紫环蛱蝶 西藏墨脱

⓭ ♂ 黄重环蛱蝶 四川芦山

⑭ ♂
折环蛱蝶
陕西周至
⑮ ♀
折环蛱蝶
陕西宁陕
⑯ ♂
森环蛱蝶
云南维西
⓮ ♂
折环蛱蝶
陕西周至
⓯ ♀
折环蛱蝶
陕西宁陕
⓰ ♂
森环蛱蝶
云南维西
⑰ ♂
蛛环蛱蝶
云南贡山
⑱ ♂
蛛环蛱蝶
湖北神农架
⑲ ♂
玛环蛱蝶
云南贡山
⓱ ♂
蛛环蛱蝶
云南贡山
⓲ ♂
蛛环蛱蝶
湖北神农架
⓳ ♂
玛环蛱蝶
云南贡山

⑳ ♂
玛环蛱蝶
广东乳源

㉑ ♀
玛环蛱蝶
广东乳源

㉒ ♂
玛环蛱蝶
西藏墨脱

⓴ ♂
玛环蛱蝶
广东乳源

21 ♀
玛环蛱蝶
广东乳源

22 ♂
玛环蛱蝶
西藏墨脱

㉓ ♂
提环蛱蝶
四川宝兴

㉔ ♀
提环蛱蝶
四川宝兴

㉕ ♂
奥环蛱蝶
陕西凤县

23 ♂
提环蛱蝶
四川宝兴

24 ♀
提环蛱蝶
四川宝兴

25 ♂
奥环蛱蝶
陕西凤县

㉖ ♂
奥环蛱蝶
四川芦山

㉗ ♂
云南环蛱蝶
云南贡山

㉘ ♂
云南环蛱蝶
云南维西

㉖ ♂
奥环蛱蝶
四川芦山

㉗ ♂
云南环蛱蝶
云南贡山

㉘ ♂
云南环蛱蝶
云南维西

㉙ ♂
黄环蛱蝶
北京

㉚ ♂
黄环蛱蝶
云南贡山

㉛ ♂
黄环蛱蝶
云南维西

㉙ ♂
黄环蛱蝶
北京

㉚ ♂
黄环蛱蝶
云南贡山

㉛ ♂
黄环蛱蝶
云南维西

㉜ ♀
黄环蛱蝶
陕西宝鸡

㉝ ♀
黄环蛱蝶
广西临桂

㉜ ♀
黄环蛱蝶
陕西宝鸡

㉝ ♀
黄环蛱蝶
广西临桂

㉞ ♂
伊洛环蛱蝶
陕西宝鸡

㉟ ♂
伊洛环蛱蝶
台湾花莲

㊱ ♀
伊洛环蛱蝶
台湾南投

㉞ ♂
伊洛环蛱蝶
陕西宝鸡

㉟ ♂
伊洛环蛱蝶
台湾花莲

㊱ ♀
伊洛环蛱蝶
台湾南投

海环蛱蝶 / *Neptis thetis* Leech, 1890

01-02

中型蛱蝶。与黄环蛱蝶较相似，但后翅腹面基部的紫白色斑条退化，只有1个紫白色斑块，亚外缘的紫白色斑带退化，只剩靠外缘部分有1条短的紫白色带。

成虫多见于6–8月。

分布于北京、陕西、湖北、四川、湖南、福建、云南等地。

朝鲜环蛱蝶 / *Neptis philyroides* Staudinger, 1887

03-06 / P1762

中型蛱蝶。与啡环蛱蝶非常相似，但前翅前缘中上部靠近亚顶角斑处有2个明显的白色小斑，该斑纹在腹面更加明显。

成虫多见于5–8月。

分布于黑龙江、吉林、辽宁、河南、陕西、江苏、浙江、湖北、重庆、台湾、贵州、四川。此外见于俄罗斯、越南及朝鲜半岛等地。

单环蛱蝶 / *Neptis rivularis* (Scopoli, 1763)

07-08 / P1763

小型蛱蝶。翅背面黑褐色，前翅中室内斑条断裂成4段，外侧斑块靠近，与中室斑条形成弧形，后翅中部有宽阔的白色横带，横带内斑块呈长方形，排列整齐紧密，翅腹面棕褐色，斑纹与背面相似，后翅基部有白色基条，基条不抵达前缘，前后翅外缘及亚外缘有灰白色纹。

成虫多见于6–8月。

分布于黑龙江、吉林、辽宁、北京、内蒙古、甘肃、青海、宁夏、新疆、四川、陕西、湖北等地。此外见于中东欧至远东的广大区域。

链环蛱蝶 / *Neptis pryeri* Butler, 1871

09-11 / P1764

中小型蛱蝶。与单环蛱蝶纹较相似，但翅面斑纹窄，后翅有2条白色横带，而单环蛱蝶只有1条，后翅腹面基部有许多黑点，而单环蛱蝶则为基条，没有黑点。

1年多代，部分地区成虫几乎全年可见。幼虫以蔷薇科绣线菊为寄主。

分布于吉林、河南、山西、浙江、上海、安徽、湖北、江西、福建、台湾、重庆、贵州等地。此外见于日本及朝鲜半岛。

细带链环蛱蝶 / *Neptis andetria* Fruhstorfer, 1912

12

中小型蛱蝶。与链环蛱蝶纹非常近似，但翅面斑纹明显更窄，后翅中外区的白色横带呈“M”形，后翅腹面基部的黑点进入到最靠内缘的脉室里，而链环蛱蝶的黑点不进入。

成虫多见于6–8月。

分布于黑龙江、北京、陕西、甘肃、湖北、四川、重庆、云南等地。此外见于俄罗斯及朝鲜半岛。

五段环蛱蝶 / *Neptis divisa* Oberthür, 1908

13

小型蛱蝶。与单环蛱蝶较相似，但翅面斑纹更粗大，前翅中室内斑条断裂成5段，后翅腹面基部附近有许多黑点，而单环蛱蝶则为基条，没有黑点。

成虫多见于5–6月。

分布于云南、四川。

01 ♂
海环蛱蝶
陕西宝鸡

02 ♂
海环蛱蝶
湖北襄阳

03 ♀
朝鲜环蛱蝶
辽宁丹东

01 ♂
海环蛱蝶
陕西宝鸡

02 ♂
海环蛱蝶
湖北襄阳

03 ♀
朝鲜环蛱蝶
辽宁丹东

04 ♂
朝鲜环蛱蝶
台湾台东

05 ♀
朝鲜环蛱蝶
台湾屏东

06 ♀
朝鲜环蛱蝶
四川峨眉山

04 ♂
朝鲜环蛱蝶
台湾台东

05 ♀
朝鲜环蛱蝶
台湾屏东

06 ♀
朝鲜环蛱蝶
四川峨眉山

07 ♂ 单环蛱蝶 陕西宝鸡

08 ♂ 单环蛱蝶 甘肃永登

09 ♂ 链环蛱蝶 台湾屏东

10 ♀ 链环蛱蝶 台湾嘉义

07 ♂ 单环蛱蝶 陕西宝鸡

08 ♂ 单环蛱蝶 甘肃永登

09 ♂ 链环蛱蝶 台湾屏东

10 ♀ 链环蛱蝶 台湾嘉义

11 ♀ 链环蛱蝶 福建福州

12 ♂ 细带链环蛱蝶 陕西长安

13 ♂ 五段环蛱蝶 云南贡山

11 ♀ 链环蛱蝶 福建福州

12 ♂ 细带链环蛱蝶 陕西长安

13 ♂ 五段环蛱蝶 云南贡山

重环蛱蝶 / *Neptis alwina* (Bremer & Grey, 1852)

01-03 / P1764

中大型蛱蝶。雄蝶前翅顶角凸出，翅背面黑褐色，顶角处有1个白斑，亚顶角有数个白斑形成“V”形，中室内有白色斑条，有较宽的缺刻，外侧白斑接近中室条，呈弧形排列，后翅有2条白色横带，翅腹面棕褐色，斑纹与背面相似，后翅基部有1条白色基条。雌蝶斑纹类似雄蝶，但翅形更圆阔，前翅顶角没有明显的白斑。

成虫多见于6-8月。幼虫以蔷薇科桃属、梨属植物为寄主。

分布于黑龙江、吉林、辽宁、内蒙古、北京、河北、河南、陕西、山西、甘肃、青海、四川、浙江、湖南、湖北、云南、西藏等地。此外见于俄罗斯、蒙古、朝鲜半岛、日本等地。

德环蛱蝶 / *Neptis dejeani* Oberthür, 1894

04-05

中大型蛱蝶。与重环蛱蝶较相似，但雄蝶顶角处无白斑，后翅内中区的白色横带更狭长，后翅腹面基部为分散的几个白色斑点，而重环蛱蝶则为白色长条形斑条。

成虫多见于5-6月。

分布于四川、云南。此外见于越南。

菲蛱蝶属 / *Phaedyma* Felder, 1861

中型蛱蝶。体背褐色被毛具虹彩，腹面污白色。头大，触角细长，端部稍大。翅形窄常，颜色简单，以黑、白、黄为主。无性二型。

成虫栖息于林缘，喜在开阔地缓慢飘忽飞行。两性访花或吸食腐败果实和粪便。幼虫以豆科、山柑科植物为寄主。

主要分布于东洋区。国内目前已知3种，本图鉴收录3种。

霭菲蛱蝶 / *Phaedyma aspasia* (Leech, 1890)

06-07 / P1765

中型蛱蝶。雄蝶背面褐色具较连贯的橙黄色条纹，前翅中室斑与室端外下侧斑相连呈球杆状，其与亚顶区斑之间前远处有小白斑；后翅中带宽，与亚前缘带联合成眼镜状，亚外缘具模糊的淡棕色带。腹面大体与背面相似，底色棕黄，带纹色淡，且之间夹有紫白色细带。

1年多代，成虫多见于6-8月。

分布于华东、华中和西南各省区。此外见于不丹、尼泊尔和印度北部。

柱菲蛱蝶 / *Phaedyma columella* (Cramer, [1780])

08 / P1765

中型蛱蝶。雄蝶背面褐色具离散的白斑。前翅中室斑棒状、近端部缢缩，末端截平，外中区斑与中室斑末端分离，亚外缘具清晰白斑列，其与亚顶区和外中区白斑间夹有污白色波状线；后翅中带连贯清晰，亚外缘带白斑分离。腹面底色棕黄，白斑似背面，后翅亚前缘和两白带间余有稍模糊的白线。

1年多代，成虫几乎全年可见，但夏季较多。幼虫以豆科海南红豆等植物为寄主。

分布于海南、广东、广西、云南等地。此外见于印度、缅甸、越南等地。

秦菲蛱蝶 / *Phaedyma chinga* Eliot, 1969

09

中型蛱蝶。与霭菲蛱蝶很相似，但前翅腹面室端斑和亚顶区斑在腹面较退化，后翅腹面亚基部有黑点。

成虫多见于7、8月。

分布于华中地区。

⓪1 ♂ 重环蛱蝶 北京

⓪2 ♀ 重环蛱蝶 北京

01 ♂ 重环蛱蝶 北京

02 ♀ 重环蛱蝶 北京

⓪3 ♂ 重环蛱蝶 甘肃定西

⓪4 ♂ 德环蛱蝶 云南贡山

⓪5 ♀ 德环蛱蝶 云南贡山

03 ♂ 重环蛱蝶 甘肃定西

04 ♂ 德环蛱蝶 云南贡山

05 ♀ 德环蛱蝶 云南贡山

06 ♂ 霭菲蛱蝶 福建福州

06 ♂ 霭菲蛱蝶 福建福州

07 ♀ 霭菲蛱蝶 福建福州

07 ♀ 霭菲蛱蝶 福建福州

08 ♂ 柱菲蛱蝶 广东广州

08 ♂ 柱菲蛱蝶 广东广州

09 ♂ 秦菲蛱蝶 北京

09 ♂ 秦菲蛱蝶 北京

伞蛱蝶属 / *Aldania* Moore, [1896]

中型蛱蝶。前翅窄长，后翅外缘略呈齿状。前、后翅背面蓝黑色或红褐色，翅脉明显。黑条伞蛱蝶翅脉黑色较粗、明显，翅脉间布满灰色鳞片。仿斑伞蛱蝶前翅背面翅脉黑色明显，后翅翅脉黑褐色间红褐色，亚外缘有暗色斑。翅腹面和背面的斑纹相似，但翅色和翅脉较淡。

成虫栖息于山地阔叶林等场所。

主要分布于古北区。国内目前已知2种，本图鉴收录2种。

黑条伞蛱蝶 / *Aldania raddei* (Bremer, 1861)

01-02

中型蛱蝶。沿翅脉有黑色条纹。前、后翅背面暗灰色，外缘线黑色波状，翅脉间布满灰黑色鳞片，前翅中室内隐约有2条黑色纵纹。后翅边缘波状，中室内有1条短纵纹。翅腹面和背面的斑纹相同，但后翅翅基黑色明显。

1年1代，成虫多见于5-6月。

分布于黑龙江、陕西、甘肃、河南等地。此外见于俄罗斯。

仿斑伞蛱蝶 / *Aldania imitans* (Oberthür, 1897)

03-04

中型蛱蝶。外形很像斑蝶科种类。前翅背面灰色，脉纹黑色，外缘及亚外缘有黑色横带和灰色斑点。后翅背面大部红褐色，中部有红褐色横带，亚外缘横带较宽，其中局部有暗色斑。翅腹面和背面的斑纹相同，但前翅顶角及外缘脉纹呈红褐色，后翅大部呈红褐色。

1年1代，成虫多见于6月。

分布于四川、云南等地。

01 ♂
黑条伞蛱蝶
辽宁丹东

01 ♂
黑条伞蛱蝶
辽宁丹东

02 ♂
黑条伞蛱蝶
陕西镇安

02 ♂
黑条伞蛱蝶
陕西镇安

03 ♂
仿斑伞蛱蝶
云南维西

03 ♂
仿斑伞蛱蝶
云南维西

04 ♂
仿斑伞蛱蝶
云南丽江

04 ♂
仿斑伞蛱蝶
云南丽江

蜡蛱蝶属 / *Lasippa* Moore, 1898

小型蛱蝶。外形与蟠蛱蝶及部分环蛱蝶十分相似。翅背面为深褐色，上有橙色的粗横纹。翅腹面有类似斑纹，但底色明显较淡。雄蝶前翅腹面下缘及后翅背面前缘有性标。

成虫喜在林缘或树冠活动，飞行缓慢，但在受扰时会快速疾飞，停栖时多将翅平展。幼虫寄主为豆科植物。

主要分布于东洋区。国内目前已知2种，本图鉴收录1种。

味蜡蛱蝶 / *Lasippa viraja* (Moore, 1872)

01-02

小型蛱蝶。翅背面底色深褐色，有明显橙色带纹。前翅中室橙斑前侧有0-1个小缺口，后翅橙色宽带纹沿内缘向后伸延，两翅亚外缘线纹不明显。翅腹面的底色为红褐色，背面橙色斑的对应位置呈浅橙色。雄蝶前翅顶角明显较尖锐，后翅背面前缘有银灰色性标。

1年多代，成虫全年可见。幼虫以多豆科黄檀属植物为寄主。

分布于海南。此外见于印度、孟加拉国、缅甸、泰国及中南半岛。

蟠蛱蝶属 / *Pantoporia* Hübner, [1819]

小型蛱蝶。外形与蜡蛱蝶及部分环蛱蝶十分相似。翅背面为深褐色，上有橙色的粗横纹。翅腹面多带类似斑纹，但底色明显较淡。雄蝶前翅腹面下缘及后翅背面前缘有性标。

成虫喜在林缘或树冠活动，飞行缓慢，但在受扰时会快速疾飞，停栖时多将翅平展。大部分种类的幼虫寄主为豆科植物。

主要分布于东洋区和澳洲区的热带区域，有1种分布至古北区东部南缘。国内目前已知约7种，本图鉴收录3种。

金蟠蛱蝶 / *Pantoporia hordonia* (Stoll, [1790])

03-04 / P1766

小型蛱蝶。翅背面底色深褐色，有明显橙色带纹。前翅中室橙斑前侧有2个小缺口，沿亚外缘有1条橙色线纹。翅腹面的底色为红褐色，带斑驳的黄色和淡紫色细纹，背面橙色斑的对应位置呈浅橙色，常带红褐色斑点。雄蝶后翅背面前缘有银灰色性标。

1年多代，成虫全年可见。幼虫以豆科天香藤和猴耳环等植物为寄主。

分布于云南、广东、广西、福建、海南、台湾、香港等地。此外见于印度、尼泊尔、斯里兰卡、缅甸、泰国、马来西亚、印度尼西亚、菲律宾及中南半岛。

短带蟠蛱蝶 / *Pantoporia assamica* (Moore, 1881)

05

小型蛱蝶。外形接近金蟠蛱蝶，主要区别为：本种翅背面的橙色带纹较粗，中室橙斑上侧的缺口不明显；沿亚外缘无橙色线纹；后翅的2道橙斑在内缘连接；翅腹面红褐色斑甚窄，与橙色带纹清晰分明，无斑驳细纹。

1年1代，成虫多见于4–7月。幼生期习性未明。

分布于云南、广西。此外见于印度东北部、缅甸。

苾蟠蛱蝶 / *Pantoporia bieti* (Oberthür, 1894)

06-09

小型蛱蝶。翅背面底色深褐色，有明显淡橙色带纹，前翅外侧的2道带纹断裂成数个斑点，后翅外侧的横带甚窄。翅腹面的底色为红褐色，沿亚外缘或有1条黄色线纹，背面淡橙色斑的对应位置呈黄色。雄蝶后翅背面前缘有银灰色性标。

1年1代，成虫多见于4–8月。以幼虫越冬。幼虫多以豆科黄檀属植物为寄主。

分布于湖北、四川、重庆、云南、广东、广西、海南、西藏等地。此外见于缅甸、泰国、印度东北部及中南半岛北部。

01 ♂ 味蜡蛱蝶 海南昌江

01 ♂ 味蜡蛱蝶 海南昌江

02 ♂ 味蜡蛱蝶 海南五指山

02 ♂ 味蜡蛱蝶 海南五指山

03 ♂ 金蟠蛱蝶 台湾台北

03 ♂ 金蟠蛱蝶 台湾台北

04 ♀ 金蟠蛱蝶 台湾台北

04 ♀ 金蟠蛱蝶 台湾台北

05 ♂ 短带蟠蛱蝶 广西龙州

05 ♂ 短带蟠蛱蝶 广西龙州

06 ♂ 苾蟠蛱蝶 海南五指山

06 ♂ 苾蟠蛱蝶 海南五指山

07 ♀ 苾蟠蛱蝶 海南琼中

07 ♀ 苾蟠蛱蝶 海南琼中

08 ♂ 苾蟠蛱蝶 湖北神农架

08 ♂ 苾蟠蛱蝶 湖北神农架

09 ♀ 苾蟠蛱蝶 海南乐东

09 ♀ 苾蟠蛱蝶 海南乐东

< 灰蝶科

小蚬蝶属 / *Polycaena* Staudinger, 1886

小型蚬蝶。该属成虫背面翅色为黑褐色，前翅分布有黑斑、橙斑及白斑，后翅斑少，前后翅外缘内侧常有橙色斑带；腹面多呈现灰白色，前后翅常布满黑斑。

成虫飞行力较弱，喜高山草地环境，喜访花。

主要分布在西北部、西南部山地。栖息在海拔2500-4000米草地。国内目前已知12种，本图鉴收录9种。

第一小蚬蝶 / *Polycaena princeps* (Oberthür, 1886)

01-03

小型蚬蝶。背面翅色黑褐色，前翅中室端有白斑，中域有弧形白斑1列，顶角白斑斜向3个，前后翅外缘有间断状红线纹；腹面灰白色，前后翅布满黑斑及长条斑，外缘和亚缘间有红线纹。

成虫多见于7-8月。喜高山林间草地环境，访花。

分布于甘肃、四川等地。

甘肃小蚬蝶 / *Polycaena kansuensis* Nordström, 1935

04-07

小型蚬蝶。和第一小蚬蝶相近，主要区别为：在本种前翅中域白斑带发达；后翅腹面第一小蚬蝶中室上脉有1个长条黑斑，本种无长条黑斑。

成虫多见于7-8月，栖息于洼地草丛、林间草地。

分布于甘肃、青海、四川。

喇嘛小蚬蝶 / *Polycaena lama* Leech, 1893

08

小型蚬蝶。和甘肃小蚬蝶相近，主要区别为：在本种外缘带为橙色，且宽阔；甘肃小蚬蝶为红色，且间断。

成虫多见于7月。喜高山草甸环境，访花。

分布于四川、甘肃。

王氏小蚬蝶 / *Polycaena wangjiaqii* Huang, 2016

09

小型蚬蝶。和喇嘛小蚬蝶相近，主要区别为：本种后翅腹面呈黄色，而喇嘛小蚬蝶是灰白色。

成虫多见于7月。喜高山草甸环境。

分布于云南。

露娅小蚬蝶 / *Polycaena lua* Grum-Grshimailo, 1891

10-15

小型蚬蝶。背面翅色黑褐色，前翅中室端有橙斑，中域带斑橙色，前后翅亚缘斑橙色；腹面灰白色，翅面密布黑斑。

成虫多见于7-8月。栖息于高山草地环境。

分布于青海、甘肃、陕西。

四季拉小蚬蝶 / *Polycaena sejila* Huang & Li, 2016

16

小型蚬蝶。背面翅色黑褐色，前翅顶角尖，中室有1个白斑，中域斜向有白斑列，后翅无斑；腹面灰白色，基半部多黑斑，外缘斑楔形，中间有红色带。

成虫多见于7-8月。

分布于西藏。

铁木尔小蚬蝶 / *Polycaena timur* Staudinger, 1886

17-18

小型蚬蝶。背面翅色黑褐色，前翅中域橙色，中室有2个黑斑，中室外有弯曲黑斑1列，后翅端半部有橙色区域，内有黑斑；腹面灰黄色，分布有黑斑，亚外缘有白斑1列。

成虫多见于7月。

分布于新疆。此外见于哈萨克斯坦等地。

米诺小蚬蝶 / *Polycaena minor* Forster, 1951

19

小型蚬蝶。和露娅小蚬蝶相近，主要区别为：本种前翅橙色区域较露娅小蚬蝶阔，腹面后翅小黑斑比露娅小蚬蝶多1个。

成虫多见于7-8月。

分布于青海。

歧纹小蚬蝶 / *Polycaena chauchawensis* (Mell, 1923)

20

小型蚬蝶。和第一小蚬蝶相近，主要区别为：在本种前翅外缘平直，后翅外角较尖锐，后翅腹面仅有长条黑斑，无圆形斑。

成虫多见于7-8月。喜在林缘草丛飞行、停落。

分布于云南。

⓪1 ♂ 第一小蚬蝶 甘肃康乐
⓪2 ♀ 第一小蚬蝶 甘肃康乐
⓪3 ♂ 第一小蚬蝶 甘肃临潭
⓪4 ♂ 甘肃小蚬蝶 青海西宁
⓪5 ♀ 甘肃小蚬蝶 青海西宁
⓪6 ♀ 甘肃小蚬蝶 甘肃夏河

❶01 ♂ 第一小蚬蝶 甘肃康乐
02 ♀ 第一小蚬蝶 甘肃康乐
03 ♂ 第一小蚬蝶 甘肃临潭
04 ♂ 甘肃小蚬蝶 青海西宁
05 ♀ 甘肃小蚬蝶 青海西宁
06 ♀ 甘肃小蚬蝶 甘肃夏河

⓪7 ♀ 甘肃小蚬蝶 甘肃祁连山
⓪8 ♀ 喇嘛小蚬蝶 四川理塘
⓪9 ♀ 王氏小蚬蝶 云南香格里拉
⑩ ♂ 露娅小蚬蝶 陕西长安
⑪ ♀ 露娅小蚬蝶 陕西长安
⑫ ♂ 露娅小蚬蝶 青海贵德
⑬ ♀ 露娅小蚬蝶 甘肃夏河

07 ♀ 甘肃小蚬蝶 甘肃祁连山
08 ♀ 喇嘛小蚬蝶 四川理塘
09 ♀ 王氏小蚬蝶 云南香格里拉
10 ♂ 露娅小蚬蝶 陕西长安
11 ♀ 露娅小蚬蝶 陕西长安
12 ♂ 露娅小蚬蝶 青海贵德
13 ♀ 露娅小蚬蝶 甘肃夏河

⑭ ♂ 露娅小蚬蝶 甘肃定西
⑮ ♀ 露娅小蚬蝶 甘肃定西
⑯ ♂ 四季拉小蚬蝶 西藏林芝
⑰ ♂ 铁木尔小蚬蝶 新疆乌鲁木齐
⑱ ♂ 铁木尔小蚬蝶 新疆后峡
⑲ ♂ 米诺小蚬蝶 青海玉树
⑳ ♂ 歧纹小蚬蝶 云南德钦

14 ♂ 露娅小蚬蝶 甘肃定西

15 ♀ 露娅小蚬蝶 甘肃定西

16 ♂ 四季拉小蚬蝶 西藏林芝

17 ♂ 铁木尔小蚬蝶 新疆乌鲁木齐

18 ♂ 铁木尔小蚬蝶 新疆后峡

19 ♂ 米诺小蚬蝶 青海玉树

20 ♂ 歧纹小蚬蝶 云南德钦

豹蚬蝶属 / *Takashia* Okano & Okano, 1985

小型蚬蝶。两性相似，翅形圆，翅面斑纹类似豹纹，较易辨认。
主要生活于亚热带森林，飞行缓慢，喜欢在林下活动，有访花习性。
分布于东洋区。中国目前已知1种，本图鉴收录1种。

豹蚬蝶 / *Takashia nana* (Leech, 1893)

01

小型蚬蝶。翅形圆，翅背面底色为橙黄色，前缘和外缘黑色，翅缘有黑白相间的缘毛，翅内密布黑斑，黑斑大而几乎相连，类似豹纹。腹面斑纹类似背面，但黄色部分面积大，黑斑清晰而分离。

成虫多见于6–7月。

分布于陕西、四川、云南。

褐蚬蝶属 / *Abisara* C. & R. Felder, 1860

中型至大型蚬蝶。翅背面呈褐色或红褐色，部分种类前翅带浅色斜带，后翅亚外缘有不连续的眼斑列，部分种类带长尾突。翅腹面斑纹相似，唯底色较淡。雌蝶翅形较圆。

成虫飞行活泼敏捷，常翅半开在植被顶层停驻，并互相追逐。偏好生境依种类而不同，由灌丛至森林均有，会访花，雄蝶会到湿地吸水。幼虫寄主为紫金牛科植物。

分布于非洲区、东洋区和古北区东缘南部。国内目前已知9种，本图鉴收录7种。

方裙褐蚬蝶 / *Abisara freda* Bennett, 1957

02-04 / P1767

中型蚬蝶。翅背面褐色，前翅端部带2个白点，两翅中央和亚外缘有2条淡色纵斑，后翅亚外缘前侧和臀区各有2个黑色眼斑，其外侧多镶有1个白点。翅腹面呈黄褐色，斑纹与背面大致相同，后翅眼斑较突出。雌蝶底色较淡，翅形较圆。

1年多代，成虫除冬季外全年可见。生活史未明。

分布于云南。此外见于缅甸、泰国、中南半岛等地。

黄带褐蚬蝶 / *Abisara fylla* (Westwood, 1851)

05-11 / P1768

中型蚬蝶。翅背面深褐色，前翅端部常带2个白点，中央有黄色斜带，后翅中央有1个淡色纵斑，亚外缘有黑色眼斑列，部分外侧镶有1个白点。西部亚种*fylla*雄蝶前翅外缘平直，后翅臀角较尖，雌蝶底色较淡；东部亚种*magdala*雄蝶前翅外缘和后翅臀角较圆，雌蝶底色接近雄蝶，被部分学者视作独立种。

1年多代，成虫在南方全年可见。成虫多出现在灌丛、林缘或林中小径。幼虫以紫金牛科杜茎山属植物为寄主。

分布于云南、四川、广西、广东、福建、西藏、海南。此外见于缅甸、泰国、印度东北部及中南半岛等地。

白带褐蚬蝶 / *Abisara fylloides* (Westwood, 1851)

12-14 / P1769

中型蚬蝶。本种与黄带褐蚬蝶十分相似，主要区别为：本种前翅端部常不带白点，体形较小，过往记录常把本种与黄带褐蚬蝶混淆，它们在国内的分布格局需进一步厘清。

1年多代，成虫除隆冬外全年可见。成虫多出现在林缘或林中小径，雄蝶会互相快速追逐。幼生期习性不明。

分布于云南、四川、贵州、江西、浙江、福建、广东、广西。

蛇目褐蚬蝶 / *Abisara echerius* (Stoll, [1790])

15-19 / P1770

中型蚬蝶。后翅外缘有1个阶梯状突出。湿季型雄蝶翅背面红褐色，有模糊的淡色纵纹，后翅亚外缘有不明显黑斑，外侧镶白色线纹；翅腹面底色略淡，前翅中央和外侧各有1道淡色纵纹，中央纵纹内侧镶棕红色线，亚外缘有2道与外缘平行的灰色纹，后翅中央有1道内侧镶棕红色线弧形淡色纹，亚外缘黑斑和白色线纹较背面明显。湿季型雌蝶翅底色较淡，斑纹较明显，前翅外侧常呈黄褐色；腹面底色较淡，斑纹与雄蝶相似。旱季型整体斑纹退减，仅中央棕红色线纹较突出，其外侧底色较淡，后翅亚外缘黑斑常变得不明显。不同亚种和季节的个体，其底色深浅和斑纹变化十分大。

1年多代，成虫全年可见。幼虫以紫金牛科酸藤子属植物为寄主。

分布于云南、广东、广西、浙江、福建、海南、香港等地。此外见于印度、斯里兰卡、孟加拉国、缅甸、泰国、中南半岛、马来西亚、印度尼西亚、菲律宾。

白点褐蚬蝶 / *Abisara burnii* (de Nicéville, 1895)

20-23 / P1771

中型蚬蝶。翅背面红褐色，前翅外侧有模糊的淡色斑列，后翅亚外缘前侧有2个黑色眼斑，其外侧缀有白线纹。翅腹面底色呈橙褐色，两翅中央和外侧各有1列白色斑，亚外缘则有断裂的线纹，后翅亚外缘前侧有2个黑色眼斑。

1年多代，成虫在南方全年可见。幼虫以紫金牛科酸藤子属植物为寄主。

分布于四川、广东、江西、浙江、福建、海南、台湾等地。此外见于缅甸、泰国、印度东北部及中南半岛。

长尾褐蚬蝶 / *Abisara neophron* (Hewitson, 1861)

24-28 / P1772

大型蚬蝶。后翅有长尾突。翅背面红褐色，前翅外则有1条淡色直纹，中央有白色斜带；后翅中央有1条淡色锯齿纹；亚外缘前侧有2个黑色眼纹状，外侧镶白色线状。翅腹面底色较淡，斑纹与背面基本一致，但更突出。旱季型后翅亚外缘眼纹减退，中央纹外侧泛白。

1年多代，成虫几乎全年可见。幼虫以紫金牛科植物网脉酸藤子为寄主。

分布于云南、广东、广西、福建、西藏。此外见于尼泊尔、缅甸、泰国及印度东北部、中南半岛、马来半岛。

锡金尾褐蚬蝶 / *Abisara chela* de Nicéville, 1886

29 / P1772

大型蚬蝶。本种与长尾褐蚬蝶极为相似，主要区别为：本种后翅尾突较短；本种前翅腹面外侧直纹呈白色，相当分明，长尾褐蚬蝶则模糊；本种后翅腹面中央锯齿纹，中段向外突出，长尾褐蚬蝶则相对平直。

1年多代，成虫多见于5–9月。幼虫习性未明。

分布于西藏东南部、云南西北部。此外见于缅甸及印度东北部。

暗蚬蝶属 / *Taxila* Doubleday, 1847

中小型蚬蝶。翅背面深褐色，翅腹面红褐色，具白色和黑色斑点。

成虫栖息于热带森林环境，从平地至中海拔均有分布。

分布于东洋区。国内目前已知2种，本图鉴收录1种。

海南暗蚬蝶 / *Taxila hainana* Riley & Godfrey, 1925

30-31 / P1773

中小型蚬蝶。翅背面深褐色，翅中域具有明显的黑色暗斑；翅腹面红褐色，中域具有许多白色小斑，其内侧多镶有黑色斑纹。

1年多代，成虫全年可见。

分布于海南等地。此外见于老挝、越南等地。

白蚬蝶属 / *Stiboges* Butler, 1876

中小型蚬蝶。翅白色，前翅前缘及外缘呈黑褐色。

成虫栖息于植被较好的亚热带森林环境，飞行能力不强，喜欢停栖在叶面上。幼虫寄主为紫金牛科植物。

分布于东洋区。国内目前已知2种，本图鉴收录2种。

白蚬蝶 / *Stiboges nymphidia* Butler, 1876

32-33

中小型蚬蝶。翅底色为白色，前翅前缘及两翅外侧区域呈黑褐色，翅外侧黑色区域内具1列模糊的白色小斑，并具1条淡褐色的细带。

1年多代，成虫多见于4-12月。幼虫以紫金牛科植物虎舌红为寄主。

分布于浙江、福建、江西、广东、广西、四川、重庆、云南等地。此外见于印度、不丹、缅甸、泰国、老挝、越南等地。

白点白蚬蝶 / *Stiboges elodinia* Fruhstorfer, 1914

34-37

中小型蚬蝶。近似于白蚬蝶，但本种翅外侧黑色区域内的白斑较明显。

1年多代，成虫多见于3-8月。本种习性近似白蚬蝶，并同地发生。

分布于四川、广西等地。此外见于泰国、老挝、越南等地。

⓪① ♀ 豹蚬蝶 四川泸定
⓪② ♂ 方裙褐蚬蝶 云南腾冲
⓪③ ♀ 方裙褐蚬蝶 云南腾冲
⓪④ ♂ 方裙褐蚬蝶 云南昆明

01 ♀ 豹蚬蝶 四川泸定
02 ♂ 方裙褐蚬蝶 云南腾冲
03 ♀ 方裙褐蚬蝶 云南腾冲
04 ♂ 方裙褐蚬蝶 云南昆明

⓪⑤ ♂ 黄带褐蚬蝶 广东乳源
⓪⑥ ♂ 黄带褐蚬蝶 福建武夷山
⓪⑦ ♀ 黄带褐蚬蝶 福建武夷山

05 ♂ 黄带褐蚬蝶 广东乳源
06 ♂ 黄带褐蚬蝶 福建武夷山
07 ♀ 黄带褐蚬蝶 福建武夷山

08 ♂
黄带褐蚬蝶
福建三明

09 ♀
黄带褐蚬蝶
福建三明

10 ♀
黄带褐蚬蝶
云南贡山

08 ♂
黄带褐蚬蝶
福建三明

09 ♀
黄带褐蚬蝶
福建三明

10 ♀
黄带褐蚬蝶
云南贡山

11 ♂
黄带褐蚬蝶
云南贡山

12 ♂
白带褐蚬蝶
广东乳源

13 ♂
白带褐蚬蝶
贵州沿河

14 ♀
白带褐蚬蝶
贵州沿河

11 ♂
黄带褐蚬蝶
云南贡山

12 ♂
白带褐蚬蝶
广东乳源

13 ♂
白带褐蚬蝶
贵州沿河

14 ♀
白带褐蚬蝶
贵州沿河

⑮ ♂ 蛇目褐蚬蝶 广西上思

15 ♂ 蛇目褐蚬蝶 广西上思

⑯ ♀ 蛇目褐蚬蝶 广西上思

16 ♀ 蛇目褐蚬蝶 广西上思

⑰ ♂ 蛇目褐蚬蝶 香港

17 ♂ 蛇目褐蚬蝶 香港

⑱ ♀ 蛇目褐蚬蝶 香港

18 ♀ 蛇目褐蚬蝶 香港

⑲ ♂ 蛇目褐蚬蝶 福建三明

19 ♂ 蛇目褐蚬蝶 福建三明

⑳ ♂ 白点褐蚬蝶 广东乳源

20 ♂ 白点褐蚬蝶 广东乳源

㉑ ♂ 白点褐蚬蝶 广东乳源

21 ♂ 白点褐蚬蝶 广东乳源

㉒ ♂ 白点褐蚬蝶 广西金秀

22 ♂ 白点褐蚬蝶 广西金秀

㉓ ♂ 白点褐蚬蝶 台湾台中

23 ♂ 白点褐蚬蝶 台湾台中

㉔ ♂ 长尾褐蚬蝶 云南盈江

24 ♂ 长尾褐蚬蝶 云南盈江

㉕ ♂ 长尾褐蚬蝶 福建福州

25 ♂ 长尾褐蚬蝶 福建福州

㉖ ♀
长尾褐蚬蝶
福建福州

㉖ ♀
长尾褐蚬蝶
福建福州

㉗ ♂
长尾褐蚬蝶
广东龙门

㉗ ♂
长尾褐蚬蝶
广东龙门

㉘ ♀
长尾褐蚬蝶
广东龙门

㉘ ♀
长尾褐蚬蝶
广东龙门

㉙ ♂
锡金尾褐蚬蝶
西藏墨脱

㉙ ♂
锡金尾褐蚬蝶
西藏墨脱

㉚ ♂
海南暗蚬蝶
海南乐东

㉚ ♂
海南暗蚬蝶
海南乐东

㉛ ♀
海南暗蚬蝶
海南乐东

㉛ ♀
海南暗蚬蝶
海南乐东

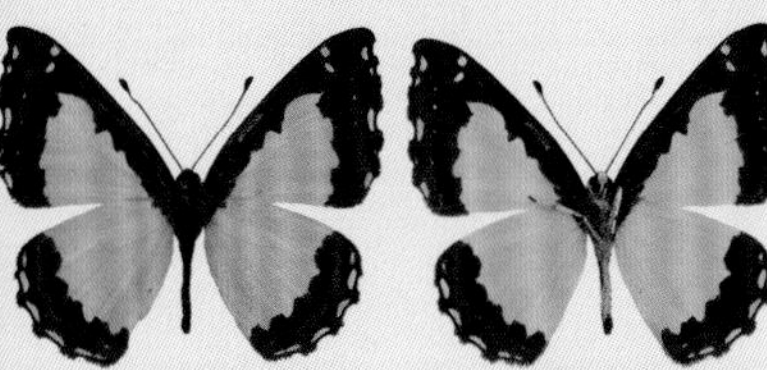
㉜ ♂
白蚬蝶
福建福州

㉜ ♂
白蚬蝶
福建福州

㉝ ♀
白蚬蝶
广东龙门

㉝ ♀
白蚬蝶
广东龙门

㉞ ♀
白点白蚬蝶
四川峨眉山

㉞ ♀
白点白蚬蝶
四川峨眉山

㉟ ♂
白点白蚬蝶
广西临桂

㉟ ♂
白点白蚬蝶
广西临桂

㊱ ♀
白点白蚬蝶
广西临桂

㊱ ♀
白点白蚬蝶
广西临桂

㊲ ♂
白点白蚬蝶
四川峨眉山

㊲ ♂
白点白蚬蝶
四川峨眉山

波蚬蝶属 / *Zemeros* Boisduval, [1836]

中小型蚬蝶。翅棕褐色，具许多小白斑。

成虫栖息于林下、林缘、溪谷等环境，飞行能力不强，喜欢访花或在地面吸水。幼虫寄主为紫金牛科植物。

分布于东洋区。国内目前已知1种，本图鉴收录1种。

波蚬蝶 / *Zemeros flegyas* (Cramer, [1780])

01-02 / P1773

中小型蚬蝶。翅背面棕褐色，翅室内具许多白色小斑，这些小斑的内侧沿着翅室具有深褐色的长条形斑。翅腹面颜色较淡，斑纹基本同背面。

1年多代，成虫多见于3-12月。幼虫寄主为紫金牛科鲫鱼胆等植物。

分布于浙江、福建、江西、湖南、广东、广西、海南、四川、重庆、贵州、云南、西藏、香港等地。此外见于印度、缅甸、泰国、老挝、越南、马来西亚、印度尼西亚等地。

尾蚬蝶属 / *Dodona* Hewitson, [1861]

中型或中小型蚬蝶。复眼被毛。下唇须第3节短小。雄蝶前足跗节愈合，密被毛。前翅翅形三角形，后翅向后延长，具臀角叶状突，部分种类后端有尾状突。翅面底色一般呈暗褐色，有白、黄、橙色斑点与条纹。

栖息于阔叶林。幼虫寄主为紫金牛科植物。

分布于东洋区及澳洲区。国内目前已知14种，本图鉴收录12种。

大斑尾蚬蝶 / *Dodona egeon* (Westwood, [1851])

03-05

中型蚬蝶。躯体背侧暗褐色，腹侧白色。后翅有楔形尾状突。翅背面底色暗褐色，翅面缀橙色斑点及细纹，前翅翅端附近有数个小白点。翅腹面底色暗褐色，翅面缀白色斑点及条纹。后翅外缘前端有2个黑斑点。臀角叶状突及尾状突黑褐色，其前方有一小片灰色纹。本种斑纹构成与银纹尾蚬蝶类似，但斑纹较大且色彩偏黄色。

1年多代。栖息在常绿阔叶林。

分布于云南、广东、香港及福建等地。此外见于印度、缅甸、泰国、老挝、越南及马来半岛等地。

⓪① ♂
波蚬蝶
云南盈江

❶ ♂
波蚬蝶
云南盈江

⓪② ♂
波蚬蝶
四川都江堰

❷ ♂
波蚬蝶
四川都江堰

⓪③ ♂
大斑尾蚬蝶
云南西双版纳

❸ ♂
大斑尾蚬蝶
云南西双版纳

⓪④ ♀
大斑尾蚬蝶
云南西双版纳

❹ ♀
大斑尾蚬蝶
云南西双版纳

⓪⑤ ♀
大斑尾蚬蝶
广东龙门

❺ ♀
大斑尾蚬蝶
广东龙门

彩斑尾蚬蝶 / *Dodona maculosa* Leech, 1890

01-04 / P1774

中型蚬蝶。躯体背侧暗褐色，腹侧白色。后翅有指形尾状突。翅背面底色暗褐色，翅面缀橙黄色斑点及条纹，前翅翅端附近有小白点。翅腹面底色暗褐色，翅面缀银白色斑点及条纹。后翅外缘前端有2个黑斑点。臀角叶状突及尾状突黑褐色，其前方有一小片灰色纹。本种斑纹与银纹尾蚬蝶相似，唯斑纹较多呈橙黄色，且后翅尾状突指状而不呈楔形。

栖息在常绿阔叶林。幼虫以铁仔属植物为寄主。

分布于云南、重庆、河南、贵州、广东、广西及福建等地。此外见于越南。

银纹尾蚬蝶 / *Dodona eugenes* Bates, [1868]

05-07 / P1776

中型蚬蝶。躯体背侧暗褐色，腹侧白色。后翅有楔形尾状突。翅背面底色暗褐色，翅面缀橙黄色斑点及条纹，前翅翅端附近有数个小白点。翅腹面底色暗褐色，翅面缀银白色斑点及条纹。后翅外缘前端有2个黑斑点。臀角叶状突及尾状突黑褐色，其前方有一小片灰色纹。

1年多代。栖息在常绿阔叶林。幼虫以铁仔属植物为寄主。

分布包括西藏、台湾及华南、华西、华东等许多地区，但有待检讨厘清。此外见于印度、缅甸、泰国、越南等地。

备注：过去置于本种内的分类单元复杂，部分已移出，有待进一步整理。

越南尾蚬蝶 / *Dodona katerina* Monastyrskii & Devyatkin, 2000

08

中型蚬蝶。躯体背侧暗褐色，腹侧白色。后翅无尾状突。翅背面底色暗褐色，翅面缀白斑点及条纹。翅腹面底色褐色，翅面缀银白色斑点及条纹。后翅后翅外缘前端有2个黑斑点。臀角叶状突黑褐色，其前方有一小片灰色纹。本种斑纹构成与银纹尾蚬蝶类似，但斑纹白色且后翅无尾状突。

栖息在常绿阔叶林。

分布于广西、广东。此外见于越南。

霍尾蚬蝶 / *Dodona hoenei* Forster, 1951

09-10

中型蚬蝶。躯体背侧暗褐色，腹侧白色。后翅有尾状突。翅背面底色暗褐色，翅面缀橙黄色斑点及条纹，前翅翅端附近有小白点。翅腹面底色暗褐色，翅面缀银白色斑点及条纹。后翅外缘前端有2个黑斑点，但明显相连。臀角叶状突及尾状突黑褐色，其前方有一小片灰色纹。本种斑纹与彩斑尾蚬蝶相似，难以凭斑纹区分。

栖息在常绿阔叶林。

分布于云南。

高黎贡尾蚬蝶 / *Dodona kaolinkon* Yoshino, 1999

11-13

中小型蚬蝶。躯体背侧暗褐色，腹侧白色。后翅有楔形小尾突。翅背面底色暗褐色，翅面缀橙黄色斑点及条纹，前翅翅端附近有小白点。翅腹面底色浅黄褐色，翅面缀银白色斑点及条纹。后翅外缘前端有2个黑斑点。臀角叶状突及尾状突黑褐色，其前方有一小片灰色纹。本种斑纹与银纹尾蚬蝶相似，唯体形小、翅腹面底色浅，且后翅尾状突短小。

栖息在常绿阔叶林。

分布于云南。

山尾蚬蝶 / *Dodona dracon* de Nicéville, 1897

14

中型蚬蝶。躯体背侧暗褐色，腹侧白色。后翅无尾状突。翅背面底色暗褐色，翅面缀白色小斑点及细纹，于后翅格外模糊。翅腹面底色红褐色，翅面缀白色斑点及条纹。后翅外缘前端有1个黑斑点。臀角叶状突黑褐色，其前方有一小片灰色纹。本种斑纹与秃尾蚬蝶类似，唯斑纹细小且后翅外缘前端只有1个黑斑点。

栖息在常绿阔叶林。

分布于云南、广西等地。此外见于缅甸、泰国、老挝、越南等地。

无尾蚬蝶 / *Dodona durga* (Kollar, [1844])

15-16 / P1777

中小型蚬蝶。躯体背侧暗褐色，腹侧白色。后翅无尾状突。翅背面底色暗褐色，翅面缀橙黄色斑点及条纹。翅腹面底色暗褐色，前翅面缀橙黄色斑点及条纹，后翅斑点则为黄白色或白色。后翅外缘前端有2个黑斑点。臀角叶状突黑褐色，其前方有1片橙黄色纹，其内有黑褐色小斑点。

栖息在常绿阔叶林。

分布于西藏、云南及四川等地。此外见于印度、尼泊尔。

秃尾蚬蝶 / *Dodona dipoea* Hewitson, 1866

17-20 / P1778

中型蚬蝶。躯体背侧暗褐色，腹侧白色。后翅无尾状突。翅背面底色暗褐色，翅面缀白色小斑点及条纹，于后翅格外模糊。翅腹面底色黄褐色或红褐色，翅面缀白色斑点及条纹。后翅外缘前端有2个黑斑点。臀角叶状突黑褐色，其前方有一小片灰色纹。

栖息在常绿阔叶林。

分布于西藏、云南、四川、湖南等地。此外见于印度、缅甸、越南等地。

斜带缺尾蚬蝶 / *Dodona ouida* Hewitson, 1866

21-25 / P1779

中型蚬蝶。雌雄斑纹相异。躯体背侧暗褐色，腹侧黄白色。后翅无尾状突。雄蝶翅背面底色暗褐色，翅面缀橙色或橙黄色条纹，于前翅较鲜明，由3条斑带构成，内侧2条明显倾斜。翅腹面底色红褐色，前翅亦有橙黄色条纹，后翅内侧有1条白色或灰白色细纵线，翅面中央有1条灰色纵线。后翅外缘前端有2个黑斑点。臀角叶状突黑褐色，其前方有1条灰色纹。雌蝶前翅有1条明显白色斜行斑带。

1年多代。栖息在常绿阔叶林。

分布于西藏、云南、四川、重庆、广东、福建等地。此外见于印度、尼泊尔、缅甸、泰国、老挝、越南等地。

红秃尾蚬蝶 / *Dodona adonira* Hewitson, 1866

26-27 / P1780

中型蚬蝶。躯体背侧暗褐色，腹侧黄白色。后翅无尾状突。翅背面底色暗褐色，翅面缀红褐色条纹。翅腹面底色黄白色，翅面缀红棕色线纹。臀角叶状突黑褐色，其前方有1条橙红色纹，其内有黑褐色小斑点。

1年多代。栖息在常绿阔叶林。

分布于西藏、云南及广西等地。此外见于印度、尼泊尔、缅甸、泰国、老挝、越南、印度尼西亚等地。

黑燕尾蚬蝶 / *Dodona deodata* Hewitson, 1876

28-33 / P1781

中型蚬蝶。躯体背侧暗褐色，腹侧白色。后翅有细长匕形尾状突。翅背面底色暗褐色，翅面有1条白色宽带纹，其外侧有数只白色小斑点，后翅亦有1条白色宽带纹。翅腹面底色暗褐色，翅面除白色宽带纹外缀有白色斑点及条纹臀角叶状突及尾状突黑褐色，其前方有1条橙色带纹，其内有黑褐色斑点。

栖息在常绿阔叶林。

分布于云南、广东及福建等地。此外见于印度、缅甸、泰国、老挝、越南、菲律宾及马来半岛等地。

备注：白燕尾蚬蝶 *Dodona henrici* Holland, 1887，可能是本种的地理变异或季节变异。

01 ♂ 彩斑尾蚬蝶 江西井冈山

01 ♂ 彩斑尾蚬蝶 江西井冈山

02 ♀ 彩斑尾蚬蝶 江西井冈山

02 ♀ 彩斑尾蚬蝶 江西井冈山

03 ♂ 彩斑尾蚬蝶 贵州沿河

03 ♂ 彩斑尾蚬蝶 贵州沿河

04 ♀ 彩斑尾蚬蝶 广西金秀

04 ♀ 彩斑尾蚬蝶 广西金秀

05 ♂ 银纹尾蚬蝶 西藏察隅

05 ♂ 银纹尾蚬蝶 西藏察隅

06 ♂ 银纹尾蚬蝶 云南贡山

06 ♂ 银纹尾蚬蝶 云南贡山

07 ♂ 银纹尾蚬蝶 云南贡山

07 ♂ 银纹尾蚬蝶 云南贡山

08 ♂ 越南尾蚬蝶 广西金秀

08 ♂ 越南尾蚬蝶 广西金秀

⑨♂ 霍尾蚬蝶 云南维西
⑩♂ 霍尾蚬蝶 云南维西
⑪♂ 高黎贡尾蚬蝶 云南贡山
⑫♂ 高黎贡尾蚬蝶 云南腾冲
⑬♀ 高黎贡尾蚬蝶 云南腾冲

❾♂ 霍尾蚬蝶 云南维西
❿♂ 霍尾蚬蝶 云南维西
⓫♂ 高黎贡尾蚬蝶 云南贡山
⓬♂ 高黎贡尾蚬蝶 云南腾冲
⓭♀ 高黎贡尾蚬蝶 云南腾冲

⑭♂ 山尾蚬蝶 云南元江
⑮♂ 无尾蚬蝶 四川凉山
⑯♂ 无尾蚬蝶 四川都江堰
⑰♂ 秃尾蚬蝶 西藏墨脱
⑱♂ 秃尾蚬蝶 云南贡山

⓮♂ 山尾蚬蝶 云南元江
⓯♂ 无尾蚬蝶 四川凉山
⓰♂ 无尾蚬蝶 四川都江堰
⓱♂ 秃尾蚬蝶 西藏墨脱
⓲♂ 秃尾蚬蝶 云南贡山

⑲ ♂ 秃尾蚬蝶 云南腾冲

⓳ ♂ 秃尾蚬蝶 云南腾冲

⑳ ♀ 秃尾蚬蝶 云南腾冲

⓴ ♀ 秃尾蚬蝶 云南腾冲

㉑ ♂ 斜带缺尾蚬蝶 福建三明

21 ♂ 斜带缺尾蚬蝶 福建三明

㉒ ♀ 斜带缺尾蚬蝶 福建三明

22 ♀ 斜带缺尾蚬蝶 福建三明

㉓ ♂ 斜带缺尾蚬蝶 西藏墨脱

23 ♂ 斜带缺尾蚬蝶 西藏墨脱

㉔ ♂ 斜带缺尾蚬蝶 广东乳源

24 ♂ 斜带缺尾蚬蝶 广东乳源

㉕ ♀ 斜带缺尾蚬蝶 江西井冈山

25 ♀ 斜带缺尾蚬蝶 江西井冈山

26 ♂ 红秃尾蚬蝶 云南芒海

26 ♂ 红秃尾蚬蝶 云南芒海

27 ♂ 红秃尾蚬蝶 西藏墨脱

27 ♂ 红秃尾蚬蝶 西藏墨脱

28 ♂ 黑燕尾蚬蝶 云南昆明

28 ♂ 黑燕尾蚬蝶 云南昆明

29 ♂ 黑燕尾蚬蝶 云南勐腊

29 ♂ 黑燕尾蚬蝶 云南勐腊

30 ♂ 黑燕尾蚬蝶 福建福州

30 ♂ 黑燕尾蚬蝶 福建福州

31 ♀ 黑燕尾蚬蝶 福建福州

31 ♀ 黑燕尾蚬蝶 福建福州

32 ♂ 黑燕尾蚬蝶 湖南郴州

32 ♂ 黑燕尾蚬蝶 湖南郴州

33 ♀ 黑燕尾蚬蝶 广东乳源

33 ♀ 黑燕尾蚬蝶 广东乳源

圆灰蝶属 / *Poritia* Moore, [1866]

中小型至中型灰蝶。复眼光滑。雄蝶前足跗节愈合，末端钝。雄蝶翅背面有具金属光泽之蓝或绿色纹；雌蝶斑纹多彩，有橙色、紫色、蓝色等色纹。翅腹面底色灰白色、浅褐色或褐色，密布波状细条纹。无尾突。雌、雄均于腹部腹面有特化毛丛。

栖息于热带森林中。幼虫以阔叶树植物为寄主。

分布于东洋区。国内目前已知约2种。本图鉴收录1种。

埃圆灰蝶 / *Poritia ericynoides* (C. & R. Felder, 1865)

01-02

中型灰蝶。雌雄斑纹相异。躯体背侧黑褐色，腹侧灰白色。翅背面底色黑褐色，雄蝶前、后翅均有明亮的青蓝色斑纹。雌蝶底色黑褐色，蓝色斑纹较雄蝶少，但前、后翅翅面另有橙色斑纹。翅腹面底色灰白，翅面密布黄褐色波状细条纹。 前、后翅臀角附近均有由橙色及黑色纹构成之眼状斑叶，其邻近翅室于外缘有黑色斑点。雄蝶前翅腹面于后缘有灰色长毛，后翅近翅基处有1枚杏仁状浅灰色性标。

1年多代。通常栖息在热带阔叶林。

分布于云南等地。此外见于印度、缅甸、泰国、老挝、越南、马来西亚、印度尼西亚等地。

锉灰蝶属 / *Allotinus* C. & R. Felder, 1865

小型至大型灰蝶。雄蝶腹部细长，翅背面主要为灰褐色，有的有白斑，腹面有条状灰褐色带。

主要栖息在亚热带和热带森林，喜欢在林下阴暗处活动，飞行缓慢。

分布于东洋区。国内目前已知1种，本图鉴收录1种。

德锉灰蝶 / *Allotinus drumila* (Moore, [1866])

03-06 / P1782

大型灰蝶。雄蝶腹部细长，超过后翅底部，前翅顶角较突出，翅背面为灰褐色，中部有不明显的白斑区。翅腹面底色较淡，密布黑色小点，有不规则深灰褐色斑纹。雌蝶腹部不超过后翅底部，前翅顶角尖，前后翅外缘呈锯齿状，前翅背面有1条白色斜带，部分个体白带模糊，翅腹面斑纹与雄蝶相似。

成虫多见于7–8月。

分布于福建。此外见于缅甸、泰国、越南、老挝等地。

云灰蝶属 / *Miletus* Hübner, [1819]

中型灰蝶。成虫足部跗节成扁平片状是本属的特征。其翅形狭长。翅背面灰褐色，部分种类带灰白色斑纹。翅腹面底色较淡，有明显灰褐色和灰色线纹列。雄蝶前翅呈三角形，背面多有性标，腹部明显较长；雌蝶翅形较圆，后翅外缘多为锯齿状。本属包括不少外形接近的物种，鉴定往往需依据雄蝶交尾器的特征。

成虫栖息在天然林内，多在幼虫食物附近出现，飞行缓慢，带跳跃感，会访花及吸食蚜虫分泌的糖液。幼虫肉食性，捕食多种半翅目蚜总科昆虫。

分布于东洋区至澳洲区北部。国内目前已知约6种，本图鉴收录2种。

羊毛云灰蝶 / *Miletus mallus* (Fruhstorfer, 1913)

07-09

中型灰蝶。翅膀背面呈深褐色，前翅亚外缘区下方常带1-2个淡色斑纹。翅膀腹面呈褐色，两侧满布镶白线的较深色斑纹或带纹。

1年多代，成虫多见于3-11月。幼虫肉食性。

分布于云南、广西等地。此外见于缅甸、泰国及中南半岛等地。

中华云灰蝶 / *Miletus chinensis* C. Felder, 1862

10-13 / P1783

中型灰蝶。外形与羊毛云灰蝶十分相似，但本种雄蝶前翅中室端M_3脉基部明显肿起，并有灰褐色的特化鳞片，雌蝶前翅对应的位置也常呈灰褐色。

1年多代，秋季较常见。幼虫肉食性，捕食多种半翅目蚜总科昆虫，包括绣线菊蚜和盐肤木蚜。

分布于云南、四川、广东、广西、海南、香港等地。此外见于缅甸、泰国、印度北部、中南半岛、马来半岛等地。

熙灰蝶属 / *Spalgis* Moore, 1879

小型灰蝶。触角短，长度小于前翅长1/2。复眼无毛。口吻细小。下唇须扁平。雄蝶前足跗节愈合，末端下弯、尖锐。翅背面褐色。翅腹面灰色，上有弯曲波状细纹。活个体复眼呈绿色或黄绿色。蛹背侧斑纹仿佛"猿面"。

栖息于有幼虫猎物粉蚧的植物附近。幼虫捕食粉蚧并吸食粉蚧分泌物，并以身上刺毛收集粉蚧虫蜡涂敷体表。

分布于东洋区及澳洲区。国内目前已知1种，本图鉴收录1种。

熙灰蝶 / *Spalgis epeus* Westwood, [1851]

14-18 / P1783

小型灰蝶。雌雄斑纹相似，唯雄蝶前翅外缘近直线状，雌蝶则突出呈圆弧形。躯体背面褐色，腹面灰色。翅背面底色褐色，中室外侧有1条黄色或黄白色小斑纹。翅腹面底色灰色，有暗色波状细纹，中室外侧有1个黄白色斑点。缘毛浅褐色。

1年多代，成虫全年可见，但数量变动剧烈。栖息于有粉蚧栖息的环境，森林或草地都可能出现，有时甚至见于公园及居家庭院。幼虫捕食粉蚧。

分布于云南、海南及台湾等地。此外见于东洋区大部分地区及澳洲区西、北部部分岛屿。

蚜灰蝶属 / *Taraka* (Druce, 1875)

小型灰蝶。复眼无毛。口吻细小。下唇须细长。足被毛，雄蝶前足跗节愈合，末端下弯、尖锐。胫节椭圆形，无胫节距。下唇须稍不对称。体背侧呈黑褐色，腹侧呈白色。翅背面黑褐色，常有白纹。翅腹面白色，上有黑褐色斑点。

栖息于有幼虫猎物蚜虫的植物附近。幼虫捕食粉蚧并吸食蚜虫分泌物。

分布于古北区及东洋区。国内目前已知2种，本图鉴收录2种。

蚜灰蝶 / *Taraka hamada* Druce, 1875

19-21 / P1784

小型灰蝶。雌雄斑纹相似，唯雄蝶前翅外缘近直线状，雌蝶则略突出呈圆弧形。躯体背面黑褐色，腹面白色。翅背面底色黑褐色，翅面中央常有程度不等之白纹，从完全无纹到翅面大部分呈白色的个体都有之。翅腹面斑纹可由翅背面透视。翅腹面底色白色，上缀黑色斑点。缘毛黑褐色、白色相间。

1年多代，成虫全年可见，但数量因蚜虫多寡而变动。栖息在有蚜虫的环境，如竹林、森林、溪流边，有时可见于公园、庭院等场所。幼虫捕食以竹类与禾本科植物为寄主的蚜虫。

分布于除西北干燥地带及西藏高寒地带以外之大部分地区。此外见于日本及朝鲜半岛、印度北部、喜马拉雅地区、华莱士线以西至东南亚等地。

白斑蚜灰蝶 / *Taraka shiloi* Tamai & Guo, 2001

22-23

小型灰蝶。雌雄斑纹相似，唯雄蝶前翅外缘弯曲弧度不如雌蝶。躯体背面黑褐色，腹面白色。翅背面底色黑褐色，翅面中央常有大片白斑，仅前缘及外缘留有黑边，白色区域内有少数黑斑点。翅腹面底色白色，上缀黑色斑点，于前翅中央较为稀疏。缘毛黑褐色、白色相间。本种与蚜灰蝶斑纹类似，但前翅腹面中央黑色斑点列外偏，使翅面有明显白色部分，可资区分。

1年多代，成虫多见于6–9月。栖息在竹林、森林、溪流边。

分布于四川及陕西。

01 ♂ 埃圆灰蝶 云南德宏

01 ♂ 埃圆灰蝶 云南德宏

02 ♀ 埃圆灰蝶 云南德宏

02 ♀ 埃圆灰蝶 云南德宏

03 ♂ 德锉灰蝶 福建三明

03 ♂ 德锉灰蝶 福建三明

04 ♀ 德锉灰蝶 福建三明

04 ♀ 德锉灰蝶 福建三明

05 ♀ 德锉灰蝶 福建三明

05 ♀ 德锉灰蝶 福建三明

06 ♀ 德锉灰蝶 福建武夷山

06 ♀ 德锉灰蝶 福建武夷山

07 ♂ 羊毛云灰蝶 云南河口

07 ♂ 羊毛云灰蝶 云南河口

08 ♀ 羊毛云灰蝶 云南河口

08 ♀ 羊毛云灰蝶 云南河口

09 ♀ 羊毛云灰蝶 云南盈江

09 ♀ 羊毛云灰蝶 云南盈江

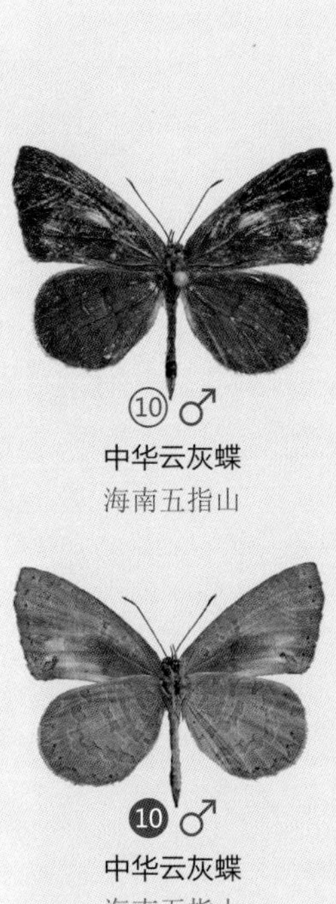

⑩ ♂ 中华云灰蝶 海南五指山

⑪ ♀ 中华云灰蝶 海南五指山

⑫ ♂ 中华云灰蝶 广东广州

⑬ ♀ 中华云灰蝶 海南乐东

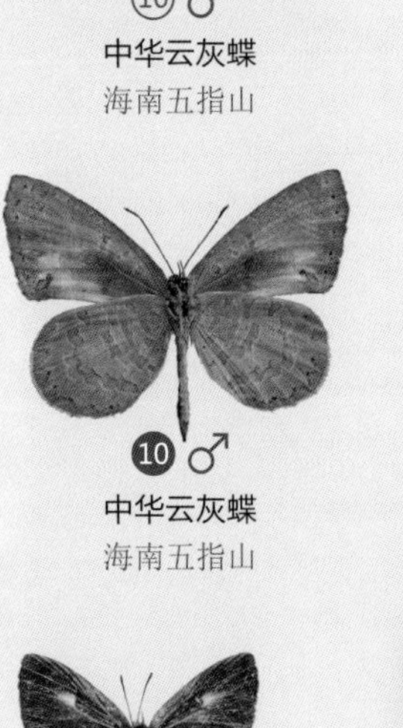

❿ ♂ 中华云灰蝶 海南五指山

⓫ ♀ 中华云灰蝶 海南五指山

⓬ ♂ 中华云灰蝶 广东广州

⓭ ♀ 中华云灰蝶 海南乐东

⑭ ♂ 熙灰蝶 云南盈江

⑮ ♂ 熙灰蝶 海南海口

⑯ ♀ 熙灰蝶 海南五指山

⑰ ♂ 熙灰蝶 台湾台南

⑱ ♀ 熙灰蝶 台湾台南

⓮ ♂ 熙灰蝶 云南盈江

⓯ ♂ 熙灰蝶 海南海口

⓰ ♀ 熙灰蝶 海南五指山

⓱ ♂ 熙灰蝶 台湾台南

⓲ ♀ 熙灰蝶 台湾台南

⑲ ♂ 蚜灰蝶 台湾花莲

⑳ ♀ 蚜灰蝶 台湾台南

㉑ ♂ 蚜灰蝶 浙江宁波

㉒ ♂ 白斑蚜灰蝶 陕西宝鸡

㉓ ♀ 白斑蚜灰蝶 陕西宝鸡

⓳ ♂ 蚜灰蝶 台湾花莲

⓴ ♀ 蚜灰蝶 台湾台南

㉑ ♂ 蚜灰蝶 浙江宁波

㉒ ♂ 白斑蚜灰蝶 陕西宝鸡

㉓ ♀ 白斑蚜灰蝶 陕西宝鸡

银灰蝶属 / *Curetis* Hübner, [1819]

中型灰蝶。外形独特，雄雌异型明显。翅背面深褐色，雄蝶两翅中央带橙色斑纹，雌蝶则呈白色或较浅的橙色；翅腹面呈均一的银白色，几乎无斑。

成虫飞行快速有力，多在森林或林缘活动，会访花和吸食兽粪，亦会到地面吸水，部分雄蝶有登峰习性。幼虫以豆科植物为寄主。

分布于东洋区、古北区东南部及澳洲区北部。国内目前已知4种，本图鉴收录4种。

尖翅银灰蝶 / *Curetis acuta* Moore, 1877

01-10 / P1785

中型灰蝶。雄蝶翅背面深褐色，前翅中央、后翅中室下侧和外侧均有橙红色斑，红斑面积变异幅度颇大；雌蝶在对应区则带灰蓝色或白色斑。翅腹面银白色，散布黑褐色鳞片，前后翅分别有1列和2列淡灰色的直斑。旱季型翅形较尖，棱角较多，背面色斑较发达。

1年多代，成虫在南方全年可见。幼虫以多种豆科植物为寄主。

分布于河南、湖北、湖南、上海、浙江、四川、江西、福建、广东、广西、海南、台湾、香港等地。此外见于日本、印度、缅甸、泰国、老挝、越南等地。

宽边银灰蝶 / *Curetis bulis* (Westwood, 1852)

11

中型灰蝶。本种与尖翅银灰蝶相似，本种雄蝶翅背面的橙红色斑一般相对细小，后翅下半部几乎全呈深褐色；前翅腹面的淡灰色直斑偏外，后翅的淡灰色直斑常断裂成数小段。两者种间差异小而种内个体变异的幅度大，在混栖区域几乎无法单靠外部形态鉴定。

1年多代，成虫全年可见。幼虫以多种豆科植物为寄主。

分布于云南、海南等地。此外见于印度、缅甸、泰国、老挝、越南及马来半岛。

台湾银灰蝶 / *Curetis brunnea* Wileman, 1909

12-13 / P1785

中型灰蝶。本种与尖翅银灰蝶相似，但本种雄蝶仅后翅背面有模糊的红褐色斑，后翅较圆；雌蝶翅背的灰蓝色斑向外缘扩散。

1年多代，成虫全年可见。幼虫以豆科植物疏花鱼藤为寄主。

分布于台湾。

圆翅银灰蝶 / *Curetis saronis* Moore, 1877

14

中型灰蝶。与其他国内同属物种比较，本种翅形明显较圆。雄蝶翅背面呈鲜艳的橙色，两翅前缘和外缘有黑边；雌蝶两翅中央呈浅橙色，周围有深褐色的宽边。翅腹面银白色，并无散布黑褐色鳞片，前后翅分别有1列和2列淡灰色的斑列。

1年多代，成虫全年可见。

分布于海南。此外见于缅甸、泰国、老挝、越南及印度东北部、马来半岛、苏门答腊岛。

诗灰蝶属 / *Shirozua* Sibatani & Ito, 1942

中小型灰蝶。身躯背面呈橙色，腹面呈白色。复眼腹侧生有短毛。雄蝶前足跗节愈合、无爪，雌蝶前足跗节分节、具爪。后翅具丝状短尾突。翅面呈橙黄色，背面于翅顶附近常有黑边；翅腹面中央偏外侧有1条暗色细带，其外缘于后翅镶白线，前翅暗色细带近直线状，后翅后段则呈波状。前、后翅中室端均有暗色短线纹，后翅尾突前方常有1条黑色模糊眼纹。

森林性蝶种，1年1代，成虫夏季出现。生活史已知的种类幼虫半肉食性。

分布于古北区及东洋区。国内目前已知2种，本图鉴收录2种。

诗灰蝶 / *Shirozua jonasi* (Janson, 1877)

15-16 / P1786

中小型灰蝶。翅面底色橙色或橙黄色。前翅翅顶黑色斑纹多变异，有的个体完全消失，通常在雌蝶较明显。翅腹面的暗色线纹粗细多变化。后翅眼纹常减退，甚至消失。

1年1代，成虫多见于7-8月。幼虫取食蚜虫及介壳虫的分泌物及产卵植物的新芽，产卵植物以壳斗科植物为主。

分布于黑龙江、吉林、辽宁、北京、河北、陕西、四川等地。此外见于俄罗斯、日本及朝鲜半岛。

媚诗灰蝶 / *Shirozua melpomene* (Leech, 1890)

17

中小型灰蝶。翅面底色橙色，前翅翅顶黑色斑纹显著。翅腹面的暗色线纹不明显，于后翅几近消失。后翅的白色线纹则较鲜明。臀角附近具1条细小眼状纹。

1年1代，成虫多见于7-8月。

分布于湖北、四川、云南等地。

01 ♂ 尖翅银灰蝶 福建武夷山

01 ♂ 尖翅银灰蝶 福建武夷山

02 ♂ 尖翅银灰蝶 福建三明

02 ♂ 尖翅银灰蝶 福建三明

03 ♂ 尖翅银灰蝶 福建三明

03 ♂ 尖翅银灰蝶 福建三明

04 ♀ 尖翅银灰蝶 福建三明

04 ♀ 尖翅银灰蝶 福建三明

05 ♂ 尖翅银灰蝶 台湾桃园

05 ♂ 尖翅银灰蝶 台湾桃园

06 ♀ 尖翅银灰蝶 台湾台北

06 ♀ 尖翅银灰蝶 台湾台北

07 ♂ 尖翅银灰蝶 四川都江堰

07 ♂ 尖翅银灰蝶 四川都江堰

08 ♂ 尖翅银灰蝶 广东广州

08 ♂ 尖翅银灰蝶 广东广州

09 ♂ 尖翅银灰蝶 广东乳源

09 ♂ 尖翅银灰蝶 广东乳源

10 ♂ 尖翅银灰蝶 西藏墨脱

10 ♂ 尖翅银灰蝶 西藏墨脱

⑪ ♂ 宽边银灰蝶 海南东方

⓫ ♂ 宽边银灰蝶 海南东方

⑫ ♂ 台湾银灰蝶 台湾花莲

⓬ ♂ 台湾银灰蝶 台湾花莲

⑬ ♀ 台湾银灰蝶 台湾台东

⓭ ♀ 台湾银灰蝶 台湾台东

⑭ ♂ 圆翅银灰蝶 海南五指山

⓮ ♂ 圆翅银灰蝶 海南五指山

⑮ ♂ 诗灰蝶 北京

⓯ ♂ 诗灰蝶 北京

⑯ ♀ 诗灰蝶 北京

⓰ ♀ 诗灰蝶 北京

⑰ ♂ 媚诗灰蝶 陕西凤县

⓱ ♂ 媚诗灰蝶 陕西凤县

线灰蝶属 / *Thecla* Fabricius, 1807

中大型灰蝶。身躯背面呈褐色，腹面呈白色。复眼被毛。雄蝶前足跗节愈合、无爪，雌蝶前足跗节分节、具爪。后翅Cu_2脉末端具楔形短尾突，其他脉末端亦有细小尾突。翅背面底色褐色，翅面多有橙色纹，翅腹面底色呈橙色、黄褐色或浅褐色。前、后翅各有1条镶白线的斑带，前翅细而后翅宽，后翅内侧白线后段常减退消失。前翅中室端有1条暗色短条。后翅尾突前方常有橙红色纹及黑色模糊眼纹。

栖息在乡间田园及森林。1年1代，成虫主要于夏季出现。幼虫以蔷薇科植物为寄主。

分布于古北区及东洋区。国内目前已知3种，本图鉴收录3种。

线灰蝶 / *Thecla betula* (Linnaeus, 1758)

01-15 / P1786

中大型灰蝶。翅背面底色褐色，翅面橙色纹于雄蝶小而模糊，有时完全消失，于雌蝶较为鲜明，橙斑较少的个体仅在前翅形成斑带，最显著者则翅面大部分呈橙色，仅于前翅外缘留有明显黑边；翅腹面底色黄色、橙色或黄褐色，前、后翅斑带内常色调较深。前、后翅中室端均有暗色短线纹。

1年1代，成虫夏季出现。多栖息在乡间田园及次生林。卵态越冬。幼虫以蔷薇科植物桃树、梅树等为寄主。

分布于除华南以外大部分省市。此外见于朝鲜半岛向西分布直抵欧洲大部分地区。

云南线灰蝶 / *Thecla ohyai* Fujioka, 1994

16

中型灰蝶。翅背面底色褐色，前翅背面有橙色带纹，于雄蝶小而模糊，于雌蝶则较鲜明；翅腹面底色浅黄褐色，后翅翅面密布黑褐色细点纹。前、后翅亚外缘有暗色线纹，于前翅呈弧形、于后翅呈波状。

1年1代，成虫多见于夏季。

分布于云南。

小线灰蝶 / *Thecla betulina* (Staudinger, 1887)

17-20 / P1786

中型灰蝶。翅背面底色褐色，翅腹面条纹可隐约透视。翅腹面底色浅褐色。前后翅带纹与前翅中室端短条均深色而两侧镶白线，后翅内侧白线后段消失。前、后翅亚外缘有暗色带纹及细白线。后翅尾突前方有橙红色纹及黑色小眼纹。

1年1代，成虫多见于夏季。森林性蝶种。卵态越冬。幼虫以蔷薇科植物为寄主。

分布于黑龙江、吉林、辽宁、陕西、甘肃、青海、四川、云南等地。此外见于俄罗斯。

备注：本种有时被置于单种属尧灰蝶属 *Iozephyrus* Wang & Fang, 2002中。

01 ♂ 线灰蝶 山西浑源
01 ♂ 线灰蝶 山西浑源
02 ♂ 线灰蝶 北京
02 ♂ 线灰蝶 北京
03 ♂ 线灰蝶 北京
03 ♂ 线灰蝶 北京
04 ♀ 线灰蝶 北京
04 ♀ 线灰蝶 北京
05 ♂ 线灰蝶 四川宝兴
05 ♂ 线灰蝶 四川宝兴
06 ♂ 线灰蝶 四川宝兴
06 ♂ 线灰蝶 四川宝兴
07 ♀ 线灰蝶 四川芦山
07 ♀ 线灰蝶 四川芦山
08 ♀ 线灰蝶 四川峨眉山
08 ♀ 线灰蝶 四川峨眉山
09 ♀ 线灰蝶 四川宝兴
09 ♀ 线灰蝶 四川宝兴
10 ♂ 线灰蝶 陕西周至
10 ♂ 线灰蝶 陕西周至

⑪ ♂ 线灰蝶 辽宁本溪
⓫ ♂ 线灰蝶 辽宁本溪
⑫ ♀ 线灰蝶 辽宁本溪
⓬ ♀ 线灰蝶 辽宁本溪

⑬ ♂ 线灰蝶 甘肃榆中
⓭ ♂ 线灰蝶 甘肃榆中
⑭ ♀ 线灰蝶 甘肃榆中
⓮ ♀ 线灰蝶 甘肃榆中

⑮ ♂ 线灰蝶 陕西凤县
⓯ ♂ 线灰蝶 陕西凤县
⑯ ♂ 云南线灰蝶 云南丽江
⓰ ♂ 云南线灰蝶 云南丽江

⑰ ♂ 小线灰蝶 陕西周至
⓱ ♂ 小线灰蝶 陕西周至
⑱ ♀ 小线灰蝶 陕西周至
⓲ ♀ 小线灰蝶 陕西周至

⑲ ♂ 小线灰蝶 陕西凤县
⓳ ♂ 小线灰蝶 陕西凤县
⑳ ♀ 小线灰蝶 甘肃康县
⓴ ♀ 小线灰蝶 甘肃康县

精灰蝶属 / *Artopoetes* Chapman, 1909

中型至大型灰蝶。身躯背面呈褐色，腹面呈白色。复眼无毛。翅宽大，轮廓圆而后翅无尾突。雄蝶与雌蝶前足跗节均分节。翅背面底色褐色，翅面有紫色纹，常有白斑。翅腹面底色呈褐色或白色。前、后翅外缘有作弧形排列的黑色点列。

1年1代，成虫多见于夏季。栖息在阔叶林。幼虫以木樨科植物为寄主。

分布于古北区及东洋区。国内目前已知2种，本图鉴收录2种。

精灰蝶 / *Artopoetes pryeri* (Murray, 1873)

01-04

中型至大型灰蝶。翅背面紫色纹与白斑多变异，有的个体白斑鲜明，有的个体则几近消失。紫色纹有时在前、后翅均鲜明，有些个体则于后翅明显减退、消失。翅腹面底色白色，亚外缘黑色点列的内侧列斑点较外侧列大型。

1年1代，成虫多见于夏季。卵态越冬。幼虫以木樨科女贞属植物为寄主。

分布于黑龙江、吉林、辽宁、内蒙古、北京、甘肃等地。此外见于俄罗斯、日本及朝鲜半岛。

璞精灰蝶 / *Artopoetes praetextatus* (Fujioka, 1992)

05-06 / P1787

中型灰蝶。前翅背面有紫色纹，于雄蝶色调深，于雌蝶则色调浅。翅腹面底色呈浅黄褐色，亚外缘黑色点列的内侧列斑点内侧镶白色细弧线，外侧列斑点中有白色小点。

1年1代，成虫多见于夏季。卵态越冬。幼虫以木樨科女贞属植物为寄主。

分布于河北、北京、陕西、四川等地。

赭灰蝶属 / *Ussuriana* [Tutt, 1907]

中型至大型灰蝶。身躯背面呈褐色，常被橙色鳞，腹面呈白色。复眼无毛。雄蝶与雌蝶前足跗节均分节。后翅具尾突。翅背面底色暗褐色，翅面常有橙色纹。翅腹面底色呈黄白色、黄色或褐色，前、后翅外侧有作弧形排列，由黑色与白色小纹组成的纹列。后翅尾突前方常有橙红色纹及黑色眼纹。

森林性蝴蝶。1年1代，成虫于初夏至夏季出现。幼虫以木樨科植物为寄主。

分布于古北区及东洋区。国内目前已知3种，本图鉴收录3种。

赭灰蝶 / *Ussuriana michaelis* (Oberthür, 1880)

07-21 / P1787

中大型灰蝶。后翅具丝状尾突。翅背面底色暗褐色，翅面有橙色或橙红色纹。雄蝶橙色纹较少，多于前翅形成斑块，有些个体甚至完全减退消失。雌蝶橙色纹较明显，最显著者大部分翅面呈橙色，只在前翅前缘与翅顶留有黑纹。翅腹面底色呈黄色或黄白色，前、后翅外侧有橙红色弧形窄带，其内侧镶白色弦月形小纹列。后翅尾突前方有黑色眼纹。

1年1代，依产地不同成虫出现期有异，较早的地区4月即已出现，较晚的地区则在7–8月出现。主要栖息在河川及溪流附近阔叶林中。卵态越冬，卵隐藏于树皮裂缝内。幼虫以木樨科梣属植物为寄主。

分布于除西藏及西北地区以外的大部分省份，包括台湾地区。此外见于俄罗斯、越南、泰国及朝鲜半岛等东亚大陆东部的大部分地区。

范赭灰蝶 / *Ussuriana fani* Koiwaya, 1993

22-31 / P1787

中型灰蝶。后翅具丝状尾突。翅背面底色暗褐色，翅面有橙色纹。雄蝶橙色纹少，多于前翅形成斑块，在后翅只在后侧有少许橙色纹。雌蝶橙色纹明显，大部分翅面呈橙色，在前翅前缘与翅顶留有黑纹。翅腹面底色呈黄色，前、后翅外侧有橙红色弧形窄带，其内侧镶白色弦月形小纹列。后翅尾突前方有黑色眼纹。

1年1代，成虫多见于6–8月。栖息在溪流附近阔叶林中。卵态越冬，卵多产于枝条上。幼虫以木樨科梣属植物为寄主。

分布于陕西、河南、浙江、四川等地。

备注：本种与赭灰蝶斑纹极其类似，难以区分。赭灰蝶后翅腹面橙红色窄带前端有黑化，本种则否，勉可分别。两者分属不同种主要基于对产卵习性与幼虫形态的差异。

老山赭灰蝶 / *Ussuriana igarashi* Wang & Owada, 2009

32

中型灰蝶。后翅具细长丝状尾突。翅背面大部分呈橙色，仅前翅前缘及翅顶附近有黑褐色部分。翅腹面底色呈白色，前、后翅外侧有黑褐色线纹，于前翅呈弧形，于后翅后段呈波状。前、后翅亚外缘有黑褐色斑点列，其内侧有褐色线纹，线纹于前翅呈模糊弧线，于后翅呈明显波状线。后翅黑褐色斑点列外侧镶橙红色纹。

1年1代，成虫多见于5–6月。栖息在溪流附近阔叶林中。

分布于广西。

朝灰蝶属 / *Coreana* [Tutt, 1907]

中型灰蝶。身躯背面呈褐色，常被橙色鳞，腹面呈白色。复眼无毛。雄蝶与雌蝶前足跗节均分节。翅形颇圆，后翅无尾突。翅背面底色暗褐色，上有橙色纹。翅腹面底色呈橙黄色或黄褐色，前、后翅外侧有作弧形排列，由橙红色与白色小纹组成的纹列。后翅臀角附近有黑色眼纹。

1年1代，于初夏至夏季出现。幼虫以木樨科植物为寄主。

分布于古北区。国内目前已知1种，本图鉴收录1种。

朝灰蝶 / *Coreana raphaelis* (Oberthür, 1880)

33-34

中型灰蝶。翅形圆，后翅无尾突。雄蝶与雌蝶翅背面橙色纹多变异，虽雄蝶有时橙色纹局限出现于前翅，雌蝶橙色纹则常较鲜明，但翅纹无法用来区分性别。翅腹面底色多变异，由橙黄色至暗黄褐色的个体均可见到。前、后翅外侧橙红色纹列内侧镶白色弦月形小纹列，其外侧有白色小点列。

1年1代，成虫多见于6-7月。栖息在低山溪流或湿地附近的阔叶林或乡间。卵态越冬，卵多产于枝条上。幼虫以木樨科梣属植物为寄主。

分布于黑龙江、吉林、辽宁及内蒙古。此外见于俄罗斯及朝鲜半岛、日本等地。

陕灰蝶属 / *Shaanxiana* Koiwaya, 1993

小至中型灰蝶。身躯背面呈褐色，腹面呈白色。复眼无毛。后翅具丝状尾突。翅背面底色暗褐色，雌蝶有时有浅蓝色纹。翅腹面底色呈明亮的黄色或白色，前、后翅沿外缘有黑褐色夹橙红色的带纹，其内缘镶白色弦月形小纹列，外缘有白边，白边内有黑色小纹。

森林性蝴蝶。1年1代，成虫于初夏至夏季出现。幼虫以木樨科植物为寄主。

分布于古北区及东洋区。国内目前已知4种，本图鉴收录1种。

陕灰蝶 / *Shaanxiana takashimai* Koiwaya, 1993

35-37 / P1788

中小型灰蝶。后翅具丝状尾突。翅背面底色暗褐色，后翅近臀角附近有少许浅蓝色及橙色纹。翅腹面底色呈明亮的黄色，前、后翅外缘黑带纹外侧有细白边。

1年1代，成虫多见于5-7月。栖息在山地溪流附近的阔叶林。卵态越冬，卵产于枝条上。幼虫以木樨科梣属植物为寄主。

分布于陕西。

备注：目前陕灰蝶属除本种以外另有3种，彼此斑纹相似，但本种目前仅见于陕西秦岭地区。

工灰蝶属 / *Gonerilia* Shirozu & Yamamoto, 1956

中小型灰蝶。身躯背面呈橙色，腹面呈白色。复眼被短毛。雄蝶前足跗节愈合、无爪，雌蝶前足跗节分节、具爪。后翅具丝状尾突。翅背面底色橙黄色，前翅翅顶至外缘有黑纹，后翅外侧常有2个小黑点。翅腹面底色呈橙黄色，前、后翅偏外侧各有1条白线，沿外缘有由黑纹、白纹及橙红纹组成的斑带。

森林性蝶种。1年1代，成虫于初夏至夏季出现。幼虫以桦木科植物为寄主。

分布于古北区及东洋区。国内目前已知5种，本图鉴收录4种。

备注：本书暂将新工灰蝶属*Neogoneilia* Koiwaya, 2007包含于本属中。

工灰蝶 / *Gonerilia seraphim* (Oberthür, 1886)

38-40

中小型灰蝶。翅背面底色橙黄色，前翅翅顶及外缘黑纹明显，后翅外侧常有2只小黑点。翅腹面底色橙黄色，前翅白线略成虚线状、后翅白线后段呈波状。沿外缘之带纹于雄蝶常减退成1列黑、白色小点，于雌蝶则较鲜明，沿外缘形成黑纹、白纹及组成的花边。

1年1代，成虫多见于6-7月。栖息在山地阔叶林中。卵态越冬，卵产于小树细枝条上。幼虫以桦木科榛属植物为主。

分布于浙江、陕西、四川及云南等地。

银线工灰蝶 / *Gonerilia thespis* (Leech, 1890)

41-45

小型灰蝶。翅背面底色橙黄色，前翅翅顶及外缘有黑纹明显，但有时减退消失。后翅外侧近臀角常有1个小黑点。翅腹面底色橙黄色，翅面白线鲜明，于前翅近直线状、后翅则于后段反折成“V”字形。沿外缘之带纹于前翅为外镶黑纹的白线，于后翅更于翅外缘多1列牙状纹。本种与近似种佩工灰蝶从外观上无法区分，仅能借交尾器形态分辨，后者幼虫主要寄主植物是桦木科铁木。

1年1代，成虫多见于6-7月。栖息在山地阔叶林中。卵态越冬，卵产于小树细枝条上。幼虫以桦木科之鹅耳枥为寄主。

分布于陕西、四川。

菩萨工灰蝶 / *Gonerilia buddha* Sugiyama, 1992

46-47

小型灰蝶。翅背面底色橙黄色，色调较黯淡。前翅翅顶及外缘有黑纹明显。后翅外侧常有2个小黑点。翅腹面底色橙黄色，色调黯淡。翅面白线鲜明，于前翅近直线状、后翅于后段呈波状。沿外缘之带纹于前翅为外镶黑纹的白色虚线，于后翅形成橙色带及白色圈纹。

备注：本种与分布于川、陕、豫一带的冈村工灰蝶*Gonerilia okumurai* Koiwaya, 1996极其相似，难以借由斑纹区分。两者有时共同被另置一属，称为新工灰蝶属*Neogoneilia* Koiwaya, 2007，但该属是否有成立的必要尚有待讨论。

冈村工灰蝶 / *Gonerilia okamurai* Koiwaya, 1996

48-50

中小型灰蝶。翅背面底色橙黄色。前翅翅顶及外缘有黑纹明显。后翅外侧于尾突前方常有1个小黑点。翅腹面底色橙黄色或橙色。翅面白线鲜明，于前翅近直线状、后翅于后段呈波状，常成“V”字形。沿外缘之带纹于前翅为外镶黑纹的白色虚线，于后翅形成橙色带及白色圈纹。本种与分布于四川特有的其他工灰蝶属种类翅纹极其相似，仅能借由交尾器构造确实区分。

分布于河南、陕西及四川。

珂灰蝶属 / *Cordelia* Shirozu & Yamamoto, 1956

中小型灰蝶。身躯背面呈橙色，腹面呈白色。复眼被短毛。雄蝶前足跗节愈合、无爪，雌蝶前足跗节分节、具爪。后翅具丝状尾突。翅背面底色橙黄色，前翅翅顶至外缘有黑纹。翅腹面底色呈橙黄色，前、后翅外侧各有1条白线，沿外缘有由黑纹、白纹及橙红纹组成的带纹，白纹常成1列墓碑形细白圈。

森林性蝶种。1年1代，成虫于初夏至夏季出现。幼虫以桦木科植物为寄主。

分布于古北区及东洋区。国内目前已知2种，本图鉴收录2种。

珂灰蝶 / *Cordelia comes* (Oberthür, 1886)

51-57 / P1788

中小型灰蝶。翅背面底色橙黄色，前翅翅顶及外缘黑纹明显，翅腹面底色橙黄色，前翅白线常减退、模糊，后翅白线呈波状。沿外缘之带纹于前翅减退只余模糊的白色短线，于后翅则形成橙红色带及1列白色圈纹。本种与分布于川陕一带的川陕珂灰蝶极其近似，难以借斑纹区分。

1年1代，成虫多见于5-7月。栖息在山地阔叶林中。卵态越冬，卵产于细枝条上。幼虫以桦木科鹅耳枥属植物为寄主。

分布于浙江、湖北、贵州、四川、广东及台湾。此外见于缅甸北部。

备注：有意见认为台湾的*ssp. wilemaniella* (Matsumura, 1929)可视为不同种，此说尚待检验。

川陕珂灰蝶 / *Cordelia koizumii* Koiwaya, 1996

58

中小型灰蝶。翅背面底色橙黄色，前翅翅顶及外缘黑纹明显，翅腹面底色橙黄色，前翅白线常减退、模糊，后翅白线后段略呈波状。沿外缘之带纹于前翅减退只余模糊的白色短线，于后翅则形成橙红色带及1列白色圈纹。本种与珂灰蝶斑纹相似，唯本种后翅腹面白色线纹后段波浪状程度常较微弱，且前翅腹面外缘后侧一般有珂灰蝶缺少的红纹。

1年1代，成虫多见于6-7月。栖息在山地阔叶林中。卵态越冬，卵产于细枝条上。幼虫以桦木科鹅耳枥属植物为寄主。

分布于四川、陕西。

拟工灰蝶属 / *Pseudogonerilia* Koiwaya, 2007

中型灰蝶。身躯背面呈橙色，腹面呈白色。复眼被短毛。雄蝶与雌蝶前足跗节均分节。雌蝶腹端密生褐色毛。后翅具丝状尾突。翅背面底色橙黄色，前翅翅顶至外缘有黑纹。翅腹面底色呈橙黄色，前、后翅外侧各有1条白线，沿外缘有由黑点与白线形成的纹列。

森林性蝶种。1年1代，成虫于夏季出现。幼虫以桦木科植物为寄主。

分布于古北区及东洋区。国内目前已知1种，本图鉴收录1种。

备注：本属近年才由珂灰蝶属分离，是否有分离的必要尚有讨论的余地。

北胁拟工灰蝶 / *Pseudogonerilia kitawakii* (Koiwaya, 1993)

59-64

中型灰蝶。翅背面底色橙色，前翅翅顶及外缘黑纹明显，翅腹面底色橙黄色，前翅白线弧形，后翅白线略呈波状。前翅沿外缘有1列由黑色鳞与白色鳞组成的点列。后翅点列更鲜明，斑点外常有拱形白圈纹，沿外缘常有白色牙纹。

1年1代，成虫多见于6-7月。多栖息在山地沿溪流阔叶林中。卵态越冬，卵产于小树细枝条上。幼虫以桦木科鹅耳枥属植物为寄主。

分布于河南、湖北、陕西、甘肃、贵州、四川及广东等地。

黄灰蝶属 / *Japonica* [Tutt, 1907]

中型灰蝶。身躯背面呈橙黄色，腹面呈白色。复眼被短毛。雄蝶与雌蝶前足跗节均分节。后翅具丝状尾突。翅背面底色橙黄色，前翅翅顶至外缘有黑纹。翅腹面底色呈橙黄色，上有白色线纹或黑褐色斑点、条纹，沿外缘有橙红色带、黑点与白纹。

森林性蝶种。1年1代，成虫夏季出现。幼虫以壳斗科植物为寄主。

分布于古北区及东洋区。国内目前已知4种，本图鉴收录4种。

黄灰蝶 / *Japonica lutea* (Hewitson, [1865])

65-76 / P1789

中型灰蝶。后翅丝状尾突颇长。翅背面底色橙黄色，前翅翅顶至外缘有黑纹，后翅臀角附近及外缘前端常有小黑纹。翅腹面底色呈橙黄色，前翅中央偏外侧及后翅中央有两侧镶白线的条带，条带色彩略较翅面底色深。前翅中室端有类似之短条。前翅亚外缘有黑色与白色线纹，后翅白色与黑色线纹弦月状。

1年1代，成虫多见于5-7月。栖息在阔叶林中。卵态越冬，卵产于休眠芽基部及细枝上。幼虫以壳斗科栎属植物为寄主。

分布于黑龙江、吉林、辽宁、内蒙古、北京、河北、河南、安徽、陕西、甘肃、四川、贵州、浙江等地。此外见于俄罗斯、日本、朝鲜半岛等地。

01 ♂ 精灰蝶 北京

01 ♂ 精灰蝶 北京

02 ♀ 精灰蝶 北京

02 ♀ 精灰蝶 北京

03 ♀ 精灰蝶 甘肃迭部

03 ♀ 精灰蝶 甘肃迭部

04 ♀ 精灰蝶 辽宁丹东

04 ♀ 精灰蝶 辽宁丹东

05 ♂ 璞精灰蝶 北京

05 ♂ 璞精灰蝶 北京

06 ♀ 璞精灰蝶 北京

06 ♀ 璞精灰蝶 北京

07 ♂ 赭灰蝶 江西宜春

07 ♂ 赭灰蝶 江西宜春

08 ♀ 赭灰蝶 江西井冈山

08 ♀ 赭灰蝶 江西井冈山

09 ♀ 赭灰蝶 广东清远

09 ♀ 赭灰蝶 广东清远

10 ♀ 赭灰蝶 广东乳源

10 ♀ 赭灰蝶 广东乳源

⑪ ♂ 赭灰蝶 辽宁抚顺

⓫ ♂ 赭灰蝶 辽宁抚顺

⑫ ♀ 赭灰蝶 辽宁抚顺

⓬ ♀ 赭灰蝶 辽宁抚顺

⑬ ♂ 赭灰蝶 辽宁本溪

⓭ ♂ 赭灰蝶 辽宁本溪

⑭ ♂ 赭灰蝶 辽宁本溪

⓮ ♂ 赭灰蝶 辽宁本溪

⑮ ♀ 赭灰蝶 辽宁本溪

⓯ ♀ 赭灰蝶 辽宁本溪

⑯ ♂ 赭灰蝶 台湾南投

⓰ ♂ 赭灰蝶 台湾南投

⑰ ♂ 赭灰蝶 台湾南投

⓱ ♂ 赭灰蝶 台湾南投

⑱ ♀ 赭灰蝶 台湾南投

⓲ ♀ 赭灰蝶 台湾南投

⑲ ♀ 赭灰蝶 福建福州

⓳ ♀ 赭灰蝶 福建福州

⑳ ♀ 赭灰蝶 福建福州

⓴ ♀ 赭灰蝶 福建福州

㉑♀ 赭灰蝶 福建邵武
㉑♀ 赭灰蝶 福建邵武
㉒♀ 范赭灰蝶 浙江临安
㉒♀ 范赭灰蝶 浙江临安

㉓♂ 范赭灰蝶 陕西宝鸡
㉓♂ 范赭灰蝶 陕西宝鸡
㉔♀ 范赭灰蝶 陕西宝鸡
㉔♀ 范赭灰蝶 陕西宝鸡

㉕♂ 范赭灰蝶 浙江临安
㉕♂ 范赭灰蝶 浙江临安
㉖♀ 范赭灰蝶 浙江临安
㉖♀ 范赭灰蝶 浙江临安

㉗♂ 范赭灰蝶 陕西凤县
㉗♂ 范赭灰蝶 陕西凤县
㉘♀ 范赭灰蝶 陕西凤县
㉘♀ 范赭灰蝶 陕西凤县

㉙♂ 范赭灰蝶 重庆
㉙♂ 范赭灰蝶 重庆
㉚♀ 范赭灰蝶 四川泸定
㉚♀ 范赭灰蝶 四川泸定

㉛♀ 范赭灰蝶 甘肃康县
❸❶♀ 范赭灰蝶 甘肃康县
㉜♀ 老山赭灰蝶 广西田林
❸❷♀ 老山赭灰蝶 广西田林

㉝♂ 朝灰蝶 辽宁丹东
❸❸♂ 朝灰蝶 辽宁丹东
㉞♀ 朝灰蝶 辽宁丹东
❸❹♀ 朝灰蝶 辽宁丹东

㉟♂ 陕灰蝶 陕西凤县
❸❺♂ 陕灰蝶 陕西凤县
㊱♀ 陕灰蝶 陕西凤县
❸❻♀ 陕灰蝶 陕西凤县
㊲♀ 陕灰蝶 陕西凤县
❸❼♀ 陕灰蝶 陕西凤县

㊳♂ 工灰蝶 陕西周至
❸❽♂ 工灰蝶 陕西周至
㊴♀ 工灰蝶 陕西凤县
❸❾♀ 工灰蝶 陕西凤县
㊵♂ 工灰蝶 甘肃文县
❹⓿♂ 工灰蝶 甘肃文县

㊶♂ 银线工灰蝶 陕西周至
❹❶♂ 银线工灰蝶 陕西周至
㊷♂ 银线工灰蝶 陕西凤县
❹❷♂ 银线工灰蝶 陕西凤县
㊸♂ 银线工灰蝶 陕西凤县
❹❸♂ 银线工灰蝶 陕西凤县

㊹♂ 银线工灰蝶 四川小金
❹❹♂ 银线工灰蝶 四川小金
㊺♀ 银线工灰蝶 四川小金
❹❺♀ 银线工灰蝶 四川小金
㊻♂ 菩萨工灰蝶 四川汶川
❹❻♂ 菩萨工灰蝶 四川汶川

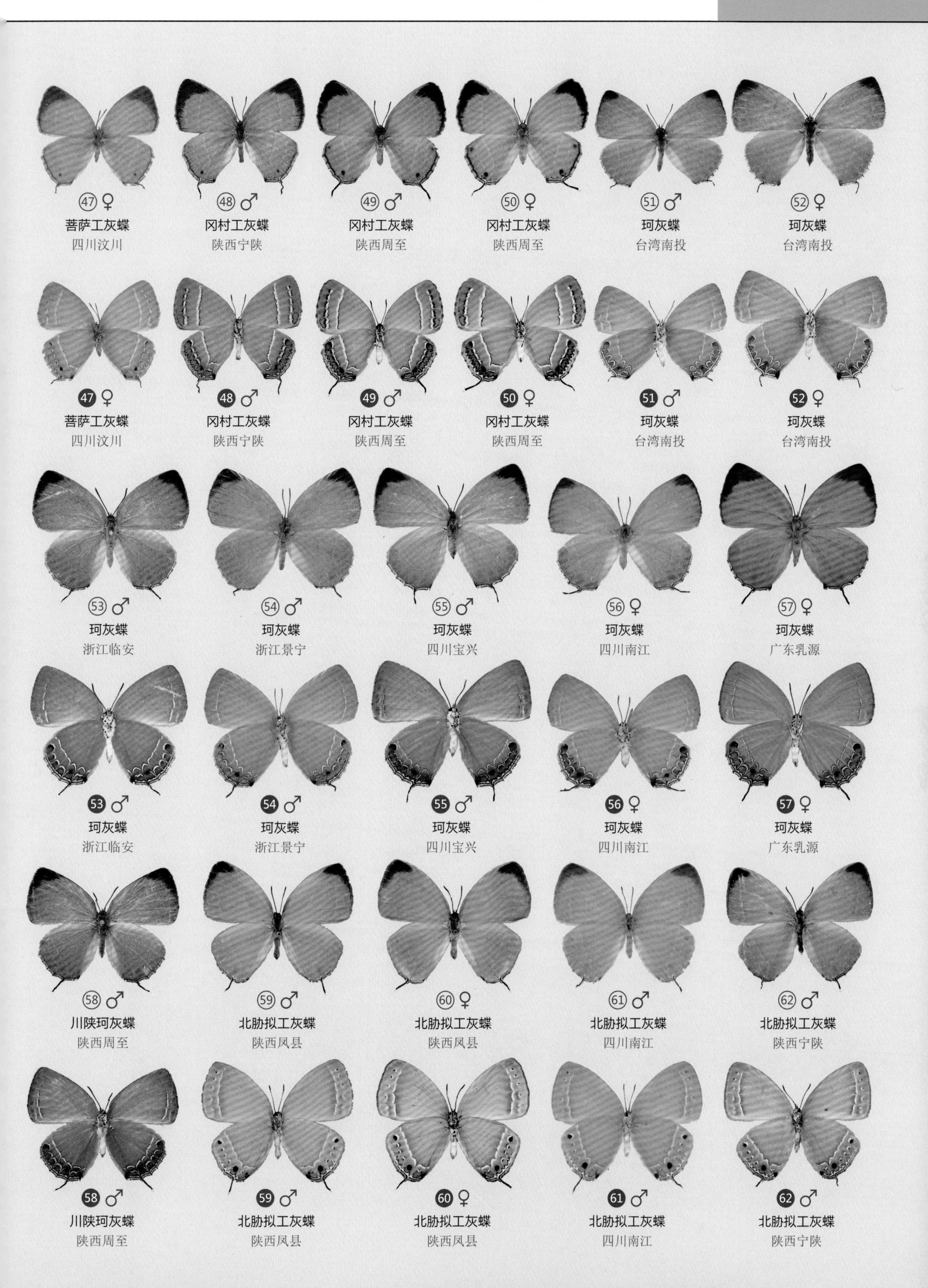

47 ♀ 菩萨工灰蝶 四川汶川
48 ♂ 冈村工灰蝶 陕西宁陕
49 ♂ 冈村工灰蝶 陕西周至
50 ♀ 冈村工灰蝶 陕西周至
51 ♂ 珂灰蝶 台湾南投
52 ♀ 珂灰蝶 台湾南投

47 ♀ 菩萨工灰蝶 四川汶川
48 ♂ 冈村工灰蝶 陕西宁陕
49 ♂ 冈村工灰蝶 陕西周至
50 ♀ 冈村工灰蝶 陕西周至
51 ♂ 珂灰蝶 台湾南投
52 ♀ 珂灰蝶 台湾南投

53 ♂ 珂灰蝶 浙江临安
54 ♂ 珂灰蝶 浙江景宁
55 ♂ 珂灰蝶 四川宝兴
56 ♀ 珂灰蝶 四川南江
57 ♀ 珂灰蝶 广东乳源

53 ♂ 珂灰蝶 浙江临安
54 ♂ 珂灰蝶 浙江景宁
55 ♂ 珂灰蝶 四川宝兴
56 ♀ 珂灰蝶 四川南江
57 ♀ 珂灰蝶 广东乳源

58 ♂ 川陕珂灰蝶 陕西周至
59 ♂ 北协拟工灰蝶 陕西凤县
60 ♀ 北协拟工灰蝶 陕西凤县
61 ♂ 北协拟工灰蝶 四川南江
62 ♂ 北协拟工灰蝶 陕西宁陕

58 ♂ 川陕珂灰蝶 陕西周至
59 ♂ 北协拟工灰蝶 陕西凤县
60 ♀ 北协拟工灰蝶 陕西凤县
61 ♂ 北协拟工灰蝶 四川南江
62 ♂ 北协拟工灰蝶 陕西宁陕

63 ♀
北肋拟工灰蝶
广东乳源
64 ♀
北肋拟工灰蝶
贵州荔波
65 ♂
黄灰蝶
浙江临安
66 ♂
黄灰蝶
陕西周至
67 ♀
黄灰蝶
陕西汉中
63 ♀
北肋拟工灰蝶
广东乳源
64 ♀
北肋拟工灰蝶
贵州荔波
65 ♂
黄灰蝶
浙江临安
66 ♂
黄灰蝶
陕西周至
67 ♀
黄灰蝶
陕西汉中
68 ♂
黄灰蝶
陕西凤县
69 ♀
黄灰蝶
陕西凤县
70 ♂
黄灰蝶
甘肃榆中
71 ♀
黄灰蝶
甘肃榆中
72 ♀
黄灰蝶
甘肃临潭
68 ♂
黄灰蝶
陕西凤县
69 ♀
黄灰蝶
陕西凤县
70 ♂
黄灰蝶
甘肃榆中
71 ♀
黄灰蝶
甘肃榆中
72 ♀
黄灰蝶
甘肃临潭
73 ♂
黄灰蝶
辽宁沈阳
74 ♀
黄灰蝶
辽宁沈阳
75 ♂
黄灰蝶
辽宁抚顺
76 ♀
黄灰蝶
辽宁抚顺
73 ♂
黄灰蝶
辽宁沈阳
74 ♀
黄灰蝶
辽宁沈阳
75 ♂
黄灰蝶
辽宁抚顺
76 ♀
黄灰蝶
辽宁抚顺

台湾黄灰蝶 / *Japonica patungkaonui* Murayama, 1956

01-02 / P1790

中型灰蝶。后翅丝状尾突颇长。翅背面底色橙黄色，前翅翅顶至外缘有黑纹，后翅臀角附近常有小黑纹。翅腹面底色呈橙黄色，前翅中央偏外侧及后翅中央有两侧镶银白色线的条带，条带色彩略较翅面底色深。前翅中室端有类似之短条。前翅亚外缘有黑色与银白色线纹，后翅银白色与黑色线纹弦月状。本种与黄灰蝶斑纹类似，但翅腹面白线纹呈银白色。

1年1代，成虫多见于6-7月。栖息在常绿阔叶林中。卵态越冬，卵产于休眠芽基部。幼虫以壳斗科常绿性栎属(青冈类)植物为寄主。

分布于台湾。

美黄灰蝶 / *Japonica bella* Hsu, 1997

03-05

中型灰蝶。后翅有丝状尾突。翅背面底色橙黄色，前翅翅顶至外缘有黑纹，后翅臀角附近及外缘前端有小黑纹。翅腹面底色呈橙黄色，上缀4道褐色条纹。臀角附近有橙色区，内有黑色斑点。

1年1代，成虫多见于6-7月。栖息在阔叶林中。卵态越冬，卵产于休眠芽附近。幼虫以壳斗科之云山青冈(毽子栎)植物为寄主。

分布于贵州、广东、海南。此外见于越南、缅甸、老挝等地。

备注：本种有时被置于单种属南岭灰蝶属*Nanlingozephyrus* Wang & Pang, 1998内。

栅黄灰蝶 / Japonica saepestriata (Hewitson, 1956)

06-09 / P1791

中大型灰蝶。后翅丝状尾突颇长。翅背面底色橙黄色，前翅翅顶至外缘有细黑边或黑纹，一般雌蝶较明显。后翅臀角附近有时有小黑纹。翅腹面底色呈橙黄色，密布黑色条纹及斑点。臀角附近有橙色区，内有黑色斑点。

1年1代，成虫多见于6-7月。栖息在阔叶林中。卵态越冬，卵产于细枝条上。幼虫以壳斗科落叶性栎属植物为寄主。

分布于黑龙江、吉林、辽宁、陕西、四川、贵州、江西、浙江、福建等地。此外见于日本、俄罗斯及朝鲜半岛等地。

祖灰蝶属 / *Protantigius* Shirôzu & Yamamoto, 1956

中大型灰蝶。身躯背面呈褐色，腹面呈白色。复眼被短毛。雄蝶与雌蝶前足跗节均分节。后翅Cu_1脉末端有1个短小突起，Cu_2脉末端则具丝状尾突。翅背面底色黑褐色，前翅常有数枚小白斑，后翅沿外缘常有1列小白纹。翅腹面底色呈白色，前、后翅各有1个黑褐色细线纹，后翅者于后侧反折呈“W”字形。前、后翅中室端有黑褐色短细线。尾突前方及臀角有橙色纹与黑色斑点。

森林性蝶种。1年1代，初夏至夏季出现。幼虫以杨柳科植物为寄主。

分布于古北区及东洋区。国内目前已知1种，本图鉴收录1种。

祖灰蝶 / *Protantigius superans* (Oberthür, 1914)

10-11

中大型灰蝶。翅背面底色黑褐色，雄蝶与雌蝶均常于翅面上有小白斑，但通常在雌蝶较明显，前翅白斑较靠近翅面中央，后翅则位于亚外缘。翅腹面底色白色，上缀黑褐色细线纹，前翅线纹近直线，后翅线纹后侧呈“W”字形。沿外缘有2道褐色细线。后翅尾突前方之橙色纹与黑色斑点组成眼状纹。前、后翅中室端有黑褐色短细线，但在后翅常减退，甚至消失。

1年1代，成虫多见于6–8月。栖息在溪流附近之阔叶林中。卵态越冬，卵产于休眠芽基部。幼虫以杨柳科山杨为寄主。

分布于四川、甘肃、陕西、辽宁。此外见于俄罗斯。

01 ♂ 台湾黄灰蝶 台湾新竹
01 ♂ 台湾黄灰蝶 台湾新竹
02 ♀ 台湾黄灰蝶 台湾新竹
02 ♀ 台湾黄灰蝶 台湾新竹

03 ♂ 美黄灰蝶 广东乳源
03 ♂ 美黄灰蝶 广东乳源
04 ♀ 美黄灰蝶 贵州铜仁
04 ♀ 美黄灰蝶 贵州铜仁
05 ♂ 美黄灰蝶 海南五指山
05 ♂ 美黄灰蝶 海南五指山

06 ♂ 栅黄灰蝶 辽宁丹东
06 ♂ 栅黄灰蝶 辽宁丹东
07 ♂ 栅黄灰蝶 陕西周至
07 ♂ 栅黄灰蝶 陕西周至

08 ♂ 栅黄灰蝶 浙江金华
08 ♂ 栅黄灰蝶 浙江金华
09 ♀ 栅黄灰蝶 浙江金华
09 ♀ 栅黄灰蝶 浙江金华

10 ♂ 祖灰蝶 陕西凤县
10 ♂ 祖灰蝶 陕西凤县
11 ♂ 祖灰蝶 陕西凤县
11 ♂ 祖灰蝶 陕西凤县

癞灰蝶属 / *Araragi* Sibatani & Ito, 1942

中小型灰蝶。身躯背面呈褐色，腹面呈白色。复眼被短毛。雄蝶前足跗节愈合、无爪，雌蝶前足跗节分节、具爪。后翅具丝状尾突。翅背面底色黑褐色，翅面常有数枚小白斑。翅腹面底色呈白色或灰白色，翅面布满大小不等的黑褐色或浅褐色点。

森林性蝶种。1年1代，初夏至夏季出现。幼虫以胡桃科植物为寄主。

分布于古北区及东洋区。国内目前已知3种，本图鉴收录3种。

癞灰蝶 / *Araragi enthea* (Janson, 1877)

01-06 / P1792

中小型灰蝶。翅背面底色呈暗褐色，前翅翅面常有数枚模糊小白斑。翅腹面底色呈白色或灰白色，后翅后半部常暗化。翅面斑点以黑褐色为主，唯后翅后半部常淡化为浅褐色点。前，后翅沿外缘有1道暗色线纹。臀角附近有1片橙色纹，内有黑褐色小斑点。

1年1代，成虫多见于6-8月。栖息在山坡与溪流附近之核桃林中，有时也见于山区农田及果园附近。卵态越冬，卵产于枝条叶痕处、分岔处或休眠芽附近。幼虫以胡桃科野核桃为寄主。

分布于黑龙江、吉林、辽宁、北京、河北、河南、陕西、湖北、四川、浙江、台湾等地。此外见于俄罗斯、日本及朝鲜半岛。

杉山癞灰蝶 / *Araragi sugiyamai* Matsui, 1989

07-11

中小型灰蝶。翅背面底色呈暗褐色，前翅翅面常有数枚小白斑。翅腹面底色呈白色或灰白色。翅面斑点黑褐色。前、后翅沿外缘有1道暗色线纹。臀角附近有1片橙色纹，内有黑褐色小斑点。本种体形与斑纹与癞灰蝶相似，但本种前翅腹面中央斑点连接成带状，后者则分离成几组斑纹。本种后翅翅腹面中央斑列与中室端杆状纹接近，癞灰蝶中央斑列则与中室端杆状纹远离。

1年1代，成虫多见于6-8月。栖息在山坡与溪流附近之泡核桃林中。卵态越冬，卵产于枝条叶痕处、分叉处。幼虫以胡桃科泡核桃为寄主。

分布于四川、甘肃、浙江。

熊猫癞灰蝶 / *Araragi panda* Hsu & Chou, 2001

12-14

中型灰蝶。翅背面底色呈黑褐色，前翅面有4枚排列成弧形的小白斑，有的个体在后翅有做放射状排列的细白条。翅腹面底色呈白色，略泛青色。翅面斑点黑色，前翅斑纹明显大于后翅。

1年1代，成虫多见于6-7月。栖息在山坡与溪流附近之泡核桃林中。卵态越冬。幼虫以胡桃科之泡核桃为寄主。

分布于甘肃、云南。

01 ♂ 癞灰蝶 北京
02 ♂ 癞灰蝶 辽宁凤城
03 ♂ 癞灰蝶 台湾花莲
04 ♀ 癞灰蝶 台湾花莲
05 ♂ 癞灰蝶 浙江安吉

01 ♂ 癞灰蝶 北京
02 ♂ 癞灰蝶 辽宁凤城
03 ♂ 癞灰蝶 台湾花莲
04 ♀ 癞灰蝶 台湾花莲
05 ♂ 癞灰蝶 浙江安吉

06 ♂ 癞灰蝶 四川都江堰
07 ♂ 杉山癞灰蝶 甘肃康县
08 ♂ 杉山癞灰蝶 甘肃康县
09 ♀ 杉山癞灰蝶 甘肃康县
10 ♀ 杉山癞灰蝶 浙江临安

06 ♂ 癞灰蝶 四川都江堰
07 ♂ 杉山癞灰蝶 甘肃康县
08 ♂ 杉山癞灰蝶 甘肃康县
09 ♀ 杉山癞灰蝶 甘肃康县
10 ♀ 杉山癞灰蝶 浙江临安

11 ♂ 杉山癞灰蝶 四川宝兴
12 ♀ 熊猫癞灰蝶 甘肃康县
13 ♀ 熊猫癞灰蝶 甘肃康县
14 ♂ 熊猫癞灰蝶 甘肃康县

11 ♂ 杉山癞灰蝶 四川宝兴
12 ♀ 熊猫癞灰蝶 甘肃康县
13 ♀ 熊猫癞灰蝶 甘肃康县
14 ♂ 熊猫癞灰蝶 甘肃康县

青灰蝶属 / *Antigius* Sibatani & Ito, 1942

中小型灰蝶。身躯背面呈褐色，腹面呈白色。复眼被短毛。雄蝶前足跗节愈合、无爪，雌蝶前足跗节分节、具爪。后翅具丝状尾突。翅背面底色黑褐色，后翅翅面近外缘多有1列白纹。翅腹面底色呈白色或灰白色，翅面有黑褐色斑点或线纹。中室端有黑褐色杆状纹。

森林性蝶种。1年1代，主要于初夏至夏季出现。幼虫以壳斗科植物为寄主。

分布于古北区及东洋区。国内目前已知4种，本图鉴收录4种。

青灰蝶 / *Antigius attilia* (Bremer, 1861)

01-07 / P1792

中小型灰蝶。后翅具丝状尾突。翅背面底色黑褐色，后翅翅面近外缘常有1列矢状白纹，但其内时有黑纹。翅腹面底色呈白色或灰白色，翅面有黑褐色条纹与斑纹。前、后翅近中央均有1条黑褐色条纹，于前翅为1条斜线，后翅黑褐色条纹于后方反折成“V”字形。中室端黑褐色杆状纹于前翅颇明显，于后翅则多融入中央条纹。前后沿翅亚外缘均有黑褐色斑点列。臀角附近有1片橙色纹，内有黑褐色小斑点，于尾突前方形成小眼纹。

1年1代，成虫多见于5–8月。栖息在阔叶林中。卵态越冬，卵主要产于寄主植物枝、干裂缝处。幼虫以多种壳斗科落叶性栎属植物为寄主。

分布于除华南、西北干燥地区及西藏高原以外的大部分省市。此外见于俄罗斯、日本、缅甸及朝鲜半岛。

苏氏青灰蝶 / *Antigius jinpingi* Hsu, 2009

08

中小型灰蝶。翅背面底色暗褐色，后翅翅面近外缘有1列模糊白纹。翅腹面底色为白色，翅面有黑褐色条纹与斑纹。前翅偏外侧有1条暗褐色条纹，条纹于后端分断、内移，后翅近中央有不连续之暗褐色短纹。前、后翅中室端均有明显暗褐色杆状纹。前翅沿亚外缘黑褐色斑点列鲜明。前、后翅翅基附近有数只暗褐色斑点。臀角附近有1片橙色纹，内有黑褐色小斑点，于尾突前方形成小眼纹。

1年1代，成虫多见于5–6月。栖息在阔叶林中。

分布于台湾。

陈氏青灰蝶 / *Antigius cheni* Koiwaya, 2004

09-11

中小型灰蝶。翅背面底色黑褐色，后翅翅面近外缘常有1列矢状白纹，但其内时有黑纹。翅腹面底色呈白色或灰白色，翅面有黑褐色条纹与斑纹。前、后翅近中央均有1条黑褐色条纹，于前翅为1条斜线，后翅黑褐色条纹于后方呈波状。中室端黑褐色杆状纹于前翅明显，后翅则欠缺。前、后沿翅亚外缘黑褐色斑点列鲜明，于前翅近圆形。臀角附近有1条橙色纹，内有黑褐色小斑点，于尾突前方形成小眼纹。本种斑纹与青灰蝶相似，但后翅中央条纹及前翅亚外缘斑纹形状均足以区别。

1年1代，成虫多见于5–8月。栖息在阔叶林中。卵态越冬，卵主要产于寄主植物枝、干裂缝处。幼虫以壳斗科滇青冈为寄主。

分布于四川、浙江。

巴青灰蝶 / *Antigius butleri* (Fenton, [1882])

12-13

中小型或中型灰蝶。翅背面底色暗褐色，后翅翅面近外缘有1列白纹，越近臀角越明显，其内时有黑纹。翅腹面底色为泛黄褐色之白色，翅面有黑褐色条纹与斑纹。前翅偏外侧有1条暗褐色条纹，条纹于后端分断、内移，后翅近中央有不连续之暗褐色短纹。前、后翅中室端均有明显暗褐色杆状纹。前、后翅沿亚外缘黑褐色斑点列鲜明，于前翅近圆形。前、后翅翅基附近有数只暗褐色斑点。臀角附近有1条橙色纹，内有黑褐色小斑点，于尾突前方形成小眼纹。

1年1代，成虫多见于6–7月。栖息在阔叶林中。卵态越冬，卵主要产于寄主植物粗枝及树干裂缝内。幼虫以数种壳斗科落叶性栎属植物为寄主。

分布于黑龙江、吉林、辽宁、四川、云南、广东等地。此外见于俄罗斯、日本及朝鲜半岛。

华灰蝶属 / *Wagimo* Sibatani & Ito, 1942

中型灰蝶。身躯背面呈褐色，腹面呈白色。复眼被短毛。雄蝶前足跗节愈合、无爪，雌蝶前足跗节分节、具爪。后翅具丝状尾突。翅背面底色黑褐色，翅面有浅蓝色或蓝紫色斑纹。翅腹面底色呈褐色或黄褐色，翅面有许多白色线纹。

森林性蝶种。1年1代，于夏季出现。幼虫以壳斗科栎属植物为寄主。

分布于古北区及东洋区。国内目前已知5种，本图鉴收录4种。

备注：本属又称为晰灰蝶属。

黑带华灰蝶 / *Wagimo signatus* (Butler, [1882])

14-19

中小型或中型灰蝶。翅背面底色暗褐色，翅面有浅蓝色、蓝紫色或浅紫色斑纹，其色调与范围因地而异，一般而言，北方产者斑纹较小且偏紫色调，在后翅常仅在翅基有不明显的斑纹，南方产者斑纹较大，于后翅有时覆盖翅面大部分。翅腹面底色在北方偏红褐色，南方则近浅褐色。本种与其他同属种类在斑纹上最容易区别的是后翅腹面臀角的橙色纹与尾突前方的小眼纹融合、相连。

1年1代，成虫多见于6–7月。栖息在阔叶林中。卵态越冬，卵主要产于寄主植物休眠芽基部附近。幼虫以壳斗科落叶性栎属植物为寄主，在有些地区也会利用常绿性壳斗科植物。

分布于辽宁、河北、陕西、甘肃、四川、浙江等地。此外见于俄罗斯、日本、缅甸及朝鲜半岛。

华灰蝶 / *Wagimo sulgeri* (Oberthür, 1908)

20-22

中小型或中型灰蝶。翅背面底色暗褐色，前翅翅面有蓝紫色或浅紫色斑纹，后翅无纹。翅腹面底色浅褐色至褐色。后翅腹面臀角的橙色纹与尾突前方的小眼纹分离。本种与其他同属种类在斑纹上最容易区别的是后翅背面缺少蓝紫色纹。

1年1代，成虫多见于6–7月。栖息在阔叶林中。卵态越冬，卵主要产于寄主植物休眠芽基部附近。幼虫以壳斗科橿子栎为寄主。

分布于陕西、四川。

浅蓝华灰蝶 / *Wagimo asanoi* Koiwaya, 1999

23-26

中小型灰蝶。翅背面底色暗褐色，前翅翅面有浅蓝色或蓝白色斑纹，后翅有小片浅蓝色斑纹。翅腹面底色浅褐色至褐色。后翅腹面臀角的橙色纹与尾突前方的小眼纹分离。本种与华灰蝶斑纹很近似，但本种翅背面蓝色纹在同属种类中色调最浅。

1年1代，成虫多见于6-7月。栖息在阔叶林中。卵态越冬，卵主要产于寄主植物休眠芽基部附近。幼虫寄主为壳斗科常绿性栎属(青冈类)植物，如褐叶青冈、小叶青冈及滇青冈等。

分布于四川、浙江、福建等地。

备注：本种又称为朝野灰蝶属或斜带华灰蝶，本书依翅背面蓝色纹色调浅之特征称为浅蓝华灰蝶。

台湾华灰蝶 / *Wagimo insularis* Shirôzu, 1957

27-28 / P1792

中小型灰蝶。翅背面底色暗褐色，前翅翅面有蓝紫色或浅紫色斑纹，后翅有小片蓝紫色斑纹或无纹。翅腹面底色浅褐色至褐色。后翅腹面臀角的橙色纹与尾突前方的小眼纹分离。本种与华灰蝶斑纹很近似，单从外观难以区分，但交尾器构造迥异。华灰蝶后翅背面无纹，本种则有时有蓝紫色斑纹。

1年1代，成虫多见于5-7月。栖息在阔叶林中。卵态越冬，卵主要产于寄主植物休眠芽基部附近。幼虫寄主为壳斗科常绿性栎属(青冈类)植物。

分布于台湾、四川、云南。

冷灰蝶属 / *Ravenna* Shirôzu & Yamamoto, 1956

中大型灰蝶。雌雄异型。身躯背面呈褐色，被白色鳞，尤其在腹部。腹面呈白色。复眼被短毛。雄蝶前足跗节愈合、无爪，雌蝶前足跗节分节、具爪。后翅具细长丝状尾突。雄蝶翅背面底色紫色，翅面上常有白纹。雌蝶翅背面底色呈黑褐色，翅面上有鲜明白色区块。翅腹面底色呈白色，上有黑褐色或灰褐色线纹。尾突前方有黑色斑点形成的眼纹，常冠橙色纹。

森林性蝶种。1年1代，初夏至夏季出现。幼虫以壳斗科植物为寄主。

分布于东洋区。国内目前已知1种，本图鉴收录1种。

冷灰蝶 / *Ravenna nivea* (Nire, 1920)

29-37 / P1793

中大型灰蝶。雄蝶翅背面底色紫色，翅面有白纹，多变异，范围大者在前翅有明显白色区块，后翅则成放射状，范围小者甚至白纹完全消失。雌蝶翅背面通常黑褐色，翅面白色斑亦多变异，范围大者除前翅翅顶及外缘有黑边及中室端有黑褐色短线外，翅面大部分呈白色，白纹少者则沿翅脉有较多黑色部分。翅腹面底色白色，翅面上有黑褐色线纹粗细多变异。尾突前方眼纹之橙色纹在部分地区消失，尤其在四川西部。

1年1代，成虫多见于5-7月。栖息在阔叶林中。卵态越冬，卵主要产于寄主植物休眠芽基部附近。幼虫以壳斗科常绿性栎属植物为寄主。

分布于浙江、福建、广东、贵州、四川、江西、台湾。此外见于越南。

璐灰蝶属 / *Leucantigius* Shirôzu & Murayama, 1951

中型灰蝶。身躯背面呈褐色，腹面呈白色。复眼被短毛。雄蝶前足跗节愈合、无爪，雌蝶前足跗节分节、具爪。后翅具丝状尾突。翅背面底色黑褐色，翅面常有灰白纹。翅腹面底色呈白色或灰白色，上有黑褐色线纹。尾突前方有橙色圈纹与黑色斑点构成的眼纹。

森林性蝴蝶。1年1代，成虫初夏至夏季出现。幼虫以壳斗科植物为寄主。

分布于东洋区。国内目前已知1种，本图鉴收录1种。

璐灰蝶 / *Leucantigius atayalicus* (Shirôzu & Murayama, 1943)

38-42 / P1794

中型灰蝶。雄蝶翅顶较雌蝶尖。翅背面底色黑褐色，翅面常有灰白纹，通常雌蝶较明显。翅腹面底色呈白色或灰白色，前翅中央偏外侧与后翅中央有1对黑褐色线纹组成之纵带。翅面亚外缘有黑褐色波状线纹。尾突前方之橙色纹橙黄色或橙红色。

1年1代，成虫多见于4–7月。栖息在山地常绿阔叶林中。卵态越冬，卵产于枝条下侧。幼虫以壳斗科长果青冈(锥果栎)及青刚栎等植物为寄主。

分布于广东、广西、福建、江西、海南以及台湾等地。

虎斑灰蝶属 / *Yamamotozephyrus* Saigusa, 1993

中型灰蝶。雌雄异型。身躯背面呈褐色，腹面呈白色。复眼被短毛。雄蝶前足跗节愈合、无爪，雌蝶前足跗节分节、具爪。后翅具细长丝状尾突。雄蝶翅背面底色褐色，翅面上有蓝紫色纹。雌蝶翅背面底色呈黑褐色，翅面上有覆盖程度多变之白纹。翅腹面底色呈白色，翅面上密布黑褐色条纹，曲折排列有如斑马身上之纹路，沿前翅外缘并形成1列别致的鱼形小纹。尾突前方有橙色纹及黑色斑点形成的眼纹。

森林性蝴蝶。1年1代，初夏至夏季出现。幼虫以壳斗科植物为寄主。

分布于东洋区。国内目前已知1种，本图鉴收录1种。

备注：本属一般称为虎灰蝶属，但翅腹面白底黑纹之色彩与老虎体色黄底黑纹差异较大，反与斑马体色接近，称为“斑马灰蝶属”更为贴切，本书称为虎斑灰蝶属以与习用名称相近。

虎斑灰蝶 / *Yamamotozephyrus kwangtungensis* (Forster, 1942)

43-49 / P1794

中小型灰蝶。雄蝶翅背面底色褐色，翅面上有蓝紫色纹多变异，色调浅紫色至暗蓝紫色，范围有时只见于前翅，有时则前、后翅均布满。雌蝶翅背面底色呈黑褐色，翅面白纹多变异，从仅在后翅外缘有1列小纹使翅面泰半呈褐色到翅面大部分为白纹覆盖的情形均有之。翅腹面底色呈白色，翅面上的黑褐色条纹粗细多变异。

1年1代，成虫多见于5–7月。栖息在山地常绿阔叶林中。卵态越冬，卵主要产于寄主植物成熟叶叶背。幼虫以壳斗科锥属植物为寄主。

分布于福建、广东、广西、海南等地。此外见于越南及缅甸。

三枝灰蝶属 / *Saigusaozephyrus* Koiwaya, 1993

中型灰蝶。雌雄异型。身躯背面呈褐色，腹面呈白色。复眼被短毛。雄蝶前足跗节愈合、无爪，雌蝶前足跗节分节、具爪。后翅具细长丝状尾突。雄蝶翅背面底色褐色，翅面上有暗紫色纹。雌蝶翅背面底色呈黑褐色，前、后翅各有1列白纹。翅腹面底色呈白色，翅面上有黑褐色斑点与条纹。尾突前方有橙色纹及黑色斑点形成的眼纹。

森林性蝴蝶。1年1代，初夏至夏季出现。幼虫以壳斗科植物为寄主。

分布于东洋区。国内目前已知1种，本图鉴收录1种。

三枝灰蝶 / *Saigusaozephyrus atabyrius* (Oberthür, 1914)

50-52

中型灰蝶。雄蝶翅背面底色褐色，翅面上有暗紫色纹，于前翅较宽阔，占翅面大部分，于后翅仅在翅基附近有一小片。雌蝶翅背面底色呈黑褐色，前翅中央有数枚小白纹形成1条斜带、后翅沿外缘有1列白纹。翅腹面底色呈银白色，翅面中央有黑褐色条纹，于前翅成1条斜直线，于后翅则为后端回折成“W”字形的不连续纵线。前翅中室端有1条黑褐色短细线，后翅近翅基处有1个小黑点。亚外缘有双重黑褐色纹列。雌蝶腹面斑纹远较雄蝶鲜明。雄蝶前翅中央线纹及亚外缘斑纹常高度减退、消失。尾突前方有橙色纹及黑色斑点形成的眼纹。

1年1代，成虫多见于6–7月。栖息在山地阔叶林中。卵态越冬，卵产于寄主植物树干、树枝裂缝内，以胶状物涂敷隐藏。幼虫以壳斗科落叶性栎属植物为寄主。

分布于陕西、甘肃、四川、重庆、浙江、湖南、江西等地。

轭灰蝶属 / *Euaspa* Moore, 1884

中型或中小型灰蝶。身躯背面呈暗褐色，腹面呈白色。复眼被短毛。雄蝶前足跗节愈合、无爪，雌蝶前足跗节分节、具爪。后翅具丝状尾突。翅背面底色褐色，翅面上有蓝色、蓝紫色或紫色纹，有些种类于前翅有橙色小斑。翅腹面底色呈褐色，翅面上有白纹。尾突前方有橙色纹及黑色斑点形成的眼纹。

森林性蝶种。1年1代，初夏至夏季出现。幼虫以壳斗科植物为寄主。

分布于东洋区。国内目前已知5种，本图鉴收录5种。

轭灰蝶 / *Euaspa milionia* (Hewitson, [1869])

53-54 / P1794

中小型灰蝶。翅背面底色暗褐色，翅面上除前翅翅顶及后翅前缘附近外有蓝色亮纹，翅面中央有宽窄多变异的白色纵带。翅脉处常暗色化。翅腹面底色呈褐色，翅面中央有纵走粗白条。亚外缘有白纹，于前翅形成1列白圈，于后翅则大部分成1条模糊带纹。尾突前方有橙色纹及黑色斑点形成的眼纹。

1年1代，成虫多见于5–7月。栖息在山地阔叶林中。卵态越冬，卵产于寄主植物细枝基部鳞片内侧。幼虫以壳斗科长果青冈(锥果栎)等植物为寄主。

分布于广西、海南、台湾等地。此外见于巴基斯坦、印度、尼泊尔、缅甸、老挝等地。

伏氏轭灰蝶 / *Euaspa forsteri* (Esaki & Shirôzu, 1943)

55-56

中型灰蝶。翅背面底色暗褐色，前翅翅面上有蓝色或蓝紫色纹，其前方有时具1对橙色小斑点，后翅无纹。翅腹面底色呈褐色。亚外缘有白纹，沿外缘形成1条模糊带纹，在前翅后侧有明显黑褐色纹。后翅翅面有2道白线，内侧线近直线状，外侧线则蜿蜒弯曲。后翅亚外缘模糊带纹内缘有波状线纹。波状线纹与外侧白线间有霜状白纹。尾突前方有橙色纹及黑色斑点形成的眼纹。本种又称为紫轭灰蝶，但本种翅背面色纹主要呈深蓝色。

1年1代，成虫多见于6-7月。栖息在山地阔叶林中。卵态越冬，卵产于寄主植物细枝侧芽旁枝条上。幼虫以壳斗科锥属植物为寄主。

分布于福建、广东、台湾。此外见于老挝。

泰雅轭灰蝶 / *Euaspa tayal* (Esaki & Shirôzu, 1943)

57

中型灰蝶。翅背面底色暗褐色，前翅翅面上有蓝紫色纹，后翅无纹。翅腹面底色呈褐色。亚外缘有白纹，沿外缘形成1条模糊带纹，在前翅后侧有明显黑褐色纹。翅面有2道白线，均呈直线状，内侧线不明显。后翅亚外缘模糊带纹内缘有波状线纹。波状线纹与外侧白线间有霜状白纹。尾突前方有橙色纹及黑色斑点形成的眼纹。

1年1代，成虫多见于6-7月。栖息在山地阔叶林中。卵态越冬，卵产于寄主植物细枝侧芽旁枝条上。幼虫以壳斗科淋漓锥(乌来柯)为寄主。

分布于台湾。

备注：本种种小名源自居住于其模式产地的高山族泰雅人。

武夷轭灰蝶 / *Euaspa wuyishana* Koiwaya, 1996

58

中型灰蝶。翅背面底色暗褐色，前翅翅面上有蓝紫色纹，其前方有时具1对模糊橙色小斑点，后翅无纹。翅腹面底色呈褐色。亚外缘有白纹，沿外缘形成1条模糊带纹，在前翅后侧有明显黑褐色纹。后翅翅面有2道白线，内侧线近直线状、细而不鲜明，外侧线则蜿蜒弯曲。后翅亚外缘模糊带纹内缘有波状线纹。波状线纹与外侧白线间有霜状白纹。尾突前方有橙色纹及黑色斑点形成的眼纹。本种与泰雅轭灰蝶斑纹十分类似，但泰雅轭灰蝶后翅腹面外侧白线呈直线状，在本种翅则蜿蜒弯曲。

1年1代，成虫多见于6-7月。栖息在山地阔叶林中。卵态越冬，卵产于寄主植物细枝侧芽旁枝条上。幼虫以壳斗锥属植物为寄主。

分布于福建、四川。此外见于越南。

巴蜀轭灰蝶 / *Euaspa uedai* Koiwaya, 2014

59

中小型灰蝶。翅背面底色暗褐色，前翅翅面上有蓝紫色纹，其前方具1对橙色小斑点，后翅无纹。翅腹面底色呈褐色。前翅有明显橙黄色斑。亚外缘有白纹，沿外缘形成1条模糊带纹，在前翅后侧有黑褐色纹。后翅翅面有2道白线，内侧线呈直线状，外侧线则蜿蜒弯曲。后翅亚外缘模糊带纹内缘有波状线纹。波状线纹与外侧白线间有霜状白纹。尾突前方有橙色纹及黑色斑点形成的眼纹。

1年1代，成虫多见于6-7月出现。栖息在山地阔叶林中。

分布于重庆及四川。

何华灰蝶属 / *Howarthia* Shirozu & Yamamoto, 1956

中型灰蝶。身躯背面呈暗褐色，腹面呈白色。复眼被毛。雄蝶前足跗节分节或愈合、无爪，雌蝶前足跗节分节、具爪。后翅具丝状尾突。翅背面底色褐色，翅面上有蓝色、蓝紫色或紫色纹，有些种类于前翅有橙色小斑。翅腹面底色呈黄褐色或红褐色，翅面上有白色线纹。尾突前方有橙红色纹及黑色斑点形成的眼纹，沿外缘常有橙红色斑纹。部分种类中室端有白色重短线。

森林性蝴蝶。1年1代，成虫多见于夏至秋季。幼虫以杜鹃科植物为寄主。

分布于东洋区。国内目前已知8种，本图鉴收录6种。

梅尔何华灰蝶 / *Howarthia melli* (Forster, 1940)

60-62

中型灰蝶。翅背面底色黑褐色，前翅翅面基半部有紫色纹，其外侧中央有时具1个橙色小斑点，后翅翅面一般无纹。翅腹面底色呈红褐色。前翅外侧有1条白色斜线。后翅中央有1条白色纵线，于后端反折延伸至内缘。亚外缘有白色线纹，于前翅呈1条虚线，于后翅则呈波状，后翅白线外侧时有橙红色斑。前翅中室端有时具模糊白色重短线。尾突前方有橙色纹及黑色斑点形成的眼纹。

1年1代，成虫多见于6-9月。栖息在山地阔叶林中。卵态越冬。幼虫以杜鹃科杜鹃属等植物为寄主。

分布于广西、广东、福建及浙江等地。

备注：本种与陈氏何华灰蝶*H. cheni* Chou & Wang, 1994十分类似，外观难以区分，两者关系有待讨论。本种又称为苹果何华灰蝶，但本种幼虫寄主植物为杜鹃，而非苹果。

01 ♂ 青灰蝶 湖南张家界
02 ♂ 青灰蝶 湖南张家界
03 ♀ 青灰蝶 重庆
04 ♂ 青灰蝶 甘肃迭部
05 ♂ 青灰蝶 陕西凤县
06 ♀ 青灰蝶 陕西凤县
01 ♂ 青灰蝶 湖南张家界
02 ♂ 青灰蝶 湖南张家界
03 ♀ 青灰蝶 重庆
04 ♂ 青灰蝶 甘肃迭部
05 ♂ 青灰蝶 陕西凤县
06 ♀ 青灰蝶 陕西凤县
07 ♀ 青灰蝶 台湾南投
08 ♂ 苏氏青灰蝶 台湾屏东
09 ♂ 陈氏青灰蝶 四川南江
10 ♂ 陈氏青灰蝶 四川宝兴
11 ♀ 陈氏青灰蝶 四川天全
12 ♀ 巴青灰蝶 辽宁丹东
07 ♀ 青灰蝶 台湾南投
08 ♂ 苏氏青灰蝶 台湾屏东
09 ♂ 陈氏青灰蝶 四川南江
10 ♂ 陈氏青灰蝶 四川宝兴
11 ♀ 陈氏青灰蝶 四川天全
12 ♀ 巴青灰蝶 辽宁丹东
13 ♀ 巴青灰蝶 湖南东安
14 ♂ 黑带华灰蝶 浙江临安
15 ♂ 黑带华灰蝶 甘肃迭部
16 ♀ 黑带华灰蝶 四川摩西
17 ♂ 黑带华灰蝶 辽宁沈阳
18 ♀ 黑带华灰蝶 辽宁沈阳
13 ♀ 巴青灰蝶 湖南东安
14 ♂ 黑带华灰蝶 浙江临安
15 ♂ 黑带华灰蝶 甘肃迭部
16 ♀ 黑带华灰蝶 四川摩西
17 ♂ 黑带华灰蝶 辽宁沈阳
18 ♀ 黑带华灰蝶 辽宁沈阳

⑲♀
黑带华灰蝶
陕西汉中
⑳♂
华灰蝶
陕西周至
㉑♂
华灰蝶
陕西凤县
㉒♀
华灰蝶
陕西宁陕
㉓♂
浅蓝华灰蝶
浙江临安
19♀
黑带华灰蝶
陕西汉中
20♂
华灰蝶
陕西周至
21♂
华灰蝶
陕西凤县
22♀
华灰蝶
陕西宁陕
23♂
浅蓝华灰蝶
浙江临安
㉔♀
浅蓝华灰蝶
浙江临安
㉕♂
浅蓝华灰蝶
浙江临安
㉖♀
浅蓝华灰蝶
浙江临安
㉗♂
台湾华灰蝶
台湾花莲
㉘♀
台湾华灰蝶
台湾台中
24♀
浅蓝华灰蝶
浙江临安
25♂
浅蓝华灰蝶
浙江临安
26♀
浅蓝华灰蝶
浙江临安
27♂
台湾华灰蝶
台湾花莲
28♀
台湾华灰蝶
台湾台中
㉙♂
冷灰蝶
四川南江
㉚♀
冷灰蝶
四川南江
㉛♂
冷灰蝶
台湾新竹
㉜♀
冷灰蝶
台湾新竹
㉝♂
冷灰蝶
福建福州
29♂
冷灰蝶
四川南江
30♀
冷灰蝶
四川南江
31♂
冷灰蝶
台湾新竹
32♀
冷灰蝶
台湾新竹
33♂
冷灰蝶
福建福州

㉞ ♀ 冷灰蝶 福建福州
㉟ ♂ 冷灰蝶 江西井冈山
㊱ ♀ 冷灰蝶 江西井冈山
㊲ ♀ 冷灰蝶(黑化型) 广东乳源

34 ♀ 冷灰蝶 福建福州
35 ♂ 冷灰蝶 江西井冈山
36 ♀ 冷灰蝶 江西井冈山
37 ♀ 冷灰蝶(黑化型) 广东乳源

㊳ ♂ 璐灰蝶 福建福州
㊴ ♀ 璐灰蝶 福建福州
㊵ ♀ 璐灰蝶 浙江杭州
㊶ ♂ 璐灰蝶 台湾花莲
㊷ ♀ 璐灰蝶 台湾花莲

38 ♂ 璐灰蝶 福建福州
39 ♀ 璐灰蝶 福建福州
40 ♀ 璐灰蝶 浙江杭州
41 ♂ 璐灰蝶 台湾花莲
42 ♀ 璐灰蝶 台湾花莲

㊸ ♂ 虎斑灰蝶 福建福州
㊹ ♀ 虎斑灰蝶 福建福州
㊺ ♂ 虎斑灰蝶 广东乳源
㊻ ♀ 虎斑灰蝶 广东乳源
㊼ ♂ 虎斑灰蝶 广西龙胜

43 ♂ 虎斑灰蝶 福建福州
44 ♀ 虎斑灰蝶 福建福州
45 ♂ 虎斑灰蝶 广东乳源
46 ♀ 虎斑灰蝶 广东乳源
47 ♂ 虎斑灰蝶 广西龙胜

48 ♂
虎斑灰蝶
海南陵水
49 ♀
虎斑灰蝶
海南陵水
50 ♂
三枝灰蝶
陕西汉中
51 ♀
三枝灰蝶
甘肃康县
52 ♂
三枝灰蝶
陕西周至
48 ♂
虎斑灰蝶
海南陵水
49 ♀
虎斑灰蝶
海南陵水
50 ♂
三枝灰蝶
陕西汉中
51 ♀
三枝灰蝶
甘肃康县
52 ♂
三枝灰蝶
陕西周至
53 ♂
轭灰蝶
台湾花莲
54 ♀
轭灰蝶
台湾花莲
55 ♂
伏氏轭灰蝶
台湾桃园
56 ♀
伏氏轭灰蝶
台湾桃园
57 ♂
泰雅轭灰蝶
台湾新北
53 ♂
轭灰蝶
台湾花莲
54 ♀
轭灰蝶
台湾花莲
55 ♂
伏氏轭灰蝶
台湾桃园
56 ♀
伏氏轭灰蝶
台湾桃园
57 ♂
泰雅轭灰蝶
台湾新北
58 ♀
武夷轭灰蝶
福建德化
59 ♀
巴蜀轭灰蝶
重庆
60 ♂
梅尔何华灰蝶
浙江景宁
61 ♂
梅尔何华灰蝶
浙江景宁
62 ♀
梅尔何华灰蝶
广西金秀
58 ♀
武夷轭灰蝶
福建德化
59 ♀
巴蜀轭灰蝶
重庆
60 ♂
梅尔何华灰蝶
浙江景宁
61 ♂
梅尔何华灰蝶
浙江景宁
62 ♀
梅尔何华灰蝶
广西金秀

何华灰蝶 / *Howarthia caelestis* (Leech, 1890)

01-05

中型灰蝶。翅背面底色黑褐色，前翅翅面基半部有浅蓝色亮纹，其外侧中央有时具1个橙色小斑点，后翅翅面大部分有浅蓝色亮纹，仅于外缘有黑色细边。翅腹面底色呈红褐色。前翅外侧有1条白色斜线。后翅中央有1条白色纵线，于后端反折延伸至内缘。亚外缘有白色线纹，于后翅呈波状，后翅白线外侧常有橙红色斑。前翅中室端有时具白色重短线。尾突前方有橙色纹及黑色斑点形成的眼纹。

1年1代，成虫多见于6-9月。栖息在山地阔叶林中。卵态越冬，卵产于寄主植物枝条上。幼虫以杜鹃科大白花杜鹃等植物为寄主。

分布于云南、四川。此外见于缅甸。

黑缘何华灰蝶 / *Howarthia nigricans* (Leech, 1893)

06-12

中型灰蝶。翅背面底色黑褐色，前翅翅面有浅蓝色亮纹，于雄蝶占前翅翅面过半面积，后翅更几乎占满翅面，于雌蝶则浅蓝色亮纹面积较小。翅腹面底色呈红褐色。前翅外侧有1条白色斜线。后翅中央有1条白色纵线，于后端反折延伸至内缘，反折处白线截断、分离。亚外缘有白色线纹，于后翅呈波状，后翅白线外侧常有橙红色斑。前翅中室端具鲜明白色重短线，但外侧线往往模糊或消失。后翅中室端有时有模糊白色重短线。尾突前方有橙色纹及黑色斑点形成的眼纹。

1年1代，成虫多见于6-9月。栖息在山地阔叶林中。卵态越冬，卵产于寄主植物枝条或休眠芽基部附近。幼虫以杜鹃科杜鹃属植物为寄主。

分布于四川、陕西。

金佛山何华灰蝶 / *Howarthia wakaharai* Koiwaya, 2000

13-14

中小型灰蝶。翅背面底色黑褐色，前翅翅面有浅蓝色亮纹，于雄蝶占前翅翅面过半面积，后翅更几乎占满翅面，于雌蝶则浅蓝色亮纹面积较小。翅腹面底色呈红褐色。前翅外侧有1条白色斜线。后翅中央有1条白色纵线，于后端反折延伸至内缘，反折处白线截断、分离。亚外缘有白色线纹，于后翅呈波状，后翅白线外侧常有橙红色斑。前翅中室端具鲜明白色重短线，后翅中室端有时有模糊白色重短线。尾突前方有橙色纹及黑色斑点形成的眼纹。

1年1代，成虫多见于7-8月。栖息在山地阔叶林中。卵态越冬，卵产于寄主植物成熟叶叶背中肋附近。幼虫以杜鹃科长柄杜鹃为寄主。

分布于重庆。

四川何华灰蝶 / *Howarthia sakakibarai* Koiwaya, 2002

15

中型灰蝶。翅背面底色黑褐色，前翅翅面基半部有浅蓝色亮纹，后翅翅面大部分有蓝色亮纹，仅于外缘有黑色细边。翅腹面底色呈红褐色。前翅外侧有1条白色斜线。后翅中央有1条白色纵线，于后端反折延伸至内缘。亚外缘有白色线纹，于后翅呈波状，后翅白线外侧常有橙红色斑。前翅中室端具白色重短线。尾突前方有橙色纹及黑色斑点形成的眼纹。本种与黑缘何华灰蝶斑纹相似，仅翅面外缘前端线纹以本种较明显勉强可区分。

1年1代，成虫多见于6-9月。栖息在山地阔叶林中。卵态越冬。幼虫以杜鹃科杜鹃属植物为寄主。

分布于四川。

黔何华灰蝶 / *Howarthia hishikawai* Koiwaya, 2000

16-17

中大型灰蝶。雄蝶翅背面除前翅翅顶与外缘以外几乎完全为浅紫色纹填满。雌蝶翅面黑褐色部分较多，有蓝色纹前翅翅面基半部，其外缘外侧中央常有1个橙色小斑。蓝色纹于后翅覆盖度多变异，沿前缘及翅脉常为黑褐色。翅腹面底色呈红褐色。前翅外侧有1条白色斜线。后翅中央有1条白色纵线，于后端反折延伸至内缘，反折处白线截断、分离。亚外缘有白色线纹，于后翅呈波状，后翅白线外侧常有橙红色斑。前、后翅中室端白色重短线模糊。尾突前方有橙色纹及黑色斑点形成的眼纹。

1年1代，成虫多见于8-9月。栖息在山地阔叶林中。卵态越冬，卵主要产于寄主植物小枝上。幼虫以杜鹃科耳叶杜鹃为寄主。

分布于贵州、重庆。此外见于越南。

备注：本种又称为凯里何华灰蝶。

林灰蝶属 / *Hayashikeia* Fujioka, 2003

中小型灰蝶。身躯背面呈暗褐色，腹面呈白色。复眼被毛。雄蝶前足跗节愈合、无爪，雌蝶前足跗节分节、具爪。后翅具丝状尾突。翅背面底色褐色，翅面上常有蓝色、蓝紫色或紫色纹。翅腹面底色呈暗褐色，翅面上有白色线纹。后翅亚外缘白色线纹鲜明、波状。尾突前方有橙红色纹及黑色斑点形成的眼纹。中室端无白色重短线。

森林性蝶种。1年1代，成虫多见于夏至秋季。幼虫以杜鹃科植物为寄主。

分布于东洋区。国内目前已知4种，本图鉴收录3种。

柯氏林灰蝶 / *Hayashikeia courvoisieri* (Oberthür, 1908)

18-19

中小型灰蝶。雌雄异型。翅背面底色黑褐色，翅面有浅蓝色亮纹，于雄蝶除前翅外缘有黑边外，几乎占满翅面，于雌蝶则仅占前翅翅面约1/2面积。翅腹面底色呈暗褐色。前翅外侧有1条白色线。后翅中央有1条白色纵线，于后端反折呈“W”字形。亚外缘有白色线纹，在前翅呈虚线状，于后翅鲜明而呈波状。本种与林灰蝶斑纹十分类似，唯本种前翅腹面亚外缘白色短线纹向前延伸至翅顶附近，在林灰蝶则白色短线纹前段减退、消失。

1年1代，成虫多见于6-7月。栖息在山地阔叶林中。

分布于四川等地。

备注：本种又称为柯氏哈灰蝶。

林灰蝶 / *Hayashikeia sugiyamai* (Koiwaya, 2002)

20-25

中小型灰蝶。雌雄异型。翅背面底色黑褐色，翅面有蓝色亮纹，色调因地而异，雄蝶于华东色调暗而呈深靛蓝色，华中以西呈浅蓝色，前者占翅面小，尤其在后翅常明显缩减。雌蝶于华东常无纹，于华中以西则有浅蓝色纹。翅腹面底色呈暗褐色。前翅外侧有1条白色线。后翅中央有1条白色纵线，于后端反折呈“W”字形。亚外缘有白色线纹，在前翅呈虚线状，且于前端减退、弱化，于后翅鲜明而呈波状。

1年1代，成虫多见于6-7月。栖息在山地阔叶林中。卵态越冬，卵产于寄主植物细枝上。幼虫以杜鹃科羊角杜鹃为寄主。

分布于甘肃、贵州、湖南、重庆、广东、浙江、江西、福建等地。

备注：本种又称为杉山林灰蝶或杉山哈灰蝶。

福氏林灰蝶 / *Hayashikeia florianii* (Bozano, 1996)

26-32

中型灰蝶。雌雄异型。翅背面底色黑褐色，前翅翅面常有橙色小纹，但在雄蝶常减退、消失。雌、雄蝶翅腹面差异显著，雌蝶翅腹面底色呈暗褐色。前翅外侧有1条白色线。后翅中央有1条白色纵线，于后端反折呈“W”字形。亚外缘有白色线纹，在前翅呈弧形，于后翅呈波状。雄蝶翅腹面白纹扩大，覆盖大部分翅面，使前后翅翅面线纹呈褐色。沿亚外缘也呈现褐色细带纹与小斑点，中室端有模糊黑褐色短线。

1年1代，成虫多见于7-8月。栖息在山地阔叶林中。卵态越冬，卵产于寄主植物休眠芽基部、枝条上。幼虫以杜鹃科杜鹃属植物为寄主。

分布于四川、重庆、云南。

备注：本种又称为福氏哈灰蝶。

铁灰蝶属 / *Teratozephyrus* Sibatani, 1946

中型或中小型灰蝶。身躯背面呈暗褐色，腹面呈白色。雄蝶复眼密被毛，雌蝶疏被毛。雄蝶前足跗节愈合、无爪，雌蝶前足跗节分节、具爪。后翅具丝状尾突。翅背面底色褐色，前翅翅面上常有橙纹。翅腹面底色呈褐底白纹或白底褐纹。翅面上有与底色对比鲜明的线纹。尾突前方有橙红色纹及黑色斑点形成的眼纹。

1年1代，成虫多见于夏至秋季。幼虫以壳斗科常绿性栎属植物为寄主。

分布于东洋区。国内目前已知8种，本图鉴收录7种。

阿里山铁灰蝶 / *Teratozephyrus arisanus* (Wileman, 1909)

33-38

中型灰蝶。翅背面底色黑褐色，前翅翅面常有1对橙黄色小纹，但在雄蝶常减退、消失。翅腹面底色呈银白色。前翅外侧有1条暗色线。后翅中央有1条暗色纵线，于后端反折呈“W”字形。亚外缘常有暗色线纹及1列暗色小纹。中室端有暗色短线。翅面斑纹鲜明程度变化多，台湾产的雄蝶个体有时几近完全消退。

1年1代，成虫多见于6-8月。栖息在山地阔叶林中。卵态越冬，卵产于寄主植物枝条上。幼虫以壳斗科滇青冈及台湾窄叶青冈(狭叶栎)等为寄主植物。

分布于四川、云南、江西、浙江、台湾等地。此外见于缅甸。

筑山铁灰蝶 / *Teratozephyrus tsukiyamahiroshii* Fujioka, 1994

39

中型灰蝶。翅背面底色暗褐色，前翅翅面有1对橙黄色纹，外侧纹常向后延伸呈杆状。翅腹面底色呈褐色。前翅外侧有1条白线。翅背面橙色纹亦见于腹面对应位置。后翅中央有白色纵线，于后端反折呈"W"字形。后翅亚外缘有1列白色线纹，前缘近翅基处有1条小白纹。前、后翅中室端有1对模糊白色短线。

1年1代，成虫多见于7–8月。栖息在山地阔叶林中。

分布于云南、四川。

备注：本种又称为促铁灰蝶。

台湾铁灰蝶 / *Teratozephyrus yugaii* (Kano, 1928)

40-41

中型灰蝶。翅背面底色暗褐色，前翅翅面有1对橙黄色纹，但常减退、消失。翅腹面底色呈暗褐色。前翅外侧有1条明显白线。后翅中央有白色纵线，于后端反折呈"W"字形。后翅亚外缘有2列白色线纹，外侧线鲜明，内侧线模糊。前、后翅中室端有1对模糊白色短线。

1年1代，成虫多见于8–11月。栖息在山地阔叶林或针、阔叶混生林中。卵态越冬，卵产于寄主植物休眠芽基部。幼虫以壳斗科台湾窄叶青冈(狭叶栎)为寄主。

分布于台湾。

备注：本种种小名义指台湾最高峰玉山。本种又称为俞铁灰蝶。

01 ♂ 何华灰蝶 云南维西
02 ♀ 何华灰蝶 云南维西
03 ♀ 何华灰蝶 云南大理
04 ♀ 何华灰蝶 云南维西
05 ♂ 何华灰蝶 四川宝兴

01 ♂ 何华灰蝶 云南维西
02 ♀ 何华灰蝶 云南维西
03 ♀ 何华灰蝶 云南大理
04 ♀ 何华灰蝶 云南维西
05 ♂ 何华灰蝶 四川宝兴

06 ♂ 黑缘何华灰蝶 陕西凤县
07 ♂ 黑缘何华灰蝶 陕西凤县
08 ♂ 黑缘何华灰蝶 四川宝兴
09 ♂ 黑缘何华灰蝶 四川宝兴
10 ♂ 黑缘何华灰蝶 四川宝兴

06 ♂ 黑缘何华灰蝶 陕西凤县
07 ♂ 黑缘何华灰蝶 陕西凤县
08 ♂ 黑缘何华灰蝶 四川宝兴
09 ♂ 黑缘何华灰蝶 四川宝兴
10 ♂ 黑缘何华灰蝶 四川宝兴

11 ♂ 黑缘何华灰蝶 四川宝兴
12 ♀ 黑缘何华灰蝶 四川宝兴
13 ♂ 金佛山何华灰蝶 重庆
14 ♀ 金佛山何华灰蝶 重庆
15 ♀ 四川何华灰蝶 四川宝兴

11 ♂ 黑缘何华灰蝶 四川宝兴
12 ♀ 黑缘何华灰蝶 四川宝兴
13 ♂ 金佛山何华灰蝶 重庆
14 ♀ 金佛山何华灰蝶 重庆
15 ♀ 四川何华灰蝶 四川宝兴

⑯ ♂ 黔何华灰蝶 重庆

⑯ ♂ 黔何华灰蝶 重庆

⑰ ♀ 黔何华灰蝶 重庆

⑰ ♀ 黔何华灰蝶 重庆

⑱ ♂ 柯氏林灰蝶 四川宝兴

⑱ ♂ 柯氏林灰蝶 四川宝兴

⑲ ♀ 柯氏林灰蝶 四川宝兴

⑲ ♀ 柯氏林灰蝶 四川宝兴

⑳ ♂ 林灰蝶 湖南东安

⑳ ♂ 林灰蝶 湖南东安

㉑ ♀ 林灰蝶 湖南东安

㉑ ♀ 林灰蝶 湖南东安

㉒ ♂ 林灰蝶 浙江景宁

㉒ ♂ 林灰蝶 浙江景宁

㉓ ♀ 林灰蝶 浙江景宁

㉓ ♀ 林灰蝶 浙江景宁

㉔ ♂ 林灰蝶 贵州江口

㉔ ♂ 林灰蝶 贵州江口

㉕ ♀ 林灰蝶 贵州江口

㉕ ♀ 林灰蝶 贵州江口

㉖ ♂ 福氏林灰蝶 四川宝兴

㉖ ♂ 福氏林灰蝶 四川宝兴

㉗ ♂ 福氏林灰蝶 四川宝兴

㉗ ♂ 福氏林灰蝶 四川宝兴

28 ♂
福氏林灰蝶
四川宝兴
29 ♀
福氏林灰蝶
四川宝兴
30 ♂
福氏林灰蝶
四川宝兴
31 ♀
福氏林灰蝶
四川宝兴
28 ♂
福氏林灰蝶
四川宝兴
29 ♀
福氏林灰蝶
四川宝兴
30 ♂
福氏林灰蝶
四川宝兴
31 ♀
福氏林灰蝶
四川宝兴
32 ♀
福氏林灰蝶
四川宝兴
33 ♂
阿里山铁灰蝶
台湾新竹
34 ♀
阿里山铁灰蝶
台湾桃园
35 ♂
阿里山铁灰蝶
浙江临安
36 ♀
阿里山铁灰蝶
浙江临安
32 ♀
福氏林灰蝶
四川宝兴
33 ♂
阿里山铁灰蝶
台湾新竹
34 ♀
阿里山铁灰蝶
台湾桃园
35 ♂
阿里山铁灰蝶
浙江临安
36 ♀
阿里山铁灰蝶
浙江临安
37 ♂
阿里山铁灰蝶
浙江景宁
38 ♀
阿里山铁灰蝶
浙江景宁
39 ♂
筑山铁灰蝶
四川木里
40 ♂
台湾铁灰蝶
台湾桃园
41 ♀
台湾铁灰蝶
台湾花莲
37 ♂
阿里山铁灰蝶
浙江景宁
38 ♀
阿里山铁灰蝶
浙江景宁
39 ♂
筑山铁灰蝶
四川木里
40 ♂
台湾铁灰蝶
台湾桃园
41 ♀
台湾铁灰蝶
台湾花莲

黑铁灰蝶 / *Teratozephyrus hecale* (Leech, 1893)

01-05

中型灰蝶。翅背面底色暗褐色，前翅翅面有1对橙色小纹，外侧纹通常较大。雄蝶内侧纹常减退、消失。雌蝶橙色纹有时扩大、相连。翅腹面底色呈暗褐色。前翅外侧有1条明显白线。后翅中央有白色纵线，于后端反折呈“W”字形。后翅亚外缘有2列白色线纹，外侧线鲜明，内侧线模糊。前、后翅中室端有1条模糊白色短线。

1年1代，成虫多见于7-9月。栖息在山地阔叶林林中。卵态越冬，卵产于寄主植物休眠芽基部。幼虫以壳斗科巴东栎为寄主。

分布于四川、重庆、陕西、云南。

怒和铁灰蝶 / *Teratozephyrus nuwai* Koiwaya , 1996

06-08

中型灰蝶。翅背面底色暗褐色，前翅翅面有1对橙黄纹，外侧纹通常较大。雌蝶橙黄纹较雄蝶明显，常扩大致使两纹相连成。翅腹面底色呈褐色。前、后翅白线鲜明。后翅中央白色纵线于后端反折呈“W”字形。后翅亚外缘有2列白色线纹，外缘线较鲜明。前、后翅中室端有1对白色短线，前翅者较鲜明。

1年1代，成虫多见于8-9月。栖息在山地阔叶林中。卵态越冬，卵产于寄主植物休眠芽基部。幼虫以壳斗科刺叶高山栎(高山栎)等植物为寄主。

分布于陕西、甘肃、重庆。

高山铁灰蝶 / *Teratozephyrus elatus* Hsu & Lu, 2005

09-10

中型灰蝶。翅背面底色暗褐色，前翅翅面有1对橙黄纹，外侧纹通常较大。雄蝶橙黄纹，常减退、消失。翅腹面底色呈褐色或灰褐色。前、后翅白线明显。后翅中央白色纵线于后端反折呈“W”字形。后翅亚外缘有2列白色线纹，外缘线较鲜明。前、后翅中室端有1对白色短线，前翅者较鲜明。

1年1代，成虫多见于8-11月。栖息在山地阔叶林及针、阔叶混生林中。卵态越冬，卵产于寄主植物休眠芽基部。幼虫以壳斗科刺叶高山栎(高山栎)为寄主。

分布于台湾。

备注：本种交尾器构造与怒和铁灰蝶相似，有学者认为两者同种，有待进一步讨论。

大斑铁灰蝶 / *Teratozephyrus hinomaru* Fujioka, 1994

11

中型灰蝶。翅背面底色暗褐色，雄蝶前翅翅面有1个大型橙黄色斑。翅腹面底色呈浅褐色。前翅外侧有1条白线。后翅中央有白色纵线，于后端反折呈“W”字形。后翅亚外缘有2列白色线纹，外缘线较鲜明。前、后翅中室端有1对白色短线。

1年1代，成虫多见于6-8月。栖息在山地阔叶林中。

分布于重庆、贵州。福建可能也有分布。

备注：本书依前翅有大型橙色斑之特性称为大斑铁灰蝶。本种又称为享铁灰蝶。

仓灰蝶属 / *Fujiokaozephyrus* Koiwaya, 2007

中型或中小型灰蝶。雌雄斑纹明显相异。身躯背面呈暗褐色，腹面呈白色。雄蝶复眼密被毛，雌蝶疏被毛。雄蝶前足跗节愈合、无爪，雌蝶前足跗节分节、具爪。后翅具丝状尾突。翅背面底色褐色，雄蝶翅面上有绿、蓝色亮纹，雌蝶前翅则于翅面有蓝紫色亮纹、翅顶内侧有橙色纹。翅腹面底色呈褐色，翅面上有白色线纹。中室端有短条。尾突前方有橙红色纹及黑色斑点形成的眼纹。

1年1代，夏至秋季出现。幼虫以壳斗科常绿性栎属植物为寄主。

分布于东洋区。国内目前已知2种，本图鉴收录2种。

仓灰蝶 / *Fujiokaozephyrus tsangkie* (Oberthür, 1886)

12-19

中型灰蝶。翅背面底色褐色，后翅臀角有蓝紫色小纹。雄蝶翅面上有暗绿色亮纹，雌蝶则于前翅翅面有蓝紫色亮纹、翅顶内侧有橙色纹。翅腹面底色呈褐色。中室端有时具1对白色短线。

1年1代，成虫多见于夏至秋季。卵态越冬。幼虫以壳斗科常绿性栎属硬叶栎类植物为寄主。

分布于四川、云南、西藏等地。此外见于印度。

蓝仓灰蝶 / *Fujiokaozephyrus camurius* (Murayama, 1986)

20

中小型灰蝶。翅背面底色褐色，后翅臀角有蓝紫色小纹。雄蝶翅面上有暗蓝色亮纹，雌蝶则于前翅翅面时有蓝紫色亮纹、翅顶内侧有橙色纹。翅腹面底色呈褐色。中室端有1对模糊白色短线。

1年1代，成虫多见于夏至秋季。卵态越冬。幼虫以壳斗科常绿性栎属硬叶栎类植物为寄主。

分布于西藏等地。此外见于不丹。

污灰蝶属 / *Uedaozephyrus* Koiwaya, 2007

中型灰蝶。雌雄斑纹明显相异。身躯背面呈暗褐色，腹面呈白色。雄蝶复眼密被毛，雌蝶疏被毛。雄蝶前足跗节愈合、无爪，雌蝶前足跗节分节、具爪。后翅具丝状尾突。翅背面底色褐色，雄蝶翅面上有绿色亮纹，在纹内形成1个黑色孔目。雌蝶前翅翅面有1对橙色纹。翅腹面底色呈暗褐色与浅褐色交错排列，翅面上有白色线纹。后翅亚外缘有1列白色线纹。尾突前方有橙红色纹及黑色斑点形成的眼纹。

1年1代，成虫多见于夏季。幼虫以壳斗科植物为寄主。

分布于东洋区。国内目前已知1种，本图鉴收录1种。

备注：本属属名系献名日籍鳞翅学者上田恭一郎。

污灰蝶 / *Uedaozephyrus kuromon* (Sugiyama, 1994)

21-24

中型灰蝶。翅背面底色褐色，雄蝶翅面上有绿色亮纹，但在纹内形成1个黑色孔目，向前缘连结。中室端有黑色短线。雌蝶前翅翅面有1对橙色纹，外侧纹较大。翅腹面底色呈暗褐色与浅褐色排列错落有致。前、后翅白线明显。后翅中央白色纵线于后端反折呈“W”字形。后翅亚外缘有1列白色线纹。前翅中室端有1对白色短线、后翅中室端则只有1只白色短线。后翅近翅基有1条白色小纹。

1年1代，成虫多见于7-9月。栖息在山地阔叶林中。卵态越冬，卵产于寄主植物休眠芽基部。幼虫以壳斗科栎属硬叶栎类植物为寄主。

分布于四川、云南。

磐灰蝶属 / *Iwaseozephyrus* Fujioka, 1994

中型或中小型灰蝶。雌雄斑纹明显相异。身躯背面呈暗褐色，腹面呈白色。复眼密被长毛。雄蝶前足跗节愈合、无爪，雌蝶前足跗节分节、具爪。后翅Cu_2脉末端具楔形短尾突。翅背面底色褐色，雄蝶翅面上有暗紫色纹。雌蝶前翅翅面有橙色纹。翅腹面底色呈褐色或灰褐色，翅面上有白色或暗色线纹。后翅亚外缘有1列橙色或暗色弦月纹列。尾突前方有时具橙红色纹及黑色斑点形成的眼纹。

1年1代，成虫多见于夏季。幼虫以壳斗科植物为寄主。

分布于东洋区。国内目前已知4种，本图鉴收录4种。

毕磐灰蝶 / *Iwaseozephyrus bieti* (Oberthür, 1886)

25-39

中小型灰蝶。翅背面底色暗褐色，雄蝶翅面上有暗紫色纹，但沿翅脉处暗色。雌蝶前翅内侧有蓝紫色纹，其前方有2-3条橙色纹。翅腹面底色多变化，可见暗褐色、褐色、黄褐色或灰褐色。前、后翅各有1条弧形线纹，线纹色彩外浅内深，后翅线纹后端有时成波状。前、后翅中室端有1条褐色短线。后翅亚外缘有1列红褐色或暗褐色弦月形线纹，近臀角处有时镶浅蓝色细边。

1年1代，成虫多见于6-9月。栖息在山地阔叶林中。卵态越冬。幼虫以壳斗科常绿性栎属硬叶栎类植物为寄主。

分布于四川、云南、西藏等地。

长尾磐灰蝶 / *Iwaseozephyrus longicaudatus* Huang, 2001

40

中型灰蝶。后翅尾突较同属他种修长。翅背面底色暗褐色，雄蝶翅面上有暗紫色纹。雌蝶前翅内侧有蓝紫色纹，其前方有2条橙色纹。翅腹面底褐色。前、后翅各有1条弧形线纹，线纹色彩外浅内深，后翅线纹后端有时成波状。前、后翅中室端有1条褐色短线。后翅亚外缘有1列红褐色或暗褐色弦月形线纹，近臀角处有时镶浅蓝色细边。

1年1代，成虫多见于7月。栖息在山地阔叶林中。

分布于西藏。

阿磐灰蝶 / *Iwaseozephyrus ackeryi* Fujioka, 1994

41-42

中型灰蝶。翅背面底色暗褐色，雄蝶翅面上有暗紫色纹，于前翅宽阔，使翅面仅沿外缘有窄黑边。雌蝶前翅内侧有蓝紫色纹。翅腹面底色浅褐色。前翅外侧有1条白色斜线。后翅中央有1条白色纵线，于后端反折延伸至内缘，反折处白线截断、分离。后翅亚外缘有1列橙红色弦月状纹列，其外侧镶白线。前、后翅中室端有1条镶重白线的褐色短条。尾突前方有橙色纹及黑色斑点形成的眼纹。

1年1代，成虫多见于7-8月。栖息在山地阔叶林中。

分布于陕西。

磐灰蝶 / *Iwaseozephyrus mandara* (Doherty, 1886)

43-45 / P1795

中小型灰蝶。翅背面底色暗褐色，雄蝶翅面上有暗紫色纹，但沿翅脉处暗色。雌蝶前翅内侧有蓝紫色纹，其前方有2条橙色纹。翅腹面底色暗褐色或褐色。前、后翅各有1条直线纹，线纹色彩外浅内深，后翅线纹后端有呈波状。前、后翅中室端有1条褐色短线。后翅亚外缘有1列红褐色或暗褐色弦月形线纹，近臀角处有时镶浅蓝色细边。

1年1代，成虫多见于6-7月。栖息在山地阔叶林中。

分布于云南、西藏东南部。此外见于不丹、印度及缅甸。

01 ♂
黑铁灰蝶
云南维西
02 ♀
黑铁灰蝶
云南维西
03 ♂
黑铁灰蝶
四川金川
04 ♀
黑铁灰蝶
四川芦山
05 ♀
黑铁灰蝶
重庆
01 ♂
黑铁灰蝶
云南维西
02 ♀
黑铁灰蝶
云南维西
03 ♂
黑铁灰蝶
四川金川
04 ♀
黑铁灰蝶
四川芦山
05 ♀
黑铁灰蝶
重庆
06 ♂
怒和铁灰蝶
陕西凤县
07 ♂
怒和铁灰蝶
陕西凤县
08 ♀
怒和铁灰蝶
陕西周至
09 ♂
高山铁灰蝶
台湾花莲
10 ♀
高山铁灰蝶
台湾花莲
06 ♂
怒和铁灰蝶
陕西凤县
07 ♂
怒和铁灰蝶
陕西凤县
08 ♀
怒和铁灰蝶
陕西周至
09 ♂
高山铁灰蝶
台湾花莲
10 ♀
高山铁灰蝶
台湾花莲
11 ♂
大斑铁灰蝶
贵州铜仁
12 ♂
仓灰蝶
云南贡山
13 ♀
仓灰蝶
云南贡山
14 ♂
仓灰蝶
云南玉龙
15 ♀
仓灰蝶
云南玉龙
11 ♂
大斑铁灰蝶
贵州铜仁
12 ♂
仓灰蝶
云南贡山
13 ♀
仓灰蝶
云南贡山
14 ♂
仓灰蝶
云南玉龙
15 ♀
仓灰蝶
云南玉龙

⑯ ♂ 仓灰蝶 云南维西
⑰ ♂ 仓灰蝶 四川木里
⑱ ♀ 仓灰蝶 四川木里
⑲ ♀ 仓灰蝶 四川泸定
⑳ ♂ 蓝仓灰蝶 西藏察隅
16 ♂ 仓灰蝶 云南维西
17 ♂ 仓灰蝶 四川木里
18 ♀ 仓灰蝶 四川木里
19 ♀ 仓灰蝶 四川泸定
20 ♂ 蓝仓灰蝶 西藏察隅
㉑ ♂ 污灰蝶 四川宝兴
㉒ ♀ 污灰蝶 四川木里
㉓ ♂ 污灰蝶 云南维西
㉔ ♀ 污灰蝶 云南维西
21 ♂ 污灰蝶 四川宝兴
22 ♀ 污灰蝶 四川木里
23 ♂ 污灰蝶 云南维西
24 ♀ 污灰蝶 云南维西
㉕ ♂ 毕磐灰蝶 云南香格里拉
㉖ ♀ 毕磐灰蝶 云南香格里拉
㉗ ♂ 毕磐灰蝶 四川康定
㉘ ♀ 毕磐灰蝶 四川康定
㉙ ♂ 毕磐灰蝶 四川小金
㉚ ♀ 毕磐灰蝶 四川小金
25 ♂ 毕磐灰蝶 云南香格里拉
26 ♀ 毕磐灰蝶 云南香格里拉
27 ♂ 毕磐灰蝶 四川康定
28 ♀ 毕磐灰蝶 四川康定
29 ♂ 毕磐灰蝶 四川小金
30 ♀ 毕磐灰蝶 四川小金

㉛♂ 毕磐灰蝶 西藏林芝
㉜♀ 毕磐灰蝶 西藏林芝
㉝♂ 毕磐灰蝶 四川木里
㉞♂ 毕磐灰蝶 四川木里
㉟♀ 毕磐灰蝶 四川木里

31♂ 毕磐灰蝶 西藏林芝
32♀ 毕磐灰蝶 西藏林芝
33♂ 毕磐灰蝶 四川木里
34♂ 毕磐灰蝶 四川木里
35♀ 毕磐灰蝶 四川木里

㊱♂ 毕磐灰蝶 西藏错那
㊲♂ 毕磐灰蝶 西藏察隅
㊳♂ 毕磐灰蝶 云南丽江
㊴♀ 毕磐灰蝶 四川金川
㊵♂ 长尾磐灰蝶 西藏察隅

36♂ 毕磐灰蝶 西藏错那
37♂ 毕磐灰蝶 西藏察隅
38♂ 毕磐灰蝶 云南丽江
39♀ 毕磐灰蝶 四川金川
40♂ 长尾磐灰蝶 西藏察隅

㊶♂ 阿磐灰蝶 陕西宁陕
㊷♂ 阿磐灰蝶 陕西宁陕
㊸♂ 磐灰蝶 云南贡山
㊹♂ 磐灰蝶 云南贡山
㊺♀ 磐灰蝶 云南贡山

41♂ 阿磐灰蝶 陕西宁陕
42♂ 阿磐灰蝶 陕西宁陕
43♂ 磐灰蝶 云南贡山
44♂ 磐灰蝶 云南贡山
45♀ 磐灰蝶 云南贡山

江崎灰蝶属 / *Esakiozephyrus* Shirôzu & Yamamoto, 1056

中型灰蝶。雌雄斑纹相异。身躯背面呈暗褐色，腹面呈白色。复眼密被长毛。雄蝶前足跗节愈合、无爪，雌蝶前足跗节分节、具爪。后翅具丝状尾突。翅背面底色褐色，雄蝶翅面上有暗紫色纹。雌蝶前翅翅面有橙色纹，有时翅基半部有蓝紫色纹。翅腹面底色呈褐色，翅面上有白色、暗色线纹及条纹。后翅亚外缘有1列橙色或暗色弦月纹列。尾突前方有具橙红色纹及黑色斑点形成的眼纹。

1年1代，夏季出现。幼虫以壳斗科植物为寄主。

分布于东洋区。国内目前已知2种，本图鉴收录2种。

江崎灰蝶 / *Esakiozephyrus icana* (Moore, 1874)

01-06

中型灰蝶。翅背面底色暗褐色，雄蝶翅面上有暗紫色纹，但沿翅脉处暗色。雌蝶前翅内侧常有蓝紫色纹，其前方有2条橙色纹。翅腹面底色浅褐色。前、后翅有外缘镶白线之明显暗色条纹。后翅暗色条纹于后端反折呈“W”字形。前、后翅中室端有1条褐色短条，后翅者常与中央条纹融合。前、后翅亚外缘有2列暗色条纹。臀角附近橙色纹有时向前延伸。

1年1代，成虫多见于6-9月。栖息在山地阔叶林中。

分布于四川、云南、西藏等地。此外见于印度、尼泊尔、缅甸等地。

德钦江崎灰蝶 / *Esakiozephyrus zotelistes* (Oberthür, 1914)

07

中型灰蝶。翅背面底色暗褐色，雄蝶翅面上有暗紫色纹，但沿翅脉处暗色。翅腹面底色浅褐色。前、后翅有外缘镶白线之暗色细条纹，于后端反折呈“W”字形。前、后翅中室端有两侧短白线之褐色短条。前、后翅亚外缘有2列暗色条纹。臀角附近橙色纹有时向前延伸。

1年1代，多见于6月。栖息在山地阔叶林中。

分布于云南西北部。

刊灰蝶属 / *Kameiozephyrus* Koiwaya, 2007

中型灰蝶。雌雄斑纹相异。身躯背面呈暗褐色，腹面呈白色。复眼密被长毛。雄蝶前足跗节愈合、无爪，雌蝶前足跗节分节、具爪。后翅具丝状尾突。翅背面底色褐色，雄蝶翅面上有暗绿色纹。雌蝶前翅翅面有橙色纹，有时翅基半部有蓝紫色纹。翅腹面底色呈褐色，翅面上有白色线纹及条纹。后翅亚外缘有1列弦月形白线及模糊橙色纹列。尾突前方有具橙红色纹及黑色斑点形成的眼纹。

1年1代，成虫多见于夏季。幼虫以壳斗科植物为寄主。

分布于东洋区。国内目前已知1种，本图鉴收录1种。

刊灰蝶 / *Kameiozephyrus neis* (Oberthür, 1914)

08-14

中型灰蝶。翅背面底色暗褐色，雄蝶翅面上有暗绿色纹，但沿翅脉处暗色。雌蝶前翅内侧常有蓝紫色纹，其前方有2条橙色纹。翅腹面底色浅褐色或暗褐色。前、后翅有明显白色线纹。后翅白色线纹于后端反折呈“W”字形。前翅中室端有1条白色重短线，后翅中室端则有1条白色短线。后翅亚外缘有1列弦月形白线及橙色纹列。

本种又称为奈斯崎灰蝶。

1年1代，成虫多见于5-8月。栖息在山地阔叶林中。

分布于四川、甘肃、陕西、云南等地。此外见于尼泊尔、缅甸及印度。

01 ♂ 江崎灰蝶 西藏波密
02 ♀ 江崎灰蝶 四川金川
03 ♂ 江崎灰蝶 云南维西
04 ♀ 江崎灰蝶 云南维西
05 ♂ 江崎灰蝶 云南贡山

01 ♂ 江崎灰蝶 西藏波密
02 ♀ 江崎灰蝶 四川金川
03 ♂ 江崎灰蝶 云南维西
04 ♀ 江崎灰蝶 云南维西
05 ♂ 江崎灰蝶 云南贡山

06 ♂ 江崎灰蝶 云南贡山
07 ♂ 德钦江崎灰蝶 云南德钦
08 ♂ 刊灰蝶 青海玉树
09 ♂ 刊灰蝶 四川金川
10 ♀ 刊灰蝶 四川木里

06 ♂ 江崎灰蝶 云南贡山
07 ♂ 德钦江崎灰蝶 云南德钦
08 ♂ 刊灰蝶 青海玉树
09 ♂ 刊灰蝶 四川金川
10 ♀ 刊灰蝶 四川木里

11 ♂ 刊灰蝶 陕西凤县
12 ♂ 刊灰蝶 陕西凤县
13 ♂ 刊灰蝶 云南维西
14 ♂ 刊灰蝶 四川宝兴

11 ♂ 刊灰蝶 陕西凤县
12 ♂ 刊灰蝶 陕西凤县
13 ♂ 刊灰蝶 云南维西
14 ♂ 刊灰蝶 四川宝兴

珠灰蝶属 / *Iratsume* Sibatani & Ito, 1942

中型灰蝶。身躯背面呈暗褐色，腹面呈白色。复眼密被短毛。雄蝶前足跗节愈合、无爪，雌蝶前足跗节分节、具爪。后翅具丝状尾突。翅背面底色黑褐色，翅面上有银白色纹。翅腹面底色呈褐色或暗褐色，翅面上有白色线纹。后翅亚外缘有1列弦月形白线及1列黑色斑点。尾突前方有具橙红色纹及黑色斑点形成的眼纹。

1年1代，成虫多见于夏季。幼虫以金缕梅科植物为寄主。

分布于古北区及东洋区。国内目前已知1种，本图鉴收录1种。

珠灰蝶 / *Iratsume orsedice* (Butler, [1882])

01-04 / P1796

中型灰蝶。雄蝶翅背面大部分呈光泽强烈的银白色，仅前翅外缘残留细黑边。雌蝶翅背面银白色部分较少，光泽也较弱，前翅翅顶附近黑褐色，后翅黑褐色部分也较雄蝶多，甚至有银白色纹几近完全消退的情形。翅腹面底色呈褐色或暗褐色，翅面白色线纹于前翅近直线状，后翅则于后端反折呈“W”字形。前翅亚外缘黑色斑点镶白圈，后翅亚外缘黑色斑点外侧有模糊霜状纹。

1年1代，成虫多见于6-8月。栖息在山地阔叶林中。卵态越冬，卵产于寄主植物细枝。幼虫以金缕梅科水丝梨等植物为寄主。

分布于四川、重庆、湖北、台湾等地。

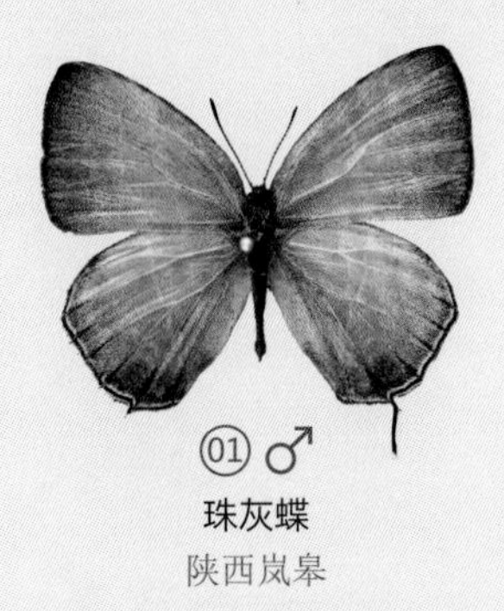
01 ♂
珠灰蝶
陕西岚皋

01 ♂
珠灰蝶
陕西岚皋

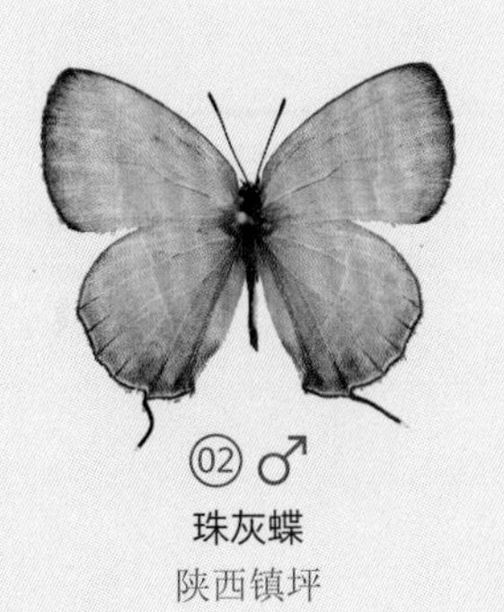
02 ♂
珠灰蝶
陕西镇坪

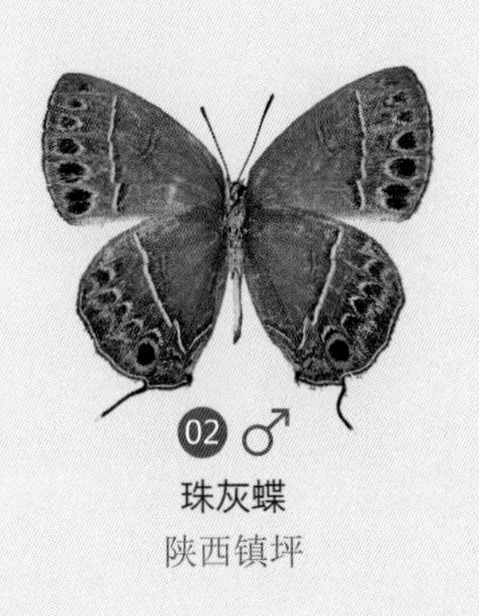
02 ♂
珠灰蝶
陕西镇坪

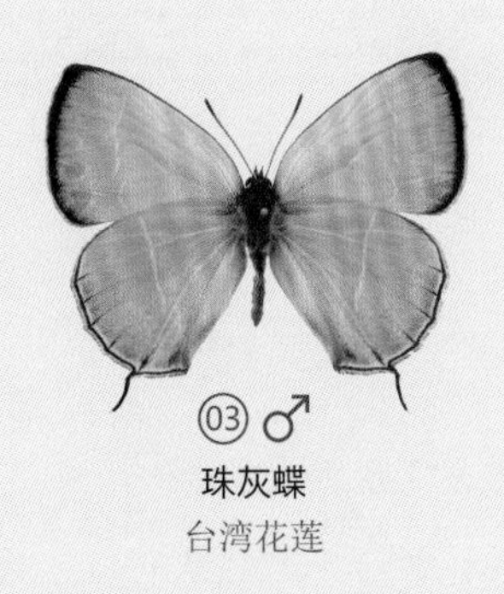
03 ♂
珠灰蝶
台湾花莲

03 ♂
珠灰蝶
台湾花莲

04 ♀
珠灰蝶
台湾花莲

04 ♀
珠灰蝶
台湾花莲

翠灰蝶属 / *Neozephyrus* Sibatani & Ito, 1942

中型灰蝶。雌雄斑纹明显相异。身躯背面呈暗褐色，腹面呈白色。复眼密被长毛。雄蝶前足跗节愈合、无爪，雌蝶前足跗节分节、具爪。后翅具丝状尾突。翅背面底色黑褐色，雄蝶翅面上有光泽强烈的绿色纹，雌蝶斑纹多变化，从翅面无纹、翅面有蓝紫纹、翅面有橙色小斑及兼有蓝紫纹与橙色小斑的情形均有之，曾有研究者为方便使用，用类似人类血型的分类将它们分别称为O型、B型、A型及AB型。这样的称呼也被应用在其他斑纹类似的属。翅腹面底色呈褐色或暗褐色，翅面上有白色线纹，于前翅近直线状，在后翅则于后端反折呈“W”字形。后翅亚外缘通常有2列白线，内侧者细而鲜明，由弦月形短线纹组成，外侧者较模糊。尾突前方有具橙红色纹及黑色斑点形成的眼纹。

1年1代，成虫多见于夏季。幼虫以桦木科桤木属植物为寄主。

分布于古北区及东洋区。国内目前已知7种，本图鉴收录6种。

日本翠灰蝶 / *Neozephyrus japonicas* (Murray, 1874)

01-03

中型灰蝶。雌雄斑纹明显相异。翅背面底色黑褐色，雄蝶翅面上光泽强烈绿色纹占翅面大部分，仅在前、后翅外缘留有黑边。雌蝶斑纹多变化，O型、B型、A型及AB型四型翅纹均可见到。有蓝紫纹的个体蓝纹色调呈蓝色或紫色。翅腹面斑纹较单调，除翅面线纹、后翅亚外缘白线及尾突前方眼纹外无其他斑纹。

1年1代，成虫多见于6-8月。栖息在平地或山地的桤木林中。卵态越冬，卵产于寄主植物细枝或休眠芽附近。幼虫以桦木科桤木属植物为寄主。

分布于黑龙江、吉林、辽宁。此外见于俄罗斯、日本、朝鲜半岛、西伯利亚等地。

素翠灰蝶 / *Neozephyrus suroia* (Tytler, 1915)

04

中型灰蝶。雌雄斑纹明显相异。翅背面底色黑褐色，雄蝶翅面上有光泽强烈的绿色或黄绿色纹，在前、后翅外缘留有黑边，在前翅翅顶处黑色部分稍大。雌蝶斑纹多为B型或AB型，蓝紫色斑纹呈浅蓝色或蓝紫色。翅腹面白色斑纹鲜明而呈银白色，前翅中室端附近有1条银白色短线，后翅前缘则有1条银白色线纹向后延伸穿过中室。后翅亚外缘外侧白纹成1条霜状带纹。

1年1代，成虫多见于5-9月。栖息在山地桤木林中。

分布于云南。此外见于印度、尼泊尔及缅甸。

台湾翠灰蝶 / *Neozephyrus taiwanus* (Wileman, 1908)

05-06 / P1796

中型灰蝶。雌雄斑纹明显相异。翅背面底色黑褐色，雄蝶翅面上有光泽强烈绿色纹，在前、后翅外缘留有黑边，且在前翅翅顶处有较大黑色部分。雌蝶斑纹多为B型及AB型，蓝色斑纹一般呈浅蓝色。翅腹面斑纹除翅面线纹外于后翅前缘内侧常有1条小白纹、后翅亚外缘外侧白纹通常成1条模糊霜状带纹。

1年1代，成虫多见于5-9月。栖息在山地的台湾桤木林中。卵态越冬，卵产于寄主植物树干、细枝、休眠芽附近。幼虫以桦木科台湾桤木(台湾赤杨)为寄主。

分布于台湾。

海伦娜翠灰蝶 / *Neozephyrus helenae* Howarth, 1957

07-12

中型灰蝶。雌雄斑纹明显相异。翅背面底色黑褐色，雄蝶翅面上有光泽强烈的绿色或蓝绿色纹，在前、后翅外缘留有黑边，在前翅翅顶处黑色部分稍大。雌蝶斑纹多为A型，但橙色纹大小多变化。翅腹面斑纹除翅面线纹外于后翅前缘内侧常有1条小白纹、后翅亚外缘外侧白纹通常成1条霜状细带纹。后翅臀角有蓝紫色细线纹。本种与闪光翠灰蝶斑纹近似，且在川西常共域分布，除本种后翅背面臀角蓝紫色细线纹较鲜明、翅腹面白纹较明显以外，难以借由斑纹区分。

1年1代，成虫多见于7–8月。栖息在山地桤木林中。卵态越冬，卵产于寄主植物细枝上。幼虫以桦木科桤木为寄主。

分布于四川。

01 ♂ 日本翠灰蝶 辽宁丹东
01 ♂ 日本翠灰蝶 辽宁丹东
02 ♀ 日本翠灰蝶 辽宁丹东
02 ♀ 日本翠灰蝶 辽宁丹东

03 ♀ 日本翠灰蝶 辽宁丹东
03 ♀ 日本翠灰蝶 辽宁丹东
04 ♂ 素翠灰蝶 云南独龙江
04 ♂ 素翠灰蝶 云南独龙江

05 ♂ 台湾翠灰蝶 台湾新竹
05 ♂ 台湾翠灰蝶 台湾新竹
06 ♀ 台湾翠灰蝶 台湾高雄
06 ♀ 台湾翠灰蝶 台湾高雄

07 ♂ 海伦娜翠灰蝶 四川宝兴
07 ♂ 海伦娜翠灰蝶 四川宝兴
08 ♀ 海伦娜翠灰蝶 四川宝兴
08 ♀ 海伦娜翠灰蝶 四川宝兴

09 ♂ 海伦娜翠灰蝶 四川宝兴
09 ♂ 海伦娜翠灰蝶 四川宝兴
10 ♀ 海伦娜翠灰蝶 四川宝兴
10 ♀ 海伦娜翠灰蝶 四川宝兴

11 ♂ 海伦娜翠灰蝶 四川雅安
11 ♂ 海伦娜翠灰蝶 四川雅安
12 ♀ 海伦娜翠灰蝶 四川宝兴
12 ♀ 海伦娜翠灰蝶 四川宝兴

闪光翠灰蝶 / *Neozephyrus coruscans* (Leech, 1893)

01-03

中型灰蝶。雌雄斑纹明显相异。翅背面底色黑褐色，雄蝶翅面上有光泽强烈的绿色或蓝绿色纹，在前、后翅外缘留有黑边，在前翅翅顶处黑色部分稍大。雌蝶斑纹多为A型，但橙色纹大小多变化。翅腹面斑纹除翅面线纹外于后翅前缘内侧常有1条小白纹、后翅亚外缘外侧白纹通常成1条霜状细带纹。后翅臀角蓝紫色细线纹减退，甚至消失。

1年1代，成虫多见于7–8月。栖息在山地桤木林中。幼虫以桦木科桤木属植物为寄主。

分布于四川、陕西。

杜氏翠灰蝶 / *Neozephyrus dubernardi* (Riley, 1939)

04-07

中型灰蝶。雌雄斑纹明显相异。翅背面底色黑褐色，雄蝶翅面上有光泽强烈的绿色纹，在前、后翅外缘留有黑边，在前翅翅顶处黑色部分较大。雌蝶斑纹为A型。翅腹面斑纹除翅面线纹外于后翅前缘内侧常有1条小白纹、后翅亚外缘外侧白纹通常成1条霜状细带纹。本种与闪光翠灰蝶斑纹近似，除前翅翅顶形状较尖、雄蝶前翅背面前缘较宽以外，依靠斑纹难以区分。

1年1代，成虫多见于夏季。

分布于云南。

金灰蝶属 / *Chrysozephyrus* Shirôzu & Yamamoto, 1956

中型灰蝶。雌雄斑纹明显相异。身躯背面呈暗褐色，腹面呈白色。复眼密被长毛。雄蝶前足跗节愈合、无爪，雌蝶前足跗节分节、具爪。后翅常具丝状尾突。翅背面底色黑褐色，雄蝶翅面上常有光泽强烈的绿色纹，雌蝶斑纹多变化，从翅面无纹、翅面有蓝紫纹、翅面有橙色小斑及兼有蓝紫纹与橙色小斑的情形均有之，与翠灰蝶属相同，有研究者将它们分别称为O型、B型、A型及AB型。这样的称呼也被应用在其他斑纹类似的属。翅腹面底色呈褐色或暗褐色，翅面上有白色线纹，于前翅多近直线状，在后翅则于后端反折呈“W”或“V”字形。后翅亚外缘通常有2列白线，内侧者细而鲜明，由弦月形短线纹组成，外侧者较模糊。尾突前方有具橙红色纹及黑色斑点形成的眼纹。

1年1代，主要于夏季出现。幼虫食性虽颇专一，但依种类而异，以数科植物，包括壳斗科、杜鹃科、蔷薇科等植物为寄主。

分布于古北区及东洋区。国内目前已知37种，本图鉴收录35种。

备注：喀金灰蝶属*Kawazoeozephyrus* Koiwaya, 2007及铂金灰蝶属*Shirozuozephyrus* Koiwaya, 2007是否应为独立属尚有疑义，本书暂保留于本属内。

金灰蝶 / *Chrysozephyrus smaragdinus* (Bremer, 1861)

08-14

中型灰蝶。雌雄斑纹明显相异。翅背面底色黑褐色，雄蝶翅面上有光泽强烈的绿色纹，在前、后翅外缘留有黑边，前翅黑边明显较后翅为窄，通常宽度不及其半。雌蝶斑纹为A型或O型。翅腹面底色浅，呈灰褐色或浅褐色。前、后翅白线内侧镶暗色边，于前翅近直线状，于后翅后端反折呈“W”字形。后翅前缘内侧常有1条小白纹。前、后翅中室端有两侧镶短白线的暗色短条纹。后翅中室端短条常趋近白线纹。后翅亚外缘外侧白纹通常成1条霜状细带纹。本种雄蝶斑纹与云南金灰蝶极为类似，难以区分。本种雌蝶斑纹属A型或O型，云南金灰蝶则为B型。

1年1代，成虫多见于6–7月。栖息在山地沿溪流的阔叶林。卵态越冬，卵产于寄主植物枝条及休眠芽附近。幼虫以蔷薇科樱属植物为寄主，如樱桃、刺毛樱桃等。

分布于黑龙江、吉林、辽宁、陕西、甘肃、四川、湖南等地。此外见于俄罗斯、日本及朝鲜半岛等地。

云南金灰蝶 / *Chrysozephyrus yunnanensis* (Howarth, 1957)

15-17

中型灰蝶。雌雄斑纹明显相异。翅背面底色黑褐色，雄蝶翅面上有光泽强烈的绿色纹，在前、后翅外缘留有黑边，前翅黑边明显较后翅为窄，通常宽度不及其半。雌蝶斑纹为B型。翅腹面底色浅，呈浅褐色、灰褐色或灰白色。前、后翅白线内侧镶暗色边，于前翅近直线状，于后翅后端反折呈"W"字形。后翅前缘内侧常有1条小白纹。前、后翅中室端有两侧镶短白线的暗色短条纹。后翅中室端短条常趋近白线纹。后翅亚外缘外侧白纹通常成1条霜状带纹。

1年1代，成虫多见于6-7月。栖息在山地阔叶林。

分布于云南。此外见于缅甸。

康定金灰蝶 / *Chrysozephyrus tatsienluensis* (Murayama, 1955)

18-21

中型灰蝶。雌雄斑纹明显相异。翅背面底色黑褐色，雄蝶翅面上有光泽强烈的绿色纹，在前、后翅外缘留有黑边，前、后翅黑边约略等宽。雌蝶斑纹为A型。翅腹面底色灰褐色或褐色。前、后翅白线内侧镶暗色边，于前翅近直线状，于后翅后端反折呈"W"字形。后翅前缘内侧小白纹明显，有时延伸进中室。前、后翅中室端有两侧镶短白线的暗色短条纹。后翅中室端短条常趋近白线纹。后翅亚外缘外侧白纹通常成1条霜状带纹。

1年1代，成虫多见于6-7月。栖息在山地阔叶林。卵态越冬，卵产于寄主植物细枝分叉处或枝条表面。幼虫以壳斗科植物为寄主。

分布于四川、甘肃。此外见于缅甸。

西风金灰蝶 / *Chrysozephyrus nishikaze* (Araki & Sibatani, 1941)

22-23 / P1797

中型灰蝶。雌雄斑纹明显相异。翅背面底色黑褐色，雄蝶翅面上有光泽强烈的黄绿色纹，在前、后翅外缘留有明显黑边，前翅黑边略较后翅为窄。雌蝶斑纹为AB型或B型，B斑呈蓝紫色。翅腹面底色呈褐色。前、后翅白线内侧镶暗色细边，于前翅近直线状，于后翅后端反折呈"W"字形。后翅前缘内侧常有1条小白纹。前、后翅中室端有两侧镶短白线的暗色短条纹。后翅中室端短条常趋近白线纹。后翅亚外缘外侧白纹通常成1条霜状带纹。

1年1代，成虫多见于4-7月。栖息在山地沿溪流的阔叶林。卵态越冬，卵产于寄主植物细枝条及休眠芽附近。幼虫以蔷薇科钟花樱桃(山樱花)为寄主。

分布于台湾。

都金灰蝶 / *Chrysozephyrus duma* (Hewitson, 1869)

24-27

中型灰蝶。雌雄斑纹明显相异。翅背面底色黑褐色，雄蝶翅面上有光泽强烈的金绿色或黄绿色纹，在前、后翅外缘留有黑边，前、后翅黑边约略等宽。雌蝶斑纹为A型。翅腹面底色于雄蝶呈灰白色，雌蝶呈褐色。前、后翅白线内侧镶明显暗色带纹，于前翅近直线状，于后翅后端反折呈"W"字形。后翅前缘内侧常有1条小白纹，小白纹外侧镶暗色细带。前后翅中室端有两侧镶短白线的暗色短条纹。后翅中室端短条常趋近白线纹，常有融合情形。后翅亚外缘外侧白纹通常成1条霜状带纹。

1年1代，成虫多见于6-7月。栖息在山地阔叶林。卵态越冬，卵主要产于寄主植物休眠芽附近，有时也见于枝条上。幼虫以壳斗科植物为寄主，如曼青冈、滇青冈、巴东栎等。

分布于四川、云南。此外见于尼泊尔、印度、缅甸、越南。

蓝都金灰蝶 / *Chrysozephyrus dumoides* (Tytler, 1915)

28-30

中型灰蝶。雌雄斑纹明显相异。翅背面底色黑褐色，雄蝶翅面上有光泽强烈的绿色或蓝绿色纹，在前、后翅外缘留有黑边，前、后翅黑边约略等宽或前者略窄。雌蝶斑纹为A型。翅腹面底色于雄蝶呈灰褐色，雌蝶呈褐色。前、后翅白线内侧镶明显暗色带纹，于前翅近直线状，于后翅后端反折呈"W"字形。后翅前缘内侧常有1条小白纹，小白纹外侧镶暗色细带。前、后翅中室端有两侧镶短白线的暗色短条纹。后翅中室端短条常趋近白线纹。后翅亚外缘外侧白纹通常成1条霜状带纹。

1年1代，成虫多见于6-7月。栖息在山地阔叶林。卵态越冬，卵主要产于寄主植物休眠芽附近。幼虫以壳斗科植物为寄主。

分布于四川、云南。此外见于尼泊尔、印度、缅甸、越南。

秦岭金灰蝶 / *Chrysozephyrus kimurai* Koiwaya, 2002

31-33

中型灰蝶。翅背面底色黑褐色，雄蝶翅面上有暗绿色纹，沿翅脉呈黑褐色，在前、后翅外缘留有宽黑边，前、后翅黑边约略等宽。雌蝶斑纹为A型。翅腹面底色褐色。前、后翅白线内侧镶暗色细线，于前翅近直线状，于后翅后端反折呈“W”字形。后翅前缘内侧常有1条小白纹，小白纹外侧镶暗色细带。前、后翅中室端有两侧镶短白线的暗色短条纹。后翅中室端短条常趋近白线纹。后翅亚外缘外侧白纹通常成1条霜状带纹。

1年1代。栖息在山地阔叶林。

分布于四川、重庆、陕西。

盈金灰蝶 / *Chrysozephyrus inthanonensis* Murayama & Kimura, 1990

34-36

中型灰蝶。雌雄斑纹明显相异。翅背面底色黑褐色，雄蝶翅面上有暗绿色或暗黄绿色纹，沿翅脉呈黑褐色，在前、后翅外缘留有宽黑边，前、后翅黑边约略等宽或前者略窄。雌蝶斑纹为A型。翅腹面底色于雄蝶呈灰褐色，雌蝶呈褐色。前、后翅白线内侧镶暗色带纹，于前翅近直线状，于后翅后端反折呈“W”字形。后翅前缘内侧有时有1条模糊小白纹，小白纹外侧镶暗色细线。前、后翅中室端有暗色短条纹。后翅中室端短条常趋近白线纹。后翅亚外缘外侧白纹通常成1条霜状带纹，常模糊不清。雌蝶前翅可隐约透视背面之橙色纹。

1年1代，成虫多见于5-6月。栖息在山地阔叶林。卵态越冬，卵主要产于寄主植物休眠芽附近。幼虫以壳斗科植物为寄主。

分布于海南。此外见于泰国、越南。

01 ♂ 闪光翠灰蝶 四川峨眉山

01 ♂ 闪光翠灰蝶 四川峨眉山

02 ♂ 闪光翠灰蝶 四川宝兴

02 ♂ 闪光翠灰蝶 四川宝兴

03 ♂ 闪光翠灰蝶 四川宝兴

03 ♂ 闪光翠灰蝶 四川宝兴

04 ♂ 杜氏翠灰蝶 云南维西

04 ♂ 杜氏翠灰蝶 云南维西

05 ♂ 杜氏翠灰蝶 云南维西

05 ♂ 杜氏翠灰蝶 云南维西

06 ♀ 杜氏翠灰蝶 云南维西

06 ♀ 杜氏翠灰蝶 云南维西

07 ♂ 杜氏翠灰蝶 云南玉龙

07 ♂ 杜氏翠灰蝶 云南玉龙

08 ♂ 金灰蝶 陕西凤县

08 ♂ 金灰蝶 陕西凤县

09 ♂ 金灰蝶 陕西凤县

09 ♂ 金灰蝶 陕西凤县

10 ♂ 金灰蝶 陕西凤县

10 ♂ 金灰蝶 陕西凤县

11 ♂ 金灰蝶 陕西阳县

11 ♂ 金灰蝶 陕西阳县

12 ♂ 金灰蝶 四川宝兴

12 ♂ 金灰蝶 四川宝兴

⑬ ♀ 金灰蝶 陕西凤县
⓭ ♀ 金灰蝶 陕西凤县
⑭ ♂ 金灰蝶 陕西宁陕
⓮ ♂ 金灰蝶 陕西宁陕

⑮ ♂ 云南金灰蝶 云南贡山
⓯ ♂ 云南金灰蝶 云南贡山
⑯ ♂ 云南金灰蝶 云南贡山
⓰ ♂ 云南金灰蝶 云南贡山

⑰ ♂ 云南金灰蝶 云南德钦
⓱ ♂ 云南金灰蝶 云南德钦
⑱ ♂ 康定金灰蝶 甘肃康县
⓲ ♂ 康定金灰蝶 甘肃康县

⑲ ♂ 康定金灰蝶 四川天全
⓳ ♂ 康定金灰蝶 四川天全
⑳ ♂ 康定金灰蝶 四川天全
⓴ ♂ 康定金灰蝶 四川天全

㉑ ♀ 康定金灰蝶 四川天全
㉑ ♀ 康定金灰蝶 四川天全
㉒ ♂ 西风金灰蝶 台湾新竹
㉒ ♂ 西风金灰蝶 台湾新竹

㉓ ♀ 西风金灰蝶 台湾宜兰
㉓ ♀ 西风金灰蝶 台湾宜兰
㉔ ♂ 都金灰蝶 四川宝兴
㉔ ♂ 都金灰蝶 四川宝兴

㉕ ♂ 都金灰蝶 云南景东

25 ♂ 都金灰蝶 云南景东

㉖ ♂ 都金灰蝶 四川宝兴

26 ♂ 都金灰蝶 四川宝兴

㉗ ♀ 都金灰蝶 云南景东

27 ♀ 都金灰蝶 云南景东

㉘ ♂ 蓝都金灰蝶 云南大理

28 ♂ 蓝都金灰蝶 云南大理

㉙ ♂ 蓝都金灰蝶 云南维西

29 ♂ 蓝都金灰蝶 云南维西

㉚ ♀ 蓝都金灰蝶 云南维西

30 ♀ 蓝都金灰蝶 云南维西

㉛ ♂ 秦岭金灰蝶 陕西留坝

31 ♂ 秦岭金灰蝶 陕西留坝

㉜ ♂ 秦岭金灰蝶 重庆

32 ♂ 秦岭金灰蝶 重庆

㉝ ♀ 秦岭金灰蝶 重庆

33 ♀ 秦岭金灰蝶 重庆

㉞ ♂ 盈金灰蝶 海南

34 ♂ 盈金灰蝶 海南

㉟ ♂ 盈金灰蝶 海南乐东

35 ♂ 盈金灰蝶 海南乐东

㊱ ♀ 盈金灰蝶 海南五指山

36 ♀ 盈金灰蝶 海南五指山

萨金灰蝶 / *Chrysozephyrus sakula* Sugiyama, 1992

01-02

中型灰蝶。雌雄斑纹明显相异。翅背面底色黑褐色，雄蝶翅面上有暗绿色纹，在前、后翅外缘留有宽黑边，前翅黑边幅度窄于后翅黑边。雌蝶斑纹为A型，后翅翅基有少许橙色鳞。翅腹面底色于雄蝶呈灰褐色，雌蝶呈褐色。前、后翅白线内侧镶暗色带纹，于前翅近直线状，于后翅后端反折呈"W"字形。后翅前缘内侧有时有1条小白纹，小白纹外侧镶暗色细线。前、后翅中室端有暗色短条纹。后翅中室端短条常趋近白线纹。后翅亚外缘外侧白纹通常成1条霜状带纹。本种与高氏金灰蝶斑纹近似，但后者雄蝶翅背面暗绿色纹沿翅脉呈黑褐色，本种则否。雌蝶后翅翅基有少许橙色鳞亦为本种特征。

1年1代，成虫多见于6-8月。栖息在山地阔叶林。

分布于四川、重庆。

高氏金灰蝶 / *Chrysozephyrus gaoi* Koiwaya, 1993

03-05

中型灰蝶。雌雄斑纹明显相异。翅背面底色黑褐色，雄蝶翅面上有暗绿色纹，沿翅脉呈黑褐色，在前、后翅外缘留有宽黑边，前、后翅黑边约略等宽或前者略窄。雌蝶斑纹为A型。翅腹面底色于雄蝶呈褐色，雌蝶呈红褐色。前、后翅白线内侧镶暗色带纹，于前翅近直线状，于后翅后端反折呈"W"字形。后翅前缘内侧有时有1条小白纹，小白纹外侧镶暗色细线。前、后翅中室端有暗色短条纹。后翅中室端短条常趋近白线纹。后翅亚外缘外侧白纹通常成1条霜状带纹。

1年1代，成虫多见于夏季。栖息在山地阔叶林。卵态越冬，卵主要产于寄主植物细枝上，有时也见于粗枝或休眠芽附近。幼虫以蔷薇科多毛樱桃等植物为寄主。

分布于甘肃、陕西、四川、云南等地。

林氏金灰蝶 / *Chrysozephyrus linae* Koiwaya, 1993

06-10

中型灰蝶。雌雄斑纹明显相异。翅背面底色黑褐色，雄蝶翅面上有暗绿色纹，沿翅脉呈黑褐色，在前、后翅外缘留有宽黑边，前翅黑边幅度明显窄于后翅黑边，暗绿色纹有时减退，甚至于后翅几近消失。雌蝶斑纹为A型。翅腹面底色于雄蝶呈褐色，雌蝶呈红褐色。前、后翅白线内侧镶暗色带纹，于前翅近直线状，于后翅后端反折呈"W"字形。后翅前缘内侧有时有1条小白纹，小白纹外侧镶暗色细线。前、后翅中室端有暗色短条纹。后翅中室端短条常趋近白线纹。后翅亚外缘外侧白纹通常成1条霜状带纹。本种与幽斑金灰蝶斑纹近似，但本种翅腹面白线内侧镶暗色带纹颇明显，幽斑金灰蝶则颇窄细。

1年1代，成虫多见于夏季。栖息在山地阔叶林。卵态越冬，卵主要产于寄主植物细枝或休眠芽附近。幼虫以蔷薇科短梗稠李等植物为寄主。

分布于甘肃、陕西、四川、重庆、贵州、云南等地。

幽斑金灰蝶 / *Chrysozephyrus zoa* (de Nicéville, 1889)

11-14

中型灰蝶。雌雄斑纹明显相异。翅背面底色黑褐色，雄蝶翅面上有暗绿色纹，沿翅脉呈黑褐色，在前、后翅外缘留有宽黑边，前翅黑边幅度明显窄于后翅黑边，暗绿色纹有时减退，甚至于后翅几近消失。雌蝶斑纹为A型。翅腹面底色于雄蝶呈褐色，雌蝶呈红褐色。前、后翅白线内侧镶暗色细带，于前翅近直线状，于后翅后端反折呈"W"字形。后翅前缘内侧有时有1条小白纹，小白纹外侧镶暗色细线。前、后翅中室端有暗色短条纹。后翅中室端短条常趋近白线纹。后翅亚外缘外侧白纹通常成1条霜状带纹。

1年1代，成虫多见于6-7月。栖息在山地阔叶林。卵态越冬，卵主要产于寄主植物细枝或休眠芽附近。幼虫以蔷薇科植物绢毛稠李为寄主。

分布于四川、贵州及浙江等地。此外见于印度。

宽缘金灰蝶 / *Chrysozephyrus marginatus* (Howarth, 1957)　15

中型灰蝶。雌雄斑纹明显相异。翅背面底色黑褐色，雄蝶翅面上有绿色或蓝绿色纹，翅脉呈黑褐色，在前、后翅外缘留有等宽之显著黑边。雌蝶斑纹为A型。翅腹面底色褐色或灰褐色。前、后翅白线常弯曲不规则，内侧镶暗色带纹，于前翅近直线状，于后翅后端反折呈“W”字形。后翅前缘内侧有1条小白纹，小白纹外侧镶暗色细线。前、后翅中室端有暗色短条纹。后翅中室端短条常趋近白线纹。后翅亚外缘外侧白纹通常成1条霜状带纹。本种与苹果金灰蝶斑纹非常相似，外观上难以识别。苹果金灰蝶前翅腹面外缘有白色细线纹，本种则无。

1年1代，成虫多见于夏季。栖息在山地阔叶林。卵态越冬。幼虫以蔷薇科植物为寄主。

分布于四川、甘肃。

苹果金灰蝶 / *Chrysozephyrus yoshikoa* Koiwaya, 1993　16-18

中型灰蝶。雌雄斑纹明显相异。翅背面底色黑褐色，雄蝶翅面上有绿色或蓝绿色纹，翅脉呈黑褐色，在前、后翅外缘留有等宽之显著黑边。雌蝶斑纹为A型。翅腹面底色褐色。前、后翅白线常弯曲不规则，内侧镶暗色带纹，于前翅近直线状，于后翅后端反折呈“W”字形。前翅背面外缘有白色细线纹。后翅前缘内侧有1条小白纹，小白纹外侧镶暗色细线。前、后翅中室端有暗色短条纹。后翅中室端短条常趋近白线纹。后翅亚外缘外侧白纹通常成1条霜状带纹。

1年1代，成虫多见于6-7月。栖息在山地阔叶林。卵态越冬，卵主要产于寄主植物细枝分叉处附近。幼虫以蔷薇科苹果属植物为寄主，如山荆子、河南海棠等。

分布于甘肃、四川、陕西、湖南及云南等地。

备注：本种又称为腰金灰蝶，本书依幼虫寄主植物为苹果属植物之特性称为苹果金灰蝶。

耀金灰蝶 / *Chrysozephyrus brillantinus* (Staudinger, 1887)　19-23

中型灰蝶。雌雄斑纹明显相异。翅背面底色黑褐色，雄蝶翅面上有金属光泽强烈的绿色、黄绿色或蓝绿色纹，在前翅外缘有细黑边，后翅则黑边较宽，幅度通常超过前者1倍以上。雌蝶斑纹为A型、AB型及B型的情形均有之，B斑呈浅蓝色或蓝紫色；A纹也多变异，由2-3个斑纹组成的情形都可见到。翅腹面底色褐色或浅褐色。前、后翅白线内侧镶暗色细带，于前翅近直线状，于后翅后端反折，约略呈“W”字形。后翅前缘内侧偶有1条小白纹，小白纹外侧镶暗色细线。前、后翅中室端有时具暗色短条纹。后翅亚外缘内侧白纹常减退、模糊。

1年1代，成虫多见于6-8月。主要栖息在落叶阔叶林。卵态越冬。幼虫以壳斗科植物为寄主。卵产于寄主植物休眠芽基部附近。主要利用落叶性树种，但常绿性树种也会利用。

分布于吉林、辽宁、陕西、甘肃、河南、湖北、安徽及四川等地。此外见于俄罗斯、日本及朝鲜半岛。

巴山金灰蝶 / *Chrysozephyrus fujiokai* Koiwaya, 2000　24-26

中型灰蝶。雌雄斑纹明显相异。翅背面底色黑褐色，雄蝶翅面上有绿色或暗绿色纹，翅脉呈黑褐色，在前、后翅外缘留有显著黑边，于后翅较宽。雌蝶斑纹为A型，由2-3枚橙色小斑组成。翅腹面底色浅褐色或褐色。前、后翅白线内侧镶暗色带纹，于前翅近直线状，于后翅后端反折呈“W”字形。后翅前缘内侧有1条小白纹，小白纹外侧镶暗色细线。前、后翅中室端有镶白色短线之暗色短条纹。后翅亚外缘外侧白纹通常成1条霜状带纹。

1年1代，成虫多见于夏季。栖息在山地阔叶林。卵态越冬，卵产于寄主植物细枝附近。幼虫以蔷薇科植物为寄主，如绒毛石楠等。

分布于四川、贵州等地。

糊金灰蝶 / *Chrysozephyrus okamurai* Koiwaya, 2000

27-28

中型灰蝶。雌雄斑纹明显相异。翅背面底色黑褐色，雄蝶翅面上有金属光泽强烈的绿色纹，在前、后翅外缘留有显著黑边，于后翅稍宽。雌蝶斑纹为A型，通常由3枚橙色小斑组成。翅腹面底色浅褐色或褐色。前、后翅白线内侧镶暗色带纹，于前翅近直线状，于后翅后端反折呈“W”字形。后翅前缘内侧有1条小白纹，小白纹外侧镶暗色细线。前、后翅中室端有镶白色短线之暗色短条纹。后翅亚外缘外侧白纹通常成1条霜状带纹。

1年1代，成虫多见于夏季。栖息在山地阔叶林。卵态越冬，卵产于寄主植物休眠芽基部附近。幼虫以蔷薇科花楸属植物为寄主。

分布于陕西、四川、贵州等地。

江崎金灰蝶 / *Chrysozephyrus esakii* (Sonan, 1940)

29-33 / P1797

中型灰蝶。雌雄斑纹明显相异。翅背面底色黑褐色，雄蝶翅面上有金属光泽强烈的蓝绿色纹，在前、后翅外缘留有细黑边，于后翅略宽。雌蝶斑纹为A型，通常由2个橙色小斑组成。雄蝶翅腹面底色灰褐色，雌蝶则为褐色。前、后翅白线内侧镶暗色带纹，于前翅近直线状，于后翅后端反折呈“W”字形。后翅前缘内侧有1条小白纹，小白纹外侧镶暗色细线。前、后翅中室端有镶白色短线之暗色短条纹。后翅亚外缘外侧白纹通常成1条霜状带纹。

1年1代，成虫多见于5-8月。栖息在山地阔叶林。卵态越冬，卵产于寄主植物休眠芽基部附近。幼虫主要利用壳斗科常绿性栎属(青冈类)植物为寄主。

分布于四川、云南、台湾等地。此外见于越南。

条纹金灰蝶 / *Chrysozephyrus vittatus* (Tytler, 1915)

34

中型灰蝶。雌雄斑纹明显相异。翅背面底色黑褐色，雄蝶翅面上有金属光泽强烈的蓝绿色纹，在前、后翅外缘留有细黑边，于前翅略宽，尤其在翅顶附近。雌蝶斑纹为A型，通常由3枚橙色小斑组成。翅腹面底色褐色。前、后翅白线外侧有薄雾状白色带纹，白线于前翅近直线状，于后翅后端反折呈“W”字形。后翅前缘内侧有1条小白纹，常延伸进入中室。前、后翅中室端有模糊暗色短条纹。后翅亚外缘外侧白纹通常成1条霜状带纹。雌蝶前翅腹面亦有橙色斑。

1年1代，成虫多见于5-8月。栖息在山地阔叶林。卵态越冬。幼虫以蔷薇科植物绢毛稠李为寄主。

分布于四川。此外见于尼泊尔、印度、老挝、越南。

加布雷金灰蝶 / *Chrysozephyrus kabrua* (Tytler, 1915)

35-36 / P1797

中型灰蝶。雌雄斑纹明显相异。翅背面底色黑褐色，雄蝶翅面上有金属光泽强烈的黄绿色纹，在前、后翅外缘留有细黑边。雌蝶斑纹为B型或AB型，B斑呈浅蓝色。翅腹面底色灰白色使前、后翅白线不明显，白线内侧镶之暗色带纹反而显眼，于前翅近直线状，于后翅后端反折呈“W”字形。后翅前缘内侧小白纹亦不明显，外侧暗色细线醒目。前、后翅中室端有镶白色短线之暗色短条纹。后翅亚外缘外侧白纹通常成1条霜状带纹。

1年1代，成虫多见于5-8月。栖息在山地阔叶林。卵态越冬，卵主要产于寄主植物枝条上，亦有位于休眠芽基部附近的情形。幼虫以壳斗科植物台湾窄叶青冈(狭叶栎)为寄主。

分布于台湾。此外见于越南、老挝、泰国、缅甸、印度。

01 ♂ 萨金灰蝶 重庆

01 ♂ 萨金灰蝶 重庆

02 ♂ 萨金灰蝶 四川芦山

02 ♂ 萨金灰蝶 四川芦山

03 ♂ 高氏金灰蝶 四川宝兴

03 ♂ 高氏金灰蝶 四川宝兴

04 ♀ 高氏金灰蝶 陕西凤县

04 ♀ 高氏金灰蝶 陕西凤县

05 ♀ 高氏金灰蝶 陕西凤县

05 ♀ 高氏金灰蝶 陕西凤县

06 ♂ 林氏金灰蝶 四川宝兴

06 ♂ 林氏金灰蝶 四川宝兴

07 ♂ 林氏金灰蝶 陕西周至

07 ♂ 林氏金灰蝶 陕西周至

08 ♂ 林氏金灰蝶 陕西周至

08 ♂ 林氏金灰蝶 陕西周至

09 ♀ 林氏金灰蝶 陕西周至

09 ♀ 林氏金灰蝶 陕西周至

10 ♀ 林氏金灰蝶 甘肃康县

10 ♀ 林氏金灰蝶 甘肃康县

11 ♂ 幽斑金灰蝶 四川都江堰

11 ♂ 幽斑金灰蝶 四川都江堰

12 ♀ 幽斑金灰蝶 四川都江堰

12 ♀ 幽斑金灰蝶 四川都江堰

⑬♂ 幽斑金灰蝶 甘肃康县
⑬♂ 幽斑金灰蝶 甘肃康县
⑭♀ 幽斑金灰蝶 甘肃康县
⑭♀ 幽斑金灰蝶 甘肃康县
⑮♂ 宽缘金灰蝶 甘肃迭部
⑮♂ 宽缘金灰蝶 甘肃迭部
⑯♂ 苹果金灰蝶 陕西凤县
⑯♂ 苹果金灰蝶 陕西凤县
⑰♂ 苹果金灰蝶 陕西周至
⑰♂ 苹果金灰蝶 陕西周至
⑱♂ 苹果金灰蝶 陕西凤县
⑱♂ 苹果金灰蝶 陕西凤县
⑲♂ 耀金灰蝶 四川青川
⑲♂ 耀金灰蝶 四川青川
⑳♂ 耀金灰蝶 辽宁丹东
⑳♂ 耀金灰蝶 辽宁丹东
㉑♀ 耀金灰蝶 辽宁丹东
㉑♀ 耀金灰蝶 辽宁丹东
㉒♂ 耀金灰蝶 甘肃康县
㉒♂ 耀金灰蝶 甘肃康县
㉓♂ 耀金灰蝶 甘肃康县
㉓♂ 耀金灰蝶 甘肃康县
㉔♂ 巴山金灰蝶 贵州江口
㉔♂ 巴山金灰蝶 贵州江口

㉕ ♂ 巴山金灰蝶 贵州铜仁

25 ♂ 巴山金灰蝶 贵州铜仁

㉖ ♀ 巴山金灰蝶 贵州铜仁

26 ♀ 巴山金灰蝶 贵州铜仁

㉗ ♂ 糊金灰蝶 陕西长安

27 ♂ 糊金灰蝶 陕西长安

㉘ ♂ 糊金灰蝶 陕西宁陕

28 ♂ 糊金灰蝶 陕西宁陕

㉙ ♂ 江崎金灰蝶 重庆

29 ♂ 江崎金灰蝶 重庆

㉚ ♂ 江崎金灰蝶 台湾南投

30 ♂ 江崎金灰蝶 台湾南投

㉛ ♂ 江崎金灰蝶 台湾南投

31 ♂ 江崎金灰蝶 台湾南投

㉜ ♀ 江崎金灰蝶 台湾桃园

32 ♀ 江崎金灰蝶 台湾桃园

㉝ ♂ 江崎金灰蝶 四川芦山

33 ♂ 江崎金灰蝶 四川芦山

㉞ ♂ 条纹金灰蝶 四川芦山

34 ♂ 条纹金灰蝶 四川芦山

㉟ ♂ 加布雷金灰蝶 台湾新竹

35 ♂ 加布雷金灰蝶 台湾新竹

㊱ ♀ 加布雷金灰蝶 台湾花莲

36 ♀ 加布雷金灰蝶 台湾花莲

黑角金灰蝶 / *Chrysozephyrus nigroapicalis* (Howarth, 1957)

01-05

中型灰蝶。雌雄斑纹明显相异。翅背面底色黑褐色，雄蝶翅面上有金属光泽强烈的黄绿色、绿色或蓝绿色纹，在前、后翅外缘留有细黑边，前翅黑边较窄，但于翅顶较宽。雌蝶斑纹多为A型，通常由2枚橙色小斑组成。翅腹面底色褐色。前、后翅白线内侧镶暗色细线纹，于前翅近直线状，于后翅后端反折呈“W”字形。前、后翅中室端之暗色短条纹不鲜明。后翅亚外缘外侧白纹通常成1条霜状带纹。

1年1代，成虫多见于5-8月。栖息在山地阔叶林。卵态越冬，卵主要产于寄主植物休眠芽基部附近。幼虫以壳斗科植物为寄主。

分布于四川、广东、福建、浙江等地。此外见于老挝、越南。

梵净金灰蝶 / *Chrysozephyrus shimizui* Yoshino, 1997

06

中小型灰蝶。翅形轮廓较同属其他种类圆。雌雄斑纹明显相异。翅背面底色黑褐色，雄蝶翅面上有金属光泽强烈的蓝绿色纹，在前、后翅外缘留有细黑边，前翅黑边很窄。雌蝶斑纹为0型。雄蝶翅腹面底色浅褐色，雌蝶则为褐色。前、后翅白线内侧镶暗色细线纹，于前翅近直线状，于后翅后端反折呈“W”字形。后翅前缘内侧常有1条小白纹。前、后翅中室端有镶白色短线之暗色短条纹。后翅亚外缘外侧白纹通常成1条霜状带纹。

1年1代，成虫多见于5-6月。栖息在山地阔叶林。卵态越冬，卵主要产于寄主植物枝条上。幼虫以蔷薇科植物绒毛石楠为寄主。

分布于贵州。

备注：本种又称为清水金灰蝶，本书因其模式产地为贵州梵净山，称为梵净金灰蝶。

闪光金灰蝶 / *Chrysozephyrus scintillans* (Leech, 1893)

07-14 / P1797

中型或中小型灰蝶。雌雄斑纹明显相异。翅背面底色黑褐色，雄蝶翅面上有金属光泽强烈的蓝绿色纹，在前、后翅外缘留有明显黑边，于前翅翅顶更宽。雌蝶斑纹为A型或0型，A斑通由2枚橙色小斑组成。雄蝶翅腹面底色浅褐色，雌蝶则为褐色。前、后翅白线内侧镶暗色细线纹，于前翅近直线状，于后翅后端反折呈“W”字形。前、后翅中室端有镶白色短线之暗色短条纹。后翅中室端短条常趋近白线纹。后翅亚外缘外侧白纹通常成1条霜状带纹。

本种与瓦金灰蝶斑纹近似，难以区别。本种雌蝶斑纹为A型或0型，瓦金灰蝶则为B型或AB型。本种后翅前缘内侧无纹，瓦金灰蝶后翅前缘内侧偶具1条小白纹。

1年1代，成虫多见于6-7月。栖息在山地阔叶林。卵态越冬，卵主要产于寄主植物枝条上。幼虫以杜鹃科珍珠花属植物为寄主。

分布于四川、贵州、浙江、福建、广东、广西、海南等地。此外见于越南。

瓦金灰蝶 / *Chrysozephyrus watsoni* (Evans, 1927)

15-22

中型或中小型灰蝶。雌雄斑纹明显相异。翅背面底色黑褐色，雄蝶翅面上有金属光泽强烈的蓝绿色纹，在前、后翅外缘留有明显黑边，于前翅翅顶更宽。雌蝶斑纹为B型或AB型，B斑呈蓝色。雄蝶翅腹面底色浅褐色，雌蝶则为褐色。前、后翅白线内侧镶暗色细线纹，于前翅近直线状，于后翅后端反折呈“W”字形。后翅前缘内侧有时具1条小白纹。前、后翅中室端有镶白色短线之暗色短条纹。后翅中室端短条常趋近白线纹。后翅亚外缘外侧白纹通常成1条霜状带纹。

1年1代，成虫多见于6-7月。栖息在山地阔叶林。卵态越冬，卵主要产于寄主植物枝条或休眠芽附近。幼虫以杜鹃科珍珠花属植物为寄主。

分布于四川、贵州、广西、云南等地。此外见于越南、老挝、缅甸。

天目山金灰蝶 / *Chrysozephyrus tienmushanus* Shirôzu & Yamamoto, 1956

23-31 / P1798

中型灰蝶。雌雄斑纹明显相异。翅背面底色黑褐色，雄蝶翅面上有金属光泽强烈的绿色纹或蓝绿色纹，在前、后翅外缘留有黑边，黑边幅度多变异，华东地区个体通常较华西窄。雌蝶斑纹为A型、B型或AB型，A斑由2枚橙色小斑组成，B斑呈蓝色。翅腹面底色浅褐色或褐色。前、后翅白线内侧镶暗色细线纹，于前翅近直线状，于后翅后端反折呈“W”字形。后翅前缘内侧有1条小白纹，小白纹外侧镶暗色细线。前、后翅中室端有镶白色短线之暗色短条纹。后翅中室端短条常趋近白线纹。后翅亚外缘外侧白纹通常成1条霜状带纹。本种与苏金灰蝶斑纹相似，不易区别。与本种相较，苏金灰蝶雄蝶前翅黑边通常较宽，且于翅顶更宽。

1年1代，成虫多见于6-7月。栖息在阔叶林。卵态越冬，卵主要产于寄主植物枝条或休眠芽附近。幼虫以杜鹃科珍珠花属植物为寄主。

分布于四川、贵州、浙江、湖北、福建、广西。此外见于越南。

苏金灰蝶 / *Chrysozephyrus souleanus* (Riley, 1939)

32-34

中型灰蝶。雌雄斑纹明显相异。翅背面底色黑褐色，雄蝶翅面上有金属光泽强烈的绿色纹，在前、后翅外缘留有明显黑边，于前翅翅顶黑边更宽。雌蝶斑纹为B型或AB型，B斑呈蓝色或紫色。翅腹面底色浅褐色或褐色。前、后翅白线内侧镶暗色细线纹，于前翅近直线状，于后翅后端反折呈“W”字形。后翅前缘内侧1条小白纹细小或消失。前、后翅中室端有镶白色短线之暗色短条纹。后翅中室端短条常趋近白线纹。后翅亚外缘外侧白纹通常成1条霜状带纹。

1年1代，成虫多见于6-7月。栖息在山地阔叶林。卵态越冬，卵主要产于寄主植物休眠芽附近。幼虫以杜鹃科珍珠花属植物为寄主。

分布于四川、陕西及云南等地。此外见于缅甸。

裂斑金灰蝶 / *Chrysozephyrus disparatus* (Howarth, 1957)

35-40 / P1798

中型灰蝶。雌雄斑纹明显相异。翅背面底色黑褐色，雄蝶翅面上有金属光泽强烈的黄绿色纹，在前、后翅外缘留有黑边，前翅黑边较后翅窄。雌蝶斑纹O型、A型、B型或AB型的情形均有，B斑呈蓝色或蓝紫色。雄蝶翅腹面底色灰褐色，雌蝶则为褐色。前、后翅白线内侧镶暗色细线纹，于前翅近直线状，于后翅后端反折呈“W”字形。前、后翅中室端暗色短条模糊或消失。后翅亚外缘外侧白纹通常成1条霜状带纹。

1年1代，成虫多见于4-8月。栖息在山地阔叶林。卵态越冬，卵主要产于寄主植物休眠芽附近。幼虫以多种壳斗科植物为寄主。

分布于四川、贵州、云南、江西、福建、浙江、台湾等地。此外见于越南、老挝、印度、泰国。

拉拉山金灰蝶 / *Chrysozephyrus rarasanus* (Matsumura, 1939)

41-43

中小型灰蝶。雌雄斑纹明显相异。翅背面底色黑褐色，雄蝶翅面上有金属光泽强烈的蓝绿色纹，在前、后翅外缘留有黑边，前翅黑边较后翅窄。雌蝶斑纹为O型或A型，A斑由1-2枚橙色小斑构成。雄蝶翅腹面底色灰褐色，雌蝶则为褐色。前、后翅白线内侧镶暗色细线纹，于前翅近直线状，于后翅后端反折呈“W”字形。前、后翅中室端暗色短条模糊或消失。后翅亚外缘外侧白纹通常成1条霜状带纹。

1年1代，成虫多见于5-7月。栖息在山地阔叶林。卵态越冬，卵主要产于寄主植物休眠芽附近。幼虫以壳斗科植物云山青冈(毽子栎)为寄主。

分布于四川、贵州、台湾、广东。此外见于缅甸。

备注：本种种小名意指其模式产地台湾拉拉山。本种又称为娆娆金灰蝶，与种小名命名意义不符。

单线金灰蝶 / *Chrysozephyrus splendidulus* Murayama & Shimonoya, 1965

44-45

中小型灰蝶。雌雄斑纹明显相异。翅背面底色黑褐色，雄蝶翅面上有金属光泽强烈的绿色或黄绿纹，在前、后翅外缘留有明显黑边，前翅翅顶黑边扩大。雌蝶斑纹为A型或AB型，A斑通常由2枚橙色小斑构成，B斑呈蓝色。雄蝶翅腹面底色浅褐色，雌蝶则为褐色。前翅后侧有2个明显黑斑。前、后翅白线内侧镶暗色细线纹，于前翅细而近直线状，于后翅较粗，后端反折呈“V”字形。前、后翅中室端暗色短条模糊或消失。后翅亚外缘外侧白纹成1条霜状带纹。

1年1代，成虫多见于5-8月。栖息在山地阔叶林。卵态越冬，卵主要产于寄主植物休眠芽附近。幼虫寄主以壳斗科的赤皮青冈(赤皮栎)为寄主。

分布于台湾。

清金金灰蝶 / *Chrysozephyrus yuchingkinus* Murayama & Shimonoya, 1965

46-47

中小型灰蝶。雌雄斑纹相似。翅背面底色黑褐色，雄蝶翅面上偶有少量绿色鳞。雌蝶斑纹为A型或O型，A斑由2枚模糊橙色小斑构成。翅腹面底色褐色。前、后翅白线内侧镶暗色细线纹，于前翅细而近直线状，于后翅较粗，后端反折呈“V”字形。前、后翅中室端暗色短条模糊或消失。后翅亚外缘内侧带消失，外侧白纹成1条霜状带纹。

1年1代，成虫多见于5–8月。栖息在山地阔叶林。卵态越冬，卵产于寄主植物休眠芽附近。幼虫以壳斗科植物常绿性栎属植物(青冈类)为寄主。

分布于台湾。

备注：本种种小名命名系献名台湾昆虫研究者余清金。本种又称为埔里金灰蝶。

喀巴利金灰蝶 / *Chrysozephyrus kirbariensis* (Tytler, 1915)

48-51

中型或中小型灰蝶。雌雄斑纹明显相异。翅背面底色黑褐色，雄蝶翅面上有金属光泽强烈的浅绿色纹，在前翅外缘及后翅前缘留有黑边，前翅翅顶黑边扩大。后翅沿外缘有紫色细带。雌蝶除前翅前、外缘以外大部分为浅蓝色纹覆盖，前翅浅蓝色纹近外侧有白纹。翅腹面底色白色。前、翅靠外侧及中央有褐色线纹，前翅褐色线纹较粗，但后段常减退、消失。后翅褐色线纹粗而曲折。前、后翅中室端有暗色短条。后翅前缘内侧常有1条褐色小纹。后翅亚外缘褐色小斑伴有橙色小纹，形成弧状排列的小斑点。

1年1代，成虫多见于6–8月。栖息在山地阔叶林。卵态越冬，卵主要产于寄主植物休眠芽附近。幼虫以杜鹃科珍珠花属植物为寄主。

分布于云南。此外见于印度、尼泊尔、缅甸、泰国及越南。

备注：本种种小名源自位于印度东北部的模式产地那加地区的小地名(*Kirbari*)。本种又称为基尔金灰蝶。

不丹金灰蝶 / *Chrysozephyrus bhutanensis* (Howarth, 1957)

52-53

中型或中小型灰蝶。雌雄斑纹明显相异。翅背面底色黑褐色，雄蝶翅面上有金属光泽强烈的绿色纹，在前翅外缘及后翅前、外缘留有黑边。雌蝶前翅基半部有蓝色纹，后翅有模糊蓝色纹呈放射状排列。前翅浅蓝色纹外侧有白纹。翅腹面底色白色。前、翅靠外侧及中央有褐色线纹，均呈直线状，后翅线纹于后端反折呈“W”字形。前、后翅中室端有暗色短条，于前翅较明显。后翅亚外缘褐色小斑连接成1条线纹。尾突前方有1个小黑点。

1年1代，成虫多见于夏季。栖息在山地阔叶林。幼虫以杜鹃科杜鹃属植物为寄主。

分布于西藏。此外见于不丹、尼泊尔及印度。

帕金灰蝶 / *Chrysozephyrus paona* (Tytler, 1915)

54-55

中型或中小型灰蝶。雌雄斑纹明显相异。翅背面底色黑褐色，雄蝶翅面上有金属光泽强烈的绿色纹，在前翅外缘及后翅前、外缘留有细黑边，前翅翅顶黑边扩大。绿色纹内常有白色斑。雌蝶除前翅前、外缘以外大部分为浅蓝色纹覆盖，浅蓝色纹近外侧常有白纹。翅腹面底色白色。前、翅靠外侧及中央有褐色线纹，均细而曲折。前、后翅中室端有暗色短条。后翅前缘内侧常有1条褐色小纹。后翅亚外缘褐色小斑形成弧状排列的小斑点或连接成线。

1年1代，成虫多见于夏季。栖息在山地阔叶林。

分布于云南。此外见于印度及泰国。

备注：本种种小名源自位于印度东北部的模式产地曼尼普尔邦那的山地*Paona*。

雷公山金灰蝶 / *Chrysozephyrus leigongshanensis* Chou & Li, 1994

56-57

中型灰蝶。雌雄斑纹明显相异。翅背面底色黑褐色，雄蝶翅面上有金属光泽强烈的绿色纹，在前、后翅外缘留有细黑边，后翅沿外缘有时具1条紫色带纹。雌蝶翅面有浅蓝色纹，前翅又常有白斑。翅腹面底色白色。前、翅靠外侧及中央有褐色线纹，于前翅呈直线状，于后翅则曲折且于后端反折。前翅中室端有暗色短条。后翅亚外缘有1条褐色线纹。尾突前方有1个黑褐色小斑点与橙红色纹形成的眼斑。

1年1代，成虫多见于夏季。栖息在山地阔叶林。卵产于休眠芽基部附近。幼虫以壳斗科栎属植物为寄主。

分布于贵州、四川、安徽、浙江等地。

备注：本种种小名意指模式产地贵州雷公山。

雾社金灰蝶 / *Chrysozephyrus mushaellus* (Matsumura, 1938)

58-64 / P1799

中型灰蝶。雌雄斑纹明显相异。翅背面底色黑褐色，雄蝶翅面上有金属光泽强烈的绿色纹，在前、后翅外缘留有黑边，黑边于前翅翅顶较宽。雌蝶斑纹为B型或AB型，A斑由2-3条橙色小纹构成，B斑呈蓝色或蓝紫色。翅腹面底色呈浅褐色或褐色。前、后翅白线内侧镶暗色细线纹，于前翅较微弱、近直线状，于后翅后端反折呈"W"字形。后翅亚外缘外侧白纹通常成1条霜状带纹。

1年1代，成虫多见于4-7月。栖息在山地阔叶林。卵态越冬，卵主要产于寄主植物休眠芽附近。幼虫以多种壳斗科柯属植物为寄主。

分布于四川、贵州、云南、广东、台湾等地。此外见于缅甸及越南。

备注：本种种小名其实意指台湾中部赛德克人居地雾社地区。本种又称为缪斯金灰蝶。

铁金灰蝶属 / *Thermozephyrus* Inomata & Itagaki, 1986

中型灰蝶。雌雄斑纹明显相异。身躯背面呈暗褐色，腹面呈白色。复眼密被长毛。雄蝶前足跗节愈合、无爪，雌蝶前足跗节分节、具爪。后翅Cu_2脉末端具丝状尾突。翅背面底色黑褐色，雄蝶翅面上常有光泽强烈的绿色纹，雌蝶斑纹变化情形与金灰蝶相似，通常斑纹属B型及AB型。翅腹面色彩在雄蝶大部分呈银白色，翅面上有褐色斑点与线纹，在雌蝶则底色呈褐色，上有白色斑纹。尾突前方有具橙红色纹及黑色斑点形成的眼纹。

1年1代，成虫多见于夏季。幼虫以壳斗科植物为寄主。

分布于古北区及东洋区。国内目前已知1种，本图鉴收录1种。

白底铁金灰蝶 / *Thermozephyrus ataxus* (Westwood, [1851])

65-72

中型灰蝶。雌雄斑纹明显相异。翅背面底色黑褐色，雄蝶翅面上有金属光泽强烈的绿色纹，在前、后翅外缘留有黑边，黑边于前翅翅顶较宽。雌蝶斑纹为B型或AB型，A斑由2-3只橙色小纹构成，B斑呈蓝色或蓝紫色。雄蝶翅腹面底色呈银白色，前翅偏外侧有1条褐色带纹，中室端有暗色短条，亚外缘有1列模糊褐色小纹；后翅翅面有数个褐色斑，亚外缘有褐色带纹。雌蝶翅腹面底色呈褐色。前翅于翅外侧有1条白色带纹、后翅斑纹与雄蝶类似，但白色部分局限于中央部分。后翅亚外缘外侧白纹通常成1条霜状带纹。

1年1代，成虫多见于4-8月。栖息在山地阔叶林。卵态越冬，卵主要产于寄主植物休眠芽附近。幼虫以壳斗科植物为寄主。

分布于四川、贵州、广东及台湾等地。此外见于印度、尼泊尔、缅甸、越南、日本及朝鲜半岛。

备注：台湾产的*Thermozephyrus lingi* Okuno & Okura, 1969有时被视为独立种。

01 ♂
黑角金灰蝶
四川宝兴
01 ♂
黑角金灰蝶
四川宝兴
02 ♂
黑角金灰蝶
广东乳源
02 ♂
黑角金灰蝶
广东乳源
03 ♀
黑角金灰蝶
广东乳源
03 ♀
黑角金灰蝶
广东乳源
04 ♂
黑角金灰蝶
福建德化
04 ♂
黑角金灰蝶
福建德化
05 ♀
黑角金灰蝶
福建德化
05 ♀
黑角金灰蝶
福建德化
06 ♂
梵净金灰蝶
贵州铜仁
06 ♂
梵净金灰蝶
贵州铜仁
07 ♂
闪光金灰蝶
浙江临安
07 ♂
闪光金灰蝶
浙江临安
08 ♂
闪光金灰蝶
广西龙胜
08 ♂
闪光金灰蝶
广西龙胜
09 ♂
闪光金灰蝶
福建三明
09 ♂
闪光金灰蝶
福建三明
10 ♂
闪光金灰蝶
浙江临安
10 ♂
闪光金灰蝶
浙江临安
11 ♀
闪光金灰蝶
浙江临安
11 ♀
闪光金灰蝶
浙江临安
12 ♀
闪光金灰蝶
浙江临安
12 ♀
闪光金灰蝶
浙江临安

⑬ ♂
闪光金灰蝶
广东乳源
⓭ ♂
闪光金灰蝶
广东乳源
⑭ ♀
闪光金灰蝶
广东乳源
⓮ ♀
闪光金灰蝶
广东乳源
⑮ ♂
瓦金灰蝶
广西百色
⓯ ♂
瓦金灰蝶
广西百色
⑯ ♀
瓦金灰蝶
广西百色
⓰ ♀
瓦金灰蝶
广西百色
⑰ ♂
瓦金灰蝶
四川木里
⓱ ♂
瓦金灰蝶
四川木里
⑱ ♀
瓦金灰蝶
重庆
⓲ ♀
瓦金灰蝶
重庆
⑲ ♂
瓦金灰蝶
四川宝兴
⓳ ♂
瓦金灰蝶
四川宝兴
⑳ ♂
瓦金灰蝶
四川宝兴
⓴ ♂
瓦金灰蝶
四川宝兴
㉑ ♀
瓦金灰蝶
四川宝兴
㉑ ♀
瓦金灰蝶
四川宝兴
㉒ ♀
瓦金灰蝶
四川宝兴
㉒ ♀
瓦金灰蝶
四川宝兴
㉓ ♂
天目山金灰蝶
四川宝兴
㉓ ♂
天目山金灰蝶
四川宝兴
㉔ ♂
天目山金灰蝶
四川泸定
㉔ ♂
天目山金灰蝶
四川泸定

25 ♂ 天目山金灰蝶 贵州江口

25 ♂ 天目山金灰蝶 贵州江口

26 ♂ 天目山金灰蝶 贵州江口

26 ♂ 天目山金灰蝶 贵州江口

27 ♀ 天目山金灰蝶 贵州铜仁

27 ♀ 天目山金灰蝶 贵州铜仁

28 ♂ 天目山金灰蝶 浙江丽水

28 ♂ 天目山金灰蝶 浙江丽水

29 ♂ 天目山金灰蝶 浙江临安

29 ♂ 天目山金灰蝶 浙江临安

30 ♂ 天目山金灰蝶 浙江临安

30 ♂ 天目山金灰蝶 浙江临安

31 ♀ 天目山金灰蝶 广西临桂

31 ♀ 天目山金灰蝶 广西临桂

32 ♂ 苏金灰蝶 云南维西

32 ♂ 苏金灰蝶 云南维西

33 ♂ 苏金灰蝶 四川金川

33 ♂ 苏金灰蝶 四川金川

34 ♀ 苏金灰蝶 四川金川

34 ♀ 苏金灰蝶 四川金川

35 ♂ 裂斑金灰蝶 台湾南投

35 ♂ 裂斑金灰蝶 台湾南投

36 ♀ 裂斑金灰蝶 台湾南投

36 ♀ 裂斑金灰蝶 台湾南投

37 ♂ 裂斑金灰蝶 四川青川

37 ♂ 裂斑金灰蝶 四川青川

38 ♂ 裂斑金灰蝶 四川宝兴

38 ♂ 裂斑金灰蝶 四川宝兴

39 ♀ 裂斑金灰蝶 四川宝兴

39 ♀ 裂斑金灰蝶 四川宝兴

40 ♀ 裂斑金灰蝶 贵州铜仁

40 ♀ 裂斑金灰蝶 贵州铜仁

41 ♂ 拉拉山金灰蝶 台湾新竹

41 ♂ 拉拉山金灰蝶 台湾新竹

42 ♀ 拉拉山金灰蝶 台湾桃园

42 ♀ 拉拉山金灰蝶 台湾桃园

43 ♂ 拉拉山金灰蝶 广东韶关

43 ♂ 拉拉山金灰蝶 广东韶关

44 ♂ 单线金灰蝶 台湾新竹

44 ♂ 单线金灰蝶 台湾新竹

45 ♀ 单线金灰蝶 台湾新竹

45 ♀ 单线金灰蝶 台湾新竹

46 ♂ 清金金灰蝶 台湾桃园

46 ♂ 清金金灰蝶 台湾桃园

47 ♀ 清金金灰蝶 台湾桃园

47 ♀ 清金金灰蝶 台湾桃园

48 ♂ 喀巴利金灰蝶 云南景东

48 ♂ 喀巴利金灰蝶 云南景东

⑲ ♂ 喀巴利金灰蝶 云南维西
㊿ ♀ 喀巴利金灰蝶 云南腾冲
51 ♀ 喀巴利金灰蝶 云南双柏
52 ♂ 不丹金灰蝶 西藏樟木
53 ♂ 不丹金灰蝶 西藏聂拉木
49 ♂ 喀巴利金灰蝶 云南维西
50 ♀ 喀巴利金灰蝶 云南腾冲
51 ♀ 喀巴利金灰蝶 云南双柏
52 ♂ 不丹金灰蝶 西藏樟木
53 ♂ 不丹金灰蝶 西藏聂拉木
54 ♂ 帕金灰蝶 云南腾冲
55 ♀ 帕金灰蝶 云南腾冲
56 ♂ 雷公山金灰蝶 安徽黄山
57 ♀ 雷公山金灰蝶 重庆
58 ♀ 雾社金灰蝶 广东乳源
54 ♂ 帕金灰蝶 云南腾冲
55 ♀ 帕金灰蝶 云南腾冲
56 ♂ 雷公山金灰蝶 安徽黄山
57 ♀ 雷公山金灰蝶 重庆
58 ♀ 雾社金灰蝶 广东乳源
59 ♂ 雾社金灰蝶 广东乳源
60 ♂ 雾社金灰蝶 广东乳源
61 ♀ 雾社金灰蝶 广东乳源
62 ♀ 雾社金灰蝶 广东乳源
59 ♂ 雾社金灰蝶 广东乳源
60 ♂ 雾社金灰蝶 广东乳源
61 ♀ 雾社金灰蝶 广东乳源
62 ♀ 雾社金灰蝶 广东乳源

63 ♂ 雾社金灰蝶 台湾桃园

63 ♂ 雾社金灰蝶 台湾桃园

64 ♀ 雾社金灰蝶 台湾桃园

64 ♀ 雾社金灰蝶 台湾桃园

65 ♂ 白底铁金灰蝶 广东乳源

65 ♂ 白底铁金灰蝶 广东乳源

66 ♂ 白底铁金灰蝶 贵州铜仁

66 ♂ 白底铁金灰蝶 贵州铜仁

67 ♂ 白底铁金灰蝶 四川宝兴

67 ♂ 白底铁金灰蝶 四川宝兴

68 ♀ 白底铁金灰蝶 四川宝兴

68 ♀ 白底铁金灰蝶 四川宝兴

69 ♂ 白底铁金灰蝶 四川宝兴

69 ♂ 白底铁金灰蝶 四川宝兴

70 ♂ 白底铁金灰蝶 台湾新竹

70 ♂ 白底铁金灰蝶 台湾新竹

71 ♂ 白底铁金灰蝶 台湾新竹

71 ♂ 白底铁金灰蝶 台湾新竹

72 ♀ 白底铁金灰蝶 台湾新竹

72 ♀ 白底铁金灰蝶 台湾新竹

艳灰蝶属 / *Favonius* Sibatani & Ito, 1942

中型灰蝶。雌雄斑纹明显相异。身躯背面呈暗褐色，腹面呈白色。复眼密被长毛。雄蝶前足跗节愈合、无爪，雌蝶前足跗节分节、具爪。后翅Cu_2脉末端具丝状尾突。翅背面底色黑褐色，雄蝶翅面上有具光泽的蓝绿色、蓝紫色或蓝色纹，雌蝶翅面多有蓝紫纹及浅褐色斑，有时也以O型、B型、A型及AB型称呼之。翅腹面底色呈灰白色、浅褐色或褐色，翅面上有白色线纹，于前翅近直线状，在后翅则于后端反折呈“W”字形。前、后翅中室端常有暗色短条。后翅亚外缘通常有2列白线，内侧者细而鲜明，由弦月形短线纹组成，外侧者较模糊。尾突前方有具橙红色纹及黑色斑点形成的眼纹。

1年1代，夏季出现。幼虫以壳斗科植物为寄主。

分布于古北区及东洋区。国内目前已知7种，本图鉴收录7种。

艳灰蝶 / *Favonius orientalis* (Murray, 1874)

01-06 / P1800

中型灰蝶。雌雄斑纹明显相异。雄蝶翅面大部分为具金属光泽明显的青绿色，仅在后翅前缘及臀角附近留有黑边。雌蝶前翅有时有蓝紫色斑纹，外侧有浅褐色纹。翅腹面底色灰白色或浅褐色。前、后翅白线内侧镶暗色线纹，于前翅近直线状，于后翅后端反折呈“W”字形。前、后翅中室端有暗色短条。后翅亚外缘白纹成2条线纹，通常外侧线较鲜明。本种与里奇艳灰蝶斑纹近似，难以区分，通常里奇艳灰蝶翅腹面斑纹较鲜明，翅背面金属色部分较有呈紫色的倾向。

1年1代，成虫多见于夏季。栖息在阔叶林。卵态越冬，卵主要产于寄主植物细枝或休眠芽附近。幼虫以多种壳斗科栎属植物为寄主。

分布于内蒙古、辽宁、北京、河北、河南、安徽、陕西、甘肃、湖北、四川、贵州及云南等地。此外见于俄罗斯、日本及朝鲜半岛。

里奇艳灰蝶 / *Favonius leechi* (Riley, 1939)

07-12

中型灰蝶。雌雄斑纹明显相异。雄蝶翅面大部分为具金属光泽明显的青绿色，仅在后翅前缘及臀角附近留有黑边，后翅外缘常呈紫色。雌蝶前翅有时有蓝紫色斑纹，外侧有浅褐色纹。翅腹面底色灰白色或浅褐色。前、后翅白线内侧镶暗色线纹，于前翅近直线状，于后翅后端反折呈“W”字形。前、后翅中室端有暗色短条。后翅亚外缘白纹成两条线纹，通常外侧线较鲜明。

1年1代，成虫多见于夏季。栖息在山地阔叶林。卵态越冬，卵主要产于寄主植物细枝或休眠芽附近。幼虫以多种壳斗科落叶性栎属植物为寄主。

分布于陕西、湖北、四川、重庆、云南及浙江等地。

备注：本种种小名命名系献名英籍自然学者里奇(John Henry Leech)。

翠艳灰蝶 / *Favonius taxila* (Bremer, 1861)

13-22 / P1800

中型灰蝶。雌雄斑纹明显相异。雄蝶翅面大部分为具金属光泽明显的青绿色或绿色，仅在后翅前缘及外缘留有黑边，于臀角附近格外明显。雌蝶前翅有时有紫色斑纹，外侧多有浅褐色纹或橙色斑点。翅腹面底色灰白色、浅褐色或褐色。前、后翅白线无明显暗色线纹，于前翅近直线状，于后翅后端反折呈“W”字形。前、后翅中室端无暗色短条或极其模糊。后翅亚外缘白纹成2条线纹，通常外侧线较鲜明。本种与考艳灰蝶十分相似，但本种雄蝶后翅背面$Sc+R_1$室绿色鳞仅占室面积约1/3，而考艳灰蝶则占满全室。

1年1代，成虫多见于夏季。主要栖息在落叶阔叶林。卵态越冬，卵主要产于寄主植物休眠芽附近。幼虫以数种壳斗科栎属植物，如枹栎、蒙古栎等为寄主。

分布于辽宁、北京、河北、河南、山西、陕西、甘肃、湖北、四川、新疆等地。此外见于俄罗斯、日本及朝鲜半岛。

考艳灰蝶 / *Favonius korshunovi* (Dubatolov & Sergeev, 1982)

23-33 / P1801

中型灰蝶。雌雄斑纹明显相异。雄蝶翅面大部分为具金属光泽明显的青绿色或绿色，仅在后翅前缘及臀角附近留有黑边。雌蝶前翅有时有紫色斑纹，外侧多有浅褐色纹或橙色斑点。翅腹面底色浅褐色或褐色。前、后翅白线无明显暗色线纹，于前翅近直线状，于后翅后端反折呈“W”字形。前、后翅中室端无暗色短条或极其模糊。后翅亚外缘白纹成2条线纹，通常外侧线较鲜明。

1年1代，成虫多见于夏季。主要栖息在落叶阔叶林。卵态越冬，卵主要产于寄主植物休眠芽附近。幼虫以数种壳斗科栎属植物为寄主，如槲栎、槲树、蒙古栎等。

分布于吉林、辽宁、北京、河北、河南、陕西、甘肃、四川、云南、浙江等地。此外见于俄罗斯及远东地区。

亲艳灰蝶 / *Favonius cognatus* (Staudinger, 1887)

34-38

中型灰蝶。雌雄斑纹明显相异。雄蝶翅面大部分为具金属光泽明显的青绿色、绿色或蓝色，仅在后翅前缘、后翅前缘及外缘留有黑边，于臀角附近尤其明显。雌蝶前翅紫色鳞稀疏或缺乏，外侧常有浅褐色纹。翅腹面底色白色或灰白色，于雌蝶色调较深。前、后翅白线内缘镶暗色线纹，于前翅近直线状，于后翅后端反折呈“W”字形。前、后翅中室端有不鲜明暗色短条，但常减退、消失。后翅亚外缘白纹成2条线纹，通常外侧线较鲜明。

1年1代，成虫多见于夏季。主要栖息在落叶阔叶林。卵态越冬，卵主要产于寄主植物枝干上。幼虫以蒙古栎、槲栎等壳斗科栎属植物为寄主。

分布于吉林、辽宁、内蒙古、陕西、湖北、四川、云南等地。此外见于俄罗斯、日本及朝鲜半岛。

超艳灰蝶 / *Favonius ultramarinus* (Fixsen, 1887)

39-42

中型灰蝶。雌雄斑纹明显相异。雄蝶翅面大部分为具金属光泽明显的青绿色、绿色或蓝色，仅在后翅前缘、后翅前缘及外缘留有黑边，于臀角附近尤其明显。雌蝶前翅紫色鳞稀疏或缺乏，外侧常有浅褐色纹。翅腹面底色灰白色或浅褐色，于雌蝶色调较深。前、后翅白线内缘镶暗色线纹，于前翅近直线状，于后翅后端反折呈“W”字形。前、后翅中室端有不鲜明暗色短条，但常减退、消失。后翅亚外缘白纹成2条线纹，通常外侧线较鲜明。

1年1代，成虫多见于夏季。主要栖息在落叶阔叶林。卵态越冬，卵主要产于寄主植物枝干上或休眠芽附近。幼虫以壳斗科植物槲栎为寄主。

分布于辽宁、河南、陕西、甘肃、四川等地。此外见于俄罗斯、日本及朝鲜半岛。

01 ♂ 艳灰蝶 北京
02 ♀ 艳灰蝶 北京
03 ♂ 艳灰蝶 甘肃榆中
04 ♂ 艳灰蝶 云南贡山
05 ♂ 艳灰蝶 辽宁沈阳
01 ♂ 艳灰蝶 北京
02 ♀ 艳灰蝶 北京
03 ♂ 艳灰蝶 甘肃榆中
04 ♂ 艳灰蝶 云南贡山
05 ♂ 艳灰蝶 辽宁沈阳
06 ♂ 艳灰蝶 陕西石泉
07 ♂ 里奇艳灰蝶 陕西南郑
08 ♂ 里奇艳灰蝶 浙江临安
09 ♂ 里奇艳灰蝶 安徽金寨
10 ♀ 里奇艳灰蝶 安徽金寨
06 ♂ 艳灰蝶 陕西石泉
07 ♂ 里奇艳灰蝶 陕西南郑
08 ♂ 里奇艳灰蝶 浙江临安
09 ♂ 里奇艳灰蝶 安徽金寨
10 ♀ 里奇艳灰蝶 安徽金寨
11 ♂ 里奇艳灰蝶 重庆
12 ♀ 里奇艳灰蝶 重庆
13 ♂ 翠艳灰蝶 甘肃榆中
14 ♀ 翠艳灰蝶 甘肃迭部
15 ♂ 翠艳灰蝶 甘肃迭部
11 ♂ 里奇艳灰蝶 重庆
12 ♀ 里奇艳灰蝶 重庆
13 ♂ 翠艳灰蝶 甘肃榆中
14 ♀ 翠艳灰蝶 甘肃迭部
15 ♂ 翠艳灰蝶 甘肃迭部

⑯ ♂
翠艳灰蝶
辽宁丹东
⑰ ♂
翠艳灰蝶
甘肃康县
⑱ ♂
翠艳灰蝶
北京
⑲ ♂
翠艳灰蝶
北京
⑳ ♀
翠艳灰蝶
北京
16 ♂
翠艳灰蝶
辽宁丹东
17 ♂
翠艳灰蝶
甘肃康县
18 ♂
翠艳灰蝶
北京
19 ♂
翠艳灰蝶
北京
20 ♀
翠艳灰蝶
北京
㉑ ♀
翠艳灰蝶
北京
㉒ ♀
翠艳灰蝶
北京
㉓ ♂
考艳灰蝶
浙江丽水
㉔ ♂
考艳灰蝶
北京
㉕ ♀
考艳灰蝶
北京
21 ♀
翠艳灰蝶
北京
22 ♀
翠艳灰蝶
北京
23 ♂
考艳灰蝶
浙江丽水
24 ♂
考艳灰蝶
北京
25 ♀
考艳灰蝶
北京
㉖ ♂
考艳灰蝶
北京
㉗ ♂
考艳灰蝶
北京
㉘ ♀
考艳灰蝶
北京
㉙ ♂
考艳灰蝶
甘肃康县
㉚ ♂
考艳灰蝶
辽宁抚顺
26 ♂
考艳灰蝶
北京
27 ♂
考艳灰蝶
北京
28 ♀
考艳灰蝶
北京
29 ♂
考艳灰蝶
甘肃康县
30 ♂
考艳灰蝶
辽宁抚顺

㉛ ♂ 考艳灰蝶 浙江临安
㉛ ♂ 考艳灰蝶 浙江临安
㉜ ♀ 考艳灰蝶 辽宁抚顺
㉜ ♀ 考艳灰蝶 辽宁抚顺
㉝ ♀ 考艳灰蝶 浙江临安
㉝ ♀ 考艳灰蝶 浙江临安
㉞ ♂ 亲艳灰蝶 辽宁抚顺
㉞ ♂ 亲艳灰蝶 辽宁抚顺
㉟ ♂ 亲艳灰蝶 辽宁丹东
㉟ ♂ 亲艳灰蝶 辽宁丹东
㊱ ♂ 亲艳灰蝶 辽宁沈阳
㊱ ♂ 亲艳灰蝶 辽宁沈阳
㊲ ♀ 亲艳灰蝶 辽宁沈阳
㊲ ♀ 亲艳灰蝶 辽宁沈阳
㊳ ♂ 亲艳灰蝶 北京
㊳ ♂ 亲艳灰蝶 北京
㊴ ♂ 亲艳灰蝶 天津
㊴ ♂ 亲艳灰蝶 天津
㊵ ♀ 亲艳灰蝶 天津
㊵ ♀ 亲艳灰蝶 天津
㊶ ♂ 超艳灰蝶 辽宁丹东
㊶ ♂ 超艳灰蝶 辽宁丹东
㊷ ♀ 超艳灰蝶 辽宁丹东
㊷ ♀ 超艳灰蝶 辽宁丹东

萨艳灰蝶 / *Favonius saphirius* (Staudinger, 1887)

01-04

中型灰蝶。雌雄斑纹明显相异。雄蝶翅面大部分为具金属光泽明显的蓝色，仅在后翅前缘、后翅前缘及外缘留有黑边，于臀角附近尤其明显。雌蝶前翅外侧常有浅褐色纹，常减退、消失。翅腹面底色白色或灰白色，于雌蝶色调较深。前、后翅白线内缘镶暗色线纹，于前翅近直线状，于后翅后端反折呈"W"字形。前、后翅中室端有暗色短条。后翅亚外缘白纹成2条线纹，因与翅腹面底色近似而不鲜明。

1年1代，成虫多见于夏季。主要栖息在落叶阔叶林。卵态越冬，卵主要产于寄主植物枝干上或休眠芽附近。幼虫以数种壳斗科栎属植物为寄主，如槲栎、槲树、蒙古栎等。

分布于辽宁、陕西、甘肃、四川及云南等地。此外见于俄罗斯、日本及朝鲜半岛。

璀灰蝶属 / *Sibataniozephyrus* Inomata, 1986

中型灰蝶。雌雄斑纹明显相异。身躯背面呈暗褐色，腹面呈白色。雄蝶复眼密被长毛，雌蝶则被短毛。雄蝶前足跗节愈合、无爪，雌蝶前足跗节分节、具爪。后翅具丝状尾突。翅背面底色黑褐色，雄蝶翅面上有具金属光泽的蓝色纹，雌蝶翅面无纹。翅腹面底色呈灰色、灰白色或白色，翅面上有黑褐色线纹，于前翅近直线状，在后翅则于后端反折呈"V"字形。前、后翅中室端常有暗色短条。后翅亚外缘通常有2组褐色纹，内侧者为1条带，外侧者为1列斑点。尾突前方有具橙红色纹及黑色斑点形成的眼纹。

1年1代，初夏出现。幼虫以壳斗科水青冈属植物为寄主。

分布于东洋区。国内目前已知2种，本图鉴收录2种。

备注：属名系献名日籍蝶类学者柴谷笃弘。本书依雄蝶翅面上有璀璨蓝色纹的特征称为璀灰蝶属。本属又称为柴谷灰蝶属。

夸父璀灰蝶 / *Sibataniozephyrus kuafui* Hsu & Lin, 1994

05-06

中型灰蝶。雌雄斑纹明显相异。翅背面底色黑褐色，雄蝶翅面大部分为具金属光泽明显的蓝色，仅在后翅前缘、后翅外缘留有黑边。雌蝶除后翅臀角附近有些许白纹外无纹。翅腹面底色白色。前、后翅黑褐色条纹鲜明。前、后翅中室端有暗色短条，但后翅中室端短条多与后翅中央条纹融合。后翅亚外缘外侧斑点列常减退、模糊。

1年1代，成虫多见于5–6月。主要栖息在落叶阔叶林。卵态越冬，卵主要产于寄主植物枝、干上。幼虫以壳斗科植物台湾水青冈为寄主。

分布于台湾。

备注：本种种小名源自古代神话人物夸父。

黎氏璀灰蝶 / *Sibataniozephyrus lijinae* Hsu, 1995

07-11 / P1802

中型灰蝶。雌雄斑纹明显相异。翅背面底色黑褐色，雄蝶翅面大部分为具金属光泽明显的蓝色，仅在后翅前缘、后翅外缘留有黑边。雌蝶除后翅臀角附近有些许白纹外无纹。翅腹面底色白色或灰白色。前、后翅黑褐色条纹粗而鲜明。前、后翅中室端有暗色短条，但后翅中室端短条多与后翅中央条纹融合。后翅亚外缘外侧斑点列常减退、模糊。

1年1代，成虫多见于5–7月。主要栖息在落叶阔叶林。卵态越冬，卵主要产于寄主植物枝、干上。幼虫以壳斗科巴山水青冈、长柄水青冈、米心水青冈等植物为寄主。

分布于贵州、四川、陕西、湖南、广东。

01 ♂ 萨艳灰蝶 辽宁丹东
01 ♂ 萨艳灰蝶 辽宁丹东
02 ♀ 萨艳灰蝶 辽宁丹东
02 ♀ 萨艳灰蝶 辽宁丹东
03 ♂ 萨艳灰蝶 四川宝兴
03 ♂ 萨艳灰蝶 四川宝兴
04 ♀ 萨艳灰蝶 四川宝兴
04 ♀ 萨艳灰蝶 四川宝兴
05 ♂ 夸父璀灰蝶 台湾新北
05 ♂ 夸父璀灰蝶 台湾新北
06 ♀ 夸父璀灰蝶 台湾新北
06 ♀ 夸父璀灰蝶 台湾新北
07 ♂ 黎氏璀灰蝶 四川南江
07 ♂ 黎氏璀灰蝶 四川南江
08 ♀ 黎氏璀灰蝶 四川南江
08 ♀ 黎氏璀灰蝶 四川南江
09 ♂ 黎氏璀灰蝶 广东乳源
09 ♂ 黎氏璀灰蝶 广东乳源
10 ♀ 黎氏璀灰蝶 广东乳源
10 ♀ 黎氏璀灰蝶 广东乳源
11 ♀ 黎氏璀灰蝶 四川南江
11 ♀ 黎氏璀灰蝶 四川南江

娆灰蝶属 / *Arhopala* Boisduval, 1832

小型至极大型灰蝶。翅背面深褐色，两翅中央有大片紫或蓝色斑，部分热带种类的雄蝶则呈金属绿色。翅腹面多呈褐色，有暗色斑纹和斑带。后翅或带丝状尾突。雄雌异型，雄蝶背面的色斑多较大或艳丽。本属不少种类外形十分相似，鉴定有一定难度。

成虫多在阔叶林内活动，飞行快速敏捷，多作短距离飞行，但受扰后即会飞往树冠层，部分种类有登峰习性，甚少访花。本属幼虫寄主植物极多样，已知取食超过20科植物，当中有食性专一或广食性，更包括少数肉食性的种类。国内种类的主要寄主为壳斗科植物，此外亦有取食龙脑香科、千屈菜科、桃金娘科等。

娆灰蝶属多样性极高，已知超过200种，主要分布在东洋区和澳洲区的热带区域，亦有成员分布至古北区东南部。国内目前已知约19种，本图鉴收录11种。

备注：部分物种过往曾被置于俳灰蝶属*Panchala*，但其后研究显示将俳灰蝶属并入本属才较合理，本书亦依从此处理。

百娆灰蝶 / *Arhopala bazalus* (Hewitson, 1862)

01-06 / P1802

大型灰蝶。雄蝶翅背面呈金属光泽的黑紫色，外缘有窄黑边；雌蝶的斑纹紫蓝色，仅局限于前翅中域和后翅基附近。翅腹面褐色，深褐色斑纹和斑带镶淡色线，后翅后半部发黑，臀角有1个圆形黑斑，附近散布金属蓝色鳞片。后翅有细长尾突。

1年多代，成虫全年可见，以秋季较丰。冬季会聚集在林中背风隐蔽处的植物上，国内最常见的娆灰蝶之一。幼虫以多种壳斗科植物为寄主。

分布于云南、福建、浙江、江西、广东、广西、海南、台湾、香港等地。此外见于缅甸、泰国、马来西亚、印度尼西亚、日本、印度东北部及中南半岛。

齿翅娆灰蝶 / *Arhopala rama* (Kollar, [1844])

07-10 / P1803

中型灰蝶。雄蝶前翅外缘近顶角锯齿状，翅背面呈金属光泽的暗紫色，外缘有黑边；雌蝶的斑纹偏蓝色，仅局限于翅中域，双翅前缘和外缘有粗黑边。翅腹面褐色，深褐色斑纹和斑带镶淡色线，前翅外侧的斑带平直。旱季型翅腹斑纹减退，不突出。后翅有短尾突。

1年多代，成虫在秋季较常见。幼虫以多种壳斗科植物为寄主。

分布于云南、四川、浙江、江西、福建、广东、广西、香港等地。此外见于喜马拉雅地区、缅甸、泰国、中南半岛等地。

01 ♂
百娆灰蝶
福建福州
01 ♂
百娆灰蝶
福建福州
02 ♀
百娆灰蝶
福建福州
02 ♀
百娆灰蝶
福建福州
03 ♂
百娆灰蝶
台湾台东
03 ♂
百娆灰蝶
台湾台东
04 ♀
百娆灰蝶
台湾新北
04 ♀
百娆灰蝶
台湾新北
05 ♂
百娆灰蝶
海南乐东
05 ♂
百娆灰蝶
海南乐东
06 ♀
百娆灰蝶
浙江宁波
06 ♀
百娆灰蝶
浙江宁波
07 ♂
齿翅娆灰蝶
福建福州
07 ♂
齿翅娆灰蝶
福建福州
08 ♀
齿翅娆灰蝶
福建福州
08 ♀
齿翅娆灰蝶
福建福州
09 ♀
齿翅娆灰蝶
浙江宁波
09 ♀
齿翅娆灰蝶
浙江宁波
10 ♀
齿翅娆灰蝶
浙江金华
10 ♀
齿翅娆灰蝶
浙江金华

日本娆灰蝶 / *Arhopala japonica* (Murray, 1875)

01-02

中型灰蝶。雄蝶前翅外缘近顶角锯齿状，翅背面呈金属光泽的暗紫色，外缘有黑边；雌蝶的斑纹偏蓝色，仅局限于翅中域，双翅前缘和外缘有粗黑边。翅腹面褐色，深褐色斑纹和斑带镶淡色线，前后翅外侧的斑带连续。后翅通常无尾突。

1年多代，成虫除冬季外全年可见。幼虫以多种壳斗科植物为寄主。

分布于台湾。此外见于朝鲜半岛、日本。

小娆灰蝶 / *Arhopala paramuta* (de Nicéville, [1884])

03-08 / P1803

中小型灰蝶。雄蝶前翅外缘近顶角锯齿状，翅背面呈金属光泽的暗紫色，外缘有黑边；雌蝶的斑纹偏蓝色，仅局限于翅中域，双翅前缘和外缘有粗黑边。翅腹面黄褐色，深褐色斑纹和斑带镶淡色线，前翅外侧的斑带平直，后翅外侧的斑带在M_1脉断开。后翅无尾突。

1年多代，成虫全年可见，以秋季数丰较丰。幼虫以壳斗科植物黧蒴锥和台湾椎为寄主。

分布于云南、四川、广东、海南、台湾、香港等地。此外见于喜马拉雅地区、缅甸、泰国、中南半岛。

备注：记载自海南的琼岛娆灰蝶*Arhopala qiongdaoensis* Chou & Gu, 1994，其外形与本种极相似，仅前翅外侧斑带缩短，极可能仅是本种的异常个体。本书暂不另作介绍。

奇娆灰蝶 / *Arhopala comica* de Nicéville, 1900

09

中型灰蝶。外形独特，前翅顶角突出，后翅臀区的叶状突发达。翅背面呈金属光泽的紫色，外缘黑边颇阔；雌蝶的斑纹偏蓝色，范围更局限。翅腹面红褐色，深褐色斑纹和斑带镶淡色线。后翅有短尾突。

娆灰蝶中最稀有的种类之一，对其习性所知甚少，幼虫生活史未明。

分布于广东、福建等地。此外见于印度、缅甸、泰国、中南半岛等地。

斑基娆灰蝶 / *Arhopala bazaloides* (Hewitson, 1878)

10

中型灰蝶。雄蝶翅背面呈金属光泽的暗紫色，外缘有黑边；雌蝶的斑纹偏蓝色，仅局限于翅中域，双翅前缘和外缘有粗黑边。翅腹面深褐色，前翅褐色斑纹和斑带镶白线，后翅散布银灰色鳞片，臀角有1个黑色圆斑，附近散布金属蓝色鳞片。后翅有细长尾突。

1年多代，成虫全年可见。成虫在夏季会成群聚集。

分布于海南。此外见于印度、斯里兰卡、缅甸、泰国。

婀伊娆灰蝶 / *Arhopala aida de* Nicéville, 1889

11-13 / P1804

中型灰蝶。雄蝶翅背面呈金属光泽的暗紫色，外缘有黑边；雌蝶的斑纹偏蓝色，仅局限于翅中域，双翅前缘和外缘有粗黑边。翅腹面褐色，深褐色斑纹和斑带镶淡色线，前翅外侧的斑带在M_3脉几乎断开，后翅臀角有1个圆形黑斑，附近散布金属蓝色鳞片。后翅有细长尾突。

1年多代，成虫全年可见。幼虫以壳斗科植物饭甑青冈为寄主。

分布于海南。此外见于印度、缅甸、泰国、马来半岛等地。

备注：记载自海南的罗氏娆灰蝶*Arhopala luoi* Chou & Gu, 1994，其外形与本种极相似，仅前翅外侧斑带缩短，极可能仅是本种的异常个体。本书暂不另作介绍。

缅甸娆灰蝶 / *Arhopala birmana* (Moore, [1884])

14-15 / P1804

中小型灰蝶。雄蝶翅背面呈金属光泽的蓝紫色，外缘有黑边；雌蝶的斑纹呈蓝色，黑边较粗，中室端外常有白纹。翅腹面褐色并散布白色鳞片，深褐色斑纹和斑带镶明显白线，后翅臀角附近散布金属蓝色鳞片。后翅有细长尾突。

1年多代，成虫在南方全年可见，但以秋季较常见。幼虫以壳斗科华南青冈、毛果青岗、青岗等植物为寄主。

分布于四川、广东、海南、台湾、香港等地。此外见于印度、缅甸、泰国、中南半岛等地。

蓝娆灰蝶 / *Arhopala ganesa* (Moore, [1858])

16-19

中小型灰蝶。雄蝶翅背面呈金属光泽的浅蓝色，外缘有粗黑边；雌蝶的浅蓝色斑纹范围较广，中室端外常有白纹。新鲜个体的翅腹面几乎全被白色鳞片，仅前翅外侧斑带全呈褐色，其他斑纹和斑带只有褐色的外框；残旧个体因白鳞掉落，腹面颜色显得较深。后翅无尾突。

世代数不明，成虫除隆冬外全年可见。幼虫以壳斗科台湾窄叶青冈、赤皮青冈、毛果青岗等植物为寄主。

分布于湖北、四川、江西、海南、台湾等地。此外见于日本及喜马拉雅地区、中南半岛。

娥娆灰蝶 / *Arhopala eumolphus* (Cramer, [1780])

20-21

大型灰蝶。雄蝶翅背面呈强烈金属光泽的绿色，外缘有窄黑边，后翅绿斑局限于中域；雌蝶的斑纹呈蓝色，仅局限于前后翅中域。翅腹面褐色，深褐色斑纹和斑带镶淡色线，臀角有1个圆形黑斑，附近散布金属蓝色鳞片。后翅有细长尾突。

1年多代，成虫多见于秋季。幼虫以多种壳斗科植物为寄主。

分布于云南、海南。此外见于缅甸、泰国、马来西亚、印度尼西亚、菲律宾及印度东北部。

备注：记载自海南的翠袖娆灰蝶*Arhopala hellenoroides* Chou & Gu, 1994，其外形与本种别无二致，其绿色斑范围退减极可能是本种标本油分渗出所致。本书暂不另作介绍。

银链娆灰蝶 / *Arhopala centaurus* (Fabricius, 1775)

22-23 / P1805

极大型灰蝶。为本属体形最大的成员之一。雄蝶翅背面呈金属光泽的紫蓝色，外缘有窄黑边；雌蝶的斑纹偏蓝色，仅局限于翅中域，双翅前缘和外缘有粗黑边。翅腹面深褐色，褐色斑纹和斑带不突出，南方较热带地区的个体，臀角附近散布金属蓝色鳞片，本种主要特征为前翅中室有5-6条银白色窄横纹。后翅有粗短尾突。

1年多代，成虫在南方全年可见。幼虫食性甚广，以桃金娘科水翁和千屈菜科大花紫薇等植物为寄主。

分布于云南、广东、海南、香港等地。此外见于印度、缅甸、泰国、马来西亚、印度尼西亚、菲律宾等地。

01 ♀ 日本娆灰蝶 台湾台东
02 ♂ 日本娆灰蝶 台湾南投
03 ♀ 小娆灰蝶 福建福州
04 ♂ 小娆灰蝶 台湾台东
05 ♀ 小娆灰蝶 台湾台东
01 ♀ 日本娆灰蝶 台湾台东
02 ♂ 日本娆灰蝶 台湾南投
03 ♀ 小娆灰蝶 福建福州
04 ♂ 小娆灰蝶 台湾台东
05 ♀ 小娆灰蝶 台湾台东
06 ♀ 小娆灰蝶 福建福州
07 ♂ 小娆灰蝶 福建福州
08 ♂ 小娆灰蝶 广东龙门
09 ♀ 奇娆灰蝶 福建邵武
10 ♂ 斑基娆灰蝶 海南乐东
06 ♀ 小娆灰蝶 福建福州
07 ♂ 小娆灰蝶 福建福州
08 ♂ 小娆灰蝶 广东龙门
09 ♀ 奇娆灰蝶 福建邵武
10 ♂ 斑基娆灰蝶 海南乐东
11 ♀ 婀伊娆灰蝶 海南昌江
12 ♂ 婀伊娆灰蝶 海南乐东
13 ♀ 婀伊娆灰蝶 海南乐东
14 ♂ 缅甸娆灰蝶 台湾屏东
15 ♀ 缅甸娆灰蝶 台湾屏东
11 ♀ 婀伊娆灰蝶 海南昌江
12 ♂ 婀伊娆灰蝶 海南乐东
13 ♀ 婀伊娆灰蝶 海南乐东
14 ♂ 缅甸娆灰蝶 台湾屏东
15 ♀ 缅甸娆灰蝶 台湾屏东

⑯ ♂
蓝娆灰蝶
台湾高雄

⑯ ♂
蓝娆灰蝶
台湾高雄

⑰ ♀
蓝娆灰蝶
台湾新竹

⑰ ♀
蓝娆灰蝶
台湾新竹

⑱ ♂
蓝娆灰蝶
江西吉安

⑱ ♂
蓝娆灰蝶
江西吉安

⑲ ♂
蓝娆灰蝶
江西吉安

⑲ ♂
蓝娆灰蝶
江西吉安

⑳ ♂
娥娆灰蝶
海南五指山

⑳ ♂
娥娆灰蝶
海南五指山

㉑ ♀
娥娆灰蝶
海南五指山

㉑ ♀
娥娆灰蝶
海南五指山

㉒ ♂
银链娆灰蝶
云南西双版纳

㉒ ♂
银链娆灰蝶
云南西双版纳

㉓ ♀
银链娆灰蝶
云南元江

㉓ ♀
银链娆灰蝶
云南元江

花灰蝶属 / *Flos* Doherty, 1889

中大型灰蝶。翅背面紫蓝色金属光泽，外缘黑色，腹面褐黑色，伴有不规则深色花纹，部分物种有短尖尾突及翅反面基部伴有红色纹。

成虫喜欢靠近水边植物中层活动，偶尔落地下和低处灌木，成虫比较少见。幼虫主要以壳斗科植物为寄主。

主要分布东洋区。国内目前已知6种，本图鉴收录3种。

注：部分学者将此属合并为娆灰蝶属。

锁铠花灰蝶 / *Flos asoka* (de Nicéville, 1883)

01

中大型灰蝶。雄蝶翅面为大面积紫色闪光，前后翅黑缘带窄，外缘波浪状，后翅前缘灰黑色，尾突短，前翅反面中室有1枚大方斑与小斑，外缘中区有1列弧形不规则白斑，后翅腹面有波浪花纹。雌蝶翅背面为紫蓝色，前后翅黑缘带宽。

1年1-2代，成虫多见于5-8月。

分布于广东、福建及西南部等地。此外见于老挝、泰国、越南等地。

中华花灰蝶 / *Flos chinensis* (C. & R. Felder, [1865])

02

中型至大型灰蝶。雄蝶翅背面紫色闪光，前后翅黑缘带比绍铠花灰蝶*F.asoka*宽，翅形较圆，尾突短，前翅腹面中室有2枚大小方斑，外缘中区有1列弧形不规则白斑，后翅腹面有波浪花纹，基部颜色较深。雌蝶翅背面为紫蓝色，前后翅黑缘带更宽。

1年1-2代，成虫多见于5-8月。

分布于长江以南各省。此外见于老挝、泰国、越南等地。

爱睐花灰蝶 / *Flos areste* (Hewitson, 1862)

03-08

中大型灰蝶。雄蝶翅背面大面积紫色闪光，前后翅黑缘带窄，翅形较圆，顶角黑，无尾突，前翅腹面中室2枚斑纹较小，外缘中区有1列弧形规则方形白斑，后翅基部颜色较深，中区白。雌蝶翅背面为紫蓝色，前后翅黑缘带更宽。

1年多代，成虫多见于3-10月。幼虫以多种壳斗科植物为寄主。幼虫喜欢与蚂蚁共生，幼虫筑叶巢。

分布于福建、广东、广西、海南、云南、浙江。此外见于老挝、泰国、越南、印度、缅甸等地。

塔灰蝶属 / *Thaduka* Moore, 1878

中大型灰蝶。前翅顶角尖，向外突出，翅背面黑褐色，有大面积的蓝色斑块，后翅有3个较明显的尾突。

主要栖息于热带森林，喜欢在阳光充足的地方活动，常见其在树冠层活动，有访花习性。

分布于东洋区和澳洲区。国内目前已知1种，本图鉴收录1种。

塔灰蝶 / *Thaduka multicaudata* Moore, 1878

09-10

中大型灰蝶。雌雄斑纹相似，前翅顶角尖，向外突出，翅形圆阔，外缘波纹状。翅背面黑褐色，外缘为宽阔的黑边，黑边内为亮丽的蓝色，后翅有3个明显的尾突。腹面底色为暗褐色，斑纹类似娆灰蝶属种类，有许多黑色斑点和斑纹。

1年多代，成虫几乎全年可见。

分布于云南。此外见于缅甸、泰国、老挝、越南。

01 ♂ 锁铠花灰蝶 福建福州
01 ♂ 锁铠花灰蝶 福建福州
02 ♂ 中华花灰蝶 云南西双版纳
02 ♂ 中华花灰蝶 云南西双版纳
03 ♂ 爱睐花灰蝶 浙江宁波
03 ♂ 爱睐花灰蝶 浙江宁波
04 ♀ 爱睐花灰蝶 海南乐东
04 ♀ 爱睐花灰蝶 海南乐东
05 ♂ 爱睐花灰蝶 广东乳源
05 ♂ 爱睐花灰蝶 广东乳源
06 ♀ 爱睐花灰蝶 福建福州
06 ♀ 爱睐花灰蝶 福建福州
07 ♂ 爱睐花灰蝶 广东乳源
07 ♂ 爱睐花灰蝶 广东乳源
08 ♀ 爱睐花灰蝶 广东乳源
08 ♀ 爱睐花灰蝶 广东乳源
09 ♂ 塔灰蝶 云南西双版纳
09 ♂ 塔灰蝶 云南西双版纳
10 ♀ 塔灰蝶 云南景洪
10 ♀ 塔灰蝶 云南景洪

玛灰蝶属 / *Mahathala* Moore, 1878

中型灰蝶。前翅外缘呈波纹状，翅背面有大面积的暗蓝色斑块，后翅前缘内凹，尾突末端膨大，呈叶状，臀角有叶状突。

主要栖息于亚热带和热带森林，飞行缓慢，喜欢停憩在较低矮的枝叶上。幼虫以大戟科植物为寄主。

分布于东洋区。国内目前已知2种，本图鉴收录1种。

玛灰蝶 / *Mahathala ameria* Hewitson, 1862

01-07 / P1806

中型灰蝶。雌雄斑纹相似，前翅外缘波纹状，凹入，后翅前缘内凹，外缘较圆，有明显叶状尾突，臀角有圆弧形叶状突，翅背面底色黑褐色，前后翅有紫蓝色斑，不同的季节型蓝斑面积大小不一，部分季节型蓝斑几乎占满翅面，翅腹面浅褐色，后翅近基部色彩深，前后翅各有1条褐色斑带，前翅纵向，后翅呈圆弧形横带，前翅中室有数道白色斑线，后翅有云状纹。

1年多代，成虫在部分地区几乎全年可见。

分布于福建、广东、海南、台湾、广西等地。此外见于印度、缅甸、泰国、老挝、越南、马来西亚、印度尼西亚等地。

酥灰蝶属 / *Surendra* Moore, 1878

中型灰蝶。雌雄斑纹相异，前翅顶角尖，向外突出，翅背面黑褐色，雄蝶背面有蓝斑，后翅具尾突，臀角有叶状突。

主要栖息于亚热带、热带森林，飞行迅速，有领域性，喜欢在树冠层活动。

分布于东洋区。国内目前已知1种，本图鉴收录1种。

酥灰蝶 / *Surendra quercetorum* Moore, 1858

08-12 / P1807

中型灰蝶。雄蝶前翅顶角尖，向外突出，后翅具尾突，臀角有叶状突，前翅中部和基部有蓝色斑块，后翅仅靠基部有微弱蓝斑，翅腹面浅棕色，前后翅有细的黑色波纹线，基部及亚外缘有许多细小黑点。雌蝶翅形较圆阔，后翅有2个尾突，臀角有叶状突，翅背面为灰褐色，前翅中域有淡色斑，翅腹面斑纹与雄蝶类似，但黑色波纹线外伴有明显的白线。

1年多代，成虫多见于6-10月。

分布于福建、广东、海南、广西、云南等地。此外见于印度、缅甸、泰国、老挝、越南、马来西亚、印度尼西亚等地。

陶灰蝶属 / *Zinaspa* de Nicéville, 1890

中型灰蝶。复眼无毛。雄蝶前足跗节愈合，末端圆钝、无爪，雌蝶则分节，末端具爪。体背侧呈黑褐色，腹侧于胸部呈灰白色，腹部呈黄白色。部分种类于后翅具细小尾突。翅背面底色黑褐色，上有蓝、紫色纹，通常于雌蝶色泽较浅。翅腹面底色褐色，上有白色短线形成之纹列。

森林性蝴蝶。幼虫以豆科植物为寄主。

分布于东洋区。国内目前已知4种，本图鉴收录1种。

杨陶灰蝶 / *Zinaspa youngi* Hsu & Johnson, 1998

13-15 / P1807

中型灰蝶。复眼无毛。雌雄翅形相异，雄蝶于后翅后端明显突出成一尖角，雌蝶则翅形较圆。底色黑褐色，上有蓝紫色纹，于雄蝶呈暗蓝紫色，雌蝶则为浅紫色。翅腹面底色褐色，前翅中央靠外侧有1条外缘镶模糊白线之不规则暗色细线纹，沿外缘有2条模糊暗色条。后翅于翅基及翅面有3组排列不规则之白短线纹列。后翅臀角前方有1个由橙色纹及黑色斑点组成的眼斑。

成虫多见于春季。栖息在常绿阔叶林。幼虫以豆科植物藤金合欢为寄主。

分布于广东、广西等地。

备注：本种种小名命名系献名香港蝶类研究者杨建业。

异灰蝶属 / *Iraota* Moore, 1881

大型灰蝶。雄蝶翅背面有亮丽的蓝色斑块，边缘为宽阔的黑边，翅腹面为棕褐色或锈红色，布满银白色的斑纹，后翅尾突明显。

主要栖息于亚热带、热带森林，飞行迅速，喜欢在开阔阳光充足的地方活动，常见于树冠层，有访花习性。

分布于东洋区。国内目前已知1种，本图鉴收录1种。

铁木异灰蝶 / *Iraota timoleon* (Stoll, 1790)

16-17 / P1808

大型灰蝶。前翅略呈三角形，后翅外缘圆弧状，具尾突，臀角呈叶状。雄蝶翅背面基部及中部有大面积金属光泽的天蓝色斑块，外缘黑色；翅腹面棕褐色或锈红色，前翅前缘及顶角染锈红色，亚外缘有1列宽阔但模糊的白纹，中室内有1条棒状白纹，室端有1个卵形白点，后翅前缘靠基部有1块显著的不规则形白斑，湿季型明显，干季型模糊甚至消失。雌蝶翅背面蓝斑色泽较暗，金属感明显不如雄蝶，腹面斑纹与雄蝶类似。

1年多代，成虫多见于秋季，部分地区几乎全年可见。

分布于福建、广东、海南、香港、广西、云南等地。此外见于印度、斯里兰卡、缅甸、泰国、老挝、越南、马来西亚等地。

丫灰蝶属 / *Amblopala* Leech, [1893]

中型灰蝶。雄蝶复眼光滑。下唇须第3节短小、扁平。雄蝶前足跗节愈合，末端钝、无爪，雌蝶则分节，末端具爪。翅形独特，后翅棱角明显，后端有1个明显突出。翅背面底色褐色，于翅背面有橙色纹及具金属色明显的蓝色斑纹。腹面底色红褐色，后翅有“丫”字形浅色细带纹。

森林性蝴蝶。1年1代，成虫多见于春季。幼虫以豆科合欢属植物为寄主。

分布于古北区及东洋区。国内目前已知1种，本图鉴收录1种。

丫灰蝶 / *Amblopala avidiena* (Hewitson, 1877)

18-21 / P1808

中型灰蝶。翅背面底色黑褐色，前、后翅背面有金属色明显的靛蓝色斑纹，于前翅约占翅面一半面积，于后翅则仅于翅基附近有之。前翅靛蓝色纹前方有橙色小纹。腹面底色红褐色，前翅外侧有1条白色线纹，线纹内侧翅面呈浅黄褐色。后翅有灰白色带纹形成“丫”字形。

1年1代，成虫多见于2-6月。栖息在阔叶林。蛹态越冬。幼虫以豆科合欢属植物合欢为寄主。

分布于河南、陕西、安徽、江苏、浙江、福建及台湾等地。此外见于尼泊尔。

昴灰蝶属 / *Amblypodia* Horsfield, [1829]

大型灰蝶。翅形呈叶片状，翅背面有大面积的蓝色斑块，翅腹面斑纹类似枯叶。

主要生活于热带森林，飞行迅速，喜欢在阳光充足的地方活动，常见于树冠层，但偶尔会停落地面岩石上，喜欢吸食动物粪便。

分布于东洋区和澳洲区。国内目前已知1种，本图鉴收录1种。

昴灰蝶 / *Amblypodia anita* Hewitson, 1862

22-25

大型灰蝶。前翅顶角突出，后翅具尾突，臀角有叶状突，翅外缘呈圆弧状，整体翅形类似叶片，雄蝶翅背面几乎被暗蓝色斑覆盖，仅前后翅外缘及后翅内有黑褐色边，翅腹面为灰黑褐色，近基部区域色泽更深暗，有干湿季不同形态，斑纹类似枯叶。雌蝶翅形更圆阔，前翅背面中部及基部、后翅基部有天蓝色斑块，蓝斑面积明显较雄蝶小，翅腹面与枯叶相似，有1条纵向深色带贯穿前后翅，类似叶柄。

1年多代，成虫几乎全年可见。

分布于海南、云南、广西。此外见于印度、缅甸、泰国、老挝、越南、马来西亚等地。

01 ♂
玛灰蝶
广西平果
01 ♂
玛灰蝶
广西平果
02 ♀
玛灰蝶
广东广州
02 ♀
玛灰蝶
广东广州
03 ♂
玛灰蝶
台湾台南
03 ♂
玛灰蝶
台湾台南
04 ♀
玛灰蝶
台湾台北
04 ♀
玛灰蝶
台湾台北
05 ♂
玛灰蝶
福建福州
05 ♂
玛灰蝶
福建福州
06 ♀
玛灰蝶
福建福州
06 ♀
玛灰蝶
福建福州
07 ♀
玛灰蝶
福建福州
07 ♀
玛灰蝶
福建福州
08 ♂
酥灰蝶
福建福州
08 ♂
酥灰蝶
福建福州
09 ♀
酥灰蝶
福建福州
09 ♀
酥灰蝶
福建福州

⑩♂ 酥灰蝶 广西平果
❿♂ 酥灰蝶 广西平果
⑪♀ 酥灰蝶 广西平果
⓫♀ 酥灰蝶 广西平果
⑫♂ 酥灰蝶 云南勐腊
⓬♂ 酥灰蝶 云南勐腊
⑬♂ 杨陶灰蝶 广东乳源
⓭♂ 杨陶灰蝶 广东乳源
⑭♀ 杨陶灰蝶 广东乳源
⓮♀ 杨陶灰蝶 广东乳源
⑮♀ 杨陶灰蝶 广西兴安
⓯♀ 杨陶灰蝶 广西兴安
⑯♂ 铁木异灰蝶 福建福州
⓰♂ 铁木异灰蝶 福建福州
⑰♀ 铁木异灰蝶 福建福州
⓱♀ 铁木异灰蝶 福建福州
⑱♂ 丫灰蝶 安徽蚌埠
⓲♂ 丫灰蝶 安徽蚌埠
⑲♂ 丫灰蝶 台湾南投
⓳♂ 丫灰蝶 台湾南投
⑳♂ 丫灰蝶 台湾新竹
⓴♂ 丫灰蝶 台湾新竹
㉑♀ 丫灰蝶 台湾新竹
㉑♀ 丫灰蝶 台湾新竹

㉒ ♂
昴灰蝶
广西上思

❷❷ ♂
昴灰蝶
广西上思

㉓ ♀
昴灰蝶
海南乐东

❷❸ ♀
昴灰蝶
海南乐东

㉔ ♀
昴灰蝶
海南乐东

❷❹ ♀
昴灰蝶
海南乐东

㉕ ♂
昴灰蝶
海南五指山

❷❺ ♂
昴灰蝶
海南五指山

鹿灰蝶属 / *Loxura* Horsfield, 1829

中型灰蝶。翅形非常独特，翅背面为鲜明的橙红色，后翅有很长的尾突，臀角呈叶状突。

主要栖息于热带森林，喜欢在阳光充足林缘地带活动，飞行缓慢，常活动于森林低处，喜停憩在较低处的枝叶上。

分布于东洋区。国内目前已知1种，本图鉴收录1种。

鹿灰蝶 / *Loxura atymnus* (Stoll, 1780)

01-04 / P1809

中型灰蝶。雄蝶翅背面橙红色，前翅前缘、顶角及外缘有黑边，后翅臀区、外缘淡褐色，尾突褐色，末端白色，臀叶外缘灰蓝色；翅腹面橙黄色，有1条明显的暗色中带，同时还有较多模糊的暗色带纹，臀叶下半部褐色杂有灰白色鳞片，尾突端半部褐色，端部白色。雌蝶翅形较长，斑纹与雄蝶相似。

1年多代，成虫几乎全年可见。

分布于海南、广东、广西、云南。此外见于印度、斯里兰卡、缅甸、泰国、老挝、越南、马来西亚等地。

桠灰蝶属 / *Yasoda* Doherty, 1889

中型灰蝶。翅背面橙红色，具长尾突，与鹿灰蝶属较相近，但雄蝶有明显的性标。

主要栖息于热带森林，喜欢在阳光充足林缘地带活动，飞行缓慢，较常在森林低处活动，常见其停憩在较低处的枝叶上。

分布于东洋区。国内目前已知2种，本图鉴收录2种。

三点桠灰蝶 / *Yasoda tripunctata* (Hewison, [1863])

05-08 / P1809

中型灰蝶。雄蝶前翅顶角尖锐，中部强烈弓出，翅背面橙红色，前翅前缘、顶区及外缘具黑边，中部有呈直线排列的3枚小黑点(部分个体退化)，后翅前区及臀区色淡，外缘赭褐色，尾突自基部向端部渐黑，末端白色，靠内缘中部有1条粗重的黑色性标，其内缘具土黄色鳞，性标外侧具1条与之几垂直但略波曲的黑色横带；翅腹面赭黄色，前后翅有许多小黑点及两侧饰黑纹的不规则深色横带，尾突黑色。雌蝶无性标，斑纹与雄蝶相似。

1年多代，成虫在部分地区几乎全年可见。

分布于云南、西藏、海南、广西。此外见于印度、缅甸、泰国、老挝、越南等地。

雄球桠灰蝶 / *Yasoda androconifera* Fruhstorfer, [1912]

09-11 / P1810

中型灰蝶。雄蝶前翅顶角呈弧状，翅形较圆，后翅具较长的尾突，翅背面橙黄色，前翅前缘、顶区及外缘有较宽阔的黑边，下缘中段靠基部有1条椭圆状黑色性标，后翅外缘及臀角区为黑色，臀角略呈叶状，尾突黑色，末端白；翅腹面灰黄色，前后翅亚外缘有1条微弱细小的黑色中线，后翅臀角区附近黑色，有银白色边纹。雌蝶背面黑褐色较雄蝶发达，前翅中部橙黄斑呈弧形，后翅外缘黑边非常宽阔，中部的橙黄斑略成圆形，其内侧橙黄部分常退化，被黑褐色取代，翅腹面斑纹与雄蝶相似。

1年多代，成虫在部分地区几乎全年可见。

分布于广西。此外见于泰国、老挝、越南等地。

三尾灰蝶属 / *Catapaecilma* Butler, 1879

小型灰蝶。雄蝶背面有浓紫色蓝斑，外缘有较窄的黑边，后翅有3条尾突，雌蝶背面为浅蓝斑，蓝斑面积较雄蝶小。

主要栖息于亚热带、热带森林，飞行迅速，喜欢在开阔阳光充足的地方活动，常见于树冠层，有访花习性。

分布于东洋区。国内目前已知1种，本图鉴收录1种。

三尾灰蝶 / *Catapaecilma major* H. H. Druce, 1895

12-15 / P1810

小型灰蝶。雄蝶前翅略呈三角形，后翅有3条尾突，翅背面有浓紫色蓝斑，外缘有较窄的黑边，翅腹面底色为浓淡不均匀的黄褐色，密布由银色、暗褐色、橙褐色纹组成的复杂的破碎线纹及斑驳纹路。雌蝶翅背面基部及中部有浅蓝色斑块，外缘黑边宽，翅腹面斑纹与雄蝶类似。

1年多代，成虫在部分地区几乎全年可见。

分布于浙江、福建、广东、台湾、广西等地。此外见于印度、缅甸、泰国、老挝、越南、马来西亚、印度尼西亚等地。

斑灰蝶属 / *Horaga* Moore, [1881]

小至中型灰蝶。翅背底色为深褐色，其上多有金属光泽的蓝斑或紫斑，前翅亦多有白斑。翅腹底色较淡，带白斑，后翅外侧多有金属色线纹。后翅有3条细长尾突。雄蝶前翅腹面多有性标，雌蝶体形较大，翅形较圆。

成虫飞行快速，多为森林性物种，部分种类的雄蝶有登峰行为。幼虫外形独特，身体有很多细长的肉刺，大部分种类的食性甚广，亦有食性专一的种类，幼虫寄主包括十多科植物，甚至有采食裸子植物的记录。

分布东洋区。国内目前已知4种，本图鉴收录3种。

白斑灰蝶 / *Horaga albimacula* (Wood-Mason & de Nicéville, 1881)

16-23

小至中型灰蝶。本种季节性变异明显。湿季型个体较小，翅背底色几近黑色，前翅中央有白斑，此外雄蝶近乎无斑，雌蝶两翅基部有浅蓝色鳞片。翅腹底色呈黄褐色，雄蝶底色明显较暗，两翅中央有褐色线纹和白斑，前翅白斑位于线纹内侧，后翅白斑则在线纹外侧，后翅臀区附近有金属色线纹，并分别有2个深褐色眼纹，眼纹之间呈灰褐色。旱季型个体较大，与斑灰蝶的湿季型个体极相似，难以区别。

1年多代，成虫全年可见。幼虫广食性，已知寄主包括鼠李科、蔷薇科、大戟科、马鞭草科、茜草科、豆科、无患子科、虎耳草科、漆树科、梧桐科和罗汉松科植物。

分布于广东、海南、台湾、香港等地。此外见于东洋区。

斑灰蝶 / *Horaga onyx* (Moore, [1858])

24-29 / P1811

中型灰蝶。本种季节性变异明显。湿季型翅背底色深褐色，前翅中央有白斑，其内侧和后翅大部分带金属光泽的浅蓝色鳞片。翅腹底色呈黄褐色，外侧散布白色鳞片，两翅中央有褐色线纹和白斑，前翅白斑位于线纹内侧，后翅白斑则在线纹外侧，后翅臀区附近有金属色线纹，并分别有2个深褐色眼纹，眼纹之间呈灰褐色。旱季型个体的翅腹褐色系纹呈红褐色。

1年多代，成虫全年可见。幼虫广食性，已知寄主包括鼠李科、漆树科和樟科等植物，取食部分包括花苞、芽和嫩叶。

分布于云南、广东、海南、台湾、香港等地。此外见于东洋区。

拉拉山斑灰蝶 / *Horaga rarasana* Sonan, 1936

30-31 / P1811

中型灰蝶。翅背底色深褐色，前翅有1道斜白带，雄蝶后翅有金属光泽的紫斑。翅腹底色白色，前翅中室端有1个黄褐色短斑，前后翅另有1条黄褐色粗带纹，沿外缘有同色斑纹，后翅亚外缘有1列金属蓝色斑点，臀角及其附近分别有2个深褐色眼纹。

1年1代，成虫多见于5-7月，以卵越冬。幼虫以山矾科植物大花山矾为寄主。

分布于台湾。

三滴灰蝶属 / *Ticherra* de Nicéville, 1887

大型灰蝶。单型属，特征同物种介绍。成虫飞行灵活敏捷，主要在低海拔的热带阔叶林出现，雄蝶会停驻在突出的枝头，并驱逐靠近的蝶类。

栖息在热带雨林内。

主要分布于东洋区。国内目前已知1种，本图鉴收录1种。

三滴灰蝶 / *Ticherra acte* (Moore, [1858])

32-35

大型灰蝶。有明显季节变异。后翅一短和一特长2个白色尾突。雄蝶翅背面呈金属光泽的暗紫色，外缘有黑边，后翅下方有2个小白纹；雌蝶翅背面呈黑褐色，后翅下方白斑连成带状。湿季型翅腹底色橙褐色，两翅外侧有不明显的褐色虚线和点列，臀角及其附近有深褐色眼纹，伴有金属蓝色鳞片。旱季型翅腹底色则呈黄褐色，外侧褐色斑点较多和明显。

1年多代，成虫全年可见。幼虫以食樟科植物为寄主。

分布于云南、广西、海南等地。此外见于缅甸、泰国、马来西亚、印度尼西亚及印度东北部。

截灰蝶属 / *Cheritrella* de Nicéville, 1887

中型灰蝶。翅背面紫蓝色，有1对夸张的长尾巴和1条弯曲短尾巴。

栖息在热带雨林内，在较暗阔叶林边，雌蝶围绕寄住附近活动，停靠一般不高，飞行缓慢，属于罕见蝴蝶。

主要分布于东洋区。国内目前已知1种，本图鉴收录1种。

截灰蝶 / *Cheritrella truncipennis* de Nicéville, 1887

36

中型灰蝶。雄蝶前翅为暗紫色，边缘有菱角，外缘黑色带宽，腹面中室内有2枚黑色线斑，中外区有1块大黑色斑纹，后翅为淡蓝色，尾突长，靠臀角再有1个小尾突，臀角有红色斑纹，内缘灰白色。雌蝶前翅中部淡蓝色，后翅为黑色，有零散浅蓝色斑纹，尾突相对雄蝶短。

1年多代，成虫几乎全年可见。

分布于云南。此外见于泰国、老挝、缅甸等地。

01 ♂ 鹿灰蝶 广西扶绥

01 ♂ 鹿灰蝶 广西扶绥

02 ♂ 鹿灰蝶 广西平果

02 ♂ 鹿灰蝶 广西平果

03 ♂ 鹿灰蝶 海南五指山

03 ♂ 鹿灰蝶 海南五指山

04 ♂ 鹿灰蝶 海南乐东

04 ♂ 鹿灰蝶 海南乐东

05 ♂ 三点桠灰蝶 海南乐东

05 ♂ 三点桠灰蝶 海南乐东

06 ♂ 三点桠灰蝶 海南乐东

06 ♂ 三点桠灰蝶 海南乐东

07 ♂ 三点桠灰蝶 海南五指山

07 ♂ 三点桠灰蝶 海南五指山

08 ♀ 三点桠灰蝶 广西龙州

08 ♀ 三点桠灰蝶 广西龙州

09 ♂ 雄球桠灰蝶 广西龙州

09 ♂ 雄球桠灰蝶 广西龙州

10 ♂ 雄球桠灰蝶 广西龙州

10 ♂ 雄球桠灰蝶 广西龙州

11 ♀ 雄球桠灰蝶 广西龙州

11 ♀ 雄球桠灰蝶 广西龙州

⑫♂ 三尾灰蝶 福建福州
⑬♀ 三尾灰蝶 福建福州
⑭♂ 三尾灰蝶 台湾南投
⑮♀ 三尾灰蝶 台湾南投
⑯♂ 白斑灰蝶 广东广州
⑰♀ 白斑灰蝶 广东广州

⓬♂ 三尾灰蝶 福建福州
⓭♀ 三尾灰蝶 福建福州
⓮♂ 三尾灰蝶 台湾南投
⓯♀ 三尾灰蝶 台湾南投
⓰♂ 白斑灰蝶 广东广州
⓱♀ 白斑灰蝶 广东广州

⑱♂ 白斑灰蝶 福建福州
⑲♀ 白斑灰蝶 福建福州
⑳♂ 白斑灰蝶 广东广州
㉑♂ 白斑灰蝶 广东广州
㉒♂ 白斑灰蝶 台湾台北
㉓♀ 白斑灰蝶 台湾台北

⓲♂ 白斑灰蝶 福建福州
⓳♀ 白斑灰蝶 福建福州
⓴♂ 白斑灰蝶 广东广州
㉑♂ 白斑灰蝶 广东广州
㉒♂ 白斑灰蝶 台湾
㉓♀ 白斑灰蝶 台湾台北

㉔♂ 斑灰蝶 台湾台南
㉕♀ 斑灰蝶 台湾屏东
㉖♂ 斑灰蝶 福建福州
㉗♂ 斑灰蝶 福建福州
㉘♂ 斑灰蝶 海南五指山

㉔♂ 斑灰蝶 台湾台南
㉕♀ 斑灰蝶 台湾屏东
㉖♂ 斑灰蝶 福建福州
㉗♂ 斑灰蝶 福建福州
㉘♂ 斑灰蝶 海南五指山

㉙♀
斑灰蝶
广东广州
㉚♂
拉拉山斑灰蝶
台湾台北
㉛♀
拉拉山斑灰蝶
台湾桃园
㉙♀
斑灰蝶
广东广州
㉚♂
拉拉山斑灰蝶
台湾台北
㉛♀
拉拉山斑灰蝶
台湾桃园
㉜♂
三滴灰蝶
广西龙州
㉝♂
三滴灰蝶
海南昌江
㉞♀
三滴灰蝶
云南盈江
㉟♀
三滴灰蝶
云南勐腊
㊱♀
截灰蝶
云南文山
㉜♂
三滴灰蝶
广西龙州
㉝♂
三滴灰蝶
海南昌江
㉞♀
三滴灰蝶
云南盈江
㉟♀
三滴灰蝶
云南勐腊
㊱♀
截灰蝶
云南文山

富丽灰蝶属 / *Apharitis* Donzel, 1847

中型灰蝶。该属成虫背面橙红色到橙黄色，前翅三角形，分布于黑斑，后翅有黑斑或斑带，臀角有2枚尾突；腹面黄白色，分布有黄褐色斑或斑带，斑带内有金属线纹。

成虫飞行力强，喜访花。

分布于新疆。国内目前已知1种，本图鉴收录1种。

指名富丽灰蝶 / *Apharitis epargyros* (Eversmann, 1854)

01 / P1811

中型灰蝶。背面翅面橙黄色，前翅三角形，前翅中室及亚顶区有黑斑或斑带，外缘黑色，亚缘有黑斑带，后翅基部有黑斑，基部外侧有2条黑带延伸到后翅上半部，外缘黑色；腹面黄白色，前翅沿前缘斜向分布有黄褐色斑及斑带，亚缘有黄褐色斑带，后翅基部、中域、中域外侧、亚缘有黄褐斑斑或斑带，臀角有尾突2枚，前后翅及斑带内有金属光泽的细线纹。

成虫多见于6月。喜访花。

分布于新疆。此外见于哈萨克斯坦、塔吉克斯坦、乌兹别克斯坦、蒙古等地。

银线灰蝶属 / *Spindasis* Wallengren, 1857

中小型灰蝶。复眼光滑。下唇须第3节细长。足跗节末端爪二分。雄蝶前足跗节愈合，无爪。翅背面色彩以黑褐色为底色，常有黄、橙色纹及金属色蓝、紫色斑。翅腹面具有银色及黑褐色或红褐色线纹。后翅常有两尾突。后翅臀角叶状突起明显。

森林性蝴蝶。幼虫与举腹蚁类蚂蚁关系密切而复杂。

分布于古北区及东洋区。国内目前已知8种，本图鉴收录8种。

银线灰蝶 / *Spindasis lohita* (Horsfield, 1829)

02-10 / P1812

中小型灰蝶。雌雄斑纹相异。躯体黑褐色、有浅黄色细环。后翅有2条丝状细尾突。臀角附近有叶状突。翅背面底色黑褐色，雄蝶有具金属光泽之靛蓝色纹，雌蝶无纹。后翅臀角附近有橙色斑，叶状突黑色，内有银纹。翅腹面底色呈浅黄色，前、后翅均有含银线之黑褐色条纹，黑褐色条纹与银线间无空隙。前翅腹面翅基纹附近斑纹膝状，末端反折部分填满、呈杆状。后翅腹面翅基附近斑纹相连成带，cu_2室的斑纹向后延伸。臀区处有1个橙色斑。叶状突黑色，内有银纹。

1年多代，成虫全年可见。栖息在阔叶林。幼虫以多种植物为寄主，但只限有举腹蚁活动的植物。

分布于浙江、广东、四川、福建、香港及台湾等地。此外见于东洋区大陆部分及其他地区。

豆粒银线灰蝶 / *Spindasis syama* (Horsfield, 1829)

11-13 / P1812

中小型灰蝶。雌雄斑纹相异。躯体黑褐色、有浅黄色细环。后翅有2条丝状细尾突。臀角附近有叶状突。翅背面底色黑褐色，雄蝶有具金属光泽之靛蓝色纹，雌蝶无纹。后翅臀角附近有橙色斑，叶状突黑色，内有银纹。翅腹面底色呈浅黄色，前、后翅均有含银线之黑褐色或红褐色条纹。前翅腹面翅基纹短棒状。后翅腹面翅基附近斑纹分裂为3枚小斑。臀角处有1个橙色斑。叶状突黑色，内有银纹。

1年多代，成虫全年可见。栖息在阔叶林。幼虫以多种植物叶片为寄主，但只限有举腹蚁活动的植物。

分布于云南、广东、福建、香港及台湾等地。此外见于东洋区大部分地区。

西藏银线灰蝶 / *Spindasis zhengweilie* Huang, 1998

14-15

中小型灰蝶。雌雄斑纹相异。躯体黑褐色、有浅黄色细环。后翅有2条丝状细尾突。臀角附近有叶状突。翅背面底色黑褐色，雄蝶有具金属光泽之靛蓝色纹，雌蝶则有浅蓝色纹。后翅臀角附近有橙色斑，叶状突黑色，内有银纹。翅腹面底色呈浅黄色，前、后翅均有含银线之黑褐色条纹。前翅腹面翅基纹由1条黑色短线与1个端部锤状斑组成。后翅腹面翅基附近斑纹分裂为3枚小斑。臀角处有1个橙色斑。叶状突黑色，内有银纹。

栖息在阔叶林。

分布于西藏。

黄银线灰蝶 / *Spindasis kuyaniana* (Matsumura, 1919)

16-17 / P1813

中小型灰蝶。雌雄斑纹相异。躯体黑褐色、有浅黄色细环。后翅有2条丝状细尾突。臀角附近有叶状突。翅背面底色黑褐色，雄蝶有具金属光泽之靛蓝色纹，雌蝶无纹。后翅臀角附近有橙色斑，叶状突黑色，内有银纹。翅腹面底色呈浅黄色，前、后翅均有黑褐色条纹，黑褐色条纹内银色线纹稀疏或消失。前翅腹面翅基纹末端呈"C"字状。后翅腹面翅基附近斑纹相连成带，cu_2室的斑纹向后延伸。臀区处有1个橙色斑。叶状突黑色，内有银纹。

1年多代，成虫全年可见。主要栖息在山坡易崩塌坡地。幼虫以多种植物为寄主，但只限于有举腹蚁活动的植物。

分布于台湾。

塔银线灰蝶 / *Spindasis takanonis* (Matsumura, 1906)

18

中小型灰蝶。雌雄斑纹相异。躯体黑褐色、有浅黄色细环。后翅有2条丝状细尾突。臀角附近有叶状突。翅背面底色黑褐色，雄蝶有具金属光泽之靛蓝色纹，雌蝶无纹。后翅臀角附近有橙色斑，叶状突黑色，内有银纹。翅腹面底色呈浅黄色，前、后翅均有含银线之黑褐色条纹，部分条纹弯曲。前翅腹面翅基纹水滴形。后翅腹面翅基附近斑纹分裂为3枚小斑，前2枚为小圆斑，最后1枚细长、条状。臀角处有1个橙色斑。叶状突黑色，内有银纹。

1年1代，成虫多见于6–7月。栖息在阔叶林。三龄幼虫越冬，幼虫由举腹蚁保护。

分布于吉林、河南及陕西等地。此外见于日本及朝鲜半岛。

里奇银线灰蝶 / *Spindasis leechi* Swinhoe, 1912

19

中小型灰蝶。雌雄斑纹相异。躯体黑褐色、有浅黄色细环。后翅有2条丝状细尾突。臀角附近有叶状突。翅背面底色黑褐色，雄蝶具金属光泽之靛蓝色纹占翅面大部分，仅前翅外缘及后翅前缘留有黑边。雌蝶于前翅有模糊橙纹。后翅臀角附近有橙色斑，叶状突黑色，内有银纹。翅腹面底色呈浅黄色，前、后翅均有含银线之黑褐色条纹，但黑褐色条纹与银线间多空隙。前翅腹面翅基纹附近斑纹为水滴形圈纹。后翅腹面翅基附近斑纹相连成带，cu_2室的斑纹向后延伸。臀区处有1个橙色斑。叶状突黑色，内有银纹。

1年1代，成虫多见于7–8月。栖息在阔叶林。

分布于四川、云南。

露银线灰蝶 / *Spindasis rukma* (de Nicéville, [1889])

20-22 / P1813

中大型灰蝶。雌雄斑纹相异。躯体黑褐色、有浅黄色细环。后翅有2条丝状细尾突。臀角附近有叶状突。翅背面底色黑褐色，雄蝶有具金属光泽之靛蓝色纹，雌蝶则有浅蓝色纹。后翅臀角附近有橙色斑，叶状突黑色。翅腹面底色呈黄色或污黄色，前、后翅均有镶细黑边之橙红色细条，细条内银色线纹模糊。前翅腹面翅基纹为1条膝状纹。后翅腹面翅基附近斑纹由3枚小斑点组成。臀角处有1个橙色斑。叶状突黑色，内有银纹。

栖息在阔叶林。

分布于云南。此外见于不丹、印度。

伊凡银线灰蝶 / *Spindasis evansi* (Tytler, 1915)

23

中大型灰蝶。雌雄斑纹相异。躯体黑褐色、有浅黄色细环。后翅有2条丝状细尾突。臀角附近有叶状突。翅背面底色黑褐色，雄蝶有具金属光泽之靛蓝色纹。后翅叶状突黑色，内有银纹。翅腹面底色呈污黄色，前、后翅均有含银线之砖红色条纹。前翅腹面翅基纹由1条砖红色短线与1个端部锤状斑组成。后翅腹面翅基附近斑纹由3枚小斑点组成。臀角处有1个橙色斑。叶状突黑色，内有银纹。

栖息在阔叶林。

分布于云南。此外见于印度、泰国等地。

01 ♂ 指名富丽灰蝶 新疆克拉玛依
01 ♂ 指名富丽灰蝶 新疆克拉玛依
02 ♂ 银线灰蝶 云南河口
02 ♂ 银线灰蝶 云南河口
03 ♀ 银线灰蝶 云南河口
03 ♀ 银线灰蝶 云南河口
04 ♂ 银线灰蝶 福建南平
04 ♂ 银线灰蝶 福建南平
05 ♀ 银线灰蝶 福建福州
05 ♀ 银线灰蝶 福建福州
06 ♂ 银线灰蝶 海南乐东
06 ♂ 银线灰蝶 海南乐东
07 ♀ 银线灰蝶 海南乐东
07 ♀ 银线灰蝶 海南乐东
08 ♂ 银线灰蝶 台湾基隆
08 ♂ 银线灰蝶 台湾基隆
09 ♀ 银线灰蝶 台湾基隆
09 ♀ 银线灰蝶 台湾基隆
10 ♀ 银线灰蝶 广西金秀
10 ♀ 银线灰蝶 广西金秀
11 ♂ 豆粒银线灰蝶 台湾南投
11 ♂ 豆粒银线灰蝶 台湾南投
12 ♀ 豆粒银线灰蝶 台湾嘉义
12 ♀ 豆粒银线灰蝶 台湾嘉义
13 ♀ 豆粒银线灰蝶 广东广州
13 ♀ 豆粒银线灰蝶 广东广州

⑭ ♂
西藏银线灰蝶
西藏察隅

⓮ ♂
西藏银线灰蝶
西藏察隅

⑮ ♀
西藏银线灰蝶
西藏察隅

⓯ ♀
西藏银线灰蝶
西藏察隅

⑯ ♂
黄银线灰蝶
台湾南投

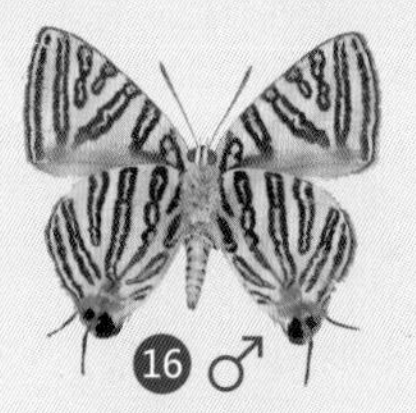
⓰ ♂
黄银线灰蝶
台湾南投

⑰ ♀
黄银线灰蝶
台湾南投

⓱ ♀
黄银线灰蝶
台湾南投

⑱ ♀
塔银线灰蝶
辽宁丹东

⓲ ♀
塔银线灰蝶
辽宁丹东

⑲ ♀
里奇银线灰蝶
云南昆明

⓳ ♀
里奇银线灰蝶
云南昆明

⑳ ♂
露银线灰蝶
云南维西

⓴ ♂
露银线灰蝶
云南维西

㉑ ♀
露银线灰蝶
云南维西

21 ♀
露银线灰蝶
云南维西

㉒ ♂
露银线灰蝶
云南昆明

22 ♂
露银线灰蝶
云南昆明

㉓ ♀
伊凡银线灰蝶
云南绿春

23 ♀
伊凡银线灰蝶
云南绿春

双尾灰蝶属 / *Tajuria* Moore, [1881]

中型灰蝶。该属雄蝶翅背面黑色，有天蓝色闪光金属光泽或淡蓝、淡紫色光泽，腹面为灰色或白色，有黑色线纹或斑纹，尾突1对。雄蝶前足跗节愈合，复眼裸、黑色，没有性标，后翅有鳞毛，雌蝶颜色较淡。

成虫栖息常绿林内，海拔分布从200–2000米不等。活跃于树冠层，不易发现，行踪诡秘，飞行迅速，雄蝶有登峰习性，领域性强，在树冠层互相追逐，喜晒日光浴。爱访花，偶尔落低处吸蜜，部分种类有吸水习性。幼虫主要以桑寄生科植物为寄主。

主要分布于东洋区。国内目前已知9种，本图鉴收录6种。

双尾灰蝶 / *Tajuria cippus* (Fabricius, 1798)

01-03 / P1814

中型灰蝶。雌雄异型。雄蝶前翅背面黑色，基部到中域后缘有蓝色金属闪光，后翅前缘灰黑色，内缘灰白色其余翅面为蓝色金属闪光，腹面为灰色，亚外缘有1列明显黑线，后缘有2个橙色眼斑，眼斑里有黑点，尾突1对；雌蝶翅面为浅蓝白色，后翅亚外缘多出1列黑斑点。

1年多代，成虫多见于春秋两季。幼虫以桑寄生科广寄生等多种植物为寄主。

分布于福建、广东、广西、海南、香港。此外见于印度、泰国、老挝、缅甸、越南等地。

顾氏双尾灰蝶 / *Tajuria gui* Chou & Wang, 1994

04

中型灰蝶。雌雄同型。本种背面与白日双尾灰蝶相似，主要区别在于前者蓝色斑较暗较小，后翅蓝色斑边缘更直，后翅亚外缘cu_1、cu_2室多出1个黑色点；腹面与双尾灰蝶相似。主要区别在于：前者翅底色较浅，各中室有暗条纹，后翅r_1室多出1个褐色点，亚外缘线较细较浅，臀瓣黑点和橙斑不发达。

1年多代，成虫几乎全年可见。幼虫以桑寄生科植物为寄主。

分布于海南。

淡蓝双尾灰蝶 / *Tajuria illurgis* (Hewitson, 1869)

05-08 / P1814

中型灰蝶。属于分布范围广而数量稀少物种。雌雄同型。雄蝶前翅背面黑色，基部到中域下缘有1道弧形蓝白色斑，与翅面黑色斑有渐变过渡，后翅前缘灰黑色斑边缘较直，腹面为白色，前后翅中室各有1个黑色斑点，亚外缘2列弧形黑色纹，靠外缘黑纹较浅色，臀区橙色眼斑不明显，尾突1对，雌蝶前翅背面中室弧边有黑色点，白色斑较发达，后翅亚外缘多出蓝白色斑。

1年多代，成虫多见于春秋两季。幼虫以桑寄生科杜鹃桑寄生、高氏桑寄生、忍冬叶桑寄生、大叶桑寄生、木兰桑寄生、莲花池桑寄生等植物为寄主。

分布于福建、台湾、西藏。此外见于印度、老挝、泰国等地。

豹斑双尾灰蝶 / *Tajuria maculata* (Hewitson, 1865)

09-12 / P1814

中型灰蝶。雌雄同型。雄蝶前翅背面黑色，前缘及亚外缘黑带宽，基部到亚外缘中域为蓝白色斑纹，后翅前缘黑色，基部到外缘及臀角为淡蓝紫色斑纹，靠内缘翅面有绒毛，内缘灰白色，尾突黑色1对。腹面为白色，整翅散布黑色斑点，为此种最明显特征。雌蝶翅背面为白色，没有蓝色斑纹。

1年多代，成虫多见于春秋两季。幼虫以桑寄生科广寄生等多种植物为寄主。

分布于福建、广东、广西、海南、香港。此外见于印度、泰国、老挝、缅甸、越南等地。

天蓝双尾灰蝶 / *Tajuria caerulea* Nire, 1920

13-14 / P1815

中型灰蝶。雌雄同型。雄蝶前翅面黑色，蓝色斑较少，只分布到中域后缘，后翅前缘灰黑色，蓝色斑从基部分布到中域，外缘黑带宽，靠内缘绒毛发达，尾突1对，腹面为褐色，前后翅中域有1道白线，臀区有黑白色模糊斑，臀瓣黑色；雌蝶为紫蓝色，占翅面比例较多。

1年多代，成虫全年可见。幼虫以桑寄生科杜鹃桑寄生、高氏桑寄生、忍冬叶桑寄生、大叶桑寄生、莲花池桑寄生等植物为寄主。

分布于台湾。

白日双尾灰蝶 / *Tajuria diaeus* (Hewitson, 1865)

15-20 / P1815

中型灰蝶。雌雄同型。雄蝶前翅背面黑色，有1道弧形蓝紫色闪光斑，中部隐约有白色过渡斑。后翅前缘及内缘为灰白色，其余为蓝紫色闪光，臀瓣黑色，尾突1对，一长一短，后翅腹面灰白色，亚外缘有1列褐色直纹，各中室斑纹隐约不明显；雌蝶后蓝色斑不发达。亚种之间有斑纹上的差异。

1年多代，成虫多见于春秋两季。幼虫以桑寄生科植物为寄主。

分布于福建、广东、广西、海南、云南、四川、台湾。此外见于印度、泰国、老挝、缅甸、越南等地。

玛乃灰蝶属 / *Maneca de* Nicéville, 1890

中型灰蝶。单型属，特征同物种介绍。

成虫飞行快速，喜访花，只出现在海拔2000米以上的高海拔森林中。

分布于东洋区。国内目前已知1种，本图鉴收录1种。

玛乃灰蝶 / *Maneca bhotea* (Moore, 1884)

21

中型灰蝶。雄蝶翅背面底色深褐色，内侧有略带金属光泽的灰蓝色斑纹，后翅基部附近有黑色性标；雌蝶翅形较阔，翅背灰蓝斑较发达，几乎达后翅外缘区。翅腹底色浅灰色，两翅亚外缘有1列深褐色虚线，沿外缘有2道灰色暗斑，后翅下方有金属蓝色鳞片，有1对尾突，眼斑不明显。

1年多代，成虫多见于5–10月。幼虫寄主未明，极有可能是桑寄生科植物。

分布于云南。此外见于缅甸及喜马拉雅地区。

珀灰蝶属 / *Pratapa* Moore, 1881

中型灰蝶。雄蝶背面有非常亮丽的蓝斑并带有强烈的金属光泽，后翅有明显的性标。雌蝶翅面蓝白色，色泽淡，没有金属光泽，无性标，后翅有1对尾突，类似双尾灰蝶属种类。

主要栖息于亚热带、热带森林，飞行迅速，有访花习性，常活动于树林高处，偶尔到地面吸水。幼虫寄主为桑寄生科植物。

分布于东洋区。国内目前已知2种，本图鉴收录2种。

珀灰蝶 / *Pratapa deva* Moore, 1858

22-26 / P1816

中型灰蝶。雄蝶背面黑褐色，前后翅有大块亮丽的蓝斑，前翅蓝斑基部靠近前缘，顶角及外缘翅有宽阔的黑边，后翅前缘靠近基部位置有灰褐色性标。翅腹面底色银灰色，前后翅亚外缘有1条不连接的黑褐色细线，臀角及外缘有2个黑斑，外围为橙色环。雌蝶斑纹与雄蝶相似，但翅背面蓝斑色泽较淡，前翅蓝斑带白，无性标。

成虫多见于7-11月。

分布于福建、广东、海南、云南、香港等地，此外见于印度、缅甸、尼泊尔、斯里兰卡、越南、泰国、马来西亚等地。

小珀灰蝶 / *Pratapa icetas* (Hewitson, 1865)

27-31

中型灰蝶。雄蝶背面黑褐色，前后翅的蓝斑较暗，不如珀灰蝶的蓝斑明亮，前翅蓝斑的面积更小，呈半椭圆形，翅腹面底色银灰色，前后翅亚外缘线连续感更强，前后翅中室端有白色条纹。雌蝶斑纹与雄蝶相似，但翅背面蓝斑色泽很淡，后翅蓝斑不明显。

成虫多见于3-6月。

分布于福建、海南、四川、云南等地。此外见于印度、缅甸、老挝、泰国、马来西亚等地。

01 ♂
双尾灰蝶
广西平果
01 ♂
双尾灰蝶
广西平果
02 ♀
双尾灰蝶
广西平果
02 ♀
双尾灰蝶
广西平果
03 ♂
双尾灰蝶
海南乐东
03 ♂
双尾灰蝶
海南乐东
04 ♂
顾氏双尾灰蝶
海南五指山
04 ♂
顾氏双尾灰蝶
海南五指山
05 ♂
淡蓝双尾灰蝶
台湾宜兰
05 ♂
淡蓝双尾灰蝶
台湾宜兰
06 ♀
淡蓝双尾灰蝶
台湾南投
06 ♀
淡蓝双尾灰蝶
台湾南投
07 ♂
淡蓝双尾灰蝶
西藏墨脱
07 ♂
淡蓝双尾灰蝶
西藏墨脱
08 ♀
淡蓝双尾灰蝶
福建南平
08 ♀
淡蓝双尾灰蝶
福建南平
09 ♂
豹斑双尾灰蝶
广东广州
09 ♂
豹斑双尾灰蝶
广东广州
10 ♀
豹斑双尾灰蝶
广东广州
10 ♀
豹斑双尾灰蝶
广东广州

⑪♂ 豹斑双尾灰蝶 福建福州
⓫♂ 豹斑双尾灰蝶 福建福州
⑫♀ 豹斑双尾灰蝶 福建福州
⓬♀ 豹斑双尾灰蝶 福建福州

⑬♂ 天蓝双尾灰蝶 台湾南投
⓭♂ 天蓝双尾灰蝶 台湾南投
⑭♀ 天蓝双尾灰蝶 台湾新竹
⓮♀ 天蓝双尾灰蝶 台湾新竹

⑮♂ 白日双尾灰蝶 云南贡山
⓯♂ 白日双尾灰蝶 云南贡山
⑯♀ 白日双尾灰蝶 四川雅江
⓰♀ 白日双尾灰蝶 四川雅江
⑰♂ 白日双尾灰蝶 台湾南投
⓱♂ 白日双尾灰蝶 台湾南投

⑱♀ 白日双尾灰蝶 台湾南投
⓲♀ 白日双尾灰蝶 台湾南投
⑲♂ 白日双尾灰蝶 广东龙门
⓳♂ 白日双尾灰蝶 广东龙门

⑳♀ 白日双尾灰蝶 广东龙门
⓴♀ 白日双尾灰蝶 广东龙门
㉑♂ 玛乃灰蝶 云南香格里拉
㉑♂ 玛乃灰蝶 云南香格里拉

㉒♂ 珀灰蝶 福建福州

❷❷♂ 珀灰蝶 福建福州

㉓♀ 珀灰蝶 福建福州

❷❸♀ 珀灰蝶 福建福州

㉔♀ 珀灰蝶 福建福州

❷❹♀ 珀灰蝶 福建福州

㉕♂ 珀灰蝶 广东广州

❷❺♂ 珀灰蝶 广东广州

㉖♀ 珀灰蝶 广东广州

❷❻♀ 珀灰蝶 广东广州

㉗♂ 小珀灰蝶 云南德钦

❷❼♂ 小珀灰蝶 云南德钦

㉘♂ 小珀灰蝶 福建三明

❷❽♂ 小珀灰蝶 福建三明

㉙♀ 小珀灰蝶 福建三明

㉚♂ 小珀灰蝶 四川芦山

❸⓿♂ 小珀灰蝶 四川芦山

㉛♂ 小珀灰蝶 重庆

❸❶♂ 小珀灰蝶 重庆

克灰蝶属 / *Creon* de Nicéville, [1896]

中型灰蝶。翅背面有大面积蓝色闪光，后翅前缘有性标，臀角圆形、突出，翅腹面灰褐色，亚外缘有1列线纹，有1对尾突。此属与珀灰蝶属、双尾灰蝶属较似，但本属翅形较为方直，后翅线纹不断裂，双尾灰蝶属大部分没有性标，眼睛为黑色。

成虫栖息于低海拔阔叶林内，通常在树冠层活动，雄蝶有登峰习性，飞行快速，喜阳光，晒日光浴时双翅张开。有访花行为。幼虫主要以桑寄生科植物为寄主。

主要分布于东洋区。国内目前已知1种，本图鉴收录1种。

克灰蝶 / *Creon cleobis* (Godart, [1824])

01-04 / P1816

中型灰蝶。前翅背面上半部黑色，下半部及后翅为蓝色闪光，后翅外缘较方直，前缘灰色，伴有黑色性标，内缘灰色，臀角黑色、圆形、突出，尾突2对。翅腹面灰色，前后翅外中区有1列褐色弧形线，臀区有黑斑2个，伴有橙色斑。雌蝶无性标，翅背面为浅蓝色。

1年多代，成虫多见于春秋两季，4-6月及8-11月。幼虫以桑寄生科多种植物为寄主。

分布于福建、广东、广西、香港等地。此外见于泰国、缅甸、越南、印度、老挝等地。

凤灰蝶属 / *Charana* de Nicéville , 1890

大型灰蝶。本属色彩鲜艳，翅背面与双尾灰蝶接近，但尾突更长，腹面覆盖大面积黄色斑，亚外缘为褐色斑，与珐奈灰蝶较相似，本属褐色斑里面有2条黑色线纹，珐奈灰蝶为白色线纹。

成虫栖息于低海拔林边，喜欢在树冠层活动，不易发现，雄蝶有领域性，飞行迅速，喜欢访花。幼虫主要以桑寄生科植物为寄主。

主要集中于东洋区。国内目前已知1种，本图鉴收录1种。

凤灰蝶 / *Charana mandarina* (Hewitson, 1863)

05

大型灰蝶。翅背面黑色，前翅基部到中区为蓝色金属光泽，后翅前缘灰白色，基部到外缘臀角有斜带蓝色金属光泽，臀区2个黑斑，具1对尾突、较长，内缘灰黑色，臀角黑色；前后翅腹面从基到外缘中区为斜型黄色，中区到外缘为褐色，前翅亚缘区有2条黑色弧形带，后翅外缘黑色，臀角圆形黑斑。雌蝶翅面黑色，没有蓝色闪光金属光泽，臀区为白色。

1年多代，成虫多见于6-10月。幼虫以寄生科植物广寄生为寄主。

分布于广东、广西、云南。此外见于泰国、老挝、印度等地。

艾灰蝶属 / *Rachana* Eliot, 1978

中型灰蝶。雄蝶翅背面有强烈金属光泽的蓝色或紫蓝色斑纹；雌蝶翅背面则呈多呈深褐色。翅腹面内半侧呈白色，外半侧呈褐色，后翅有1对长尾突。部分种类的雄蝶前翅腹面下缘带黑色长毛，后翅背面近基部有黑色性标。

成虫栖息于热带森林，有访花性，雄蝶有登峰行为。幼虫以桑寄生科植物为寄主。

分布东洋区。国内目前已知1种，本图鉴收录1种。

艾灰蝶 / *Rachana jalindra* (Horsfield, [1829])

06

中型灰蝶。雄蝶翅背面底色呈深褐色，有强烈金属光泽的深蓝色斑纹；雌蝶翅背面呈深褐色，几乎无斑。翅腹面内半侧呈白色，外半侧呈褐色，褐色区域的中央泛白，后翅臀区附近散布少量金属蓝色鳞片，并有1个橙色包围的黑色眼斑，臀叶黑色。本种雄蝶无性标。

1年多代，成虫几乎全年可见。幼虫以桑寄生科桑寄生属植物为寄主。

分布于福建、香港。此外见于东洋区。

莱灰蝶属 / *Remelana* Moore, 1884

中型灰蝶。翅面黑色，有局部紫色闪光，翅反面黄褐色或深褐色，臀区黑色，伴有金绿色细线，臀角圆形、突出，尾突1对。

成虫栖息于低海拔阔叶林边，于较空旷地方活动，在树中下层相互追逐，常在低处停留，喜欢访花，有落地面吸水习性。幼虫杂食性，以多科植物为寄主。

主要分布于东洋区。国内目前已知1种，本图鉴收录1种。

莱灰蝶 / *Remelana jangala* (Horsfield, [1829])

07-10 / P1816

中型灰蝶。雌雄同型。翅面黑色，前翅中室为蓝紫色，中室往下靠基部有较大蓝紫色斑，后翅中室靠内缘也有相同色斑，臀角圆形、突出，尾突1对，翅反面为深褐色，前后翅亚外缘有较暗弧形线，臀区有白色斑过渡，内有金绿色细线。雌蝶翅面颜色较浅，前翅蓝紫色斑基本退化，后翅全黑，翅反面为黄褐色。

1年多代，成虫多见于夏秋两季，部分地区几乎全年可见。幼虫食性非常广泛，以豆科植物、无患子科和壳斗科植物等为寄主。幼虫常与蚂蚁共生。

分布于福建、广东、广西、江西、海南、香港等地。此外见于泰国、缅甸、越南、印度、老挝等地。

01 ♂
克灰蝶
广东广州
01 ♂
克灰蝶
广东广州
02 ♀
克灰蝶
广东广州
02 ♀
克灰蝶
广东广州
03 ♀
克灰蝶
福建福州
03 ♀
克灰蝶
福建福州
04 ♀
克灰蝶
香港
04 ♀
克灰蝶
香港
05 ♂
凤灰蝶
广西平果
05 ♂
凤灰蝶
广西平果
06 ♂
艾灰蝶
香港
06 ♂
艾灰蝶
香港
07 ♂
莱灰蝶
香港
07 ♂
莱灰蝶
香港
08 ♀
莱灰蝶
香港
08 ♀
莱灰蝶
香港
09 ♂
莱灰蝶
海南乐东
09 ♂
莱灰蝶
海南乐东
10 ♀
莱灰蝶
广东广州
10 ♀
莱灰蝶
广东广州

安灰蝶属 / *Ancema* Eliot, 1973

中型灰蝶。雄蝶背面有非常亮丽的蓝斑，带有强烈的金属光泽，前后翅有明显的性标，雌蝶翅背面颜色青蓝色，没有金属光泽，无性标，后翅有1对尾突，形态类似双尾灰蝶属种类。

主要栖息于亚热带、热带森林，飞行迅速，有访花习性，常活动于树林高处，但雄蝶有时会在湿地吸水。幼虫以桑寄生科槲寄生属植物为寄主。

分布于东洋区。国内目前已知2种，本图鉴收录2种。

安灰蝶 / *Ancema ctesia* (Hewitson, [1865])

01-07 / P1817

中型灰蝶。雄蝶背面黑褐色，前后翅有大片金属光泽的暗蓝斑，前翅翅面中央及后缘中央、后翅前缘近基部有灰色性标，翅腹面底色银灰色，前后翅中室端有黑褐色纹，亚外缘有1列黑褐色斑点形成的条纹，后翅近基部有1个黑褐色小斑，臀角及外缘有2个黑斑，外围包裹橙色纹。雌蝶斑纹与雄蝶相似，但翅背面蓝斑较淡，前翅蓝斑带白，无性标。

1年多代，成虫多见于3–11月，幼虫以桑寄生科扁枝槲寄生等植物为寄主。

分布于浙江、福建、广东、广西、海南、云南、西藏、香港等地。此外见于印度、缅甸、老挝、越南、泰国、马来西亚等地。

白衬安灰蝶 / *Ancema blanka* (de Nicéville, 1894)

08-10 / P1818

中型灰蝶。雄蝶背面黑褐色，前后翅有大片明亮的天蓝色斑块，前翅蓝斑上端还有数条横向的蓝色斑条，后翅前缘近基部有灰色性标。翅腹面底色银灰色，前后翅亚外缘有黑褐色条纹，臀角及外缘有2个黑斑，外围包裹内橙色纹。雌蝶斑纹与雄蝶相似，但翅背面蓝斑较淡，后翅无性标。

1年多代，成虫多见于4–10月。幼虫主要以桑寄生科植物瘤果槲寄生为寄主。

分布于海南、广西。此外见于印度、缅甸、老挝、越南、泰国、马来西亚等地。

01 ♂
安灰蝶
云南屏边
01 ♂
安灰蝶
云南屏边
02 ♂
安灰蝶
西藏墨脱
02 ♂
安灰蝶
西藏墨脱
03 ♂
安灰蝶
福建福州
03 ♂
安灰蝶
福建福州
04 ♂
安灰蝶
云南西双版纳
04 ♂
安灰蝶
云南西双版纳
05 ♂
安灰蝶
台湾台东
05 ♂
安灰蝶
台湾台东
06 ♀
安灰蝶
台湾台东
06 ♀
安灰蝶
台湾台东
07 ♀
安灰蝶
台湾台南
07 ♀
安灰蝶
台湾台南
08 ♂
白衬安灰蝶
海南乐东
08 ♂
白衬安灰蝶
海南乐东
09 ♂
白衬安灰蝶
广西平果
09 ♂
白衬安灰蝶
广西平果
10 ♀
白衬安灰蝶
广西平果
10 ♀
白衬安灰蝶
广西平果

旖灰蝶属 / *Hypolycaena* C. & R. Felder, 1862

中小型至中型灰蝶。雄蝶翅背多有带金属光泽的蓝或紫色斑纹，雌蝶则多呈深褐色。腹面底色较浅。后翅带两尾突。部分种类的雄蝶前翅有性标。

成虫飞行快速，多为森林性物种，喜访花，部分种类雄蝶有登峰习性。幼虫多为杂食性，以多个不同科的植物为寄主，并与蚂蚁有互利共生关系。

分布于非洲区、东洋区和澳洲区的热带地区。国内目前已知1种，本图鉴收录1种。

旖灰蝶 / *Hypolycaena erylus* (Godart, [1824])

01-03

中型灰蝶。雄蝶翅背呈金属光泽的深蓝色，前翅中央有1条暗色性标。雌蝶翅背呈深灰色，后翅外缘下方有白纹和深褐色眼斑。翅腹呈银灰色，两翅均有橙褐色线纹，中室端有橙褐色短条，后翅外缘下方有2个外镶橙色的深褐色眼斑。

1年多代，成虫全年可见。幼虫杂食性，以藤黄科、漆树科、樟科和茜草科等植物为寄主。

分布于云南、海南等地。此外见于印度、缅甸、泰国、中南半岛、马来西亚、菲律宾、印度尼西亚等地。

蒲灰蝶属 / *Chliaria* Moore, 1884

中型灰蝶。雌雄异型。雄蝶翅背多有带金属光泽的蓝色斑纹，雌蝶则多呈深褐色。腹面底色较浅。后翅带两尾突。除缺乏性标外，本属与旖灰蝶属外形相似，关系接近，常被并入后者中。

成虫飞行敏捷，多在森林内阳光充足的位置出现，海拔2000米以上的地方亦可见其成员纵影，雄蝶喜在湿地吸水。幼虫专食性，仅以兰科植物为寄主，与蚂蚁鲜有互动。

分布于东洋区。国内目前已知2种，本图鉴收录2种。

吉蒲灰蝶 / *Chliaria kina* (Hewitson, 1869)

04-08 / P1818

中型灰蝶。雄蝶翅背呈灰蓝色，前翅前缘、外缘及后翅前缘有粗黑边。雌蝶翅背呈深褐色，有白纹。翅腹底色呈白色，有两侧镶褐色线的橙色纹，中室端有灰褐色短条，后翅外缘下方有2个外镶橙色的深褐色眼斑。旱季型腹面斑纹有减退，雌蝶翅背白斑较发达。

1年多代，成虫多见于3-11月。幼虫专食性，仅以兰科植物为寄主。

分布于云南、海南、台湾等地。此外见于印度、缅甸、泰国、马来半岛及中南半岛等地。

蒲灰蝶 / *Chliaria othona* (Hewitson, 1865)

09

中型灰蝶。雄蝶翅背呈金属光泽的蓝色，前翅前缘、外缘及后翅前缘有粗黑边。雌蝶翅背呈深褐色，有模糊白纹。翅腹底色呈白色，前翅外缘呈橙褐色，两翅有橙褐色斑列，中室端有灰褐色短条，后翅外缘下方有2个外镶橙色的深褐色眼斑。

1年多代，成虫多见于3-10月。幼虫专食性，仅以兰科植物为寄主。

分布于云南、广西、台湾。此外见于东洋区。

珍灰蝶属 / *Zeltus de* Nicéville, 1890

中小型灰蝶。雄蝶翅背面呈黑色及蓝灰色，雌蝶褐色，两性后翅都有2条长尾突，尤其内侧靠臀角的尾突极长，常成扭曲状。

栖息于热带森林，喜欢在林缘处活动，飞行缓慢。幼虫主要以大青属植物为寄主。

分布于东洋区、澳洲区。国内目前已知1种，本图鉴收录1种。

珍灰蝶 / *Zeltus amasa* (Hewitson, 1869)

10-14 / P1819

中小型灰蝶。雄蝶翅背面黑色，前翅基部及后翅大部分为蓝灰色，后翅顶角具有1块黑斑，黑斑发达个体呈方形，后翅有2条非常长的尾突，尾突白色并有灰色中线，翅腹面灰白色，前翅中室端部具1条赭黄色短横带，外侧自前缘贯穿1条更长的赭黄色横带。后翅前缘近基部具有1枚小黑点，中室端部具有1条模糊的短横带，外中区贯穿1条赭黄色不规则横带，前半部连续，后半部断裂为褐色短线，后缘及臀角处各具1枚饰有金蓝色鳞的黑点。雌蝶翅背面为灰褐色，前翅中部有隐约的淡色斑，后翅亚外缘的中下部有较宽的白纹，下部有1个黑色圆斑，尾突为灰褐色，翅腹面斑纹与雄蝶相似。

1年多代，成虫在部分地区几乎全年可见。幼虫主要以大青属植物为寄主。

分布于云南、广西、海南。此外见于从南亚印度到澳洲区的新几内亚岛之间的广泛区域。

01 ♂ 旖灰蝶 云南勐腊
01 ♂ 旖灰蝶 云南勐腊
02 ♂ 旖灰蝶 海南东方
02 ♂ 旖灰蝶 海南东方
03 ♂ 旖灰蝶 海南乐东
03 ♂ 旖灰蝶 海南乐东
04 ♂ 吉蒲灰蝶 四川石棉
04 ♂ 吉蒲灰蝶 四川石棉
05 ♂ 吉蒲灰蝶 西藏墨脱
05 ♂ 吉蒲灰蝶 西藏墨脱
06 ♂ 吉蒲灰蝶 云南贡山
06 ♂ 吉蒲灰蝶 云南贡山
07 ♂ 吉蒲灰蝶 台湾台东
07 ♂ 吉蒲灰蝶 台湾台东
08 ♀ 吉蒲灰蝶 台湾台东
08 ♀ 吉蒲灰蝶 台湾台东
09 ♂ 蒲灰蝶 云南西双版纳
09 ♂ 蒲灰蝶 云南西双版纳
10 ♂ 珍灰蝶 广东湛江
10 ♂ 珍灰蝶 广东湛江
11 ♂ 珍灰蝶 广东湛江
11 ♂ 珍灰蝶 广东湛江
12 ♀ 珍灰蝶 广东湛江
12 ♀ 珍灰蝶 广东湛江
13 ♂ 珍灰蝶 海南五指山
13 ♂ 珍灰蝶 海南五指山
14 ♀ 珍灰蝶 海南五指山
14 ♀ 珍灰蝶 海南五指山

玳灰蝶属 / *Deudorix* Hewitson, [1863]

中至中大型灰蝶。复眼密被毛。下唇须第3节细长，指向前方。雄蝶前足跗节愈合，末端下弯、尖锐。雄蝶翅背面常有具金属光泽之蓝或红色纹，雌蝶一般褐色、无纹。翅腹面褐色或白色，上缀线纹。后翅有细尾突。后翅臀角叶状突明显。部分种类有性标，主要是雄蝶前翅腹面后缘具长毛及后翅背面近翅基处有椭圆形或圆形性标。

通常栖息于森林中，访花性明显。幼虫食植物果实、种子及花苞，利用范围广泛。

分布于澳洲区及东洋区。国内目前已知7种，本图鉴收录6种。

备注：本属的分类组成尚有疑义，雄蝶有性标的种类有时被置于另一属*Virachola* Moore, 1881。另外，绿灰蝶属*Artipe* Boisduval, 1870与本属形态构造基本一致。

玳灰蝶 / *Deudorix epijarbas* (Moore, 1857)

01-04 / P1819

中至中大型灰蝶。雌雄斑纹相异。躯体背侧黑褐色，雄蝶泛朱红色；腹侧呈黄白色，有黑色横线条。后翅有细长尾突。臀区叶状突发达，上有由橙色及黑色纹构成眼斑。翅背面底色黑褐色，雄蝶前、后翅均有明亮的朱红色斑纹。雌蝶底色黑褐色，仅前翅隐约有浅色纹。翅腹面底色褐色或浅褐色，翅面有两侧镶白线斑列，后翅斑列反折呈"V"字形。前、后翅中室端有两侧镶白线短条。后翅后侧有黑斑与橙色环形成眼纹。

1年多代，成虫全年可见。通常栖息在阔叶林，但也常见于果园。幼虫以多种植物果实为寄主。

分布于重庆、广东、广西、福建、浙江、香港及台湾等地。此外见于印度、尼泊尔、缅甸、泰国、老挝、柬埔寨、越南、马来西亚、印度尼西亚、菲律宾、新几内亚、澳大利亚等地。

银下玳灰蝶 / *Deudorix hypargyria* (Elwes, [1893])

05

中至中大型灰蝶。雌雄斑纹相异。躯体背侧黑褐色，雄蝶部分泛朱红色；腹侧呈黄白色或白色。后翅后端有细长尾突。臀角叶状突发达，上有由橙色及黑色纹构成眼斑。翅背面底色黑褐色，雄蝶前、后翅均有明亮的朱红色斑纹。雌蝶底色黑褐色，后翅臀角附近有白纹。翅腹面底色银白色，后翅翅面后侧有2列大小不一之黑色斑点。

1年多代。栖息在阔叶林。

分布于海南。此外见于缅甸、泰国、老挝等地。

淡黑玳灰蝶 / *Deudorix rapaloides* (Naritomi, 1941)

06-07 / P1820

中型灰蝶。雌雄斑纹相异。躯体背侧黑褐色，腹侧灰白色。后翅有细长尾突。臀区叶状突发达，上有由橙色及黑色纹构成之眼斑。翅背面底色黑褐色，雄蝶前、后翅有金属色蓝斑，雌蝶无纹。雄蝶翅腹面底色灰色或灰褐色、雌蝶翅腹面底色较浅，呈浅灰褐色或灰白色，前、后翅均有两侧镶白线之斑列，前翅斑列作直线状排列，后翅斑列分断，反折成"V"字形。前、后翅中室端有两侧镶白线之短条。后翅后侧有黑斑与橙色环形成之眼纹。雄蝶前翅腹面后缘具长毛、后翅背面翅基附近有灰色性标。

1年多代。栖息在常绿阔叶林。幼虫以山茶科植物花苞与果实为寄主。

分布于陕西、湖南、江西、安徽、广东、广西、福建及台湾等地。此外见于老挝及越南。

01 ♂ 玳灰蝶 福建福州
01 ♂ 玳灰蝶 福建福州
02 ♀ 玳灰蝶 福建福州
02 ♀ 玳灰蝶 福建福州

03 ♂ 玳灰蝶 台湾新竹
03 ♂ 玳灰蝶 台湾新竹
04 ♀ 玳灰蝶 台湾南投
04 ♀ 玳灰蝶 台湾南投

05 ♂ 银下玳灰蝶 海南昌江
05 ♂ 银下玳灰蝶 海南昌江

06 ♂ 淡黑玳灰蝶 台湾南投
06 ♂ 淡黑玳灰蝶 台湾南投
07 ♀ 淡黑玳灰蝶 台湾台中
07 ♀ 淡黑玳灰蝶 台湾台中

08 ♂ 淡黑玳灰蝶 广东乳源
08 ♂ 淡黑玳灰蝶 广东乳源
09 ♀ 淡黑玳灰蝶 福建福州
09 ♀ 淡黑玳灰蝶 福建福州

白带玳灰蝶 / *Deudorix repercussa* (Leech, 1890)

01

中型灰蝶。雌雄斑纹相似。躯体背侧黑褐色，腹侧灰白色。后翅有细长尾突。臀角叶状突明显，上有由橙色及黑色纹构成之眼斑。翅背面黑褐色，翅面泛深蓝色。翅腹面底色灰褐色或褐色，前、后翅均有两侧镶白线之斑列，在前翅于中间分断，在后翅反折呈"V"字形。前、后翅中室端有一两侧镶白线之模糊短条。后翅后侧有由黑斑与橙色环形成之眼状斑。雄蝶前翅腹面后缘具长毛、后翅背面翅基附近有灰色性标。

1年1代，成虫多见于夏季。栖息在常绿阔叶林。

分布于陕西、四川等地。

茶翅玳灰蝶 / *Deudorix sankakuhonis* Matsumura, 1938

02-05

中型灰蝶。雌雄斑纹相似。躯体背侧黑褐色，腹侧灰白色。后翅有细长尾突。臀角叶状突明显，上有由橙色及黑色纹构成之眼斑。翅背面黑褐色，翅面泛深蓝色。翅腹面底色茶褐色，前、后翅均有两侧镶白线之斑列，在前翅于中间分断，在后翅反折呈"V"字形。前、后翅中室端有一两侧镶白线之模糊短条。后翅后侧有黑斑与橙色环形成之眼纹。雄蝶前翅腹面后缘具长毛、后翅背面翅基附近有灰褐色性标。

1年1代，成虫多见于夏季。栖息在常绿阔叶林。

分布于重庆、安徽、广东、福建、浙江及台湾等地。

深山玳灰蝶 / *Deudorix sylvana* Oberthür, 1914

06-08

中型灰蝶。雌雄斑纹相似。躯体背侧黑褐色，腹侧灰白色。后翅有细长尾突。臀角叶状突明显，上有由橙色及黑色纹构成之眼斑。翅背面黑褐色，翅面泛深蓝色。雌蝶常于前翅有1个橙色斑点。翅腹面底色褐色或暗褐色，前、后翅均有两侧镶白线之斑列，在前翅呈直线状，在后翅较参差不齐，并反折呈"V"字形。前、后翅中室端有一两侧镶白线之模糊短条。后翅后侧有由黑斑与橙色环形成之眼状斑。雄蝶前翅腹面后缘具长毛、后翅背面翅基附近有灰色性标。

1年1代，成虫多见于夏季。栖息在常绿阔叶林。

分布于云南、重庆、陕西、河南、湖北及浙江等地。

绿灰蝶属 / *Artipe* Boisduval, 1870

中大型灰蝶。雄蝶翅背面有金属光泽蓝斑，雌蝶一般褐色且有白纹，腹面绿色或橄榄绿色，有白色细纹，后翅有细长尾突。

主要栖息于亚热带、热带森林，飞行迅速，有访花习性。

分布于东洋区和澳洲区。国内目前已知1种，本图鉴收录1种。

绿灰蝶 / *Artipe eryx* Linnaeus, 1771

09-14 / P1821

中大型灰蝶。雄蝶翅背面黑褐色，前翅基半部及后翅大部分有金属光泽的蓝斑，臀角有圆状突出，呈绿色，后翅有细长的尾突，翅腹面绿色，前翅亚外缘有1道白色细带，后翅中室端有白色短条，外中区及亚外缘分别有1道白纹，其中亚外缘白纹后半段白线格外发达，尤其雌蝶更加明显，外缘有模糊白圈纹，近臀角处有2个黑斑，有时黑斑会退化，圆状臀角为黑色。雌蝶个体明显较雄蝶大，翅背面灰褐色，后翅有白纹，翅腹面斑纹与雄蝶类似，但白纹更加发达。

1年多代，成虫在部分地区全年可见。

分布于浙江、江西、福建、广东、台湾、海南、广西、贵州、云南、四川、香港等地。此外见于印度、缅甸、泰国、老挝、越南、马来西亚、印度尼西亚等地。

燕灰蝶属 / *Rapala* Moore, [1881]

中型或中小型灰蝶。复眼被毛。下唇须第3节向前指。雄蝶前足跗节愈合。翅背面常有蓝色光泽或橙色纹。翅腹面呈褐色、黄色或白色，有褐色线纹、斑点。后翅有尾突。后翅臀角有叶状突。雄蝶有第二性征：雄蝶前翅腹面后缘具长毛，后翅背面翅基附近有性标。

通常栖息于森林中，访花性明显。幼虫取食植物的花苞、花、叶、若果，且许多种类食性杂，可利用多科植物。

分布于澳洲区及东洋区。国内目前已知14种，本图鉴收录11种。

东亚燕灰蝶 / *Rapala micans* (Bremer & Grey, 1853)

15-21 / P1821

中型或中小型灰蝶。雌雄斑纹相似。躯体背侧黑褐色，腹侧胸部浅褐色或灰色，腹部黄白色或橙色。后翅有细长尾突。翅背面褐色，有蓝色金属光泽，前翅常有橙红色纹。翅腹面底色褐色或浅褐色，前、后翅各有1条线纹，外侧为模糊白线，中间为暗褐色线，内侧为橙色线。线纹于后翅后侧反折呈“W”字形。前、后翅中室端有模糊暗褐色重短条，沿外缘有2道暗色带，后翅臀角附近有眼状斑。雄蝶前翅腹面后缘具长毛。后翅背面近翅基处有半圆形灰色性标。

1年多代，成虫除冬季外全年可见。主要栖息在阔叶林。

分布于北京、湖北、四川、云南等地。此外见于印度、尼泊尔、泰国、马来西亚、印度尼西亚等地。

备注：本种又称为美燕灰蝶，多个体变异，翅纹与霓纱燕灰蝶难以区分，往昔记录两者多相互混淆。

燕灰蝶 / *Rapala varuna* Horsfield, [1829]

22-24 / P1823

中型或中小型灰蝶。雌雄斑纹相似。躯体背侧黑褐色，腹侧胸部浅褐色或灰色，腹部黄白色或橙色。后翅有细长尾突。翅背面褐色，有蓝色金属光泽。翅腹面底色暗褐色，前、后翅均有镶浅色线之暗色带纹，于后翅后侧反折呈“W”字形。前、后翅中室端有1条镶浅色线之暗色短条，沿外缘有2道暗色带，后翅臀角附近有眼状斑。雄蝶前翅背面有特化灰色鳞，腹面后缘具长毛。后翅背面近翅基处有灰色性标。

1年多代，成虫全年可见。主要栖息在阔叶林，有时也见于公园、果园。幼虫以多种植物为寄主。

分布于云南、海南及台湾等地。此外见于东洋区大部分地区及澳洲区等地。

绯烂燕灰蝶 / *Rapala pheretima* (Hewitson, 1863)

25 / P1823

中型灰蝶。雌雄斑纹相异。躯体背侧黑褐色，腹侧胸部浅褐色或灰色，腹部黄白色。后翅有细长尾突。翅背面褐色，于雄蝶有橙红色金属光泽，于雌蝶有蓝色金属光泽。翅腹面底色褐色，前、后翅均有外侧镶浅色线之暗色带纹，于前翅呈直线状，于后翅呈弧形而不规则。前、后翅中室端各有1条暗色短条，中室内常各有1个暗色斑点。沿外缘有2道暗色带，外侧带明显较粗。后翅臀角附近有眼状斑。雄蝶前翅背面有特化黑褐色鳞，腹面后缘具长毛。后翅背面近翅基处有灰白色性标。

1年多代。栖息在阔叶林。

分布于云南、海南及台湾等地。此外见于印度、缅甸、泰国、老挝、马来西亚、新加坡、印度尼西亚等地。

麻燕灰蝶 / *Rapala manea* (Hewitson, 1863)

26-29 / P1824

中小型灰蝶。雌雄斑纹相似。躯体背侧黑褐色，腹侧胸部浅褐色或灰色，腹部黄白色或橙色。后翅有细长尾突。翅背面褐色，有蓝色金属光泽，于雄蝶格外强烈。翅腹面底色浅褐色，前、后翅各有1条带纹，外侧镶明显白线。线纹于前翅近直线状，于后翅则曲折，并于后侧反折成弧形。前、后翅中室端有模糊暗褐色重短条，沿外缘有2道暗色带，后翅臀角附近有眼状斑。雄蝶前翅腹面后缘具长毛。后翅背面近翅基处有半圆形灰色或浅褐色性标。

1年多代，成虫除冬季外终年可见。栖息在阔叶林、公园及果园。幼虫以多种植物为寄主。

分布于云南、广东、海南、香港及福建等地。此外见于印度、斯里兰卡、尼泊尔、泰国、印度尼西亚及菲律宾等地。

暗翅燕灰蝶 / *Rapala subpurpurea* Leech, 1890

30

中型灰蝶。雌雄斑纹相似。躯体背侧黑褐色，腹侧胸部浅褐色，腹部黄白色或黄色。后翅有细长尾突。翅背面褐色，有蓝色金属光泽。翅腹面底色褐色，前、后翅各有1条线纹，外侧为白线，中间为暗褐色线。线纹于后翅前侧外曲，后侧反折成“W”字形。前、后翅中室端有模糊暗褐色重短条，前、后翅中室端有1条镶浅色线之短条，沿外缘有2道模糊暗色带，后翅臀角附近有眼状斑。雄蝶前翅腹面后缘具长毛。后翅背面近翅基处有半圆形灰色性标。

栖息在阔叶林。

分布于四川、贵州及浙江等地。

蓝燕灰蝶 / *Rapala caerulea* Bremer & Grey, 1852

31-37 / P1824

中型灰蝶。雌雄斑纹相似。躯体背侧黑褐色，腹侧胸部灰白色，腹部橙色。后翅有细长尾突。翅背面褐色，常有橙色纹，雄蝶有蓝紫色金属光泽。翅腹面底色黄褐色或灰白色，前、后翅均有两侧镶浅色线之带纹，于后翅反折呈“W”字形。前、后翅中室端有1条镶浅色线之短条，沿外缘有2道暗色带，后翅臀角附近有眼状斑。雄蝶前翅腹面后缘具长毛、后翅背面近翅基处有灰色性标。

1年多代，成虫除冬季外终年可见。栖息在阔叶林、灌丛、荒地。幼虫以豆科胡枝子属及八仙花科溲疏属等植物为寄主。

分布于河北、北京、甘肃、四川、重庆、陕西、浙江、福建、台湾等地。此外见于朝鲜半岛等地。

宽带燕灰蝶 / *Rapala arata* (Bremer, 1861)

38-39

中型或中小型灰蝶。雌雄斑纹相似。躯体背侧黑褐色，腹侧灰白色。后翅有细尾突。翅背面褐色，有蓝紫色或紫色金属光泽。翅腹面底色灰白色或黄褐色，前、后翅各有1条暗色宽带纹。前、后翅中室端有1条镶浅色线之暗色短条，沿外缘有2道暗色带。后翅臀角附近有1片橙黄或橙红斑，内有4个黑色斑点。雄蝶前翅腹面后缘具长毛、后翅背面近翅基处有三角形灰色性标。

1年1-2代。栖息在阔叶林及灌丛。

分布于东北，如辽宁、吉林等地。此外见于俄罗斯。

霓纱燕灰蝶 / *Rapala nissa* Kollar, [1844]

40-41

中型或中小型灰蝶。雌雄斑纹相似。躯体背侧黑褐色，腹侧胸部浅褐色或灰色，腹部黄白色或橙色。后翅有细长尾突。翅背面褐色，有蓝色金属光泽，前翅偶有橙红色纹。翅腹面底色褐色或浅褐色，前、后翅各有1条线纹，外侧为模糊白线，中间为暗褐色线，内侧为橙色线。线纹于后翅后侧反折呈“W”字形。前、后翅中室端有模糊暗褐色重短条，沿外缘有2道暗色带，后翅臀角附近有眼状斑。雄蝶前翅腹面后缘具长毛。后翅背面近翅基处有半圆形灰色性标。

1年多代，成虫除冬季外全年可见。主要栖息在阔叶林。幼虫以多种植物为寄主。

分布于西藏、云南、四川、台湾等地。此外见于印度、尼泊尔、泰国等地。

备注：本种多季节与个体变异。部分研究者认为台湾种群属于东亚燕灰蝶，此观点尚待进一步研究，本书暂依传统处理置于本种内。

高砂燕灰蝶 / *Rapala takasagonis* Matsumura, 1929

42-43 / P1825

中型灰蝶。雌雄斑纹相似。躯体背侧黑褐色，腹侧胸部浅褐色或灰色，腹部黄白色或橙色。后翅有细长尾突。翅背面褐色，有蓝色金属光泽。翅腹面底色褐色或浅褐色，前、后翅各有1条线纹，外侧为鲜明白线，中间为暗褐色线，内侧仅于后翅后段有橙色纹。线纹于后翅后侧反折成“W”字形。前、后翅中室端有模糊暗褐色重短条，前、后翅中室端有1条镶浅色线之短条，沿外缘有2道暗色带，后翅臀角附近有眼状斑。雄蝶前翅腹面后缘具长毛。后翅背面近翅基处有半圆形灰色性标。

1年多代，成虫除冬季外全年可见。栖息在阔叶林。幼虫以数种阔叶树植物为寄主。

分布于台湾。

备注：本种又称为高沙子燕灰蝶，无从表现种小名原意。本种种小名意指“高砂”一词，源自日本古代对台湾的称呼。

奈燕灰蝶 / *Rapala nemorensis* Oberthür, 1914

44-45

中型灰蝶。雌雄斑纹相似。躯体背侧黑褐色，腹侧灰色。后翅有细尾突。翅背面褐色，有蓝色金属光泽，前翅有明显橙色大斑，后翅沿外缘有橙色纹组成之斑带。翅腹面底色浅褐色，前、后翅各有1条镶黑褐色边之橙色带纹，于后翅反折呈“W”字形。前、后翅中室端有模糊暗褐色重短条，后翅沿外缘有1道模糊橙色带，后翅臀角附近有眼状斑。雄蝶前翅腹面后缘具长毛。后翅背面近翅基处有泪滴形灰色性标。

栖息在阔叶林。

分布于西藏及云南。

备注：波密燕灰蝶*Rapala bomiensis* Lee, 1979与本种除前翅背面橙色斑略外偏以外没有明显差别，本书暂视两者为同种。将来若有证据支持两者分属不同生物种，则本书图示之标本个体应为前者。

红燕灰蝶 / *Rapala iarbus* (Fabricius, 1787)

46

中型灰蝶。雌雄斑纹相异。躯体背侧黑褐色，腹侧胸部浅褐色或灰色，腹部黄白色。后翅有细长尾突。翅背面褐色，于雄蝶有橙红色金属光泽。翅腹面底色浅褐色或灰白色，前、后翅均有外侧镶浅色线之暗色带纹，于前翅呈直线状，于后翅呈弧形。前、后翅中室端均有模糊浅短条。后翅臀角附近有眼状斑。雄蝶前翅背面有特化黑褐色鳞，腹面后缘具长毛。后翅背面近翅基处有灰白色性标。

1年多代。栖息在阔叶林。

分布于海南、广东、广西、台湾等地。此外见于印度、缅甸、泰国、老挝、越南、马来西亚、新加坡、印度尼西亚等地。

01 ♂
白带玳灰蝶
陕西宁陕
02 ♂
茶翅玳灰蝶
台湾桃园
03 ♂
茶翅玳灰蝶
福建福州
04 ♂
茶翅玳灰蝶
广东乳源
01 ♂
白带玳灰蝶
陕西宁陕
02 ♂
茶翅玳灰蝶
台湾桃园
03 ♂
茶翅玳灰蝶
福建福州
04 ♂
茶翅玳灰蝶
广东乳源
05 ♀
茶翅玳灰蝶
福建福州
06 ♂
深山玳灰蝶
甘肃康县
07 ♀
深山玳灰蝶
甘肃康县
08 ♂
深山玳灰蝶
云南贡山
05 ♀
茶翅玳灰蝶
福建福州
06 ♂
深山玳灰蝶
甘肃康县
07 ♀
深山玳灰蝶
甘肃康县
08 ♂
深山玳灰蝶
云南贡山
09 ♂
绿灰蝶
福建福州
10 ♂
绿灰蝶
台湾台东
11 ♀
绿灰蝶
福建福州
12 ♀
绿灰蝶
台湾南投
09 ♂
绿灰蝶
福建福州
10 ♂
绿灰蝶
台湾台东
11 ♀
绿灰蝶
福建福州
12 ♀
绿灰蝶
台湾南投

⑬♀ 绿灰蝶 广东龙门

⓭♀ 绿灰蝶 广东龙门

⑭♀ 绿灰蝶 香港

⓮♀ 绿灰蝶 香港

⑮♂ 东亚燕灰蝶 北京

⓯♂ 东亚燕灰蝶 北京

⑯♀ 东亚燕灰蝶 北京

⓰♀ 东亚燕灰蝶 北京

⑰♂ 东亚燕灰蝶 福建福州

⓱♂ 东亚燕灰蝶 福建福州

⑱♂ 东亚燕灰蝶 福建福州

⓲♂ 东亚燕灰蝶 福建福州

⑲♂ 东亚燕灰蝶 陕西宁陕

⓳♂ 东亚燕灰蝶 陕西宁陕

⑳♀ 东亚燕灰蝶 陕西宁陕

⓴♀ 东亚燕灰蝶 陕西宁陕

㉑♂ 东亚燕灰蝶 云南贡山

㉑♂ 东亚燕灰蝶 云南贡山

㉒♀ 燕灰蝶 云南勐腊

㉒♀ 燕灰蝶 云南勐腊

㉓ ♂
燕灰蝶
台湾高雄

23 ♂
燕灰蝶
台湾高雄

㉔ ♀
燕灰蝶
台湾新北

24 ♀
燕灰蝶
台湾新北

㉕ ♀
绯烂燕灰蝶
海南昌江

25 ♀
绯烂燕灰蝶
海南昌江

㉖ ♂
麻燕灰蝶
福建金门

26 ♂
麻燕灰蝶
福建金门

㉗ ♀
麻燕灰蝶
福建金门

27 ♀
麻燕灰蝶
福建金门

㉘ ♀
麻燕灰蝶
福建福州

28 ♀
麻燕灰蝶
福建福州

㉙ ♀
麻燕灰蝶
广东广州

29 ♀
麻燕灰蝶
广东广州

㉚ ♂
暗翅燕灰蝶
浙江宁波

30 ♂
暗翅燕灰蝶
浙江宁波

㉛ ♂
蓝燕灰蝶
台湾南投

31 ♂
蓝燕灰蝶
台湾南投

㉜ ♂
蓝燕灰蝶
陕西周至

32 ♂
蓝燕灰蝶
陕西周至

㉝ ♀
蓝燕灰蝶
台湾南投

33 ♀
蓝燕灰蝶
台湾南投

㉞ ♀
蓝燕灰蝶
甘肃榆中

34 ♀
蓝燕灰蝶
甘肃榆中

㉟ ♀
蓝燕灰蝶
北京
㊱ ♀
蓝燕灰蝶
北京
㊲ ♀
蓝燕灰蝶
四川平武
㊳ ♂
宽带燕灰蝶
辽宁沈阳
㊴ ♂
宽带燕灰蝶
吉林珲春
35 ♀
蓝燕灰蝶
北京
36 ♀
蓝燕灰蝶
北京
37 ♀
蓝燕灰蝶
四川平武
38 ♂
宽带燕灰蝶
辽宁沈阳
39 ♂
宽带燕灰蝶
吉林珲春
㊵ ♂
霓纱燕灰蝶
西藏察隅
㊶ ♂
霓纱燕灰蝶
云南德钦
㊷ ♂
高砂燕灰蝶
台湾宜兰
㊸ ♀
高砂燕灰蝶
台湾宜兰
㊹ ♂
奈燕灰蝶
西藏波密
40 ♂
霓纱燕灰蝶
西藏察隅
41 ♂
霓纱燕灰蝶
云南德钦
42 ♂
高砂燕灰蝶
台湾宜兰
43 ♀
高砂燕灰蝶
台湾宜兰
44 ♂
奈燕灰蝶
西藏波密
㊺ ♂
奈燕灰蝶
西藏林芝
㊻ ♂
红燕灰蝶
云南元江
45 ♂
奈燕灰蝶
西藏林芝
46 ♂
红燕灰蝶
云南元江

生灰蝶属 / *Sinthusa* Moore, 1884

中型灰蝶。翅背面底色呈深褐色或白色，雄蝶多有大片金属蓝色或灰蓝色斑，雌蝶无斑或带浅色斑。翅腹多呈灰白色，有断裂或连续的褐色斑纹。后翅有细长尾突，臀叶发达。雄蝶前翅腹面下缘带长毛，后翅背面近基部有灰色性标。

成虫栖息于热带至温带阔叶林，飞行快速，有访花性，雄蝶多在树冠层活动，部分种类有登峰行为。幼虫以蔷薇科、无患子科、大戟科等植物为寄主。

分布古北区东部南缘、东洋区。国内目前已知6种，本图鉴收录4种。

生灰蝶 / *Sinthusa chandrana* (Moore, 1882)

01-07 / P1826

中型灰蝶。雄蝶翅背面底色呈深褐色，前翅内侧暗蓝色，后翅则带金属紫蓝色斑；雌蝶翅背面底色呈深褐色，部分个体前翅中央有橙斑，后翅中央则带白斑。翅腹底色呈灰白色，两翅有断裂为数截的灰褐色斑列，中室端有短斑，后翅基部有数个黑点，后翅臀区附近散布金属蓝色鳞片，并有1个橙色包围的黑色眼斑，臀叶黑色。旱季型翅腹斑纹消退，雌蝶翅背浅色斑更发达。

1年多代，成虫在南方几乎全年可见。幼虫以蔷薇科悬钩子属植物为寄主。

分布于云南、四川、广西、广东、福建、浙江、江西、海南、台湾、香港等地。此外见于喜马拉雅地区、缅甸、泰国、中南半岛等地。

娜生灰蝶 / *Sinthusa nasaka* (Horsfield, [1829])

08-11 / P1827

中型灰蝶。本种雄蝶翅背面斑纹与生灰蝶几乎一样；雌蝶翅背面则无斑。翅腹底色呈灰白色，外缘浅褐色，前翅有1条褐色窄直斑，后翅有褐色斑并在后半段断裂为数截，中室端短斑较模糊，后翅臀区附近散布金属蓝色鳞片，并有1个橙色包围的黑色眼斑，臀叶黑色。

1年多代，成虫在南方几乎全年可见。幼虫以无患子科荔枝、大戟科巴豆等植物为寄主。

分布于广西、广东、福建、海南、香港等地。此外见于东洋区。

浙江生灰蝶 / *Sinthusa zhejiangensis* Yoshino, 1995

12-13

中型灰蝶。翅背面底色呈深褐色，雄蝶两翅后侧灰蓝色，后翅翅脉呈深褐色；雌蝶前翅中央和后翅后侧有大片灰白色区域。翅腹底色呈灰白色，两翅有不完整的橙色点列，中室端有橙色短斑，后翅外缘或带模糊的橙色点列，臀区附近散布小量金属蓝色鳞片，无明显眼斑，臀叶黑色。

1年1代，成虫多见于4-5月。幼生期未明。

分布于广东、福建、浙江等地。

白生灰蝶 / *Sinthusa virgo* (Elwes, 1887)

14-15

中型灰蝶。翅背面底色呈深褐色，前翅中央有白纹，后翅后侧灰蓝色，深褐色的翅脉贯穿两翅的浅色区域。翅腹底色呈灰白色，亚外缘有深灰色纹，两翅有断裂为数截的橙色镶黑边斑列，中室端有短斑，后翅基部有数个黑点，后翅臀区附近有1个黑色短斑，周围散布金属蓝色鳞片，臀叶黑色。

1年1代，成虫多见于5-7月。幼生期未明。

分布于云南。此外见于印度、缅甸、泰国等地。

卡灰蝶属 / *Callophrys* billberg, 1820

中型灰蝶。翅背面为灰褐色，腹面为绿色，后翅腹面中部有1条白色线条。雄蝶具性标。后翅具尾突。主要分布于古北区。国内目前已知1种，本图鉴收录1种。

卡灰蝶 / *Callophrys rubi* (Linnaeus, 1758)

16

中型灰蝶。翅背面灰褐色，腹面绿色。雌雄同型。雄蝶前翅具性标。后翅具尾突。
1年1代，成虫多见于6–7月。飞行较迅速。
分布于内蒙古北部、新疆北部。此外见于俄罗斯、乌兹别克斯坦等地。

梳灰蝶属 / *Ahlbergia* Bryk, 1946

小型灰蝶。该属成虫翅底色多为棕褐色至黑褐色，大部分种类翅面具蓝色闪光，翅外缘波浪状，雄蝶前翅前缘多具性标，点状或条状。腹面多为棕褐色至黑褐色，部分种类后翅前缘具白斑。本属种类外形分化较小，很多种类依靠外观难以区分，且雄蝶生殖器官区别也较小，目前比较准确的分类依据是雌蝶生殖器官。

本属均在早春发生，1年1代，以蛹越冬，蛹期可长达11个月，成虫飞行较为迅速，飞行轨迹大多为螺旋状，有访花或在地面吸水习性，常在森林、溪谷环境活动。幼虫以蔷薇科、豆科、忍冬科等植物为寄主。

主要分布于古北区、东洋区。国内目前已知29种，本图鉴收录15种。

尼采梳灰蝶 / *Ahlbergia nicevillei* (Leech, 1893)

17-20 / P1827

小型灰蝶。翅背面底色蓝色，前翅顶角及外缘黑色，后翅浅蓝色，外缘黑色，外缘平滑非波浪状，臀角突出。翅腹面棕色，几乎无斑纹，雄蝶具条状性标。雌雄同型。雌蝶蓝色闪光较雄蝶发达。
1年1代，成虫多见于3–5月。见于中低海拔阔叶林山区，喜访花与落地吸水。幼虫以忍冬科忍冬属植物为寄主。
分布于江苏、浙江、湖南、广东、安徽、陕西等地。

东北梳灰蝶 / *Ahlbergia frivaldszkyi* (Lederer, 1855)

21-23

小型灰蝶。翅背面底色灰褐色，前后翅基部至亚外缘具深蓝色闪光，外缘波浪状，雄蝶前翅前缘具披针状性标，较为隐蔽，不易发现。翅腹面棕褐色，前翅中部具深棕色条纹，后翅基部棕黑色，亚外缘具1圈棕黑色波浪纹。雌雄同型。

1年1代，成虫多见于3-5月。见于中低海拔阔叶林山区，喜访花与落地吸水，飞行路线不规则。幼虫以蔷薇科绣线菊属植物为寄主。

分布于北京、河北、辽宁、吉林、黑龙江、陕西、山西等地。此外见于俄罗斯、朝鲜半岛。

浓蓝梳灰蝶 / *Ahlbergia prodiga* Johnson, 1992

24-25

中小型灰蝶。翅背面底色蓝色，前翅顶角黑色，后翅满布深蓝色闪光，外缘波浪状较发达，雄蝶前翅前缘具条状性标。前翅腹面棕黑色，翅中具白色条纹，后翅黑色中部具不规则白色条纹。

1年1代，成虫多见于4-5月。

分布于云南。

李梳灰蝶 / *Ahlbergia leei* Johnson, 1992

26-27

小型灰蝶。与东北梳灰蝶相似。翅背面底色灰褐色，前后翅基部至亚外缘具深蓝色闪光，外缘波浪状，雄蝶前翅前缘具披针状性标，较为隐蔽，不易发现。翅腹面棕褐色，前翅中部具深棕色条纹，后翅基部棕黑色，亚外缘具1圈棕黑色波浪纹。雌雄同型。与东北梳灰蝶的主要区别在于蓝色闪光较发达，后翅腹面基部颜色较淡。

分布于黑龙江、吉林、辽宁、陕西等地。此外见于俄罗斯、日本、朝鲜半岛等地。

梳灰蝶 / *Ahlbergia ferrea* (Butler, 1866)

28-29

小型灰蝶。与李梳灰蝶极相似。翅背面底色灰褐色，前后翅基部至亚外缘具深蓝色闪光，外缘波浪状，雄蝶前翅前缘具条状性标。翅腹面棕褐色，前翅中部具深棕色条纹，后翅基部棕黑色，亚外缘具1圈棕黑色波浪纹。雌雄同型。与李梳灰蝶的主要区别在于前翅蓝色闪光略发达，后翅翅形略狭长。

1年1代，成虫多见于4-5月。

分布于黑龙江、吉林、辽宁等地。此外见于俄罗斯、日本及朝鲜半岛等地。

普梳灰蝶 / *Ahlbergia pluto* (Leech, 1893)

30-31

小型灰蝶。背面底色近黑色，前后翅基部均无蓝色闪光，外缘波浪状发达。翅腹面锈红色，前后翅基部棕黑色，翅腹白色斑纹较秀梳灰蝶发达。雄蝶具披针状白色性标。

1年1代，成虫多见于4-5月。

分布于贵州。

李氏梳灰蝶 / *Ahlbergia liyufeii* Huang & Zhou, 2014

32-34

小型灰蝶。与尼采梳灰蝶相似。翅背面底色蓝色，前翅顶角及外缘黑色，后翅臀角略突出，外缘平滑非波浪状。翅腹面棕色，有较清晰深棕色斑纹，雄蝶具条状性标。雌雄同型。雌蝶蓝色闪光较雄蝶发达。

1年1代，成虫多见于4-5月。常见于中高海拔阔叶林山区，喜访花与落地吸水。幼虫以忍冬科忍冬属植物为寄主。

分布于陕西。

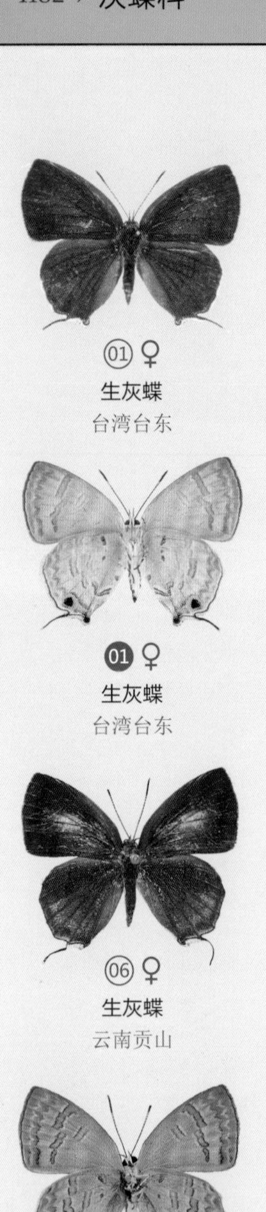

01 ♀
生灰蝶
台湾台东

02 ♂
生灰蝶
台湾南投

03 ♂
生灰蝶
福建福州

04 ♀
生灰蝶
福建福州

05 ♂
生灰蝶
云南盈江

01 ♀
生灰蝶
台湾台东

02 ♂
生灰蝶
台湾南投

03 ♂
生灰蝶
福建福州

04 ♀
生灰蝶
福建福州

05 ♂
生灰蝶
云南盈江

06 ♀
生灰蝶
云南贡山

07 ♂
生灰蝶
西藏墨脱

08 ♂
娜生灰蝶
福建三明

09 ♀
娜生灰蝶
福建福州

10 ♀
娜生灰蝶
广西金秀

06 ♀
生灰蝶
云南贡山

07 ♂
生灰蝶
西藏墨脱

08 ♂
娜生灰蝶
福建三明

09 ♀
娜生灰蝶
福建福州

10 ♀
娜生灰蝶
广西金秀

11 ♀
娜生灰蝶
广东龙门

12 ♂
浙江生灰蝶
福建福州

13 ♀
浙江生灰蝶
福建福州

14 ♂
白生灰蝶
云南腾冲

15 ♀
白生灰蝶
云南腾冲

11 ♀
娜生灰蝶
广东龙门

12 ♂
浙江生灰蝶
福建福州

13 ♀
浙江生灰蝶
福建福州

14 ♂
白生灰蝶
云南腾冲

15 ♀
白生灰蝶
云南腾冲

⑯♂ 卡灰蝶 内蒙古满洲里

⑰♂ 尼采梳灰蝶 福建福州

⑱♀ 尼采梳灰蝶 福建福州

⑲♂ 尼采梳灰蝶 江苏句容

⑳♂ 尼采梳灰蝶 江苏南京

㉑♂ 东北梳灰蝶 北京

⓰♂ 卡灰蝶 内蒙古满洲里

⓱♂ 尼采梳灰蝶 福建福州

⓲♀ 尼采梳灰蝶 福建福州

⓳♂ 尼采梳灰蝶 江苏句容

⓴♂ 尼采梳灰蝶 江苏南京

㉑♂ 东北梳灰蝶 北京

㉒♀ 东北梳灰蝶 北京

㉓♂ 东北梳灰蝶 陕西长安

㉔♂ 浓蓝梳灰蝶 云南昆明

㉕♀ 浓蓝梳灰蝶 云南昆明

㉖♂ 李梳灰蝶 陕西长安

㉗♀ 李梳灰蝶 陕西宁陕

㉘♂ 梳灰蝶 吉林长白

㉒♀ 东北梳灰蝶 北京

㉓♂ 东北梳灰蝶 陕西长安

㉔♂ 浓蓝梳灰蝶 云南昆明

㉕♀ 浓蓝梳灰蝶 云南昆明

㉖♂ 李梳灰蝶 陕西长安

㉗♀ 李梳灰蝶 陕西宁陕

㉘♂ 梳灰蝶 吉林长白

㉙♂ 梳灰蝶 吉林蛟河

㉚♂ 普梳灰蝶 贵州威宁

㉛♀ 普梳灰蝶 贵州威宁

㉜♂ 李氏梳灰蝶 陕西凤县

㉝♀ 李氏梳灰蝶 陕西凤县

㉞♂ 李氏梳灰蝶 陕西长安

㉙♂ 梳灰蝶 吉林蛟河

㉚♂ 普梳灰蝶 贵州威宁

㉛♀ 普梳灰蝶 贵州威宁

㉜♂ 李氏梳灰蝶 陕西凤县

㉝♀ 李氏梳灰蝶 陕西凤县

㉞♂ 李氏梳灰蝶 陕西长安

环梳灰蝶 / *Ahlbergia circe* (Leech, 1893)

01-04

小型灰蝶。翅背面底色蓝色，前后翅基部至亚外缘不具或具零星蓝色鳞片，外缘波浪状欠发达。翅腹面红棕色，前翅中部具深棕色条纹，后翅基部深红棕色，亚外缘具1圈深红棕色波浪纹。雌雄同型。

1年1代，成虫多见于3–5月。

分布于云南。

金梳灰蝶 / *Ahlbergia chalcides* Chou & Li, 1994

05

小型灰蝶。翅背面底色灰黑色，前后翅基部至亚外缘具蓝斑，翅缘波浪状。翅腹面棕褐色，前后翅外缘至亚外缘均有2道深褐色波浪纹，与其他种类较易区分。

1年1代，成虫多见于4–5月。

分布于云南。

考梳灰蝶 / *Ahlbergia clarofacia* Johnson, 1992

06-07

小型灰蝶。翅背面底色近黑色，前后翅基部均无蓝色闪光，外缘波浪状发达。翅腹面锈红色，前后翅基部棕黑色。

1年1代，成虫多见于4–5月。

分布于云南。

李老梳灰蝶 / *Ahlbergia leechuanlungi* Huang & Chen, 2005

08-09

小型灰蝶。翅背面灰黑色，无蓝色闪光，外缘波浪状较发达，雄蝶无性标。前翅腹面灰黑色，翅中具白色条纹，后翅黑色中部具不规则白色条纹。

1年1代，成虫多见于3–5月。

分布于浙江、江苏、福建等地。

南岭梳灰蝶 / *Ahlbergia dongyui* Huang & Zhan, 2006

10-12

小型灰蝶。与李氏梳灰蝶相似。翅背面底色蓝色，前翅顶角及外缘黑色，外缘波浪状。翅腹面棕色，有较清晰深棕色斑纹，雄蝶具条状性标。雌雄同型。雌蝶蓝色闪光较雄蝶发达。翅背蓝色斑纹较李氏梳灰蝶欠发达，且颜色深于李氏梳灰蝶，翅外缘波浪状较李氏梳灰蝶发达。

1年1代，成虫多见于3–4月。

分布于广东、浙江、江苏。

里奇梳灰蝶 / *Ahlbergia leechii* (Niceville, 1893)

13

小型灰蝶。与尼采梳灰蝶相似。翅背面底色蓝色，前翅顶角及外缘黑色，后翅浅蓝色，外缘黑色，外缘平滑非波浪状，臀角突出。翅腹面棕色，几乎无斑纹。与尼采梳灰蝶的主要区别是蓝色斑纹颜色浅于前者。

1年1代，成虫多见于4–5月。

分布于云南。

银线梳灰蝶 / *Ahlbergia clarolinea* Huang & Chen, 2006

14

小型灰蝶。与金梳灰蝶极相似。翅背面底色灰黑色，前后翅基部至亚外缘具蓝斑，翅缘波浪状。翅腹面灰褐色，前后翅外缘至亚外缘均有2道银白色波浪纹，因此得名。

1年1代，成虫多见于4—5月。

分布于云南。

三尾梳灰蝶 / *Ahlbergia tricaudata* Johnson, 1992

15-18

小型灰蝶。与东北梳灰蝶极相似。翅背面底色灰褐色，前后翅基部至亚外缘具深蓝色闪光，外缘波浪状，雄蝶前翅前缘具披针状性标。翅腹面棕褐色，前翅中部具深棕色条纹，后翅基部棕黑色，亚外缘具1圈棕黑色波浪纹。雌雄同型。与东北梳灰蝶的主要区别在于后翅靠近臀角的3个波状翅突较为明显，翅面蓝色闪光更加柔和。

分布于辽宁、江苏等地。

齿灰蝶属 / *Novosatsuma* Johnson, 1992

小型灰蝶。该属成虫底色为灰黑色至铁灰色，外缘齿状，雄蝶前翅有性标，翅面有蓝色鳞片，雌蝶蓝色面积大；腹面棕褐色至黑色，中域有深色线纹。

成虫飞行迅速，常栖息在乔灌木枝头、叶片上，喜在溪边聚集。幼虫以蔷薇科、忍冬科等植物为寄主。

主要分布在国内。国内目前6种，本图鉴收录2种。

普氏齿灰蝶 / *Novosatsuma pratti* (Leech, 1889)

19-20

小型灰蝶。背面灰黑色，翅外缘齿状，雄蝶前翅中室近端部上方有长条状性标，翅面有少量蓝色鳞片，雌蝶翅面大面积蓝色；腹面前翅大部红褐色，后翅黑色，外角处红褐色，前后翅中域有1条黑色弧形线纹，线纹外侧有白线纹。

1年1代，成虫多见于4月。喜在树木枝头栖息，亦喜聚集在水边吸水。

分布于陕西。

璞齿灰蝶 / *Novosatsuma plumbagina* Johnson, 1992

21

小型灰蝶。背面翅面灰黑色，外缘齿状，雄蝶前翅中室近端部上方有长条状性标，翅面大部分蓝灰色，雌蝶蓝色；腹面灰黑色，中域有黑色弧形带，外侧有白线纹。

1年1代，成虫多见于4月。

分布于陕西。

始灰蝶属 / *Cissatsuma* Johnson, 1992

小型灰蝶。该属成虫底色为黑褐色，外缘齿状，雄蝶前翅有或无性标，翅面有蓝色鳞片，腹面红褐色，后翅中域、亚缘有线纹。

成虫飞行迅速，常栖息在乔灌木叶片、枝头，有吸水习性。

主要分布在西南、西北部地区。国内目前已知8种，本图鉴收录5种。

秀始灰蝶 / *Cissatsuma pictila* (Johnson, 1992) 22

小型灰蝶。翅背面底色近黑色，前后翅基部均无蓝色闪光，外缘波浪状发达。翅腹面锈红色，前后翅基部棕黑色。

1年1代，成虫多见于4-5月。

国内分布于云南、四川等地。

始灰蝶 / *Cissatsuma albilinea* (Riley, 1939) 23

小型灰蝶。背面翅面黑色，翅面大部分蓝色，雌蝶蓝色更阔，后翅臀角处红褐色纹，缘毛红褐色；腹面前翅大部分红褐色，外侧颜色浅，后翅基半部红褐色，端半部颜色浅，中间有1列不清晰黑斑。

1年1代，成虫多见于5月。栖息在灌木丛中。

分布于云南。

管始灰蝶 / *Cissatsuma tuba* Johnson, 1992 24

小型灰蝶。背面翅面黑褐色，后翅外缘齿状，前翅中室近端部上方有细长形性标；腹面红褐色，亚缘带状，后翅多白色鳞片。

1年1代，成虫多见于5月。栖息在林下灌木丛。

分布于云南。

综始灰蝶 / *Cissatsuma contexta* Johnson, 1992 25-26

小型灰蝶。形态和管始灰蝶相近，腹面颜色稍淡，后翅带状内脉纹相对清晰。

1年1代，成虫多见于4月。栖息在灌木丛。

分布于云南。

周氏始灰蝶 / *Cissatsuma zhoujingshuae* Huang & Chou, 2014 27

小型灰蝶。背面翅面黑褐色，外缘齿状，翅面大部分区域有蓝色鳞片；腹面后翅褐色，中室外侧带状，上部颜色浅。

1年1代，成虫多见于5月。喜栖息在灌木枝条上。

分布于陕西。

01 ♂ 环梳灰蝶 云南丽江
02 ♀ 环梳灰蝶 云南丽江
03 ♂ 环梳灰蝶 云南昆明
04 ♀ 环梳灰蝶 云南昆明
05 ♂ 金梳灰蝶 云南丽江
06 ♂ 考梳灰蝶 云南玉龙

01 ♂ 环梳灰蝶 云南丽江
02 ♀ 环梳灰蝶 云南丽江
03 ♂ 环梳灰蝶 云南昆明
04 ♀ 环梳灰蝶 云南昆明
05 ♂ 金梳灰蝶 云南丽江
06 ♂ 考梳灰蝶 云南玉龙

07 ♀ 考梳灰蝶 云南玉龙
08 ♂ 李老梳灰蝶 浙江杭州
09 ♀ 李老梳灰蝶 浙江泰顺
10 ♂ 南岭梳灰蝶 江苏句容
11 ♂ 南岭梳灰蝶 浙江杭州
12 ♂ 南岭梳灰蝶 广东乳源

07 ♀ 考梳灰蝶 云南玉龙
08 ♂ 李老梳灰蝶 浙江杭州
09 ♀ 李老梳灰蝶 浙江泰顺
10 ♂ 南岭梳灰蝶 江苏句容
11 ♂ 南岭梳灰蝶 浙江杭州
12 ♂ 南岭梳灰蝶 广东乳源

13 ♂ 里奇梳灰蝶 云南丽江
14 ♂ 银线梳灰蝶 云南丽江
15 ♂ 三尾梳灰蝶 江苏南京
16 ♂ 三尾梳灰蝶 江苏句容
17 ♀ 三尾梳灰蝶 江苏句容
18 ♂ 三尾梳灰蝶 辽宁沈阳

13 ♂ 里奇梳灰蝶 云南丽江
14 ♂ 银线梳灰蝶 云南丽江
15 ♂ 三尾梳灰蝶 江苏南京
16 ♂ 三尾梳灰蝶 江苏句容
17 ♀ 三尾梳灰蝶 江苏句容
18 ♂ 三尾梳灰蝶 辽宁沈阳

⑲ ♂ 普氏齿灰蝶 陕西凤县

⑳ ♀ 普氏齿灰蝶 陕西凤县

㉑ ♀ 璞齿灰蝶 陕西凤县

㉒ ♂ 秀始灰蝶 云南玉龙

19 ♂ 普氏齿灰蝶 陕西凤县

20 ♀ 普氏齿灰蝶 陕西凤县

21 ♀ 璞齿灰蝶 陕西凤县

22 ♂ 秀始灰蝶 云南玉龙

㉓ ♀ 始灰蝶 云南维西

㉔ ♂ 管始灰蝶 云南丽江

㉕ ♂ 综始灰蝶 云南丽江

㉖ ♀ 综始灰蝶 云南丽江

㉗ ♂ 周氏始灰蝶 陕西凤县

23 ♀ 始灰蝶 云南维西

24 ♂ 管始灰蝶 云南丽江

25 ♂ 综始灰蝶 云南丽江

26 ♀ 综始灰蝶 云南丽江

27 ♂ 周氏始灰蝶 陕西凤县

洒灰蝶属 / *Satyrium* scudder, 1897

小型至大型灰蝶。翅面灰黑至棕黑色（杨氏洒灰蝶为淡蓝色），部分种类翅背面具红斑，多数种类后翅具尾突，腹面颜色浅于背面，部分种类黄色、灰色或白色。

成虫飞行迅速，雄蝶有领地性，有访花或在地面吸水习性，常在林缘、溪谷、农田、荒地、高山草甸及亚高山草甸环境活动。幼虫以豆科、鼠李科、蔷薇科、忍冬科、榆科、壳斗科、无患子科、槭树科等植物为寄主。

主要分布于古北区、新北区、东洋区。国内目前已知32种，本图鉴收录25种。

乌洒灰蝶 / *Satyrium w-album* (Knoch, 1782)

01-05 / P1828

中型灰蝶。翅背面棕黑色，后翅具1条尾丝，翅腹面棕灰色，前翅中部有1条不规则白线，后翅亚外缘有1条连续红斑带，中部有1条不规则白线。雌雄同型。雄蝶前翅有1个卵圆形性标。

1年1代，成虫多见于5–8月。飞翔迅速，常活动于大乔木树冠层，雄蝶有领地性。中低海拔均有分布，城市内、阔叶林区有分布。成虫喜访花亦喜落地吸水。幼虫以榆科榆属植物为寄主。

分布于北京、黑龙江、吉林、辽宁、内蒙古、河北、河南、陕西、山西等地。此外见于日本、朝鲜半岛、俄罗斯、亚美尼亚、捷克等地。

幽洒灰蝶 / *Satyrium iyonis* (Ota & Kusunoki, 1957)

06-08

中小型灰蝶。翅背面棕黑色，后翅具1条尾丝，翅腹面棕灰色，前翅具红斑，前翅中部有1条不规则白线，后翅亚外缘有1条连续红斑带，中部有1条不规则白线。雌雄同型。雄蝶前翅有1个卵圆形性标。

1年1代，成虫多见于5–7月。飞翔迅速，中高海拔均有分布，主要分布于阔叶林区，成虫喜访花亦喜落地吸水。幼虫以鼠李科鼠李属植物为寄主。

分布于北京、陕西、甘肃、四川、青海等地。此外见于日本。

岷山洒灰蝶 / *Satyrium minshanicum* Murayama, 1992

09-11

小型灰蝶。翅背面棕黑色，后翅具1条尾丝。雄蝶翅腹面棕黑色，雌蝶黄棕色，前翅亚外缘有1条不规则白线，后翅亚外缘有1条连续红斑带，翅中有1条不规则白线。雌雄同型。雄蝶不具性标。

1年1代，成虫多见于6–7月。飞行能力较弱，中高海拔均有分布，主要分布于阔叶林区。成虫喜访花亦喜落地吸水。幼虫以忍冬科忍冬属、六道木属植物为寄主。

分布于北京、陕西、四川等地。

井上洒灰蝶 / *Satyrium inouei* (Shirozu, 1959)

12-15

中型灰蝶。与乌洒灰蝶相似。翅背面棕黑色。后翅具1条尾丝，雌蝶具双尾丝，一长一短，翅腹面棕黑色，颜色深于乌洒灰蝶，是区别该种的主要特征之一，前翅中部有1条不规则白线，后翅亚外缘有1条连续红斑带，中部有1条不规则白线。雌雄同型。雄蝶前翅有1个卵圆形性标。

1年1代，成虫多见于6–7月。中高海拔均有分布，见于阔叶林区、溪水旁，成虫喜访花亦喜落地吸水。幼虫以壳斗科栎属植物为寄主。

分布于陕西、甘肃、台湾。此外见于蒙古。

微洒灰蝶 / *Satyrium v-album* (Oberthür, 1886) 16

中小型灰蝶。与幽洒灰蝶极相似。翅背面棕黑色，后翅具1条尾丝，翅腹面棕灰色，前翅具红斑，前翅中部有1条不规则白线，后翅亚外缘有1条连续红斑带，中部有1条不规则白线，后翅顶角突出，是与幽洒灰蝶的主要区别。雌雄同型。雄蝶前翅有1个卵圆形性标。

1年1代，成虫多见于5-7月。中高海拔均有分布，主要分布于阔叶林区，成虫喜访花亦喜落地吸水。幼虫以鼠李科鼠李属植物为寄主。

分布于陕西、甘肃、四川等地。

白衬洒灰蝶 / *Satyrium tshikolovetsi* Bozno, 2015 17

小型灰蝶。翅背面棕黑色，后翅具1条尾丝。翅腹面白色，因此得名，前翅亚外缘有1条不规则黑线，后翅亚外缘有1条连续黄斑带，翅中有1条不规则黑线。雌雄同型。雄蝶前翅有细小的1个棒状性标。

1年1代，成虫多见于6-7月。飞行能力较弱，中高海拔均有分布，主要分布于阔叶林区。成虫喜访花亦喜落地吸水。幼虫寄主植物不详。

分布于甘肃、四川。

北方洒灰蝶 / *Satyrium latior* (Fixsen, 1887) 18-21 / P1829

中大型灰蝶。翅背面棕黑色，部分产地所产成虫前翅具红斑，后翅具1条短尾丝。翅腹面棕黑色，前翅亚外缘有1条不规则白线，后翅亚外缘有4个不连续点状红斑，翅中有1条不规则白线。雌雄同型。雄蝶前翅有1个棒状性标。

1年1代，成虫多见于6-7月。本种飞行能力极强，中高低海拔均有分布，农田旁、阔叶林区、溪水旁、高山、亚高山草甸均有分布。成虫喜访花亦喜落地吸水。幼虫以鼠李科鼠李属植物为寄主。

分布北京、黑龙江、吉林、辽宁、内蒙古、河北、河南、陕西、山西等地。此外见于俄罗斯及朝鲜半岛等地。

普洒灰蝶 / *Satyrium prunoides* (Staudinger, 1887) 22-28 / P1829

小型灰蝶。翅背面棕黑色，前翅具红斑，后翅具1条尾丝。翅腹面棕黑色，前翅亚外缘有1条不规则白线，后翅亚外缘有1条连续红斑带，翅中有1条不规则白线。雌雄同型。雄蝶不具性标。

1年1代，成虫多见于5-7月。飞行能力较强，中高海拔均有分布，主要分布于阔叶林区、高山、亚高山草甸。成虫喜访花亦喜落地吸水，幼虫以蔷薇科绣线菊属植物为寄主。

分布于北京、黑龙江、吉林、辽宁、内蒙古、河北、河南、陕西、山西、湖北、甘肃、四川等地。此外见于俄罗斯、蒙古及朝鲜半岛等地。

波氏洒灰蝶 / *Satyrium bozanoi* (Sugiyama, 2004) 29

小型灰蝶。与岷山洒灰蝶相似。翅背面棕黑色，后翅具1条尾丝，长于岷山洒灰蝶、德洒灰蝶，是区分该种的主要特征。翅腹面棕黑色，前翅亚外缘有1条不规则白线，后翅亚外缘有1条连续红斑带，红斑较发达，翅中有1条不规则白线。雌雄同型。

1年1代，成虫多见于6-7月。飞行能力较弱，中高海拔均有分布，主要分布于阔叶林区。幼虫寄主不详。

分布于浙江、安徽、湖南。

苹果洒灰蝶 / *Satyrium pruni* (Linnaeus, 1758) 30-33 / P1830

中小型灰蝶。翅背面棕黑色，后翅亚外缘具红斑，有1条尾丝。部分雌蝶前翅背面亚外缘具1列红斑。翅腹面棕黄色，前翅亚外缘有1条不规则白线，后翅亚外缘有1条连续红斑带，红斑内侧具1列不连续黑斑，翅中有1条不规则白线。雌雄同型。雄蝶前翅无性标。

1年1代，成虫多见于6-7月。飞行能力较强，中高海拔均有分布，主要分布于阔叶林区。成虫喜访花亦喜落地吸水，幼虫以蔷薇科海棠属植物山荆子、毛山荆子为寄主。

分布于黑龙江、吉林、辽宁、陕西、四川等地。此外见于德国、法国、俄罗斯、蒙古、日本及朝鲜半岛等地。

01 ♂ 乌洒灰蝶 辽宁抚顺
02 ♂ 乌洒灰蝶 北京
03 ♀ 乌洒灰蝶 北京
04 ♂ 乌洒灰蝶 甘肃榆中
05 ♀ 乌洒灰蝶 甘肃榆中

01 ♂ 乌洒灰蝶 辽宁抚顺
02 ♂ 乌洒灰蝶 北京
03 ♀ 乌洒灰蝶 北京
04 ♂ 乌洒灰蝶 甘肃榆中
05 ♀ 乌洒灰蝶 甘肃榆中

06 ♂ 幽洒灰蝶 北京
07 ♂ 幽洒灰蝶 甘肃榆中
08 ♀ 幽洒灰蝶 甘肃榆中
09 ♂ 岷山洒灰蝶 北京
10 ♀ 岷山洒灰蝶 北京
11 ♀ 岷山洒灰蝶 北京

06 ♂ 幽洒灰蝶 北京
07 ♂ 幽洒灰蝶 甘肃榆中
08 ♀ 幽洒灰蝶 甘肃榆中
09 ♂ 岷山洒灰蝶 北京
10 ♀ 岷山洒灰蝶 北京
11 ♀ 岷山洒灰蝶 北京

12 ♂ 井上洒灰蝶 台湾花莲
13 ♀ 井上洒灰蝶 台湾花莲
14 ♂ 井上洒灰蝶 陕西凤县
15 ♀ 井上洒灰蝶 陕西凤县
16 ♂ 微洒灰蝶 四川康定
17 ♂ 白衬洒灰蝶 甘肃康县

12 ♂ 井上洒灰蝶 台湾花莲
13 ♀ 井上洒灰蝶 台湾花莲
14 ♂ 井上洒灰蝶 陕西凤县
15 ♀ 井上洒灰蝶 陕西凤县
16 ♂ 微洒灰蝶 四川康定
17 ♂ 白衬洒灰蝶 甘肃康县

⑱ ♂
北方洒灰蝶
辽宁抚顺
⑲ ♀
北方洒灰蝶
辽宁抚顺
⑳ ♂
北方洒灰蝶
北京
㉑ ♀
北方洒灰蝶
甘肃榆中
㉒ ♀
普洒灰蝶
甘肃榆中
18 ♂
北方洒灰蝶
辽宁抚顺
19 ♀
北方洒灰蝶
辽宁抚顺
20 ♂
北方洒灰蝶
北京
21 ♀
北方洒灰蝶
甘肃榆中
22 ♀
普洒灰蝶
甘肃榆中
㉓ ♂
普洒灰蝶
甘肃榆中
㉔ ♂
普洒灰蝶
陕西凤县
㉕ ♀
普洒灰蝶
陕西凤县
㉖ ♂
普洒灰蝶
北京
㉗ ♀
普洒灰蝶
北京
㉘ ♂
普洒灰蝶
陕西镇坪
23 ♂
普洒灰蝶
甘肃榆中
24 ♂
普洒灰蝶
陕西凤县
25 ♀
普洒灰蝶
陕西凤县
26 ♂
普洒灰蝶
北京
27 ♀
普洒灰蝶
北京
28 ♂
普洒灰蝶
陕西镇坪
㉙ ♂
波氏洒灰蝶
浙江临安
㉚ ♂
苹果洒灰蝶
陕西周至
㉛ ♀
苹果洒灰蝶
陕西周至
㉜ ♀
苹果洒灰蝶
辽宁抚顺
㉝ ♀
苹果洒灰蝶
甘肃榆中
29 ♂
波氏洒灰蝶
浙江临安
30 ♂
苹果洒灰蝶
陕西周至
31 ♀
苹果洒灰蝶
陕西周至
32 ♀
苹果洒灰蝶
辽宁抚顺
33 ♀
苹果洒灰蝶
甘肃榆中

优秀洒灰蝶 / *Satyrium eximia* (Fixsen, 1887)

01-08 / P1830

中型灰蝶。与乌洒灰蝶、井上洒灰蝶相似。翅背面棕黑色，后翅具1条尾丝，偶有雌蝶后翅臀角有红斑，翅腹面灰黑色，前翅中部有1条不规则白线，后翅亚外缘有1条连续红斑带，中部有1条不规则白线。雌雄同型。雄蝶前翅有1个卵圆形性标，大于乌洒灰蝶、井上洒灰蝶，较易区分。

1年1代，成虫多见于5-8月。飞翔迅速，高中低海拔均有分布，城市内、阔叶林区、高山草甸及亚高山草甸均有分布，成虫喜访花亦喜落地吸水。幼虫以鼠李科鼠李属植物为寄主。

分布于北京、黑龙江、吉林、辽宁、内蒙古、河北、河南、陕西、山西、江苏、浙江、福建、四川、云南、台湾等地。此外见于俄罗斯及朝鲜半岛等地。

川滇洒灰蝶 / *Satyrium fixseni* (Leech, 1893)

09-16

中型灰蝶。与优秀洒灰蝶相似，翅背面棕黑色，深于前者，大部分个体前后翅均具红斑，翅腹面棕黑色，具1条尾丝。

1年1代，成虫多见于7-8月。飞翔迅速，高海拔分布，主要活动于阔叶林区、高山草甸及亚高山草甸。雄蝶喜驻足于灌木顶枝，有领地性。幼虫以鼠李科鼠李属植物为寄主。

分布于云南北部、四川西部等地。

父洒灰蝶 / *Satyrium patrius* (Leech, 1891)

17

小型灰蝶。翅背面棕黑色，后翅具2条尾丝，一长一短，翅腹面棕黑色，前翅中部有1条不规则白线，后翅亚外缘有1条连续红斑带，中部有1条不规则白线。雌雄同型。雄蝶前翅有1个卵圆形性标。

1年1代，成虫多见于6-7月。飞翔迅速，高海拔分布。幼虫寄主植物不详。

分布于四川西部。

01 ♂ 优秀洒灰蝶 北京
02 ♀ 优秀洒灰蝶 北京
03 ♂ 优秀洒灰蝶 辽宁抚顺
04 ♀ 优秀洒灰蝶 辽宁抚顺
05 ♀ 优秀洒灰蝶 四川宝兴
01 ♂ 优秀洒灰蝶 北京
02 ♀ 优秀洒灰蝶 北京
03 ♂ 优秀洒灰蝶 辽宁抚顺
04 ♀ 优秀洒灰蝶 辽宁抚顺
05 ♀ 优秀洒灰蝶 四川宝兴
06 ♀ 优秀洒灰蝶 四川宝兴
07 ♂ 优秀洒灰蝶 江苏南京
08 ♀ 优秀洒灰蝶 江苏南京
09 ♂ 川滇洒灰蝶 云南德钦
10 ♂ 川滇洒灰蝶 云南丽江
11 ♀ 川滇洒灰蝶 云南丽江
06 ♀ 优秀洒灰蝶 四川宝兴
07 ♂ 优秀洒灰蝶 江苏南京
08 ♀ 优秀洒灰蝶 江苏南京
09 ♂ 川滇洒灰蝶 云南德钦
10 ♂ 川滇洒灰蝶 云南丽江
11 ♀ 川滇洒灰蝶 云南丽江
12 ♂ 川滇洒灰蝶 云南贡山
13 ♂ 川滇洒灰蝶 云南香格里拉
14 ♂ 川滇洒灰蝶 云南香格里拉
15 ♀ 川滇洒灰蝶 云南香格里拉
16 ♀ 川滇洒灰蝶 云南香格里拉
17 ♂ 父洒灰蝶 甘肃舟曲
12 ♂ 川滇洒灰蝶 云南贡山
13 ♂ 川滇洒灰蝶 云南香格里拉
14 ♂ 川滇洒灰蝶 云南香格里拉
15 ♀ 川滇洒灰蝶 云南香格里拉
16 ♀ 川滇洒灰蝶 云南香格里拉
17 ♂ 父洒灰蝶 甘肃舟曲

礼洒灰蝶 / *Satyrium percomis* (Leech, 1893)

01-04

中大型灰蝶。翅背面棕黑色，前后翅均具红斑，后翅具1条长尾丝，翅腹面棕黑色，前翅中部有1条不规则白线，后翅亚外缘有1条连续红斑带，中部有1条不规则白线。雌雄同型。雄蝶前翅有1个卵圆形性标。

1年1代，成虫多见于6-7月。飞翔迅速，中高海拔均有分布，主要活动于阔叶林区。成虫喜访花亦喜落地吸水，幼虫以蔷薇科李属、栒子属植物为寄主。

分布于陕西、四川、河南等地。

江崎洒灰蝶 / *Satyrium esakii* (Shirzou, 1941)

05

小型灰蝶。与父洒灰蝶灰蝶相似，翅背面棕黑色，后翅具2条尾丝，一长一短，翅腹面棕黑色，前翅中部有1条不规则白线，后翅亚外缘有1条连续红斑带，中部有1条不规则白线。雌雄同型。雄蝶前翅有1个卵圆形性标。但本种翅形更为宽阔，后翅腹面白线较为弯曲。

1年1代，成虫多见于5-7月。飞翔迅速，高海拔分布。幼虫寄主不详。

分布于台湾。

杨氏洒灰蝶 / *Satyrium yangi* (Riley, 1939)

06-08

中型灰蝶。翅背面淡蓝色，后翅具1条尾丝，翅腹面棕黄色，前翅亚外缘分布1列黑斑，中部有1条不规则白线，后翅亚外缘有1条连续红斑带，红斑内部分布1列不连续黑斑，中部有1条不规则白线，雌雄同型。雄蝶前翅有1个棒状性标。

1年1代，成虫多见于5-6月。飞翔迅速，雄蝶喜在树梢活动，中海拔均分布，幼虫以蔷薇科李属植物为寄主。

分布于浙江、福建、广东、湖南等地。

大洒灰蝶 / *Satyrium grandis* (Felder & Felder, 1862)

09-10

大型灰蝶。雌雄异型。翅背面棕黑色，具2条尾丝，雄蝶极短，雌蝶一长一短。翅腹面灰黑色，雄蝶前翅中部有1条不规则白线，后翅亚外缘有1连续红黑交叉斑带，雌蝶后翅较雄蝶宽阔，腹面红斑尤其发达，雄蝶前翅有1个圆形性标。

1年1代，成虫多见于5-7月。飞翔能力极强，低海拔山区分布，主要活动于阔叶林区。幼虫以豆科紫藤属植物为寄主。

分布于江苏、河南、浙江、福建等地。

天目洒灰蝶 / *Satyrium tamikoae* (koiwaya, 2002)

11-13

大型灰蝶。翅背面棕黑色，后翅外缘有1列蓝灰色斑带，雌蝶尤其发达，因此得名，具2条尾丝，一长一短，翅腹面棕黑色，前翅中部有1条不规则白线，后翅亚外缘有1条连续红斑带，中部有1条不规则白线。雌雄同型。雄蝶前翅有1个卵圆形性标。

1年1代，成虫多见于6-7月。飞翔迅速，中海拔分布。幼虫以鼠李科鼠李属植物为寄主。

分布于浙江、广东等地。

南风洒灰蝶 / *Satyrium austrinum* (Murayama, 1943)

14-16 / P1830

小型灰蝶。翅背面棕黑色（台湾产个体前翅具红斑），后翅具1条尾丝，翅腹面灰白色至灰色，前翅亚外缘有1条不规则白线，后翅外缘有1条连续红斑带，亚外缘有1条不规则白线，前后翅中室具白斑。雌雄同型。雄蝶无性标。

1年1代，成虫多见于5-6月。中高海拔分布，主要活动于阔叶林区，成虫喜访花亦喜落地吸水。幼虫以榆科榉属植物为寄主。

分布于陕西、台湾。

01 ♂ 礼洒灰蝶 陕西凤县
02 ♂ 礼洒灰蝶 陕西凤县
03 ♀ 礼洒灰蝶 陕西凤县
04 ♂ 礼洒灰蝶 甘肃临潭
05 ♂ 江崎洒灰蝶 台湾台中
01 ♂ 礼洒灰蝶 陕西凤县
02 ♂ 礼洒灰蝶 陕西凤县
03 ♀ 礼洒灰蝶 陕西凤县
04 ♂ 礼洒灰蝶 甘肃临潭
05 ♂ 江崎洒灰蝶 台湾台中
06 ♂ 杨氏洒灰蝶 广东乳源
07 ♀ 杨氏洒灰蝶 浙江临安
08 ♀ 杨氏洒灰蝶 江西井冈山
09 ♂ 大洒灰蝶 浙江临安
10 ♀ 大洒灰蝶 浙江临安
06 ♂ 杨氏洒灰蝶 广东乳源
07 ♀ 杨氏洒灰蝶 浙江临安
08 ♀ 杨氏洒灰蝶 江西井冈山
09 ♂ 大洒灰蝶 浙江临安
10 ♀ 大洒灰蝶 浙江临安
11 ♂ 天目洒灰蝶 浙江临安
12 ♂ 天目洒灰蝶 浙江临安
13 ♀ 天目洒灰蝶 浙江临安
14 ♂ 南风洒灰蝶 陕西周至
15 ♂ 南风洒灰蝶 陕西周至
16 ♀ 南风洒灰蝶 台湾桃园
11 ♂ 天目洒灰蝶 浙江临安
12 ♂ 天目洒灰蝶 浙江临安
13 ♀ 天目洒灰蝶 浙江临安
14 ♂ 南风洒灰蝶 陕西周至
15 ♂ 南风洒灰蝶 陕西周至
16 ♀ 南风洒灰蝶 台湾桃园

饰洒灰蝶 / *Satyrium ornate* (Leech, 1890)

01-05 / P1830

中小型灰蝶。翅背面棕黑色，大部分个体前翅具红斑，有2条尾丝，一长一短，翅腹面灰黑色，前翅腹面亚外缘具1列黑斑，中部有1条不规则白线，后翅亚外缘有1条连续红斑带，尤以雌蝶非常发达，红斑内侧具1列不连续黑斑，翅中有1条不规则白线。雌雄异型。雌蝶翅形明显较雄蝶宽阔，雄蝶不具性标。

1年1代，成虫多见于6–8月。飞行能力较弱，中高海拔均有分布，主要分布于阔叶林区。成虫吸访花亦喜落地吸水。幼虫以蔷薇科绣线菊属植物为寄主。

分布于北京、河北、黑龙江、吉林、河南、陕西、浙江等地。

拟饰洒灰蝶 / *Satyrium inflammata* (Alpheraky, 1889)

06

中小型灰蝶本种与饰洒灰蝶极其相似，外观几乎无法区分，主要区别体现在生殖器上。

1年1代，成虫多见于6–7月。

分布于甘肃南部、四川北部。

渡氏洒灰蝶 / *Satyrium watarii* (Matsumura, 1927)

07

中型灰蝶。与川滇洒灰蝶相似，翅背面棕黑色，浅于前者，前后翅均具红斑，翅腹面棕灰色，具1条尾丝。

1年1代，成虫多见于4–7月。幼虫以蔷薇科绣线菊属植物为寄主。

分布于台湾。

台湾洒灰蝶 / *Satyrium formosanum* (Matsumura, 1910)

08-11 / P1831

大型灰蝶。雌雄同型。翅背面棕黑色，具2条尾丝，一长一短，长尾丝极长，是本种主要特征之一。翅腹面灰黑色，前翅中部有1条不规则白线，亚外缘有5个黑色圆形斑点。后翅亚外缘近臀角处有1条连续红色斑带，雄蝶前翅有1个卵圆形性标。

1年1代，成虫多见于5–7月。飞翔能力极强，低海拔山区分布，主要活动于阔叶林区。幼虫以无患子科无患子为寄主。

分布于福建、台湾等地。

01 ♀ 饰洒灰蝶 北京
02 ♀ 饰洒灰蝶 陕西长安
03 ♀ 饰洒灰蝶 浙江临安
01 ♀ 饰洒灰蝶 北京
02 ♀ 饰洒灰蝶 陕西长安
03 ♀ 饰洒灰蝶 浙江临安
04 ♂ 饰洒灰蝶 浙江临安
05 ♂ 饰洒灰蝶 陕西旬邑
06 ♂ 拟饰洒灰蝶 甘肃康县
07 ♀ 渡氏洒灰蝶 台湾新竹
04 ♂ 饰洒灰蝶 浙江临安
05 ♂ 饰洒灰蝶 陕西旬邑
06 ♂ 拟饰洒灰蝶 甘肃康县
07 ♀ 渡氏洒灰蝶 台湾新竹
08 ♂ 台湾洒灰蝶 福建南平
09 ♀ 台湾洒灰蝶 福建南平
10 ♂ 台湾洒灰蝶 台湾台北
11 ♀ 台湾洒灰蝶 台湾台北
08 ♂ 台湾洒灰蝶 福建南平
09 ♀ 台湾洒灰蝶 福建南平
10 ♂ 台湾洒灰蝶 台湾台北
11 ♀ 台湾洒灰蝶 台湾台北

菲洒灰蝶 / *Satyrium phyllodendri* (Elwes, 1882)

01-03

中小型灰蝶。翅背面棕黑色，后翅具1条极短尾突，翅腹面棕黑色，前后翅中室顶端有黑斑，前翅腹面亚外缘具1列不连续黑斑，中部具1列不连续黑斑，后翅亚外缘有1条连续红斑带，红斑内侧具2列不连续黑斑，雄蝶前翅具1个长卵圆形性标。

1年1代，成虫多见于6-7月。飞行能力较强，中低海拔分布，主要分布于阔叶林区。成虫喜访花亦喜落地吸水。幼虫以蔷薇科苹果属植物为寄主。

分布于黑龙江、吉林、辽宁等地。此外见于俄罗斯及朝鲜半岛等地。

塔洒灰蝶 / *Satyrium thalia* (Leech, 1893)

04-09

中小型灰蝶。与菲洒灰蝶相似。翅背面棕黑色，后翅具1条尾突，明显长于菲洒灰蝶，为主要区分特征。翅腹面灰黑色，前后翅中室顶端有黑斑，前翅腹面亚外缘具1列不连续黑斑，中部具1列不连续黑斑，后翅亚外缘有1条连续红斑带，红斑内侧具2列不连续黑斑，雄蝶前翅具1个长卵圆形性标。

1年1代，成虫多见于6-7月。飞行能力较强，中高海拔分布，主要分布于阔叶林区。成虫吸访花亦喜落地吸水。幼虫以蔷薇科苹果属植物为寄主。

分布于北京、陕西、湖北、四川、甘肃、河南等地。

新灰蝶属 / *Neolycaena* de Nicéville in Marshall & de Nicéville, 1890

小型灰蝶。该属成虫背面为黑褐色或灰褐色，前后翅无斑纹，后翅无尾状突；腹面多白斑，前后翅外缘斑黑色，中间常有红色线纹。

成虫飞行力较强，常见于寄主植物附近活动，停落或访花。

主要分布于古北区，见于新疆、青海、甘肃及东北地区。国内目前已知8种，本图鉴收录4种。

大卫新灰蝶 / *Neolycaenadavidi* (Oberthür, 1881)

10-12 / P1832

小型灰蝶。背面翅色黑褐色，前后翅无斑纹；腹面前后翅外缘有1列黑斑，前翅外缘斑不清晰，中室端斑有或无，亚缘有白斑1列6个，后翅黑色外缘斑清晰，斑带中央有弧形红线纹，中室端白斑清晰，亚外缘斑白色。

1年1代，成虫多见于5-6月。常活动于寄主植物附近，喜访花。幼虫以豆科植物锦鸡儿为寄主。

分布于北京、东北地区。此外见于俄罗斯、蒙古等地。

伊洲新灰蝶 / *Neolycaena iliensis* (Grum-Grshimailo, 1891)

13

小型灰蝶。背面翅色灰褐色，前后翅无斑纹；腹面灰色，前后翅中室端斑白色、线状，前翅亚缘黑斑列不明显，后翅外缘并排2列小黑斑，中域外侧有白线纹围成的带纹。

成虫多见于6-7月。

分布于新疆。此外见于哈萨克斯坦。

鼠李新灰蝶 / *Neolycaena rhymnus* (Eversmann, 1832) 14

小型灰蝶。和戴维新灰蝶相近，主要区别在于腹面后翅基部有1个大白斑，亚外缘白斑列更加靠近中域，外缘斑带中央为淡红色斑。

成虫多见于6-7月，喜访花。

分布于新疆。此外见于俄罗斯、哈萨克斯坦等地。

西藏新灰蝶 / *Neolycaena tangutica* (Grum-Grshimailo, 1891) 15

小型灰蝶。和戴维新灰蝶相近，主要区别在于腹面翅色较戴维新灰蝶深，后翅白斑大，亚缘白斑带更靠近外缘斑。

1年1代，成虫多见于6-7月。成虫常活动于寄主植物附近，喜访花。

分布于青海、甘肃。

罕莱灰蝶属 / *Helleia* Verity, 1943

中型灰蝶。该属成虫底色为黑褐色，翅面有橙红色、紫色斑，亦有金属色闪光，腹面颜色鲜艳，常有橙黄色、红褐色，分布有黑斑和白色线纹。

成虫飞行迅速，栖息在干燥的环境，常停落在草本植物上，喜访花。

主要分布在古北区。国内目前已知2种，本图鉴收录2种。

罕莱灰蝶 / *Helleia helle* ([Schiffermüller], 1775) 16-17

小型灰蝶。背面黑褐色，前翅中域大面积红色，中室有2个黑斑，中域有黑斑带，外缘黑色，内侧有紫色线纹，后翅外缘有红色新月纹；腹面前翅橙黄色，斑纹与背面相同，后翅灰褐色，基部、中域有黑斑，亚缘有红色带。

1年1代，成虫多见于6月。喜访花。

分布于河北、吉林、黑龙江、内蒙古等地。此外见于俄罗斯、波兰、蒙古等地。

丽罕莱灰蝶 / *Helleia li* (Oberthür, 1886) 18-21 / P1833

小型灰蝶。背面翅面暗红褐色，有紫色金属光泽，前翅外角附近红色，后翅外缘有红色新月纹，尾状突1枚，雌蝶前翅大部分橙红色，有黑斑；腹面前翅橙黄色，后翅橙红色，前翅中室斑黑斑3个，中室下方cu_2室有1个黑斑，中域有1列垂直黑斑，亚缘有断续状白色条纹，后翅亚外缘白色条纹连续，臀角上方有“V”字形纹，基部、中域有黑斑。

成虫多见于5-8月。喜访花，栖息在干燥河谷环境。

分布于四川、云南、西藏。

灰蝶属 / *Lycaena* Fabricius, 1807

中小型灰蝶。该属成虫底色为前翅红色，后翅黑褐色，前翅有黑斑，后翅有红带，腹面前翅橙黄色，后翅灰褐色，前翅黑斑大，后翅黑斑小。

成虫飞行迅速，喜访花，常在河流、沟渠附近活动。

分布在世界各地。国内目前已知2种，本图鉴收录1种。

红灰蝶 / *Lycaena phlaeas* (Linnaeus, 1761)

22-27 / P1834

中小型灰蝶。背面前翅红色，中室有2个黑斑，中室外有黑斑带，外缘黑色，后翅黑褐色，外缘有红色带；腹面前翅橙黄色，斑纹同背面，外缘灰褐色，后翅灰褐色，基部、中域、中域外侧有小黑斑，外缘红色。

成虫多见于5-9月。喜访花，常在河流、沟渠附近活动。幼虫以植物皱叶酸模为寄主。

分布于北京、陕西、四川、西藏、云南、新疆等大部分地区。此外见于世界各地。

昙灰蝶属 / *Thersamonia* Verity, 1919

中小型灰蝶。该属成虫底色为橙黄色至黑褐色，翅上有黑斑；腹面前翅橙黄色，后翅灰褐色，有黑斑和橙色带。

成虫飞行迅速，喜访花，常落在草叶上，栖息在低海拔草丛至亚高山草甸。

分布世界各地。国内目前已知7种，本图鉴收录5种。

橙昙灰蝶 / *Thersamonia dispar* (Haworth, 1802)

28-31 / P1835

中小型灰蝶。背面翅面雄蝶橙色，外缘黑色，雌蝶前翅橙黄色，中室及外侧有黑斑，外缘黑边宽，后翅黑褐色，外缘内侧有橙色带；腹面前翅橙黄色，中室有3个黑斑，外侧有1列黑斑，后翅灰褐色，基部、中域外侧有黑斑或黑斑带，外缘有橙色带斑，两侧有黑斑分布。

成虫多见于5-9月。喜访花，常在水溪、河流附近草丛中活动。幼虫以植物酸模为寄主。

分布于北京、陕西、辽宁、内蒙古、吉林等地。此外见于荷兰、英国、哈萨克斯坦、俄罗斯、蒙古及朝鲜半岛等地。

01 ♂ 菲洒灰蝶 辽宁抚顺

02 ♀ 菲洒灰蝶 辽宁抚顺

03 ♂ 菲洒灰蝶 辽宁沈阳

04 ♂ 塔洒灰蝶 北京

05 ♀ 塔洒灰蝶 河北怀来

01 ♂ 菲洒灰蝶 辽宁抚顺

02 ♀ 菲洒灰蝶 辽宁抚顺

03 ♂ 菲洒灰蝶 辽宁沈阳

04 ♂ 塔洒灰蝶 北京

05 ♀ 塔洒灰蝶 河北怀来

06 ♂ 塔洒灰蝶 甘肃榆中

07 ♂ 塔洒灰蝶 甘肃榆中

08 ♂ 塔洒灰蝶 陕西旬邑

09 ♀ 塔洒灰蝶 陕西凤县

10 ♂ 大卫新灰蝶 甘肃永靖

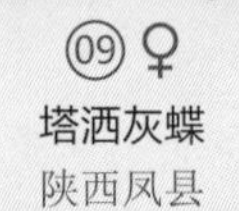

06 ♂ 塔洒灰蝶 甘肃榆中

07 ♂ 塔洒灰蝶 甘肃榆中

08 ♂ 塔洒灰蝶 陕西旬邑

09 ♀ 塔洒灰蝶 陕西凤县

10 ♂ 大卫新灰蝶 甘肃永靖

11 ♀ 大卫新灰蝶 甘肃永靖

12 ♀ 大卫新灰蝶 北京

13 ♀ 伊洲新灰蝶 新疆精河

14 ♂ 鼠李新灰蝶 新疆哈巴河

15 ♂ 西藏新灰蝶 青海西宁

11 ♀ 大卫新灰蝶 甘肃永靖

12 ♀ 大卫新灰蝶 北京

13 ♀ 伊洲新灰蝶 新疆精河

14 ♂ 鼠李新灰蝶 新疆哈巴河

15 ♂ 西藏新灰蝶 青海西宁

⑯♂ 罕莱灰蝶 内蒙古锡林郭勒
⑰♂ 罕莱灰蝶 内蒙古西乌珠穆沁
⑱♂ 丽罕莱灰蝶 云南丽江
⑲♀ 丽罕莱灰蝶 云南丽江
⑳♂ 丽罕莱灰蝶 四川雅江
㉑♀ 丽罕莱灰蝶 四川雅江
16♂ 罕莱灰蝶 内蒙古锡林郭勒
17♂ 罕莱灰蝶 内蒙古西乌珠穆沁
18♂ 丽罕莱灰蝶 云南丽江
19♀ 丽罕莱灰蝶 云南丽江
20♂ 丽罕莱灰蝶 四川雅江
21♀ 丽罕莱灰蝶 四川雅江
㉒♂ 红灰蝶 新疆乌鲁木齐
㉓♀ 红灰蝶 西藏察隅
㉔♂ 红灰蝶 北京
㉕♀ 红灰蝶 北京
㉖♀ 红灰蝶 江苏南京
㉗♀ 红灰蝶 湖北襄阳
22♂ 红灰蝶 新疆乌鲁木齐
23♀ 红灰蝶 西藏察隅
24♂ 红灰蝶 北京
25♀ 红灰蝶 北京
26♀ 红灰蝶 江苏南京
27♀ 红灰蝶 湖北襄阳
㉘♂ 橙昙灰蝶 北京
㉙♀ 橙昙灰蝶 北京
㉚♂ 橙昙灰蝶 甘肃白银
㉛♀ 橙昙灰蝶 甘肃白银
28♂ 橙昙灰蝶 北京
29♀ 橙昙灰蝶 北京
30♂ 橙昙灰蝶 甘肃白银
31♀ 橙昙灰蝶 甘肃白银

昙灰蝶 / *Thersamonia thersamon* (Esper, 1784)

01-02 / P1836

中小型灰蝶。和橙昙灰蝶相近，主要区别为：雄蝶前翅有隐斑，后翅亚缘有淡色斑列；腹面前翅中室外侧斑列弯曲度大，亚缘黑斑带在橙色带中央，后翅中室外侧斑带靠近橙色带。

成虫多见于6月。喜访花。

分布于新疆。此外见于哈萨克斯坦、阿富汗、土库曼斯坦等地。

紫罗兰昙灰蝶 / *Thersamonia violacea* (Staudinger, 1892)

03-05

中型灰蝶。雄雌同型。背面翅面前翅红褐色，中室及中室端各有1个黑斑，中域有黑斑1列7个，外缘黑色带宽，后翅黑褐色，中室有红褐色细线纹，外缘有红褐色带，缘毛白色，翅面有淡紫色光泽；腹面前翅橙黄色，中室外侧黑斑3个斜向，下面4个直向，外缘灰褐色，后翅灰褐色，中室外侧斑带不规则排列。

1年1代，成虫多见于6月。栖息于亚高山草甸。

分布于北京、河北、甘肃等地。

达昙灰蝶 / *Thersamonia dabrerai* Balint, 1996

06

中型灰蝶。雄雌同型。背面翅面橙黄色，前翅中室中部、端部各有1个黑斑，外侧有黑斑1列，外缘黑色，后翅中室端斑线纹状，中域有1列4个小斑，外缘有黑斑；腹面前翅黄褐色，黑斑较背面发达，后翅灰褐色，斑纹稀少。

1年1代，成虫多见于6月。

分布于新疆。此外仅蒙古某个点有记录。

梭尔昙灰蝶 / *Thersamonia solskyi* Erschoff, 1874

07 / P1836

中小型灰蝶。背面翅面雄蝶橙红色，前翅顶角黑色，后翅外缘有黑斑列；腹面前翅浅橙色，后翅灰白色，前后翅面分布有黑斑。

成虫多见于7月，喜访花。

分布于新疆。此外见于塔吉克斯坦、乌兹别克斯坦等地。

貉灰蝶属 / *Heodes* Dalman, 1816

中小型灰蝶。该属成虫底色为橙红色、暗红色，雌蝶翅面有黑斑或红斑，有的后翅有尾突，腹面有点斑或线条。

成虫飞行迅速，喜访花，栖息在亚高山草甸、干热河谷地带。

主要分布在古北区。国内目前已知5种，本图鉴收录3种。

貉灰蝶 / *Heodes virgaureae* (Linnaeus, 1758)

08-10

中小型灰蝶。背面翅面雄蝶橙红色，外缘黑色，后翅外缘有黑斑，雌蝶橙黄色，中室及中室外有黑斑或斑带；腹面前翅橙黄色，后翅灰黄色，前翅中室有3个黑斑，外侧有1列黑斑带，后翅基部、中域有黑斑或斑带，前后翅斑带外侧有白斑列。

1年1代，成虫多见于7月。喜访花，生活在亚高山草甸环境。幼虫以豆科植物为寄主。

分布于河北、吉林、内蒙古、黑龙江、新疆等地。此外见于日本、俄罗斯、蒙古、西班牙、土耳其、朝鲜半岛等地。

尖翅貉灰蝶 / *Heodes alciphron* (Rottemburg, 1775)

11

中型灰蝶。背面翅面雄蝶橙红色偏暗，有紫色金属闪光，翅脉清晰可见，前翅中室中部及端部各有1个黑斑，亚顶区有3个黑斑，下侧黑斑2个，顶角尖，后翅亚缘黑斑1列，不清晰；腹面前翅中室、后翅基半部、前后翅亚缘、外缘有黑斑和黑斑列，后翅外缘有橙色带。

成虫多见于7月。喜访花。

分布于新疆。此外见于蒙古及西伯利亚西部、欧洲中部等地。

昂貉灰蝶 / *Heodes ouang* (Oberthür, 1891)

12-14

中型灰蝶。背面翅面雄蝶暗红色，有紫色金属光泽，前翅中室及中室端各有1个黑斑，前后翅外缘黑色，内有红斑，后翅有尾状突；雌蝶黑褐色，中室基部有紫色斑，中室红斑大，方形，外侧有方形红斑带，亚缘有红斑；腹面前翅红褐色，后翅灰褐色，前翅中室外有2条带，1条斑状，1条带状，后翅中域带垂直呈钩形，外侧有2条带，1条带短，1条带宽，宽带白色条纹沿翅脉向外发散。

成虫多见于6–7月。喜访花，栖息在干热河谷地带。

分布于云南、四川、西藏。

呃灰蝶属 / *Athamanthia* Zhdanko, 1983

中小型灰蝶。该属成虫底色为暗红色、黑褐色，翅面有黑斑、红斑，有的后翅有尾突，雄蝶翅面常有紫色金属光泽。

成虫飞行迅速，喜访花，喜聚集在水边，有的在草甸岩石上停落。

主要分布在古北区。国内目前已知8种，本图鉴收录4种。

陈呃灰蝶 / *Athamanthia tseng* (Oberthür, 1886)

15-18 / P1837

中型灰蝶。背面雄蝶翅面暗红色，有紫色金属光泽，外缘有红斑带，雌蝶黑褐色，前翅中室外侧有红色斑，后翅外缘有红斑，翅面有紫色斑纹；腹面前翅中室及中室端有黑斑，外侧有2列黑斑，后翅基半部有4个小斑，中域及外侧有弧形线纹。所有黑斑内侧蓝白色。

成虫多见于5–8月。喜访花，栖息在干热河谷。

分布于云南、四川、甘肃、贵州。此外见于不丹。

华山呃灰蝶 / *Athamanthia svenhedini* Nordström, 1935

19-23 / P1837

中型灰蝶。背面红褐色，前翅中室有3个黑斑，外缘黑色宽，后翅外侧有红褐色带，有尾突1枚；腹面前翅黄褐色，后翅灰白色，前后翅布满黑斑。

成虫多见于5月。喜访花。

分布于甘肃、陕西、四川。

庞呃灰蝶 / *Athamanthia pang* (Oberthür, 1886)

24-28 / P1838

中型灰蝶。形态和呃灰蝶相近，主要区别在于腹面后翅翅脉褐色，中域有1条白色直线纹。

成虫多见于5-7月。喜访花，分布在草甸环境，亦喜林下水溪边吸水。

分布于四川、云南、贵州、甘肃。

斯旦呃灰蝶 / *Athamanthia standfussi* (Grum-Grshimailo, 1891)

29-35 / P1839

小型灰蝶。翅面前翅红褐色，中室及中室端各有1个黑斑，中室外侧黑斑1列，外缘黑色，后翅外缘有红褐色带；腹面前翅橙黄色，斑纹同背面，后翅灰褐色，分布有淡褐色斑。

1年1代，成虫多见于7月。喜访花，喜停落在草甸上的岩石上、土坑处。

分布于青海、甘肃、四川、西藏。

⓪1 ♂ 昙灰蝶 新疆哈纳斯

⓪2 ♀ 昙灰蝶 新疆哈纳斯

⓪3 ♂ 紫罗兰昙灰蝶 河北怀来

⓪4 ♂ 紫罗兰昙灰蝶 北京

⓪5 ♀ 紫罗兰昙灰蝶 北京

01 ♂ 昙灰蝶 新疆哈纳斯

02 ♀ 昙灰蝶 新疆哈纳斯

03 ♂ 紫罗兰昙灰蝶 河北怀来

04 ♂ 紫罗兰昙灰蝶 北京

05 ♀ 紫罗兰昙灰蝶 北京

⓪6 ♀ 达昙灰蝶 新疆克拉玛依

⓪7 ♂ 梭尔昙灰蝶 新疆乌恰铁列克

⓪8 ♂ 貉灰蝶 内蒙古西乌珠穆沁

⓪9 ♂ 貉灰蝶 河北怀来

⑩ ♀ 貉灰蝶 河北涞源

06 ♀ 达昙灰蝶 新疆克拉玛依

07 ♂ 梭尔昙灰蝶 新疆乌恰铁列克

08 ♂ 貉灰蝶 内蒙古西乌珠穆沁

09 ♂ 貉灰蝶 河北怀来

10 ♀ 貉灰蝶 河北涞源

⑪ ♂ 尖翅貉灰蝶 新疆伊犁

⑫ ♂ 昂貉灰蝶 云南德钦

⑬ ♂ 昂貉灰蝶 四川新都桥

⑭ ♀ 昂貉灰蝶 四川得荣

⑮ ♂ 陈呃灰蝶 四川雅江

⑯ ♀ 陈呃灰蝶 四川雅江

11 ♂ 尖翅貉灰蝶 新疆伊犁

12 ♂ 昂貉灰蝶 云南德钦

13 ♂ 昂貉灰蝶 四川新都桥

14 ♀ 昂貉灰蝶 四川得荣

15 ♂ 陈呃灰蝶 四川雅江

16 ♀ 陈呃灰蝶 四川雅江

⑰ ♂ 陈呃灰蝶 云南丽江
⑱ ♀ 陈呃灰蝶 云南丽江
⑲ ♂ 华山呃灰蝶 甘肃榆中
⑳ ♂ 华山呃灰蝶 甘肃榆中
㉑ ♀ 华山呃灰蝶 甘肃榆中
㉒ ♀ 华山呃灰蝶 甘肃榆中

⓱ ♂ 陈呃灰蝶 云南丽江
⓲ ♀ 陈呃灰蝶 云南丽江
⓳ ♂ 华山呃灰蝶 甘肃榆中
⓴ ♂ 华山呃灰蝶 甘肃榆中
㉑ ♀ 华山呃灰蝶 甘肃榆中
㉒ ♀ 华山呃灰蝶 甘肃榆中

㉓ ♀ 华山呃灰蝶 甘肃榆中
㉔ ♂ 庞呃灰蝶 云南德钦
㉕ ♂ 庞呃灰蝶 青海玉树
㉖ ♀ 庞呃灰蝶 青海玉树
㉗ ♀ 庞呃灰蝶 甘肃夏河
㉘ ♀ 庞呃灰蝶 云南丽江

㉓ ♀ 华山呃灰蝶 甘肃榆中
㉔ ♂ 庞呃灰蝶 云南德钦
㉕ ♂ 庞呃灰蝶 青海玉树
㉖ ♀ 庞呃灰蝶 青海玉树
㉗ ♀ 庞呃灰蝶 甘肃夏河
㉘ ♀ 庞呃灰蝶 云南丽江

㉙ ♂ 斯旦呃灰蝶 四川康定
㉚ ♀ 斯旦呃灰蝶 四川康定
㉛ ♂ 斯旦呃灰蝶 甘肃玛曲
㉜ ♀ 斯旦呃灰蝶 甘肃玛曲
㉝ ♂ 斯旦呃灰蝶 甘肃定西
㉞ ♂ 斯旦呃灰蝶 甘肃夏河
㉟ ♂ 斯旦呃灰蝶 青海玉树

㉙ ♂ 斯旦呃灰蝶 四川康定
㉚ ♀ 斯旦呃灰蝶 四川康定
㉛ ♂ 斯旦呃灰蝶 甘肃玛曲
㉜ ♀ 斯旦呃灰蝶 甘肃玛曲
㉝ ♂ 斯旦呃灰蝶 甘肃定西
㉞ ♂ 斯旦呃灰蝶 甘肃夏河
㉟ ♂ 斯旦呃灰蝶 青海玉树

古灰蝶属 / *Palaeochrysomphanus* Verity, 1934

中小型灰蝶。该属成虫底色为橙红色，中室、外缘有黑斑，腹面棕褐色，分布有黑斑。
成虫飞行迅速，喜访花，栖息在亚高山草甸环境。
主要分布在古北区。国内目前已知1种，本图鉴收录1种。

古灰蝶 / *Palaeochrysomphanus hippothoe* (Linnaeus, 1761)

01-02 / P1839

中小型灰蝶。背面雄蝶翅面橙红色，前翅中室端有黑斑，前后翅外缘黑色，雌蝶暗褐色，后翅外缘有橙色带斑；腹面灰褐色，前翅中室端部黑斑并排2个，后翅基部有小黑斑，前后翅外侧有3列黑斑，最外侧1列不清晰。

1年1代，成虫多见于7月。喜访花，栖息在亚高山草甸环境。幼虫以豆科植物为寄主。

分布于北京、河北、内蒙古、吉林、黑龙江等地。此外见于蒙古、俄罗斯及朝鲜半岛等地。

彩灰蝶属 / *Heliophorus* Geyer, [1832]

中小型灰蝶。雌雄斑纹相异，雄蝶翅背面黑褐色，常有金属光泽的蓝色、绿色或金色斑，雌蝶前翅多有1条橙色或红色斜纹。翅腹面底色黄色，上有细小的黑褐色及白色斑点及线纹，绝大多数种类后翅具尾突，属内各种间雌蝶差异极小，难以辨认。

主要栖息于亚热带及热带森林的边缘地区，喜欢在向阳的地方活动，常停栖在灌木上。幼虫以蓼科火炭母等植物为寄主。

分布于东洋区。国内目前已知14 种，本图鉴收录12 种。

浓紫彩灰蝶 / *Heliophorus ila* (de Nicéville& Martin, [1896])

03-09 / P1840

中型灰蝶。雄蝶翅背面黑褐色，前翅基半部及后翅内中区有色泽暗淡的深紫色斑，后翅臀角附近有1道橙红色斑纹，具尾突，末端白色。翅腹面底色为黄色，前后翅近外侧有1列细小短线纹，前翅及后翅前段为黑褐色，后段为白色，前后翅外缘有1列外镶白纹的红色斑带。雌蝶背面黑褐色，无深紫色斑，前翅中部有1个橙红色斑，腹面斑纹与雄蝶类似。

1年多代，成虫在部分地区几乎全年可见。幼虫以蓼科火炭母等植物为寄主。

分布于福建、江西、广东、海南、台湾、广西、四川、陕西、河南等地。此外见于印度、不丹、缅甸、马来西亚、印度尼西亚等地。

彩灰蝶 / *Heliophorus epicles* (Godart, [1824])

10

中型灰蝶。与浓紫彩灰蝶较相似，但雄蝶前翅基部及后翅后半部的蓝紫色斑纹更亮更清晰，前翅中室外有1道橙红色斑块，后翅边缘的橙红色斑纹发达，由臀角一直延伸至前缘，腹面斑纹与浓紫彩灰蝶相似。雌蝶背面黑褐色，无蓝紫色斑，前翅中部有1个较宽的橙红色斑，腹面斑纹与雄蝶类似。

1年多代，成虫在部分地区几乎全年可见。

分布于广西、广东、海南、云南等地。此外见于印度、不丹、尼泊尔、缅甸、泰国、老挝等地。

德彩灰蝶 / *Heliophorus delacouri* Eliot, 1963

11-13 / P1840

中型灰蝶。与浓紫彩灰蝶较相似，但雄蝶翅背面斑为淡紫色，色泽较浓紫彩灰蝶显得更明显，泛紫色光泽，同时紫色斑更接近前后翅外缘，后翅外缘的橙红色斑纹不发达，腹面斑纹与浓紫彩灰蝶相似。雌蝶背面黑褐色，无淡紫色斑，前翅中部有1个较宽的橙红色斑，腹面斑纹与雄蝶类似。

1年多代，成虫多见于9-11月。幼虫以蓼科火炭母等植物为寄主。

分布于广西、广东。此外见于越南。

古铜彩灰蝶 / *Heliophorus brahma* (Moore, [1858])

14-18 / P1841

中型灰蝶。雄蝶翅背面底色黑褐色，前翅基半部及后翅中部具铜红色至铜绿色金属光泽，非常艳丽，易于辨别。后翅具尾突，外缘有较宽的橙红色波纹。翅腹面与浓紫彩灰蝶相似，但前后翅中室端部有1条暗色短横带，靠外侧还有1条不规则但较平直的暗色横带。雌蝶翅背面为黑褐色，无铜绿色斑，前翅斜带较粗短，后翅正面外缘波纹较宽。

1年多代，成虫多见于6-9月。幼虫以蓼科火炭母等植物为寄主。

分布于四川、西藏、云南、福建、浙江等地。此外见于印度、缅甸、泰国、老挝、越南等地。

莎罗彩灰蝶 / *Heliophorus saphiroides* Murayama, 1992

19-20

中型灰蝶。翅背面呈现非常亮丽的湖蓝色金属光泽，可与近似种区分，前翅腹面后缘靠外的黑色斑点常常呈椭圆形，后翅外缘橙红色斑带散布白色鳞片。与美男彩灰蝶、摩来彩灰蝶较近似，但三者在地理分布上并不重叠，该种仅产于云南北部，因此也可从产地上区分。

成虫多见于4-7月。

分布于云南。

莎菲彩灰蝶 / *Heliophorus saphir* (Blanchard, [1871])

21-23 / P1842

中型灰蝶。雄蝶翅形较短、圆，前后翅背面的前缘、外缘为黑色，其余部分为蓝紫色金属光泽，腹面黄色至镉黄色，前翅亚外缘有模糊的暗色横带，后缘靠外有1个内侧带白线的黑色圆点，后翅外缘有发达的橙红色斑带，带内侧有清晰的黑、白二色的新月纹，靠基部有2个黑点，中室端有1条暗色短横带，外中区有1列由若干暗色短横线组成的外弧形横带。雌蝶翅背面褐色，前翅中部有1条橙红色斜带，翅腹面斑纹与雄蝶相似。

1年多代，成虫多见于6-8月。幼虫以蓼科火炭母等植物为寄主。

分布于四川、云南、陕西、湖北、湖南、江西、浙江等地。

美男彩灰蝶 / *Heliophorus androcles* (Westwood, [1851])

24 / P1843

中型灰蝶。与莎菲彩灰蝶和莎罗彩灰蝶较相似，但翅形明显较长，雄蝶翅背面的金属蓝色非常明亮，多蓝绿色调，同时三者在地理分布上也不重叠。

成虫多见于6-8月。

分布于云南、西藏。此外见于印度、缅甸、泰国。

摩来彩灰蝶 / *Heliophorus moorei* (Hewitson, 1865)

25 / P1844

中型灰蝶。与美男彩灰蝶非常相似，从外观上几乎无法区分，准确的鉴别只能通过外生殖器解剖，另外二者在分布不重叠，摩来彩灰蝶仅发现于西藏樟木，美男彩灰蝶分布于云南西部和西藏察隅。

成虫多见于7–8月。幼虫以蓼科火炭母等植物为寄主。

分布于西藏。此外见于印度、缅甸。

耀彩灰蝶 / *Heliophorus gloria* Huang, 1999

26 / P1844

中型灰蝶。与莎菲彩灰蝶、美男彩灰蝶非常相似，雄蝶翅背面闪金属蓝色，色泽与莎菲彩灰蝶相似，但翅形明显不同，与美男彩灰蝶的区别在于翅面色泽不如美男彩灰蝶亮丽，色调偏蓝紫色，而少绿蓝色，同时三者在地理分布上也不重叠，耀彩灰蝶只产于西藏的东南部。

成虫多见于5–6月。

分布于西藏。

依彩灰蝶 / *Heliophorus eventa* Fruhstorfer, 1918

27-29 / P1845

中小型灰蝶。雄蝶翅背面黑褐色，前翅基部及后翅中室区域散布金属绿色鳞片，较稀疏，后翅具短尾突，外缘具橙红色波纹。翅腹面黄色，前翅外缘有很窄的橙红色带，中室端部有1条暗色短横带，外中区和亚外缘各有1条暗色横带，后角处有1个镶白边的椭圆形黑点，后翅外缘有橙红色波带，其中散布白色鳞片，中域有3个黑点。雌蝶翅背面褐色，前翅中部有1条橙红色斜带，翅腹面斑纹与雄蝶相似。

1年多代，成虫多见于5–8月。幼虫以蓼科火炭母等植物为寄主。

分布于云南。此外见于缅甸、泰国、老挝、越南。

塔彩灰蝶 / *Heliophorus tamu* (Kollar, [1844])

30-31 / P1847

中型灰蝶。雄蝶外部形态与依彩灰蝶极相似，但本种体形偏大，前翅背面基部鳞片为蓝绿色且较密集，后翅中室区域缺乏蓝绿色鳞片但密被黑褐色长毛，外缘橙红色波纹较窄。翅腹面斑纹与依彩灰蝶相似。

成虫多见于5–6月。

分布于云南、西藏。此外见于印度、缅甸、泰国。

云南彩灰蝶 / *Heliophorus yunnani* D'Abrera, 1993

32-33 / P1847

中型灰蝶。雄蝶翅背面紫蓝色，前后翅外缘具宽阔的黑褐色边，臀角有橙红色月纹斑，腹面土黄色，后翅有极宽阔的粉红色外缘带，其内缘饰有白色新月纹组成的波带。本种体形较小，两性翅形浑圆，后翅无尾突，反面缺乏暗色横带，外缘带极发达且呈粉红色，易与所有国产彩灰蝶属种类区分。

成虫多见于5月。

分布于云南。

01 ♂ 古灰蝶 北京
01 ♂ 古灰蝶 北京
02 ♀ 古灰蝶 北京
02 ♀ 古灰蝶 北京
03 ♂ 浓紫彩灰蝶 广东龙门
03 ♂ 浓紫彩灰蝶 广东龙门
04 ♀ 浓紫彩灰蝶 广东龙门
04 ♀ 浓紫彩灰蝶 广东龙门
05 ♂ 浓紫彩灰蝶 海南五指山
05 ♂ 浓紫彩灰蝶 海南五指山
06 ♂ 浓紫彩灰蝶 福建福州
06 ♂ 浓紫彩灰蝶 福建福州
07 ♂ 浓紫彩灰蝶 台湾南投
07 ♂ 浓紫彩灰蝶 台湾南投
08 ♀ 浓紫彩灰蝶 台湾南投
08 ♀ 浓紫彩灰蝶 台湾南投
09 ♂ 浓紫彩灰蝶 西藏墨脱
09 ♂ 浓紫彩灰蝶 西藏墨脱
10 ♂ 彩灰蝶 广东广州
10 ♂ 彩灰蝶 广东广州
11 ♂ 德彩灰蝶 广东惠州
11 ♂ 德彩灰蝶 广东惠州
12 ♂ 德彩灰蝶 广东龙门
12 ♂ 德彩灰蝶 广东龙门
13 ♀ 德彩灰蝶 广东龙门
13 ♀ 德彩灰蝶 广东龙门
14 ♂ 古铜彩灰蝶 云南屏边
14 ♂ 古铜彩灰蝶 云南屏边
15 ♂ 古铜彩灰蝶 西藏墨脱
15 ♂ 古铜彩灰蝶 西藏墨脱
16 ♂ 古铜彩灰蝶 四川芦山
16 ♂ 古铜彩灰蝶 四川芦山
17 ♀ 古铜彩灰蝶 云南屏边
17 ♀ 古铜彩灰蝶 云南屏边

⑱ ♂ 古铜彩灰蝶 四川峨眉山
⑲ ♂ 莎罗彩灰蝶 云南昆明
⑳ ♀ 莎罗彩灰蝶 云南昆明
㉑ ♂ 莎菲彩灰蝶 四川石棉
㉒ ♀ 莎菲彩灰蝶 四川都江堰

18 ♂ 古铜彩灰蝶 四川峨眉山
19 ♂ 莎罗彩灰蝶 云南昆明
20 ♀ 莎罗彩灰蝶 云南昆明
21 ♂ 莎菲彩灰蝶 四川石棉
22 ♀ 莎菲彩灰蝶 四川都江堰

㉓ ♂ 莎菲彩灰蝶 湖南张家界
㉔ ♂ 美男彩灰蝶 云南贡山
㉕ ♂ 摩来彩灰蝶 西藏聂拉木
㉖ ♂ 耀彩灰蝶 西藏墨脱
㉗ ♂ 依彩灰蝶 云南昆明

23 ♂ 莎菲彩灰蝶 湖南张家界
24 ♂ 美男彩灰蝶 云南贡山
25 ♂ 摩来彩灰蝶 西藏聂拉木
26 ♂ 耀彩灰蝶 西藏墨脱
27 ♂ 依彩灰蝶 云南昆明

㉘ ♂ 依彩灰蝶 云南盈江
㉙ ♂ 依彩灰蝶 云南贡山
㉚ ♂ 塔彩灰蝶 云南腾冲
㉛ ♂ 塔彩灰蝶 西藏墨脱
㉜ ♂ 云南彩灰蝶 云南德钦
㉝ ♀ 云南彩灰蝶 云南香格里拉

28 ♂ 依彩灰蝶 云南盈江
29 ♂ 依彩灰蝶 云南贡山
30 ♂ 塔彩灰蝶 云南腾冲
31 ♂ 塔彩灰蝶 西藏墨脱
32 ♂ 云南彩灰蝶 云南德钦
33 ♀ 云南彩灰蝶 云南香格里拉

黑灰蝶属 / *Niphanda* Moore, [1875]

中小型灰蝶。雌雄异型。雄蝶翅背常具蓝色至紫色光泽，雌蝶无光泽。翅腹面具黑白色相间斑纹。

成虫飞行迅速，有访花的习性，常在林缘环境活动。本属种类幼虫与蚂蚁共生，栖息于蚂蚁巢穴，肉食性，以蚂蚁幼虫为食物。

主要分布于古北区、东洋区。国内目前已知4种，本图鉴收录1种。

黑灰蝶 / *Niphanda fusca* (Bremer & Grey, 1853)

01-04 / P1848

中型灰蝶。雌雄异型。雄蝶翅背暗紫色，翅腹面灰白色不规则斑纹相间。雌蝶翅背面棕灰色，有些产地的个体呈灰白相间的颜色，腹面斑纹分布与雄蝶近似。

1年2代，成虫多见于5-8月。幼虫以蚂蚁幼虫为食物。

分布于北京、辽宁、陕西等地。此外见于俄罗斯、朝鲜半岛等地。

尖角灰蝶属 / *Anthene* Doubleday, 1847

中小型至中型灰蝶。雄蝶翅背面多呈带金属光泽的蓝紫色，雌蝶仅中央呈蓝色并带深褐色阔边。腹面多呈灰褐色，有多组镶白线纹列。后翅无尾突，但部分种类后翅缘毛特化为长毛束。外形与娜灰蝶属相似，但本属成员体形较粗壮。

成虫飞行快速，多为森林性物种，雄蝶有聚集潮湿地面吸水的习性。幼虫食性多样，会取食多个不同科的植物，并与蚂蚁有互利共生关系。

主要分布于非洲区，亦有部分分布在东洋区和澳洲区北部。国内目前已知2种，本图鉴收录2种。

尖角灰蝶 / *Anthene emolus* (Godart, [1824])

05-07

中型灰蝶。雄蝶翅膀背面呈金属光泽的浓紫色，雌蝶背面以深褐色为主，前后翅基部有浅蓝斑纹，后翅亚外缘有1列暗色斑点。翅膀腹面灰褐色，满布两侧镶白线的斑纹或带纹，前后翅亚外缘有深浅色相间“V”形纹，臀区附近有黑色镶橙边的眼纹，并有两束由缘毛特化而成的白色长毛束 。

1年多代，成虫全年可见。

分布于云南、广西、海南等地。此外见于印度、缅甸、泰国、马来西亚、印度尼西亚、菲律宾、中南半岛。

点尖角灰蝶 / *Anthene lycaenina* (Felder, 1868)

08-11 / P1848

中型灰蝶。本种外形与点尖角灰蝶十分相似，主要区别为本种雄蝶翅背呈紫色，翅型略尖；本种后翅腹面基部带深褐色圆斑。

1年多代，成虫全年可见。

分布于云南、海南等地。此外见于缅甸、泰国、马来西亚、印度尼西亚、菲律宾及中南半岛、喜马拉雅地区。

锯灰蝶属 / *Orthomiella* Nicéville, 1890

小型灰蝶。翅背面黑褐色，雄蝶有紫色金属光泽，部分种类有非常亮丽的金属蓝斑，翅腹面黄褐色或灰褐色，有黑褐色斑纹。

主要栖息于温带和亚热带森林。多发生于早春季节，常见于溪流附近，喜欢群聚于潮湿的泥地上吸水，偶见访花。

分布于东洋区。国内目前已知3种，本图鉴收录3种。

锯灰蝶 / *Orthomiella pontis* Elwes, 1887

12 / P1849

小型灰蝶。雄蝶翅背面大部分为带紫色光泽的暗蓝色斑，仅后翅前缘有较宽的黑色带，翅外缘有明显黑白相间的缘毛，腹面为黄褐色，前后翅中央及近翅基处有镶白边的暗褐色纹，前翅暗褐色纹弧形排列，后翅暗褐色纹更加明显。雌蝶翅背面为更明亮的蓝色，前翅顶角、外缘，后翅前缘有宽阔的黑边，腹面斑纹类似雄蝶。

1年1代，成虫多见于3-6月。

分布于河南、陕西、江苏、福建、湖北、云南等地。此外见于印度、缅甸、泰国、老挝等地。

峦太锯灰蝶 / *Orthomiella rantaizana* Wileman, 1910

13-17 / P1850

小型灰蝶。雄蝶翅背面黑褐色，后翅上半部有鲜亮的金属蓝斑块，易与属内其他种类区分，腹面为黄褐色，斑纹与锯灰蝶相似。雌蝶翅背面为灰褐色，前后翅靠基部有暗淡的蓝色斑块，腹面与雄蝶相似。

1年1代，成虫多见于2-4月。

分布于浙江、福建、台湾、广东、云南等地。此外见于缅甸、泰国、老挝。

中华锯灰蝶 / *Orthomiella sinensis* (Elwes, 1887)

18-19

小型灰蝶。雄蝶翅背面黑褐色，前翅有宽阔的黑边，黑边内侧及后翅前缘区为暗淡的紫色斑，翅外缘有明显黑白相间的缘毛，腹面斑纹类似峦太锯灰蝶。

1年1代，成虫多见于3-5月。

分布于陕西、河南、浙江等地。

01 ♂
黑灰蝶
辽宁沈阳
02 ♀
黑灰蝶
辽宁沈阳
03 ♀
黑灰蝶
陕西长安
04 ♀
黑灰蝶
北京
01 ♂
黑灰蝶
辽宁沈阳
02 ♀
黑灰蝶
辽宁沈阳
03 ♀
黑灰蝶
陕西长安
04 ♀
黑灰蝶
北京
05 ♂
尖角灰蝶
广西龙州
06 ♂
尖角灰蝶
海南昌江
07 ♀
尖角灰蝶
云南盈江
08 ♂
点尖角灰蝶
海南东方
09 ♂
点尖角灰蝶
海南五指山
10 ♂
点尖角灰蝶
海南乐东
11 ♀
点尖角灰蝶
海南乐东
05 ♂
尖角灰蝶
广西龙州
06 ♂
尖角灰蝶
海南昌江
07 ♀
尖角灰蝶
云南盈江
08 ♂
点尖角灰蝶
海南东方
09 ♂
点尖角灰蝶
海南五指山
10 ♂
点尖角灰蝶
海南乐东
11 ♀
点尖角灰蝶
海南乐东
12 ♂
锯灰蝶
福建武夷山
13 ♂
峦太锯灰蝶
福建福州
14 ♀
峦太锯灰蝶
福建福州
15 ♂
峦太锯灰蝶
台湾新竹
16 ♀
峦太锯灰蝶
台湾南投
17 ♂
峦太锯灰蝶
广东龙门
18 ♂
中华锯灰蝶
陕西宁陕
19 ♂
中华锯灰蝶
湖北襄阳
12 ♂
锯灰蝶
福建武夷山
13 ♂
峦太锯灰蝶
福建福州
14 ♀
峦太锯灰蝶
福建福州
15 ♂
峦太锯灰蝶
台湾新竹
16 ♀
峦太锯灰蝶
台湾南投
17 ♂
峦太锯灰蝶
广东龙门
18 ♂
中华锯灰蝶
陕西宁陕
19 ♂
中华锯灰蝶
湖北襄阳

纯灰蝶属 / *Una* de Nicéville, 1890

小型灰蝶。单型属，特征同物种介绍。成虫飞行敏捷，多在热带森林出现，雄蝶喜聚集地面吸水，雌蝶十分罕见。

栖息于热带地区。

分布于东洋区。国内目前已知1种，本图鉴收录1种。

纯灰蝶 / *Una usta* (Distant, 1886)

01 / P1851

小型灰蝶。雄蝶翅背呈暗紫色；雌蝶则呈深褐色，基部有紫蓝色纹。翅腹底色浅灰褐色，中央有突出的黑色斑点列，亚外缘有1列模糊灰色斑点。

1年多代，成虫多见于4-10月。幼虫寄主及习性未见报道。

分布于云南、海南。此外见于印度、缅甸、泰国、中南半岛、马来西亚、印度尼西亚、菲律宾。

拓灰蝶属 / *Caleta* Fruhstorfer, 1922

小型灰蝶。翅背底色呈黑色，有阔白带贯穿两翅。翅腹白色，有鲜明的黑色斑点列及条纹。后翅有丝状尾突。

成虫飞行缓慢，多在低海拔热带森林出现。雄蝶喜聚集在溪边或潮湿地面吸水，雌蝶不常见。幼虫以鼠李科等植物为寄主。

分布于东洋区和澳洲区北部。国内目前已知 3 种，本图鉴收录2种。

散纹拓灰蝶 / *Caleta elna* (Hewitson, 1876)

02 / P1852

小型灰蝶。翅背底色呈黑色，有阔白带由前翅中央贯穿至后翅内缘。翅腹呈白色，内侧有黑带由前翅前缘屈成直角，并伸延至后翅基部，两翅外则有1道排列成不规则曲线的黑斑列，后翅外则斑列常仅余黑色外框，斑纹内及外围呈灰褐色。

1年多代，成虫全年可见。

分布于云南、广西、海南。此外见于印度、缅甸、泰国、马来西亚、印度尼西亚及中南半岛。

曲纹拓灰蝶 / *Caleta roxus* (Godart, [1824])

03-05 / P1852

小型灰蝶。本种与散纹拓灰蝶相似，主要区别为本种翅腹内侧的黑带在前翅成直线；后翅外则斑列全为黑色。旱季型个体黑纹减退，背腹两面外侧的黑斑断裂成细小黑点。

1年多代，成虫全年可见。幼虫以鼠李科等植物为寄主。

分布于云南、广西、广东、海南。此外可见于印度、缅甸、泰国、马来西亚、印度尼西亚、菲律宾及中南半岛。

檠灰蝶属 / *Discolampa* Toxopeus, 1929

小型灰蝶。外形和拓灰蝶属相似，但本属雄蝶的背面有明显蓝斑，交尾器结构也不同。

成蝶飞行缓慢，多在低海拔热带林的林缘或溪边出现，常与拓灰蝶属的成员混栖。

分布于东洋区和澳洲区北部。国内目前已知1种，本图鉴收录1种。

檠灰蝶 / *Discolampa ethion* (Westwood, 1851)

06

小型灰蝶。本种外形与曲纹拓灰蝶相似，主要区别为：本种雄蝶翅背白带两侧有蓝斑；翅腹内侧黑带共有2道；后翅臂区附近有镶金属蓝色的眼纹。

1年多代，成虫全年可见。

分布于海南。此外见于东洋区。

豹灰蝶属 / *Castalius* Hübner, [1819]

小型灰蝶。翅面黑白相间，前后翅多黑色斑点，类似豹纹。

主要栖息于热带森林，飞行缓慢，喜欢在开阔、阳光充足的林缘地带活动，常见其在潮湿的泥地上吸水。

分布于东洋区。国内目前已知1种，本图鉴收录1种。

豹灰蝶 / *Castalius rosimon* (Fabricius, 1775)

07 / P1853

小型灰蝶。雄蝶翅背面白色，基部泛蓝，前翅外缘黑色，中部至顶角区有数个粗大黑斑，后翅外缘黑带内有白色月纹斑，翅内有数个黑斑，翅腹面白色，密布大小不等的黑色斑点，前翅基部有1条斜的黑色纵带。雌蝶斑纹类似雄蝶，但翅背面黑斑及黑纹更加发达。

1年多代，成虫在部分地区全年可见。

分布于海南、广东、四川、广西、云南等地。此外见于印度、缅甸、泰国、老挝、越南、马来西亚等地。

细灰蝶属 / *Syntarucus* Scudder, 1876

中小型灰蝶。翅背面具有紫色光泽，外缘黑色，翅腹面为黑白相间纹，较为独特，细尾突1对。

成虫栖息于较空旷花丛、灌木或荒地，雄蝶在较低处相互追逐，常见于幼虫寄主植物旁活动、晒日光浴，喜欢访花，偶见到地面吸水。幼虫以植物白花丹为寄主。

主要分布于东洋区和北美区。国内目前已知1种，本图鉴收录1种。

细灰蝶 / *Syntarucus plinius* (Fabricius, 1793)

08-12 / P1854

中小型灰蝶。雌雄异型。雄蝶翅背面紫色，具有光泽，前后翅外缘黑色，臀角有小黑点，黑色短尾突1对，翅腹面为白色，前后翅分布不规则黑色斑、较大，与白色相隔，亚外缘有波浪黑线，与外线间各室有1列小黑点，臀角黑点被绿色线包围。雌蝶翅背面无紫色光泽，前翅外缘带黑、较宽，靠亚外缘有3个黑色斑阶梯分布，前后翅基部有少量蓝色鳞光，后翅灰褐色。

1年多代，成虫多见于初春与深秋两季。幼虫以植物白花丹为寄主。

分布于福建、广东、广西、海南、香港等地。此外见于泰国、缅甸、越南、印度、老挝等地。

娜灰蝶属 / *Nacaduba* Moore, [1881]

小至中型灰蝶。雄蝶翅背面多呈带金属光泽的蓝紫色，雌蝶仅中央呈蓝色并带深褐色阔边。腹面多呈灰褐色，有多组镶白线纹列。后翅常带丝状尾突。本属包含多组外形极相似的物种，鉴定往往要依靠检查雄蝶的交尾器结构。

成虫飞行快速，多为森林性物种。雄蝶有登峰及聚集潮湿地面吸水的习性。幼虫食性多样，国内种类的幼虫以紫金牛科、无患子科、牛栓藤科、豆科和大戟科等植物为寄主。

分布于东洋区和澳洲区。国内目前已知5种，本图鉴收录5种。

古楼娜灰蝶 / *Nacaduba kurava* (Moore, [1858]) 13-18 / P1855

中型灰蝶。雄蝶翅背面呈带金属光泽的灰紫色，能透出腹面的斑纹，雌蝶背面以深褐色为主，前后翅中央呈浅蓝或蓝紫色，后翅亚外缘有1列暗色斑点。翅腹面灰褐色，满布两侧镶白线的斑纹或带纹，其中1组贯穿前翅中室中央并延续至前缘，前后翅亚外缘有深浅色相间的带纹，后翅近臀角有黑色镶橙边的眼纹，其外侧带金属蓝色鳞片。后翅有丝状尾突。旱季型个体腹面的斑纹较模糊，雌蝶背面的深褐色范围减退。

1年多代，成虫在南方全年可见，数量丰富。幼虫以多种紫金牛科植物为寄主。

分布于福建、广东、广西、台湾、海南、香港等地。此外见于东洋区和澳洲区。

贝娜灰蝶 / *Nacaduba beroe* (C. & R. Felder, [1865]) 19-21

中型灰蝶。本种形态与古楼娜灰蝶相似，其主要区别为：本种雄蝶翅背面呈暗紫色，无法透视腹面斑纹；前翅腹面贯穿中室中央的镶白线带纹，并无延续至前缘。

1年多代，成虫在南方全年可见。幼生期习性未明。

分布于云南、海南、台湾。此外见于东洋区。

百娜灰蝶 / *Nacaduba berenice* (Herrich-Schäffer, 1869) 22-29

中型灰蝶。本种形态与古楼娜灰蝶相似，其主要区别为：本种体形较小；雄蝶翅背面呈蓝紫色，密布丝状鳞片，仅能隐约透出腹面斑纹。

1年多代，成虫在南方全年可见。幼虫以无患子科荔枝、番龙眼和牛栓藤科红叶藤等植物为寄主。

分布于云南、广东、海南、台湾、香港等地。此外见于东洋区和澳洲区。

黑娜灰蝶 / *Nacaduba pactolus* (C. Felder, 1860) 30-33

中型灰蝶。与本属其他成员比较，本种体形较大，翅形较宽圆；雄蝶翅背面呈暗紫色，金属光泽不明显；前翅腹面并无贯穿中室中央；两翅亚外缘内侧的浅色带纹明显较宽阔。

1年多代，成虫在南方全年可见。幼虫以豆科植物眼镜豆为寄主。

分布于云南、西藏、海南、台湾。此外见于东洋区、澳洲区北部。

备注：记载自海南的蒋氏娜灰蝶*Nacaduba jiangi* Gu & Wang,1997，其外形与本种稍有差异，但交尾器特征基本1致，极可能是本种的异常个体。本书暂不另作介绍。

贺娜灰蝶 / *Nacaduba hermus* (C. Felder, 1860)

34

中型灰蝶。本种形态与黑娜灰蝶相似，其前翅腹面带纹同样无贯穿中室中央。两者主要区别为：本种体形较小；雄蝶翅背面金属光泽较明显，前翅较接近三角形；腹面底色较深，亚外缘内侧的浅色带纹并无特别宽阔。

1年多代，成虫在南方全年可见。幼生期习性未明。

分布于云南、海南。此外见于东洋区。

佩灰蝶属 / *Petrelaea* Toxopeus, 1929

小型灰蝶。无尾突。本属外形与波灰蝶属十分相似，但两者雄蝶的香鳞和交尾器结构有明显分别。

成虫飞行敏捷，多在低海拔热带森林出现，雄蝶喜聚集地面吸水，常与波灰蝶混栖，雌蝶十分罕见。

分布于东洋区和澳洲区。国内目前已知1种，本图鉴收录1种。

佩灰蝶 / *Petrelaea dana* (de Nicéville, [1884])

35

小型灰蝶。雄蝶翅背呈带金属光泽的紫蓝色，外缘有窄黑边；雌蝶翅背呈深褐色，前翅有白斑，两翅基部有金属蓝色斑纹。翅腹有多组两侧镶白线的暗纹列，后翅臀角附近有椭圆形黑色眼纹。本种外形与多种无尾突的娜灰蝶十分相似，但本种后翅的眼纹不突出，外形较扁。

1年多代，成虫全年可见。幼虫寄主及习性未见报道。

分布于云南。此外见于印度、缅甸、泰国、中南半岛、马来西亚、印度尼西亚、菲律宾等地。

01 ♂ 纯灰蝶 云南盈江
02 ♂ 散纹拓灰蝶 海南五指山
03 ♂ 曲纹拓灰蝶 海南五指山
04 ♂ 曲纹拓灰蝶 广西平果
05 ♀ 曲纹拓灰蝶 海南海口
06 ♂ 檠灰蝶 海南五指山
01 ♂ 纯灰蝶 云南盈江
02 ♂ 散纹拓灰蝶 海南五指山
03 ♂ 曲纹拓灰蝶 海南五指山
04 ♂ 曲纹拓灰蝶 广西平果
05 ♀ 曲纹拓灰蝶 海南海口
06 ♂ 檠灰蝶 海南五指山
07 ♀ 豹灰蝶 广西平果
08 ♂ 细灰蝶 台湾花莲
09 ♀ 细灰蝶 台湾彰化
10 ♂ 细灰蝶 福建福州
11 ♀ 细灰蝶 福建福州
12 ♂ 细灰蝶 海南乐东
07 ♀ 豹灰蝶 广西平果
08 ♂ 细灰蝶 台湾花莲
09 ♀ 细灰蝶 台湾彰化
10 ♂ 细灰蝶 福建福州
11 ♀ 细灰蝶 福建福州
12 ♂ 细灰蝶 海南乐东
13 ♂ 古楼娜灰蝶 台湾台北
14 ♀ 古楼娜灰蝶 台湾新北
15 ♂ 古楼娜灰蝶 香港
16 ♀ 古楼娜灰蝶 香港
17 ♂ 古楼娜灰蝶 广东广州
18 ♀ 古楼娜灰蝶 广东广州
13 ♂ 古楼娜灰蝶 台湾台北
14 ♀ 古楼娜灰蝶 台湾新北
15 ♂ 古楼娜灰蝶 香港
16 ♀ 古楼娜灰蝶 香港
17 ♂ 古楼娜灰蝶 广东广州
18 ♀ 古楼娜灰蝶 广东广州

⑲♂ 贝娜灰蝶 台湾花莲
⓳♂ 贝娜灰蝶 台湾花莲
⑳♀ 贝娜灰蝶 台湾屏东
⓴♀ 贝娜灰蝶 台湾屏东
㉑♂ 贝娜灰蝶 海南昌江
㉑♂ 贝娜灰蝶 海南昌江

㉒♂ 百娜灰蝶 广州从化
㉒♂ 百娜灰蝶 广州从化
㉓♀ 百娜灰蝶 广州从化
㉓♀ 百娜灰蝶 广州从化
㉔♂ 百娜灰蝶 香港
㉔♂ 百娜灰蝶 香港

㉕♀ 百娜灰蝶 香港
㉕♀ 百娜灰蝶 香港
㉖♂ 百娜灰蝶 台湾台东
㉖♂ 百娜灰蝶 台湾台东
㉗♀ 百娜灰蝶 台湾台东
㉗♀ 百娜灰蝶 台湾台东

㉘♂ 百娜灰蝶 海南昌江
㉘♂ 百娜灰蝶 海南昌江
㉙♀ 百娜灰蝶 海南昌江
㉙♀ 百娜灰蝶 海南昌江
㉚♀ 黑娜灰蝶 台湾南投
㉚♀ 黑娜灰蝶 台湾南投

㉛♂ 黑娜灰蝶 西藏墨脱
㉛♂ 黑娜灰蝶 西藏墨脱
㉜♀ 黑娜灰蝶 海南五指山
㉜♀ 黑娜灰蝶 海南五指山
㉝♂ 黑娜灰蝶 台湾嘉义
㉝♂ 黑娜灰蝶 台湾嘉义

㉞♂ 贺娜灰蝶 海南保亭

㉞♂ 贺娜灰蝶 海南保亭

㉟♂ 佩灰蝶 云南盈江

㉟♂ 佩灰蝶 云南盈江

波灰蝶属 / *Prosotas* Druce, 1891

小型灰蝶。雄蝶翅背面大多呈暗紫色或紫蓝色。雌蝶呈深褐色，仅中央有蓝色斑纹。腹面多呈灰褐色，有多组两侧镶白线的暗纹列。部分种类后翅带丝状尾突。本属外形看似缩小版的娜灰蝶，同样包含很多外形极相似的物种，要依靠检查雄蝶的交尾器结构作鉴定。

成虫飞行活泼，多为森林性物种，雄蝶会聚集在湿地吸水。雌蝶会将卵产于寄主花苞的细缝间，并以透明分泌物封合。国内种类的幼虫以虎耳草科、无患子科、豆科、壳斗科和大戟科等植物为寄主。

分布于东洋区和澳洲区。国内目前已知7种，本图鉴收录4种。

波灰蝶 / *Prosotas nora* (Felder, 1860)

01 / P1856

小型灰蝶。雄蝶翅背面呈暗紫色；雌蝶则呈深褐色，中央散布金属蓝色的鳞片，后翅亚外缘有1列暗色斑点。雄蝶翅腹面底色灰褐色；雌蝶则呈黄褐色。腹面有多组两侧镶白线的暗纹列，前后翅亚外缘有由2列暗色斑组成的带纹，后翅近臀角有黑色镶橙边的眼纹，其外侧带金属蓝色鳞片。后翅有丝状尾突。

1年多代，成虫在南方全年可见，数量丰富。幼虫以豆科、壳斗科和虎耳草科等植物为寄主。

分布于云南、广西、广东、海南、台湾、香港等地。此外见于东洋区和澳洲区北部。

疑波灰蝶 / *Prosotas dubiosa* (Semper, [1879])

02-04 / P1857

小型灰蝶。本种形态与波灰蝶相似，其主要区别为：本种后翅无丝状尾突；雄雌翅腹面底色均呈灰褐色；翅腹面的暗色带纹较宽，令整体斑纹看似较密。

1年多代，成虫在南方全年可见，数量丰富。幼虫以多种豆科植物为寄主。

分布于云南、海南、台湾、香港。此外见于东洋区和澳洲区。

阿波灰蝶 / *Prosotas aluta* (Druce, 1873)

05

小型灰蝶。雄蝶翅背面呈蓝紫色，带金属光泽，外缘区带深褐色窄边；雌蝶则呈带金属光泽的浅蓝色，前翅前缘和外缘区带深褐色粗边，后翅亚外缘有1列暗色斑点。翅腹面底色灰褐色，有多组两侧镶白线的深褐色纹列，并于后翅中央融合为1个粗斑，容易与本属其他成员区分。后翅近臀角有黑色镶橙边的眼纹，其外侧带金属蓝色鳞片。后翅有丝状尾突。

1年多代。成虫除冬季外，全年可见。幼虫习性未明。

分布于云南、海南。此外见于东洋区。

黄波灰蝶 / *Prosotas lutea* (Martin, 1895)

06

小型灰蝶。雄蝶翅背面呈深褐色，仅前翅中央散布少量带金属光泽的蓝色鳞片；雌蝶背面呈深褐色，前翅中央颜色略浅。翅腹面底色黄褐色，有多组两侧镶黑白线的褐色纹列。前后翅亚外缘有1条深色斑列，其中后翅近前缘的黑斑明显较大。后翅近臀角有黑色镶橙边的眼纹，其外侧带金属蓝色鳞片。后翅无丝状尾突。

1年多代。成虫除冬季外，全年可见。国外记载幼虫以豆科植物为寄主。

分布于云南南部和西南部低海拔的热带雨林。此外见于印度、缅甸、泰国、苏门答腊及中南半岛、马来半岛等地。

尖灰蝶属 / *Ionolyce* Toxopeus, 1929

小型灰蝶。外形与娜灰蝶属接近，但本属成员前翅顶角较尖锐，尤以雄蝶为甚，前后翅外缘甚直，脉相和交尾器也有所不同。

成虫飞行快速，多在低海拔热带林出现，雄蝶会混在娜灰蝶属成员中在湿地吸水。

分布东洋区和澳洲区。国内目前已知1种，本图鉴收录1种。

尖灰蝶 / *Ionolyce helicon* (Felder, 1860)

07-08

小型灰蝶。雄蝶翅膀背面呈带金属光泽的紫蓝色，雌蝶背面以深褐色为主，前后翅中央呈浅蓝色，后翅亚外缘有1列暗色斑点。翅膀腹面灰褐色，满布两侧镶白线的斑纹或带纹。后翅有丝状尾突。

1年多代，成虫全年可见。

分布于云南、海南。此外东洋区广布。

方标灰蝶属 / *Catopyrops* Toxopeus, 1930

小型灰蝶。雄蝶翅背面大多呈紫色或紫蓝色。雌蝶呈深褐色，仅中央有蓝色斑纹。腹面多呈灰褐色，有多组两侧镶白线的暗纹列。后翅带丝状尾突。本属外形近似于娜灰蝶属，但脉相及雄蝶交尾器有所区别。

成虫飞行活泼，多栖息于次生林及海岸林，有访花性。幼虫以豆科、榆科、荨麻科和大戟科等植物为寄主。

分布于东洋区和澳洲区。国内目前已知1种，本图鉴收录1种。

方标灰蝶 / *Catopyrops ancyra* (Felder, 1960)

09-11

小型灰蝶。雄蝶翅背面呈带金属光泽的紫色；雌蝶则呈深褐色，中央散布金属蓝色的鳞片，后翅亚外缘有1列浅色弦月纹，臀区附近有1个由黑斑及橙色弦月纹构成的眼斑。翅腹面底色灰褐色，有多组两侧镶白线的暗纹列，两翅亚外缘有由暗色斑组成的带纹列，后翅近臂角有黑色镶浓橙色边的眼纹。后翅有丝状尾突。

1年多代。成虫全年可见。幼虫以荨麻科植物落尾木为寄主。

分布于台湾。此外广布于东南亚至澳洲区北部。

雅灰蝶属 / *Jamides* Hübner, [1819]

中至大型灰蝶。翅背面通常有深蓝色，浅蓝色及白色，雄蝶具有光泽，翅腹面满布满白色条纹，具尾突。此属后翅腹面内缘到臀角区有“V”形线纹，可与娜灰蝶属和波灰蝶属较快区分。

成虫栖息于低海拔林边开阔环境，林内较阴处也见行踪，多活跃于灌木及低矮草丛，停息时候翅不张开，喜欢访花和到地面吸水。幼虫以多种豆科和姜科植物为寄主。

分布于东洋区。国内目前已知5种，本图鉴收录3种。

备注：净雅灰蝶*J.pura*和碧雅灰蝶*J.elpis*目前尚未有准确的标本记录，国内分布存疑。

雅灰蝶 / *Jamides bochus* (Stoll, [1782])

12-17 / P1858

中型灰蝶。雌雄异型。雄蝶前翅前缘、外缘及翅角为较宽黑色，由中部到后翅均为蓝色金属闪光，后翅外缘黑色，翅反面为褐色，前翅由白线组成“Y”形图案，后翅白线不规则排列，臀区有1个橙边包围的圆形黑斑，细长尾突1对。雌蝶翅面为浅蓝色斑，无光泽。

1年多代，成虫多见于5-12月。幼虫寄主为多种豆科植物，通常在野葛花上较容易寻获。

分布于福建、广东、广西、海南、云南、湖南、江西、浙江、香港、台湾等地。此外见于泰国、缅甸、越南、印度、老挝等地。

素雅灰蝶 / *Jamides alecto* (Felder, 1860)

18-21 / P1859

中大型灰蝶。雌雄同型。雄蝶翅面为浅蓝色，前后翅外缘黑色、较窄，后翅前缘和内援为灰白色，翅反面为灰色，白线呈点状相连，臀区有1个橙边包围的圆形黑斑，细长尾突1对。雌蝶翅面蓝色更浅，接近白，前翅外缘黑带延伸到外缘中区。

1年多代，成虫多见于5-11月。幼虫寄主为多种姜科植物。

分布于福建、广东、广西、海南、云南、湖南、香港、台湾等地。此外见于泰国、缅甸、越南、印度、老挝等地。

01 ♂
波灰蝶
台湾嘉义
01 ♂
波灰蝶
台湾嘉义
02 ♂
疑波灰蝶
台湾台南
02 ♂
疑波灰蝶
台湾台南
03 ♀
疑波灰蝶
台湾台南
03 ♀
疑波灰蝶
台湾台南
04 ♂
疑波灰蝶
海南乐东
04 ♂
疑波灰蝶
海南乐东
05 ♂
阿波灰蝶
海南昌江
05 ♂
阿波灰蝶
海南昌江
06 ♂
黄波灰蝶
云南盈江
06 ♂
黄波灰蝶
云南盈江
07 ♂
尖灰蝶
海南昌江
07 ♂
尖灰蝶
海南昌江
08 ♂
尖灰蝶
云南盈江
08 ♂
尖灰蝶
云南盈江
09 ♂
方标灰蝶
台湾台东
09 ♂
方标灰蝶
台湾台东
10 ♀
方标灰蝶
台湾台东
10 ♀
方标灰蝶
台湾台东
11 ♀
方标灰蝶
台湾台东
11 ♀
方标灰蝶
台湾台东
12 ♂
雅灰蝶
台湾嘉义
12 ♂
雅灰蝶
台湾嘉义
13 ♀
雅灰蝶
台湾嘉义
13 ♀
雅灰蝶
台湾嘉义
14 ♂
雅灰蝶
福建福州
14 ♂
雅灰蝶
福建福州
15 ♀
雅灰蝶
福建福州
15 ♀
雅灰蝶
福建福州
16 ♂
雅灰蝶
广东广州
16 ♂
雅灰蝶
广东广州
17 ♂
雅灰蝶
广东广州
17 ♂
雅灰蝶
广东广州
18 ♂
素雅灰蝶
海南五指山
18 ♂
素雅灰蝶
海南五指山
19 ♀
素雅灰蝶
海南五指山
19 ♀
素雅灰蝶
海南五指山
20 ♂
素雅灰蝶
台湾台北
20 ♂
素雅灰蝶
台湾台北
21 ♀
素雅灰蝶
台湾新北
21 ♀
素雅灰蝶
台湾新北

锡冷雅灰蝶 / *Jamides celeno* (Cramer, [1775])

01-05 / P1860

中型灰蝶。雌雄同型。本种与素雅灰蝶近似，主要区别为：雄蝶翅背面为蓝色更淡，接近白色，前后翅外缘黑带很窄，翅腹面为灰白色，白色线较粗，花纹因季节型变化很大。雌蝶前翅顶角及外缘黑带较宽。

1年多代，成虫多见于3-11月。幼虫以多种豆科植物为寄主。

分布于福建、广东、广西、海南、云南、香港、台湾等地。此外见于泰国、缅甸、越南、印度、老挝等地。

咖灰蝶属 / *Catochrysops* Boisduval, 1832

中型灰蝶。雄蝶翅背面几乎全为泛金属光的蓝紫色，雌蝶的蓝紫色面积小，外缘有明显黑褐色及白色小纹。雄蝶翅背面有矩形发香鳞，后翅有尾突。

主要栖息于热带森林，也常见于草丛附近，喜欢在阳光充足的地方活动，常访花及在潮湿泥地上吸水。

分布于东洋区和澳洲区。国内目前已知2种，本图鉴收录2种。

蓝咖灰蝶 / *Catochrysops panormus* C.Felder, 1860

06-08 / P1861

中型灰蝶。雄蝶翅背面浅蓝色，有金属光泽，后翅有细长尾突，近臀角处有1个黑斑，翅腹面浅灰色，前后翅中央有1组两边镶白线的带纹，中室端也有类似斑纹，前后翅亚外缘有由暗色纹及白线组成的带纹，前翅前缘靠顶角处有1个小褐斑，褐斑非常接近中部横带，后翅上缘有2个明显的小黑点，近臀角处有黑斑和橙黄色玄月纹组成的眼状斑。雌蝶前后翅背面亚外缘有白色纹列，后翅沿外缘有镶嵌白线的暗色斑列，近臀角处有黑斑和橙黄色玄月纹组成的眼状斑，翅腹面斑纹与雄蝶类似。

1年多代，成虫在部分地区几乎全年可见。

分布于海南、台湾、香港等地。此外见于从印度到澳大利亚的广泛区域。

咖灰蝶 / *Catochrysops strabo* Fabricius, 1793

09-12 / P1861

中型灰蝶。与蓝咖灰蝶非常相似，但本种雄蝶翅背面呈紫色，而蓝咖灰蝶呈浅蓝色，本种前翅腹面前缘靠顶角处的褐色小斑与中部横带的距离较远，而蓝咖灰蝶则非常靠近中部横带。

1年多代，成虫在部分地区几乎全年可见。

分布于广东、海南、广西、台湾、云南、香港等地。此外见于从印度到澳大利亚的广泛区域。

亮灰蝶属 / *Lampides* Hübner, [1819]

中型灰蝶。雄蝶翅背面紫蓝色，有形态特殊的发香鳞，雌蝶翅背面黑褐色，有蓝色纹。

生活于任何有其寄主的地方。幼虫以豆科植物为寄主，常在农田附近活动，飞行迅速，喜欢访花及在潮湿泥地上吸水。

分布于世界各地。国内目前已知1种，本图鉴收录1种。

亮灰蝶 / *Lampides boeticus* Linnaeus, 1767

13-18 / P1862

中型灰蝶。雄蝶翅背面蓝紫色，仅外缘有极细的黑边，后翅具尾突，近臀角处有1个黑点，翅腹面浅灰褐色，前后翅有许多白色细线及褐色带组成的斑纹，后翅亚外缘有1条醒目的宽阔白带，臀角处有2个黑斑，黑斑内有绿黄色鳞，外具橙黄色纹。雌蝶斑纹与雄蝶类似，但背面黑褐色部分明显较宽，后翅外缘和亚外缘有白纹及白带，腹面斑纹与雄蝶相似。

1年多代，成虫几乎全年可见。

分布于陕西、河南、安徽、江苏、浙江、福建、台湾、海南、广东、云南、香港等南方地区。此外见于世界各地。

棕灰蝶属 / *Euchrysops* Butler, 1900

中小型灰蝶。翅背面蓝紫色，翅脉黑色，后翅臀区有眼斑，翅腹面灰色，通常中室内有1个弧形斑，散布褐色和黑色斑点，具尾突。

成虫栖息于较低海拔空旷林边及荒地处，喜欢在晴天出没，有访花性，休憩时翅合并，有张翅晒日光浴习性。幼虫主要以豆科植物为寄主。

主要分布于东洋区和非洲区。国内目前已知1种，本图鉴收录1种。

棕灰蝶 / *Euchrysops cnejus* (Fabricius, 1798)

19-23 / P1863

中小型灰蝶。雌雄异型，雄蝶翅背面蓝紫色，外缘黑色、较窄，前翅中室有个模糊斑点，后翅臀区有2个黑色圆斑，伴有橙色半包围，黑色尾突1对、较短，翅反面灰白色，前后翅中室各有1个灰色弧形斑，亚外缘各有3列灰色斑，后翅有3个黑色斑点，靠前缘并列2个，基部外1个。雌蝶翅背面灰色，前翅基部到中区有零散浅蓝鳞片，后翅外缘有1列灰色圆点，外中区有白色暗纹。雌蝶与咖灰蝶属雌蝶接近，主要区别为：后者后翅腹面仅得2个黑色斑点。

1年多代，成虫多见于5–10月。幼虫以贼小豆等多种豆科植物为寄主。

分布于长江以南、秦岭以南的广大地区。此外见于南亚至东南亚地区。

吉灰蝶属 / *Zizeeria* Chapman, 1910

小型灰蝶。翅背面闪蓝色金属光泽，翅腹面白色至淡黄褐色，具许多小斑。

成虫栖息于林缘、草地、农田等环境，飞行能力不强，喜欢访花或在地面吸水，幼虫寄主植物为酢酱草科、苋科、豆科、蓼科等。

分布于古北区南部、东洋区、澳洲区和非洲区。国内目前已知2种，本图鉴收录2种。

酢酱灰蝶 / *Zizeeria maha* (Kollar, [1844])

24-31 / P1864

小型灰蝶。雄蝶背面闪淡蓝色金属光泽，雌蝶则为黑色，但低温型个体翅基部至中域闪有蓝色金属光泽；高温型个体翅腹面白色，具有许多小黑点；低温型个体翅腹面呈淡黄褐色，具许多围有淡色环纹的黑色或褐色小点。

1年多代，成虫在亚热带地区除了冬季外均可见到，热带地区几乎全年可见。幼虫以酢酱草科植物酢酱草为寄主。

分布于江苏、浙江、福建、江西、广东、广西、海南、四川、重庆、贵州、云南、西藏、香港、台湾等地。此外见于日本、朝鲜半岛、西亚、南亚和东南亚的广大地区。

吉灰蝶 / *Zizeeria karsandra* (Moore, 1865)

32-34

小型灰蝶。近似于酢酱灰蝶，但本种个体较小，雄蝶翅背面的蓝色金属光泽颜色较暗；翅腹面中域的斑点颜色较深；前翅腹面中室下侧缺少1个小黑点。

1年多代，成虫几乎全年可见。栖息于林缘、草地、农田等环境，飞行贴近地面，喜欢访花。幼虫以苋科的野苋菜、蒺藜科的大花蒺藜等植物为寄主。

分布于福建、广东、广西、海南、云南、香港、台湾等地。此外见于亚洲南部、西亚、澳洲以及非洲北部地区。

01 ♂ 锡冷雅灰蝶 台湾高雄
02 ♀ 锡冷雅灰蝶 台湾台东
03 ♂ 锡冷雅灰蝶 海南五指山
04 ♂ 锡冷雅灰蝶 海南五指山
05 ♀ 锡冷雅灰蝶 广东广州
01 ♂ 锡冷雅灰蝶 台湾高雄
02 ♀ 锡冷雅灰蝶 台湾台东
03 ♂ 锡冷雅灰蝶 海南五指山
04 ♂ 锡冷雅灰蝶 海南五指山
05 ♀ 锡冷雅灰蝶 广东广州
06 ♂ 蓝咖灰蝶 台湾宜兰
07 ♀ 蓝咖灰蝶 台湾高雄
08 ♂ 蓝咖灰蝶 海南乐东
09 ♂ 咖灰蝶 广东广州
10 ♀ 咖灰蝶 广西平果
06 ♂ 蓝咖灰蝶 台湾宜兰
07 ♀ 蓝咖灰蝶 台湾高雄
08 ♂ 蓝咖灰蝶 海南乐东
09 ♂ 咖灰蝶 广东广州
10 ♀ 咖灰蝶 广西平果
11 ♂ 咖灰蝶 台湾台东
12 ♀ 咖灰蝶 台湾台东
13 ♂ 亮灰蝶 台湾屏东
14 ♀ 亮灰蝶 台湾南投
15 ♂ 亮灰蝶 福建福州
16 ♀ 亮灰蝶 福建福州
11 ♂ 咖灰蝶 台湾台东
12 ♀ 咖灰蝶 台湾台东
13 ♂ 亮灰蝶 台湾屏东
14 ♀ 亮灰蝶 台湾南投
15 ♂ 亮灰蝶 福建福州
16 ♀ 亮灰蝶 福建福州

⑰♀ 亮灰蝶 广东佛山
⑱♀ 亮灰蝶 甘肃兰州
⑲♂ 棕灰蝶 香港
⑳♀ 棕灰蝶 香港
㉑♂ 棕灰蝶 台湾基隆
㉒♀ 棕灰蝶 台湾屏东
17 ♀ 亮灰蝶 广东佛山
18 ♀ 亮灰蝶 甘肃兰州
19 ♂ 棕灰蝶 香港
20 ♀ 棕灰蝶 香港
21 ♂ 棕灰蝶 台湾基隆
22 ♀ 棕灰蝶 台湾屏东
㉓♀ 棕灰蝶 广东广州
㉔♂ 酢酱灰蝶 广东佛山
㉕♀ 酢酱灰蝶 广东佛山
㉖♂ 酢酱灰蝶 台湾屏东
㉗♀ 酢酱灰蝶 台湾台东
㉘♂ 酢酱灰蝶 福建福州
23 ♀ 棕灰蝶 广东广州
24 ♂ 酢酱灰蝶 广东佛山
25 ♀ 酢酱灰蝶 广东佛山
26 ♂ 酢酱灰蝶 台湾屏东
27 ♀ 酢酱灰蝶 台湾台东
28 ♂ 酢酱灰蝶 福建福州
㉙♂ 酢酱灰蝶 福建福州
㉚♀ 酢酱灰蝶 福建福州
㉛♀ 酢酱灰蝶 福建福州
㉜♂ 吉灰蝶 香港
㉝♂ 吉灰蝶 海南昌江
㉞♀ 吉灰蝶 海南昌江
29 ♂ 酢酱灰蝶 福建福州
30 ♀ 酢酱灰蝶 福建福州
31 ♀ 酢酱灰蝶 福建福州
32 ♂ 吉灰蝶 香港
33 ♂ 吉灰蝶 海南昌江
34 ♀ 吉灰蝶 海南昌江

毛眼灰蝶属 / *Zizina* Chapman, 1910

小型灰蝶。翅背面闪蓝色金属光泽，翅腹面白色至淡黄褐色，具许多小斑，其中后翅前缘近顶角处的2个小斑点的连线与前缘垂直。

成虫栖息于林缘、草地、农田等环境，飞行能力不强，喜欢访花。幼虫以豆科等植物为寄主。

分布于古北区南部、东洋区、澳洲区和非洲区。国内目前已知2种，本图鉴收录2种。

毛眼灰蝶 / *Zizina otis* (Fabricius, 1787)

01-05 / P1865

小型灰蝶。雄蝶背面闪蓝色金属光泽，雌蝶则为黑色，仅基部闪有蓝色金属光泽；翅腹面呈淡黄褐色，具有许多深褐色的小斑点，其中后翅前缘近顶角处的2个小斑点的连线与前缘垂直。

1年多代，成虫几乎全年可见。幼虫以豆科的穗花木蓝、鸡眼草等植物为寄主。

分布于福建、广东、广西、海南、云南、香港、台湾等地。此外见于亚洲南部地区、澳洲区、非洲区。

埃毛眼灰蝶 / *Zizina emelina* (de l'Orza, 1867)

06-08 / P1865

小型灰蝶。近似于毛眼灰蝶，但本种雄蝶翅背面蓝色区稍小；翅腹面呈暗褐色，中域的斑点呈黑褐色。

1年多代，成虫多见于4-11月。幼虫以豆科的鸡眼草、百脉根、金雀花等植物为寄主。

分布于四川、云南等地。此外见于日本。

长腹灰蝶属 / *Zizula* Chapman, 1910

小型灰蝶。雄蝶翅背面闪蓝色金属光泽，翅腹面白色至淡黄褐色，具许多小斑，其中前翅中室外侧近前缘处具1个小斑点。

成虫栖息于林缘、草地、农田等环境，飞行能力不强，喜欢访花。幼虫以爵床科、马鞭草科、豆科等植物为寄主。

分布于东洋区、澳洲区、非洲区和新热区。国内目前已知1种，本图鉴收录1种。

长腹灰蝶 / *Zizula hylax* (Fabricius, 1775)

09-12 / P1865

小型灰蝶。雄蝶翅背面闪蓝色金属光泽，雌蝶则为黑褐色；翅腹面淡黄褐色，亚外缘具1条褐色细线，翅面具许多褐色小斑，其中前翅中室外侧近前缘处具1个小斑点。

1年多代，成虫几乎全年可见。幼虫以马鞭草科的马樱丹、爵床科的大安水蓑衣等植物为寄主。

分布于海南、云南、台湾、香港等地。此外见于亚洲南部地区，以及澳洲区和非洲区。

珐灰蝶属 / *Famegana* Eliot, 1973

小型灰蝶。雄蝶翅背面闪蓝色金属光泽，翅腹面淡褐色，除了后翅近臀角处具几个小黑点外几乎无斑纹。

成虫栖息于较为开阔的林缘或草地环境，喜访花。幼虫以豆科植物为寄主。

分布于东洋区和澳洲区。国内目前已知1种，本图鉴收录1种。

珐灰蝶 / *Famegana alsulus* (Herrich-Schäffer, 1869)

13-14

小型灰蝶。雄蝶翅背面基部至中域闪有紫色光泽；翅腹面淡褐色，外缘具1列褐色小斑，后翅近臀角处具几个小黑点，翅基部至中域基本无明显斑纹和斑点。

1年多代，成虫几乎全年可见。幼虫以豆科植物为寄主。

分布于广东、云南、香港、台湾等地。此外见于印度、缅甸、泰国、老挝、越南、马来西亚、印度尼西亚、澳大利亚等地。

枯灰蝶属 / *Cupido* Schrank, 1801

小型灰蝶。两性均无尾突，大部分种类雌雄异色，雄蝶背面多为蓝色，少数种类棕色。雌蝶背面多为棕色。两性腹面均为灰色至灰白色，

成虫飞行缓慢，有访花习性，分布于高山或亚高山草甸环境。

主要分布于古北区。国内目前已知3种，本图鉴收录1种。

枯灰蝶 / *Cupido minimus* (Fruessly, 1775)

15-16

小型灰蝶。雌雄同色，翅背面棕灰色；翅腹面灰白色，前翅亚外缘及中室具多个黑色斑点，后翅亚外缘及中域具多个黑色斑点。

成虫多见于6–8月。

分布于甘肃、河北、河南、内蒙古等地。此外见于俄罗斯等地。

蓝灰蝶属 / *Everes* Hübner, [1819]

小型灰蝶。雄蝶翅背面闪蓝色金属光泽，雌蝶翅背面蓝色区域较小，翅腹面具褐色或黑色小斑点，后翅近臀角处具橙色斑。

成虫栖息于较为开阔的林缘、草地、农田或城市绿地环境，喜访花。幼虫以豆科和大麻科植物为寄主。

分布于古北区、新北区、东洋区和澳洲区。国内目前已知2种，本图鉴收录2种。

备注：也有学者将本属种类归入枯灰蝶属*Cupido*。

蓝灰蝶 / *Everes argiades* (Pallas, 1771)

17-22 / P1866

小型灰蝶。雄蝶翅背面呈蓝紫色，雌蝶则为黑褐色，仅在翅基部具蓝色金属光泽；翅腹面白色至淡灰色，具许多黑色小斑点，后翅近臀角处具橙色斑，具1对尾突。

1年多代，成虫多见于3–11月。幼虫以豆科铁扫帚、白车轴草，以及大麻科葎草等植物为寄主。

分布于大部分地区。此外见于欧洲至亚洲东北部的广大地区，以及东南亚和南亚的北部地区。

长尾蓝灰蝶 / *Everes lacturnus* (Godart, [1824])

23-26

近似蓝灰蝶，但本种翅腹面除了后翅基部和前缘的斑点呈黑色外，其余斑点呈淡褐色。

1年多代，成虫多见于3–11月。幼虫以豆科的假地豆、大叶山蚂蝗等植物为寄主。

分布于福建、广东、广西、海南、云南、香港、台湾等地。此外见于日本、东南亚、南亚以及澳洲区。

山灰蝶属 / *Shijimia* Matsumura, 1919

小型灰蝶。复眼光滑。雄蝶前足跗节愈合，末端尖锐。下唇须表面光滑，第3节针状。后翅无尾突。雄蝶翅背面无发香鳞。翅背面呈黑褐色，腹面白底黑斑。

森林性蝴蝶。幼虫以唇形科及苦苣苔科植物为寄主。

分布于古北区及东洋区。国内目前已知1种，本图鉴收录1种。

山灰蝶 / *Shijimia moorei* (Leech, 1889)

27-29

小型灰蝶。雌雄斑纹相近，但雌蝶翅腹面底色较白。躯体背侧暗褐色，腹侧白色。翅背面呈黑褐色，翅腹面斑纹隐约可透视。翅腹面底色白色或灰白色，前、后翅中央有蜿蜒排列之黑褐色斑点列，后翅m_2室斑长、杆状，前缘中央有鲜明丸状黑斑点、臀角附近有格外鲜明之黑斑点。中室端有黑褐色短线纹。后翅中室内及翅基附近有黑褐色斑点。前、后翅亚外缘均有2列黑褐色纹。

1年1代，成虫多见于6–8月。栖息于山地常绿阔叶林内。幼虫以唇形科鼠尾草属及苦苣苔科吊石苣苔属植物为寄主。

分布于贵州、湖北、江西、浙江及台湾等地。此外见于日本及印度。

01 ♂ 毛眼灰蝶 福建福州
02 ♀ 毛眼灰蝶 福建福州
03 ♂ 毛眼灰蝶 台湾台南
04 ♀ 毛眼灰蝶 台湾台南
05 ♂ 毛眼灰蝶 广东广州
06 ♂ 埃毛眼灰蝶 云南昆明
07 ♂ 埃毛眼灰蝶 云南昆明
08 ♀ 埃毛眼灰蝶 云南昆明
01 ♂ 毛眼灰蝶 福建福州
02 ♀ 毛眼灰蝶 福建福州
03 ♂ 毛眼灰蝶 台湾台南
04 ♀ 毛眼灰蝶 台湾台南
05 ♂ 毛眼灰蝶 广东广州
06 ♂ 埃毛眼灰蝶 云南昆明
07 ♂ 埃毛眼灰蝶 云南昆明
08 ♀ 埃毛眼灰蝶 云南昆明
09 ♂ 长腹灰蝶 台湾台中
10 ♀ 长腹灰蝶 台湾屏东
11 ♂ 长腹灰蝶 香港
12 ♀ 长腹灰蝶 香港
13 ♂ 珐灰蝶 香港
14 ♀ 珐灰蝶 香港
15 ♂ 枯灰蝶 甘肃张掖
16 ♀ 枯灰蝶 甘肃张掖
09 ♂ 长腹灰蝶 台湾台中
10 ♀ 长腹灰蝶 台湾屏东
11 ♂ 长腹灰蝶 香港
12 ♀ 长腹灰蝶 香港
13 ♂ 珐灰蝶 香港
14 ♀ 珐灰蝶 香港
15 ♂ 枯灰蝶 甘肃张掖
16 ♀ 枯灰蝶 甘肃张掖
17 ♂ 蓝灰蝶 福建福州
18 ♀ 蓝灰蝶 福建福州
19 ♂ 蓝灰蝶 甘肃临夏
20 ♀ 蓝灰蝶 甘肃临夏
21 ♂ 蓝灰蝶 台湾嘉义
22 ♀ 蓝灰蝶 台湾高雄
23 ♂ 长尾蓝灰蝶 香港
17 ♂ 蓝灰蝶 福建福州
18 ♀ 蓝灰蝶 福建福州
19 ♂ 蓝灰蝶 甘肃临夏
20 ♀ 蓝灰蝶 甘肃临夏
21 ♂ 蓝灰蝶 台湾嘉义
22 ♀ 蓝灰蝶 台湾高雄
23 ♂ 长尾蓝灰蝶 香港
24 ♀ 长尾蓝灰蝶 香港
25 ♂ 长尾蓝灰蝶 台湾台东
26 ♀ 长尾蓝灰蝶 台湾台东
27 ♂ 山灰蝶 台湾台北
28 ♀ 山灰蝶 台湾宜兰
29 ♂ 山灰蝶 福建泰宁
24 ♀ 长尾蓝灰蝶 香港
25 ♂ 长尾蓝灰蝶 台湾台东
26 ♀ 长尾蓝灰蝶 台湾台东
27 ♂ 山灰蝶 台湾台北
28 ♀ 山灰蝶 台湾宜兰
29 ♂ 山灰蝶 福建泰宁

玄灰蝶属 / *Tongeia* Tutt, [1908]

小型灰蝶。雌雄斑纹相似，翅背面为黑褐色，前翅无斑纹，部分种类隐约可见腹面斑纹，后翅具尾突，外缘、亚外缘有隐约模糊的黑斑，边缘有微弱的淡蓝纹。翅腹面为带褐色的白色、浅灰色，多黑色斑点和斑带。

主要栖息于亚热带和热带森林，飞行缓慢，喜欢在森林边缘、多石的山坡或崩塌区活动，停栖时喜欢左右晃动身体，常在湿地上吸水，也访花。幼虫以景天科植物为寄主。

分布于东洋区和古北区。中国目前已知14种，本图鉴收录10种。

点玄灰蝶 / *Tongeia filicaudis* (Pryer, 1877)

01-06 / P1868

小型灰蝶。雌雄斑纹相似，翅背面底色为黑褐色，前翅无斑纹，后翅外缘、亚外缘有隐约模糊的黑斑，边缘有模糊的淡蓝线。翅腹面底色为带褐色的白色或浅灰色，前后翅中室内及翅基附近有暗褐色小斑点，其中前翅中室及下方的2个小黑斑可与近似种区分，前后翅亚外缘有暗褐色重纹列，后翅具尾突，臀角附近有橙黄色弦月纹。

1年多代，成虫在部分地区全年可见。幼虫以景天科的火焰草、星果佛甲草等植物为寄主。

分布于河南、山东、四川、陕西、福建、广东、浙江、江西、台湾等地。

竹都玄灰蝶 / *Tongeia fischeri* Leech, [1893]

07

小型灰蝶。与台湾玄灰蝶非常相似，但前翅腹面亚外缘斑带与外缘斑带间没有淡黄褐色带，后翅腹面中部的斑点偏黄灰褐色，而台湾玄灰蝶为黑色，中部斑带与外缘斑带间有明显的白带，外缘呈锯齿状，近尾突的2个黑斑外围包裹黄纹。

成虫多见于6-8月。

分布于四川、陕西等地。

台湾玄灰蝶 / *Tongeia hainani* Bethune-Baker, 1914

08-09 / P1869

小型灰蝶。与点玄灰蝶相似，但翅腹面斑纹偏黄褐色，前翅中室内和下方无斑点，另点玄前翅亚外缘黑色斑带中，下方的2个斑点内移动明显，和中室端斑纹形成“Y”形，而台湾玄灰蝶不内移或内移不明显，不形成“Y”形。亚外缘斑带与外缘斑纹带间有明显的淡黄褐色带。

1年多代，成虫几乎全年可见。

分布于台湾。

备注：本种长期以来一直根据学名定名为海南玄灰蝶，实际本种为台湾特有种，不产于海南，应为定名人误以为模式标本采集地为海南岛，因此将中文名更正为台湾玄灰蝶。

玄灰蝶 / *Tongeia fischeri* (Eversmann, 1843)

10-11 / P1869

小型灰蝶。与点玄灰蝶和台湾玄灰蝶相似，但尾突较不明显，与点玄灰蝶的区别在于前翅腹面中室内及其下方2个斑点缺失，与台湾玄灰蝶的区别在于前翅腹面亚外缘黑色斑带中下方的2个斑点内移明显，形成明显的“Y”形。

1年多代，成虫在部分地区全年可见。

分布于从黑龙江、辽宁到陕西、河南、福建、台湾的广大区域。此外见于从东南欧洲到远东、日本的广大区域。

波太玄灰蝶 / *Tongeia potanini* (Alphéraky, 1889)

12-13 / P1870

小型灰蝶。本种与其他玄灰蝶较易区别，其翅腹面底色较纯，斑纹多呈条状或带状，不似其他玄灰蝶有密集的斑点，后翅翅基处有2个斑点，斑纹或斑点的颜色较浅，呈灰褐色。

1年多代，成虫多见于4–8月。

分布于河南、陕西、四川、浙江、福建等地。此外见于印度、缅甸、老挝、越南、泰国、马来西亚等地。

淡纹玄灰蝶 / *Tongeia ion* (Leech, 1891)

14 / P1870

小型灰蝶。翅背面黑褐色，无斑纹。前翅腹底为青褐色，中室端及亚外缘有清晰的黑斑，后翅腹面底色较淡，基部及中部区域的斑纹粗，为淡灰色或黄灰色，外围环绕白边，其中中横带中部的斑纹向外凸出明显，与外缘的斑纹相连接。本种个体间斑纹及颜色变化较多，但后翅斑纹淡且模糊可与其他近似种区分。

成虫多见于5–8月。

分布于陕西、四川、云南、西藏。此外见于泰国。

宽带玄灰蝶 / *Tongeia amplifascia* Huang, 2001

15-16

小型灰蝶。与淡纹玄灰蝶非常相似，但新鲜个体翅背面较淡纹玄灰蝶显得更黑，前翅腹面中部的斑点中，自上而下的第3个黑斑明显狭长，向外凸出明显。

成虫多见于5–8月。

分布于云南。

东川玄灰蝶 / *Tongeia dongchuanensis* Huang & Chen, 2006

17

小型灰蝶。翅腹面斑纹与点玄灰蝶相似，但本种底色为纯白色，前后翅斑点较稀疏，外缘斑为黑色月钩纹状，而点玄灰蝶底色更偏灰暗，前后翅斑点更密集，外缘斑不呈月钩纹状。

成虫多见于5–7月。

分布于云南。

拟竹都玄灰蝶 / *Tongeia pseudozuthus* Huang, 2001

18 / P1871

小型灰蝶。与淡纹玄灰蝶较相似，但后翅腹面的斑纹为深黄褐色，中横带外围伴着模糊隐约的黑纹，与外缘斑带的区间为白色，基部为明显的黑斑，而淡纹玄灰蝶基部为淡色带。

成虫多见于7–8月。

分布于西藏。此外见于印度。

西藏玄灰蝶 / *Tongeia menpae* Huang, 1998

19

小型灰蝶。翅腹面色泽暗，前翅亚外缘斑带下方斑点内移明显，后翅中部的横斑为淡黄褐色，比底色稍深，外围环绕白边，斑纹颗粒状明显。

成虫多见于5–8月。

分布于西藏。

丸灰蝶属 / *Pithecops* Horsfield, [1828]

小型灰蝶。翅背面黑褐色，部分种类雄蝶闪有暗蓝色光泽，翅腹面白色，后翅顶角处具1个明显的黑斑。成虫栖息于林下环境，飞行能力不强，但通常会持续飞行，喜欢访花。幼虫以豆科植物为寄主。

分布于东洋区以及古北区东南部。国内目前已知2种，本图鉴收录2种。

黑丸灰蝶 / *Pithecops corvus* Fruhstorfer, 1919

20-23 / P1872

小型灰蝶。翅背面黑褐色；翅腹面白色，翅外缘具1列小黑斑，其内侧具1条淡黄褐色的细线，亚外缘具1列不很显著的淡褐色小斑，前翅前缘处具2个小黑点，后翅顶角处具1个大黑斑。

1年多代，成虫多见于5-11月。幼虫以豆科山蚂蝗属植物为寄主。

分布于江西、福建、广东、广西、香港等地。此外见于老挝、越南、马来西亚、印度尼西亚等地。

蓝丸灰蝶 / *Pithecops fulgens* Doherty, 1889

24-26 / P1872

小型灰蝶。近似于黑丸灰蝶，但本种雄蝶翅背面中域闪有暗蓝色金属光泽；翅腹面亚外缘通常无淡褐色小斑；前翅腹面前缘处具1-2个小黑点，有时也会消失。

1年多代，成虫多见于5-10月。幼虫以豆科山蚂蝗属植物为寄主。

分布于安徽、浙江、福建、江西、广东、广西、四川、贵州、台湾等地。此外见于日本、印度、老挝、越南等地。

01 ♂ 点玄灰蝶 台湾台北
02 ♀ 点玄灰蝶 台湾桃园
03 ♂ 点玄灰蝶 香港
04 ♀ 点玄灰蝶 香港
05 ♂ 点玄灰蝶 福建福州
06 ♀ 点玄灰蝶 广东广州
07 ♂ 竹都玄灰蝶 四川泸定
01 ♂ 点玄灰蝶 台湾台北
02 ♀ 点玄灰蝶 台湾桃园
03 ♂ 点玄灰蝶 香港
04 ♀ 点玄灰蝶 香港
05 ♂ 点玄灰蝶 福建福州
06 ♀ 点玄灰蝶 广东广州
07 ♂ 竹都玄灰蝶 四川泸定
08 ♂ 台湾玄灰蝶 台湾屏东
09 ♀ 台湾玄灰蝶 台湾屏东
10 ♂ 玄灰蝶 甘肃榆中
11 ♂ 玄灰蝶 北京
12 ♂ 波太玄灰蝶 福建福州
13 ♂ 波太玄灰蝶 云南贡山
14 ♂ 淡纹玄灰蝶 云南元江
08 ♂ 台湾玄灰蝶 台湾屏东
09 ♀ 台湾玄灰蝶 台湾屏东
10 ♂ 玄灰蝶 甘肃榆中
11 ♂ 玄灰蝶 北京
12 ♂ 波太玄灰蝶 福建福州
13 ♂ 波太玄灰蝶 云南贡山
14 ♂ 淡纹玄灰蝶 云南元江
15 ♂ 宽带玄灰蝶 云南贡山
16 ♂ 宽带玄灰蝶 云南贡山
17 ♂ 东川玄灰蝶 云南东川
18 ♂ 拟竹都玄灰蝶 西藏察隅
19 ♂ 西藏玄灰蝶 西藏墨脱
15 ♂ 宽带玄灰蝶 云南贡山
16 ♂ 宽带玄灰蝶 云南贡山
17 ♂ 东川玄灰蝶 云南东川
18 ♂ 拟竹都玄灰蝶 西藏察隅
19 ♂ 西藏玄灰蝶 西藏墨脱
20 ♂ 黑丸灰蝶 福建南平
21 ♂ 黑丸灰蝶 江西玉山
22 ♂ 黑丸灰蝶 台湾花莲
23 ♀ 黑丸灰蝶 台湾台北
24 ♂ 蓝丸灰蝶 台湾新北
25 ♀ 蓝丸灰蝶 台湾台北
26 ♂ 蓝丸灰蝶 浙江临安
20 ♂ 黑丸灰蝶 福建南平
21 ♂ 黑丸灰蝶 江西玉山
22 ♂ 黑丸灰蝶 台湾花莲
23 ♀ 黑丸灰蝶 台湾台北
24 ♂ 蓝丸灰蝶 台湾新北
25 ♀ 蓝丸灰蝶 台湾台北
26 ♂ 蓝丸灰蝶 浙江临安

驳灰蝶属 / *Bothrinia* Chapman, 1909

中型灰蝶。该属成虫背面蓝紫色，外缘有黑边；腹面灰白色，中域有黑点斑形成的带状斑，外缘有灰黑色淡纹。

成虫飞行力不强，喜在潮湿地表吸水，访花。

分布于我国中部。国内目前已知2种，本图鉴收录1种。

驳灰蝶 / *Bothrinia nebulosa* (Leech, 1890)

01-04

中型灰蝶。背面翅色蓝紫色，前翅中室端有黑斑，外缘黑褐色边宽阔，后翅中部蓝紫色，其余部分黑褐色，前后翅缘毛白色；腹面灰白色，前后翅中室端有黑色线纹，中域黑斑1列，外缘有灰色斑状双带纹，后翅基部常有3个黑斑。

成虫多见于5–8月。喜潮湿地表吸水，访花。

分布于陕西。

钮灰蝶属 / *Acytolepis* Toxopeus, 1927

小型灰蝶。雄蝶翅背面闪有蓝色光泽，翅腹面白色，具发达的黑褐色斑点。

成虫栖息于林缘、溪谷等环境，喜欢访花。幼虫以苏铁科、蔷薇科、无患子科、壳斗科、豆科等植物为寄主。

分布于东洋区以及澳洲区北部。国内目前已知1种，本图鉴收录1种。

钮灰蝶 / *Acytolepis puspa* (Horsfield, [1828])

05-08 / P1873

小型灰蝶。雄蝶翅背面闪有蓝紫色光泽，外缘呈黑褐色，中域常具灰白色斑纹；雌蝶翅背面中域具发达的白斑，基部覆有蓝紫色鳞片；翅腹面白色，具发达的黑褐色斑点，其中翅亚外缘的斑点多呈长条状。

1年多代，成虫几乎全年可见。幼虫以苏铁科的苏铁、蔷薇科的山樱花、大戟科的土密树、豆科的美蕊花等植物为寄主。

分布于福建、江西、广东、广西、海南、四川、云南、西藏、香港、台湾等地。此外见于亚洲南部地区及新几内亚等地。

韫玉灰蝶属 / *Celatoxia* Eliot & Kawazoé, 1983

小型灰蝶。雄蝶翅背面闪有蓝色光泽和白斑，翅腹面白色，具深褐色斑点。

成虫栖息于林缘、溪谷等环境，喜欢访花。幼虫以壳斗科植物为寄主。

分布于东洋区。国内目前已知1种，本图鉴收录1种。

韫玉灰蝶 / *Celatoxia marginata* (de Nicéville, [1884])

09-13 / P1874

小型灰蝶。雄蝶翅背面闪有蓝紫色光泽，前缘和外缘具黑褐色的宽边，中域常具白斑；雌蝶翅背面中域具发达的白斑；翅腹面白色，前翅亚外缘的1列长条状的褐色小斑更靠近外侧。

1年多代，成虫多见于3-11月。幼虫以大叶石栎、锐叶高山栎等壳斗科植物为寄主。

分布于海南、云南、西藏、台湾等地。此外见于印度、缅甸、老挝、越南、马来西亚等地。

01 ♂ 驳灰蝶 陕西宁陕
02 ♀ 驳灰蝶 陕西宁陕
03 ♀ 驳灰蝶 陕西镇安
04 ♂ 驳灰蝶 陕西宁陕
01 ♂ 驳灰蝶 陕西宁陕
02 ♀ 驳灰蝶 陕西宁陕
03 ♀ 驳灰蝶 陕西镇安
04 ♂ 驳灰蝶 陕西宁陕
05 ♂ 钮灰蝶 台湾台北
06 ♀ 钮灰蝶 台湾台北
07 ♂ 钮灰蝶 广东广州
08 ♀ 钮灰蝶 广东广州
05 ♂ 钮灰蝶 台湾台北
06 ♀ 钮灰蝶 台湾台北
07 ♂ 钮灰蝶 广东广州
08 ♀ 钮灰蝶 广东广州
09 ♂ 韫玉灰蝶 海南白沙
10 ♀ 韫玉灰蝶 海南昌江
11 ♂ 韫玉灰蝶 云南腾冲
12 ♂ 韫玉灰蝶 台湾苗栗
13 ♀ 韫玉灰蝶 台湾桃园
09 ♂ 韫玉灰蝶 海南白沙
10 ♀ 韫玉灰蝶 海南昌江
11 ♂ 韫玉灰蝶 云南腾冲
12 ♂ 韫玉灰蝶 台湾苗栗
13 ♀ 韫玉灰蝶 台湾桃园

妩灰蝶属 / *Udara* Toxopeus, 1928

小型灰蝶。雄蝶翅背面闪有蓝色光泽或白斑，翅腹面白色，具褐色或黑褐色斑点。
成虫栖息于林缘、溪谷等环境，喜欢访花或在地面吸水。幼虫以忍冬科、壳斗科等植物为寄主。
分布于东洋区和澳洲区。国内目前已知3种，本图鉴收录2种。

妩灰蝶 / *Udara dilecta* (Moore,1879)

01-05 / P1874

小型灰蝶。雄蝶翅背面闪有蓝紫色光泽，前翅中域以及后翅前缘处常具白色斑纹；雌蝶翅背面中域具蓝灰色斑纹；翅腹面白色，具有许多褐色的小斑。

1年多代，成虫在亚热带地区多见于5-10月，热带地区几乎全年可见。幼虫以多种壳斗科植物为寄主。

分布于安徽、浙江、福建、江西、广东、广西、海南、四川、贵州、云南、西藏、香港、台湾等地。此外见于印度、缅甸、老挝、泰国、越南、马来西亚、印度尼西亚、新几内亚等地。

白斑妩灰蝶 / *Udara albocaerulea* (Moore, 1879)

06-09 / P1875

小型灰蝶。雄蝶翅背面闪有蓝紫色光泽，前翅顶角处呈黑色，前翅中域以及后翅大部分区域呈白色；雌蝶翅背面黑褐色，近翅中域具蓝色和白色斑纹；翅腹面白色，具有许多显著的褐色的小斑，外缘缺少褐色细线。

1年多代，成虫在亚热带地区多见于5-10月，热带地区几乎全年可见。幼虫以珊瑚树、吕宋荚蒾等忍冬科植物为寄主。

分布于安徽、浙江、福建、江西、广东、广西、四川、贵州、云南、西藏、香港、台湾等地。此外见于日本、印度、尼泊尔、缅甸、老挝、越南、马来西亚等地。

赖灰蝶属 / *Lestranicus* Eliot & Kawazoé, 1983

小型灰蝶。外形与钮灰蝶或韫玉灰蝶甚为相似，但本属雄蝶前翅外缘较平直，脉相与交尾器也有所不同。
成虫多出现在低海拔的热带林中，雄蝶会与其他灰蝶聚集在湿地吸水。
分布于东洋区。国内目前已知1种，本图鉴收录1种。

赖灰蝶 / *Lestranicus transpectus* (Moore, 1879)

10

小型灰蝶。雄蝶前翅外缘甚为平直，两翅背面呈蓝色，中央或带白纹，外缘有阔度平均的粗黑边。雌蝶背面呈深褐色，前翅中央有白纹。翅腹面底色白色，有灰褐色斑点，沿外缘带灰褐色点列和波浪线纹，前翅外侧的灰褐色纹大致排列成直线。旱季型翅面白纹大幅扩大，后翅面黑边和翅腹黑点减退。

1年多代，成虫几乎全年可见。

分布于云南、广西。此外见于印度东北部、孟加拉国、缅甸、泰国、中南半岛等地。

玫灰蝶属 / *Callenya* Eliot & Kawazoé, 1983

小型灰蝶。外形类似细小的琉璃灰蝶，触角比例较长。

成虫多出现在海拔1000米左右的山地雨林中，雄蝶飞行快速，并有登峰行为，而雌蝶则多在林中缓慢低飞，寻找合适产卵的寄主。幼虫以壳斗科植物为寄主。

分布于东洋区。国内目前已知1种，本图鉴收录1种。

玫灰蝶 / *Callenya melaena* (Doherty, 1889)

11-13 / P1875

小型灰蝶。雄蝶翅背呈带金属光泽的紫蓝色，两翅前缘和外缘有深褐色宽边；翅腹面底色呈白色，有细小的灰褐色斑点，沿外缘带灰褐色点列和波浪线纹，前翅外侧的灰褐色纹大致排列成直线，后翅靠前缘和基部的斑点特别深色。雌蝶翅背呈深褐色，仅前翅中央带白斑；翅腹面底色呈白色，灰褐色斑点不及雄蝶发达，仅有后翅前缘外侧的斑点较突出。

1年多代，成虫全年可见。

分布于云南、海南、台湾等地。此外见于印度东北部、孟加拉国、缅甸、泰国、中南半岛、马来西亚、印度尼西亚等地。

琉璃灰蝶属 / *Celastrina* Tutt, 1906

中型灰蝶。雄蝶翅背面呈蓝色至暗紫色，雌蝶背面有粗深褐色边，仅中央带蓝斑或白纹。翅腹面白色或浅灰色，带细小暗褐色斑点。本属含多种外形相似的物种，加上与其他数个近缘属形态接近，容易造成混淆。

成虫飞行活泼，森林性和草原性的物种皆有，雄蝶多有在湿地吸水的习性，部分更有登峰行为。幼虫食性广泛，国内种类的已知寄主包括豆科、无患子科、蔷薇科、山茱萸科等植物。

分布于全北区、东洋区和澳洲区北部。国内目前已知10种，本图鉴收录5种。

琉璃灰蝶 / *Celastrina argiolus* (Linnaeus, 1758)

14-18 / P1876

中型灰蝶。雄蝶翅背面浅蓝色，前翅外缘及后翅前缘带黑边，后翅亚外缘有1列模糊黑斑点。翅腹面底色白色，有细小而颜色平均的灰褐色斑点，沿外缘带灰褐色点列和波浪线纹，前翅外侧的灰褐色纹大致排列成直线，后翅cu_2室的灰褐色纹断为两截。雌蝶前翅背面黑边明显较阔，中央呈灰蓝色，后翅亚外缘的黑斑更明显。

1年多代，成虫多见于4-10月。属分布区内的常见种。幼虫食性甚广，取食许多不同科的植物。

分布于除新疆和海南外的所有省区。此外见于古北区、东洋区北缘，包括吕宋岛。

01 ♂ 妩灰蝶 浙江庆元
02 ♀ 妩灰蝶 浙江庆元
03 ♂ 妩灰蝶 台湾台中
04 ♀ 妩灰蝶 台湾屏东
05 ♂ 妩灰蝶 广东龙门
06 ♀ 白斑妩灰蝶 福建福州
01 ♂ 妩灰蝶 浙江庆元
02 ♀ 妩灰蝶 浙江庆元
03 ♂ 妩灰蝶 台湾台中
04 ♀ 妩灰蝶 台湾屏东
05 ♂ 妩灰蝶 广东龙门
06 ♀ 白斑妩灰蝶 福建福州
07 ♂ 白斑妩灰蝶 江西玉山
08 ♂ 白斑妩灰蝶 台湾台北
09 ♀ 白斑妩灰蝶 台湾台北
10 ♂ 赖灰蝶 云南盈江
11 ♂ 玫灰蝶 海南五指山
12 ♂ 玫灰蝶 台湾南投
13 ♀ 玫灰蝶 台湾南投
07 ♂ 白斑妩灰蝶 江西玉山
08 ♂ 白斑妩灰蝶 台湾台北
09 ♀ 白斑妩灰蝶 台湾台北
10 ♂ 赖灰蝶 云南盈江
11 ♂ 玫灰蝶 海南五指山
12 ♂ 玫灰蝶 台湾南投
13 ♀ 玫灰蝶 台湾南投
14 ♂ 琉璃灰蝶 浙江平湖
15 ♀ 琉璃灰蝶 浙江宁波
16 ♂ 琉璃灰蝶 广东乳源
17 ♂ 琉璃灰蝶 台湾南投
18 ♀ 琉璃灰蝶 福建龙岩
14 ♂ 琉璃灰蝶 浙江平湖
15 ♀ 琉璃灰蝶 浙江宁波
16 ♂ 琉璃灰蝶 广东乳源
17 ♂ 琉璃灰蝶 台湾南投
18 ♀ 琉璃灰蝶 福建龙岩

熏衣琉璃灰蝶 / *Celastrina lavendularis* (Moore, 1877)

01-02 / P1877

中型灰蝶。雄蝶翅背面紫蓝色，前翅外缘及后翅前缘带窄黑边。翅腹面底色呈略带灰调的白色，有细小的灰褐色斑点，沿外缘带灰褐色点列和波浪线纹，前翅外侧的灰褐色纹大致排列成直线，后翅靠前缘和基部的斑点特别深色，cu_2室的灰褐色纹连成1条弧斑。雌蝶前翅背面前缘和外缘有阔黑边，蓝斑外侧泛白，后翅亚外缘的有明显黑斑列和波浪线纹。

1年多代，成虫全年可见，数量丰富。幼虫以无患子科的伞花木、豆科的鹿藿和柔毛山黑豆等植物为寄主。

分布于云南、广西、广东、海南、台湾、香港等地。此外见于东洋区、新几内亚岛。

大紫琉璃灰蝶 / *Celastrina oreas* (Leech, [1893])

03-08 / P1878

中型灰蝶。本属体形较大的成员。雄蝶翅背面深紫蓝色，前翅外缘及后翅前缘带窄黑边。翅腹面底色呈略白色，有细小的灰褐色斑点，后翅基部散布浅蓝色鳞片。雌蝶前翅背面前缘和外缘有阔黑边，中央呈灰蓝色，后翅亚外缘的有明显黑斑列和波浪线纹。

1年多代，成虫多见于4–10月，数量丰富。幼虫以蔷薇科的台湾扁核木和齿叶白鹃梅等植物为寄主。

分布于云南、四川、贵州、陕西、浙江、西藏、台湾等地。此外见于印度东北部、缅甸、朝鲜半岛。

杉谷琉璃灰蝶 / *Celastrina sugitanii* (Matsumura, 1919)

09-10 / P1879

中型灰蝶。雄蝶翅背面蓝紫色，前后翅外缘带窄黑边，后翅亚外缘有1列模糊黑斑点。翅腹面底色白色，有较大而鲜明的黑褐色斑点，沿外缘有灰褐色点列而波浪线纹并不明显，前翅外侧的黑褐色纹部分偏向内侧。雌蝶前翅背面前缘和外缘有阔黑边，蓝斑外侧泛白，两翅中室端有黑纹。

1年1代，成虫只在早春出现。以蛹越冬。幼虫以山茱萸科植物灯台树为寄主。

分布于陕西、广东、台湾等地。此外见于朝鲜半岛、日本。

莫琉璃灰蝶 / *Celastrina morsheadi* (Evans, 1915)

11

中型灰蝶。本种与大紫琉璃灰蝶相似，主要区别为：本种雄蝶翅背面外缘黑边明显较阔，可达2毫米；雌蝶翅背面的黑边更阔，中央的偏紫色斑纹仅局限于中室以内。

部分地区可能与大紫琉璃同域分布，但本种分布海拔偏高。生活史未明。

分布于云南、四川、西藏。

美姬灰蝶属 / *Megisba* Moore, [1881]

中小型灰蝶。翅背面黑色，无任何花纹，翅腹面白色，有灰色和黑色斑点，具尾突。

成虫栖息于较低海拔林边，晴天出没，飞行快速，喜欢在树冠追赶其他蝴蝶，也会于较低处访花，雄蝶有落地面吸水习性。幼虫以植物野桐属、雀梅藤为寄主。

主要分布于东洋区和非洲区。国内目前已知1种，本图鉴收录1种。

美姬灰蝶 / *Megisba malaya* (Horsfield, [1828])

12-14 / P1879

中小型灰蝶。雌雄同型。翅背面黑色，前翅中区位置颜色较浅，翅腹面白色，各中室有条竖斑，亚外缘有1列灰色波浪纹及锯齿斑，前翅前缘有5个距离较平均的小黑点，后翅有较大零散黑色点5个，1条短尾突，雌蝶前翅外缘更圆，中部白色过度。

1年多代，成虫多见于4-11月。幼虫以大戟科野桐属及鼠李科雀梅藤属等植物为寄主。

分布于福建、广东、广西、海南、云南、台湾、香港等地。此外见于南亚至东南亚地区等地。

一点灰蝶属 / *Neopithecops* Distant, 1884

小型灰蝶。翅背面黑色，翅底白色，有1个较明显的黑点，故称一点灰蝶。本属与黑丸灰蝶属相似，但本属后翅腹面前缘黑点明显较小，触角较短，足部颜色黑白相间，黑丸灰蝶属足部为全白。

成虫栖息低海拔林内较为阴暗处，飞行较低，速度较慢，飞行时无法辨认种类。成虫访花，偶见到地面吸水。

主要分布于东洋区。国内目前已知1种，本图鉴收录1种。

一点灰蝶 / *Neopithecops zalmora* (Butler, [1870])

15-17 / P1880

中小型灰蝶。雌雄同型。翅背面黑色，前翅中部有白色过度暗纹，翅腹面为白色，前后翅外缘线黑色，与亚外缘线间有1列小黑点，后翅前缘有1个较明显黑斑，肛角有1个较小黑点。

1年多代，成虫几乎全年可见。幼虫以芸香科山小橘属多种植物为寄主。

分布于福建、广东、广西、海南、云南、台湾、香港等地。此外见于泰国、缅甸、越南、印度、老挝等地。

01 ♂ 熏衣琉璃灰蝶 台湾新竹
02 ♀ 熏衣琉璃灰蝶 台湾台北
03 ♂ 大紫琉璃灰蝶 云南腾冲
04 ♀ 大紫琉璃灰蝶 云南腾冲
05 ♂ 大紫琉璃灰蝶 云南德宏
01 ♂ 熏衣琉璃灰蝶 台湾新竹
02 ♀ 熏衣琉璃灰蝶 台湾台北
03 ♂ 大紫琉璃灰蝶 云南腾冲
04 ♀ 大紫琉璃灰蝶 云南腾冲
05 ♂ 大紫琉璃灰蝶 云南德宏
06 ♀ 大紫琉璃灰蝶 云南德宏
07 ♂ 大紫琉璃灰蝶 甘肃康乐
08 ♀ 大紫琉璃灰蝶 甘肃康乐
09 ♂ 杉谷琉璃灰蝶 台湾新竹
10 ♀ 杉谷琉璃灰蝶 台湾新竹
06 ♀ 大紫琉璃灰蝶 云南德宏
07 ♂ 大紫琉璃灰蝶 甘肃康乐
08 ♀ 大紫琉璃灰蝶 甘肃康乐
09 ♂ 杉谷琉璃灰蝶 台湾新竹
10 ♀ 杉谷琉璃灰蝶 台湾新竹
11 ♂ 莫琉璃灰蝶 西藏察隅
12 ♂ 美姬灰蝶 台湾桃园
13 ♀ 美姬灰蝶 台湾桃园
14 ♀ 美姬灰蝶 广西平果
15 ♂ 一点灰蝶 广东广州
16 ♂ 一点灰蝶 台湾嘉义
17 ♀ 一点灰蝶 台湾花莲
11 ♂ 莫琉璃灰蝶 西藏察隅
12 ♂ 美姬灰蝶 台湾桃园
13 ♀ 美姬灰蝶 台湾桃园
14 ♀ 美姬灰蝶 广西平果
15 ♂ 一点灰蝶 广东广州
16 ♂ 一点灰蝶 台湾嘉义
17 ♀ 一点灰蝶 台湾花莲

穆灰蝶属 / *Monodontides* Toxopeus, 1927

中小型灰蝶。该属成虫背面蓝紫色；腹面灰白色，前后翅中室端有淡灰色线纹，中域、亚缘有淡灰色线纹，后翅基半部分布有点状黑斑。

成虫飞行力弱，喜聚集于水溪旁吸水。

分布于我国西南。国内目前已知1种，本图鉴收录1种。

穆灰蝶 / *Monodontides musina* (Snellen, 1892)

01

中小型灰蝶。背面翅色蓝紫色；腹面灰白色，前后翅中室端有淡灰色线纹，中域、亚缘有淡灰色线纹，亚缘为双线纹，其外侧线纹点线状，后翅基半部分布有点状黑斑。

成虫飞行力弱，喜聚集于水溪旁吸水。

分布于云南。

霾灰蝶属 / *Maculinea van* Eecke, 1915

中型灰蝶。该属成虫底色为暗蓝色至黑褐色，翅上分布有黑斑；腹面多分布黑斑。

成虫飞行力一般，喜访花，栖息在亚高山草甸及林下草地，幼虫与蚂蚁共生。

主要分布于古北区。国内目前已知6种，本图鉴收录6种。

大斑霾灰蝶 / *Maculinea arionides* (Staudinger, 1887)

02

中型灰蝶。背面翅面蓝紫色，前翅中室中部及端斑各有1个黑斑，围绕中室外侧有黑色近楔形斑1列，外缘有黑色宽带，后翅中室端、中域、外缘有黑斑列；腹面蓝灰色，后翅基部有3个黑斑，前后翅外缘、亚缘有黑斑列，其余斑同背面。

1年1代，成虫多见于6–7月。喜访花，幼虫以唇形科香茶菜、三里香茶菜等植物为寄主。

分布于黑龙江、吉林、辽宁等地。此外见于日本、俄罗斯、朝鲜半岛等地。

蓝底霾灰蝶 / *Maculinea cyanecula* (Eversmann, 1848)

03-04 / P1880

中型灰蝶。形态和大斑霾灰蝶相近，前翅腹面中室外侧斑带近方形，后翅青色。

1年1代，成虫多见于7月。喜访花，幼虫以唇形花科植物岩青兰为寄主。

分布于北京、内蒙古。此外见于蒙古等地。

嘎霾灰蝶 / *Maculinea arion* (Linnaeus, 1758)

05-07

中型灰蝶。与蓝底霾灰蝶相比，背面翅面蓝紫色，前翅中室端、端外侧斑少而小，后翅中部有几个小斑；腹面中室外侧斑比蓝底霾灰蝶更小，亚外缘斑靠外角处没有晕斑。

1年1代，成虫多见于7月。栖息于林下草地和草甸环境。幼虫以植物百里香为寄主。

分布于黑龙江、内蒙古、青海、甘肃等地。此外见于朝鲜半岛、俄罗斯等地。

胡麻霾灰蝶 / *Maculinea teleia* (Bergsträsser, [1779])

08-11 / P1881

中型灰蝶。背面翅面黑褐色，前后翅基半部有蓝色鳞片；腹面灰褐色，中室端有线状纹，中域黑斑列圆形，外缘、亚缘斑靠近，外缘斑颜色浅。

1年1代，成虫多见于7月。喜访花，栖息在亚高山草甸。幼虫以植物细叶地榆为寄主。

分布于北京、陕西、甘肃、吉林、内蒙古、黑龙江等地。此外见于朝鲜半岛、日本、俄罗斯等地。

库氏霾灰蝶 / *Maculinea kurentzovi* Sibatani, Saigusa & Hirowatari, 1994

12

中型灰蝶。形态和胡麻霾灰蝶近似，不同处在于：腹面后翅灰白色，前翅中室除端斑外，中室内还有2个斑，中域斑带cu_1室斑内移。

1年1代，成虫多见于7月。

分布于北京、辽宁等地。

霾灰蝶 / *Maculinea alcon* ([Denis & Schiffermüller], 1775)

13-14

中型灰蝶。和胡麻霾灰蝶近似，不同处在于：背面蓝紫色，前翅有中室斑；腹面前翅中域斑带弧形，弯曲度大。

1年1代，成虫多见于7月。

分布于内蒙古、新疆。此外见于蒙古、俄罗斯等地。

01 ♂ 穆灰蝶 云南腾冲
02 ♂ 大斑霾灰蝶 吉林长春
03 ♂ 蓝底霾灰蝶 北京
04 ♀ 蓝底霾灰蝶 北京
05 ♀ 嘎霾灰蝶 青海西宁

❶ ♂ 穆灰蝶 云南腾冲
❷ ♂ 大斑霾灰蝶 吉林长春
❸ ♂ 蓝底霾灰蝶 北京
❹ ♀ 蓝底霾灰蝶 北京
❺ ♀ 嘎霾灰蝶 青海西宁

06 ♂ 嘎霾灰蝶 甘肃迭部
07 ♀ 嘎霾灰蝶 甘肃迭部
08 ♂ 胡麻霾灰蝶 北京
09 ♀ 胡麻霾灰蝶 北京

❻ ♂ 嘎霾灰蝶 甘肃迭部
❼ ♀ 嘎霾灰蝶 甘肃迭部
❽ ♂ 胡麻霾灰蝶 北京
❾ ♀ 胡麻霾灰蝶 北京

10 ♂ 胡麻霾灰蝶 陕西凤县
11 ♀ 胡麻霾灰蝶 甘肃迭部
12 ♂ 库氏霾灰蝶 北京
13 ♂ 霾灰蝶 内蒙古满归
14 ♀ 霾灰蝶 内蒙古满归

❿ ♂ 胡麻霾灰蝶 陕西凤县
⓫ ♀ 胡麻霾灰蝶 甘肃迭部
⓬ ♂ 库氏霾灰蝶 北京
⓭ ♂ 霾灰蝶 内蒙古满归
⓮ ♀ 霾灰蝶 内蒙古满归

白灰蝶属 / *Phengaris* Doherty, 1891

中型灰蝶。复眼被短毛。下唇须第3节细长。雄蝶前足跗节愈合，末端尖锐。翅腹面底色白色，其上布满黑色斑点。雄蝶翅背面有铲状发香鳞。雌雄异型。

森林性蝴蝶。1年1代。幼虫期前期为植食性，以唇形科与龙胆科植物为食，后半期与红蚁属蚂蚁间形成专性交互作用，捕食蚂蚁幼虫或由蚂蚁哺育。

分布于古北区及东洋区。国内目前已知4种，本图鉴收录3种。

备注：本属与霾灰蝶关系极近，近年之研究倾向将两属合并。

白灰蝶 / *Phengaris atroguttata* (Oberthür, 1876)

01-05 / P1882

中大型灰蝶。雌雄斑纹相异。躯体背侧暗褐色，腹侧白色。雄蝶翅背面白色、泛蓝色金属光泽，前翅外缘有明显黑边。雌蝶翅背面斑纹较雄蝶多，前、后翅均有许多黑褐色斑点。翅腹面底色白色，上缀排列整齐之黑色斑点。前翅中央斑列明显、弧形排列，后翅中央斑列大角度弯曲。前、后翅中室端及中室内均有黑褐色斑点。前、后翅沿外缘均有2道黑色纹列。后翅翅基附近有数只黑色斑点。

1年1代，成虫多见于5–9月。栖息于山地阔叶林。幼虫前期以多种唇形科植物为寄主。后期居住于红蚁蚁巢内。

分布于河南、四川、云南、台湾等地。此外见于缅甸与印度。

台湾白灰蝶 / *Phengaris daitozana* Wileman, 1908

06-09 / P1883

中大型灰蝶。雌雄斑纹相异。躯体背侧暗褐色，腹侧白色。雄蝶翅背面白色，前翅外缘有明显黑边，中室端有1个小黑斑。雌蝶翅背面斑纹较雄蝶多，后翅外缘亦有黑边，前、后翅均有许多黑褐色斑点。翅腹面底色白色，上缀排黑色斑点。前翅中央斑列后段减退、消失，后翅中央斑列大角度弯曲。前翅中室端有1条小黑纹、后翅中室端及中室内均有黑褐色斑点。前、后翅沿外缘均有2道黑色纹列。后翅翅基附近有数只黑色斑点。

1年1代，成虫多见于6–10月。栖息于山地阔叶林内。幼虫以龙胆科双蝴蝶属植物台湾肺形草为寄主。后期居住于蓬莱红蚁(家蚁)蚁巢内。

分布于台湾。

婀白灰蝶 / *Phengaris abida* Leech, [1893]

10

中大型灰蝶。雌雄斑纹相异。躯体背侧暗褐色，腹侧白色。雄蝶翅背面白色，前翅外缘有明显黑边，中室端有1个小黑斑。雌蝶翅背面斑纹较雄蝶多，后翅外缘亦有黑边，前、后翅均有许多黑褐色斑点。翅腹面底色白色，上缀排黑色斑点。前翅中央斑列明显、弧形排列，后翅中央斑列大角度弯曲。前、后翅中室端及中室内均有黑褐色斑点。前、后翅沿外缘均有2道黑色纹列。后翅翅基附近有数个黑色斑点。

1年1代，成虫多见于6–9月。栖息于山地阔叶林内。

分布于四川。

⑩ ♂
白灰蝶
台湾花莲
❶ ♂
白灰蝶
台湾花莲
⑫ ♀
白灰蝶
台湾宜兰
❷ ♀
白灰蝶
台湾宜兰
⑬ ♂
白灰蝶
贵州威宁
❸ ♂
白灰蝶
贵州威宁
⑭ ♀
白灰蝶
贵州威宁
❹ ♀
白灰蝶
贵州威宁
⑮ ♂
白灰蝶
云南贡山
❺ ♂
白灰蝶
云南贡山
⑯ ♂
台湾白灰蝶
台湾南投
❻ ♂
台湾白灰蝶
台湾南投
⑰ ♂
台湾白灰蝶
台湾南投
❼ ♂
台湾白灰蝶
台湾南投
⑱ ♀
台湾白灰蝶
台湾南投
❽ ♀
台湾白灰蝶
台湾南投
⑲ ♀
台湾白灰蝶
台湾嘉义
❾ ♀
台湾白灰蝶
台湾嘉义
⑩ ♂
婀白灰蝶
四川康定
❿ ♂
婀白灰蝶
四川康定

靛灰蝶属 / *Caerulea* Forster, 1938

中型灰蝶。复眼光滑。前足跗节分节，末端具爪。下唇须被毛。前翅R_4脉与R_5脉共柄。后翅无尾突。翅背有具金属光泽之蓝色纹，腹面浅褐色，前翅中央斑列格外大型、鲜明，位置外偏至接近亚外缘纹列之位置。

森林性蝴蝶。1年1代。

分布于古北区及东洋区。国内目前已知2种，本图鉴收录2种。

靛灰蝶 / *Caerulea coeligena* (Oberthür, 1876)

01-02

中型灰蝶。雌雄斑纹相异。躯体背侧暗褐色，腹侧白色。翅背面大部分为具金属光泽之浅蓝色，在雄蝶仅前翅翅顶附近有细黑边，在雌蝶则黑边宽而明显。翅腹面底色浅灰褐色，中央黑褐色斑点列鲜明，在前翅近直线排列，因后段斑大而格外醒目，在后翅弯曲排列。亚外缘纹列色浅、不鲜明。前、后翅中室端有黑褐色短线纹。后翅翅基附近有3枚黑褐色小斑点。

1年1代，成虫多见于5−6月。栖息于山地阔叶林内。雌蝶产卵于龙胆科植物。

分布于四川、重庆、陕西、湖北、河南等地。此外见于泰国。

扣靛灰蝶 / *Caerulea coelestis* (Alphéraky, 1897)

03

中型灰蝶。雌雄斑纹相异。躯体背侧暗褐色，腹侧白色。雄蝶翅背面几乎完全为具金属光泽之天蓝色，在雌蝶则蓝色纹稀疏，不及翅面面积一半。翅腹面底色浅褐色，中央黑褐色斑点列鲜明，在前翅近直线排列，因后段斑大而格外醒目，在后翅弯曲排列。亚外缘纹列色浅、不鲜明。前、后翅中室端有黑褐色短线纹。后翅翅基附近有3枚黑褐色小斑点。

1年1代，成虫多见于夏季。栖息于山地阔叶林内。

分布于四川、西藏、云南。

戈灰蝶属 / *Glaucopsyche* Scudder, 1872

中小型灰蝶。该属成虫底色为黑褐色，翅上布有蓝色鳞片，雌蝶无蓝色；腹面灰白色，中室外侧有1列黑圆斑，缘毛灰白色。

成虫飞行力一般，多见于林下草地环境。

主要分布于古北区、新北区。国内目前已知2种，本图鉴收录1种。

黎戈灰蝶 / *Glaucopsyche lycormas* Butler, 1886

04-08 / P1883

小型灰蝶。背面翅面黑褐色，翅上布有蓝色鳞片，雌蝶无鳞片；腹面灰白色，雌蝶灰褐色，翅基部蓝色，前后翅有中室端斑，近中部有黑斑列。

1年1代，成虫多见于6月。多见于林下草地环境。

分布于北京、内蒙古、黑龙江、吉林等地。此外见于日本、蒙古及朝鲜半岛等地。

珞灰蝶属 / *Scolitantides* Hübner, [1819]

小型灰蝶。该属成虫底色为蓝黑色，翅面具清晰的黑色斑点，后翅腹面橙色亚缘斑鲜艳。

成虫飞行较慢，喜访花，常在山地的草地灌木带活动。幼虫以景天科植物为寄主。

分布于古北区。国内目前已知1种，本图鉴收录1种。

珞灰蝶 / *Scolitantides orion* (Pallas, 1771)

09-11 / P1884

小型灰蝶。此种有春夏型之分，春型体翅深蓝色，上覆青蓝色闪光鳞片，前翅中室端斑明显；前后翅沿外缘有1列黑斑，具青蓝色环，缘毛黑白相间。夏型体翅色浅，闪光鳞片较少，斑不清楚，翅腹面灰白色，斑纹大而清晰，后翅腹面橙色亚缘斑鲜艳。雌雄同型。

1年2代，成虫多见于4-8月。常见于海拔500-1700米的山区草地灌木环境。

分布于黑龙江、吉林、北京等北方地区。此外见于朝鲜半岛、俄罗斯、日本等地。

僖灰蝶属 / *Sinia* Forster, 1940

小型灰蝶。该属成虫底色为天蓝色，前翅中室端有黑斑，前后翅外缘有黑斑，缘线黑色，缘毛白黑相间；腹面灰色，多黑斑，后翅有橙色带。

成虫飞行力一般，访花，多见于高山草甸、林下草地环境活动。

主要分布在我国西南一带。国内目前已知2种，本图鉴收录1种。

烂僖灰蝶 / *Sinia lanty* (Oberthür, 1886)

12-16

小型灰蝶。背面翅面天蓝色，前翅中室端有1个黑斑，外缘黑斑列圆形；腹面灰色，中室外侧有3列斑，内列圆形且弯曲，外侧2列近方形，中室中间、端部有斑，后翅外侧黑斑带间有橙色带。

成虫多见于5-6月。访花，多见于高山草甸、林下草地环境活动。

分布于四川、云南、青海、西藏等地。

01 ♂ 靛灰蝶 陕西汉阴
02 ♀ 靛灰蝶 陕西汉阴
03 ♂ 扣靛灰蝶 云南维西
04 ♂ 黎戈灰蝶 北京
05 ♀ 黎戈灰蝶 北京
01 ♂ 靛灰蝶 陕西汉阴
02 ♀ 靛灰蝶 陕西汉阴
03 ♂ 扣靛灰蝶 云南维西
04 ♂ 黎戈灰蝶 北京
05 ♀ 黎戈灰蝶 北京
06 ♂ 黎戈灰蝶 内蒙古巴林
07 ♂ 黎戈灰蝶 甘肃榆中
08 ♀ 黎戈灰蝶 甘肃榆中
09 ♂ 珞灰蝶 陕西镇安
10 ♀ 珞灰蝶 陕西镇安
06 ♂ 黎戈灰蝶 内蒙古巴林
07 ♂ 黎戈灰蝶 甘肃榆中
08 ♀ 黎戈灰蝶 甘肃榆中
09 ♂ 珞灰蝶 陕西镇安
10 ♀ 珞灰蝶 陕西镇安
11 ♂ 珞灰蝶 陕西西安
12 ♂ 烂僖灰蝶 四川雅江
13 ♂ 烂僖灰蝶 青海玉树
14 ♀ 烂僖灰蝶 青海玉树
15 ♂ 烂僖灰蝶 云南德钦
16 ♂ 烂僖灰蝶 云南丽江
11 ♂ 珞灰蝶 陕西西安
12 ♂ 烂僖灰蝶 四川雅江
13 ♂ 烂僖灰蝶 青海玉树
14 ♀ 烂僖灰蝶 青海玉树
15 ♂ 烂僖灰蝶 云南德钦
16 ♂ 烂僖灰蝶 云南丽江

欣灰蝶属 / *Shijimiaeoides* Beuret, 1958

中型灰蝶。该属成虫底色为蓝紫色，翅背面具黑色、橙黄色斑点，后翅臀角4个黑色斑点周围有橙黄色外缘。翅腹面呈白色并布有黑色斑点，与索红珠灰蝶近似，但翅外缘斑点无蓝绿色闪光。

成虫飞行力较强，有访花或在地面吸食水及鸟粪的习性，常在海拔500米左右山地的草地灌木带活动。幼虫以豆科植物为寄主。

分布于古北区。国内目前已知1种，本图鉴收录1种。

欣灰蝶 / *Shijimiaeoides divina* (Fixen, 1887)

01-03 / P1884

中型灰蝶。翅色蓝紫色，翅面具黑色斑点、雌蝶后翅臀角端黑色斑点周边橙黄色外缘，雄蝶前翅正面有1个黑色卵状斑，且前翅外缘有1条黑色窄带，雌蝶前翅外缘黑色窄带较雄蝶宽，且除了与雄蝶前翅正面相同位置的1个黑色斑点外，还有4个小黑斑围绕在其周围。翅腹面底色呈白色并布有黑色斑点，与索红珠灰蝶近似，但翅外缘斑点无蓝绿色闪光，且橙黄色带鲜艳。

1年1代，成虫多见于5-6月。幼虫以豆科植物苦参为寄主。

分布于北京、河北、辽宁等地。此外见于俄罗斯、日本及朝鲜半岛。

扫灰蝶属 / *Subsulanoides* Koiwaya, 1989

小型灰蝶。雌雄异型。本属种类与欣灰蝶属种类相近，个体较小。

分布于中高海拔山区，喜活动于林缘、田地旁，飞行缓慢，喜访花。幼虫以桑科葎草属植物为食，以蛹越冬。

分布于古北区。国内目前已知1种，本图鉴收录1种。

扫灰蝶 / *Subsulanoides nagata* Koiwaya, 1989

04-07

小型灰蝶。雌雄异型。两性均不具尾突，雄蝶背面淡蓝色，翅外缘黑色，腹面底色灰色，前翅外缘具2列黑点状斑纹，中室端部有2个黑点状斑纹，后翅外缘分布2列黑色点状斑纹，中间夹杂橙色斑纹，亚外缘有1条白色条纹，为本种重要分类特征，翅基零星散落不规则黑点。雌蝶背面黑褐色，腹面同雄蝶。

1年2代，成虫多见于4-7月。

分布于北京、河北、陕西等地。

婀灰蝶属 / *Albulina* Tutt, 1909

小型灰蝶。本属种类大多雌雄异色，雄蝶大部分翅背面为蓝色，雌蝶为棕褐色，部分种类雌雄同色，腹面蓝绿色或灰白色，散布有白色斑。

成虫飞行较缓慢，有访花的习性，常在高山或亚高山草甸环境活动。

主要分布于古北区。国内目前已知约16种，本图鉴收录5种。

婀灰蝶 / *Albulina orbitula* (de Prunner, 1798)

08-13 / P1885

小型灰蝶。雌雄异色，雄蝶翅背蓝色，外缘具黑色，翅基具白色软毛，翅腹面黄灰色，前翅具黑色中室端斑，亚外缘具黑色点斑，点斗数量个体差异较大。后翅亚外缘具1列圆形白斑，呈“S”状，前缘及中室具圆形白斑。雌蝶翅背面棕色，腹面颜色深于雄蝶，斑纹分布与雄蝶近似。

成虫飞行较缓慢，有访花的习性，常在高于3000米的高海拔草甸环境活动。

分布于四川、云南、西藏等地。

安婀灰蝶 / *Albulina amphirrhoe* Oberthür, 1910

14-15

小型灰蝶。雌蝶翅背面棕色，前翅具白色中室端斑，腹面颜色棕色，具大量不规则白色斑纹，较易与其他种类区分。

分布于四川等地。

璐婀灰蝶 / *Albulina lucifuga* (Fruhstorfer, 1915)

16-17

小型灰蝶。雌雄同型。翅背面近黑色，后翅外缘具蓝色斑圈；腹面灰白色，前翅具中室端斑，自外缘至亚外缘分布着3列点状黑斑，雌蝶较雄蝶发达；后翅基部具淡蓝色鳞片，外缘具黄色斑带，亚外缘及中室具零星黑色斑点，雌蝶较雄蝶发达。

分布于四川等地。

菲婀灰蝶 / *Albulina felicis* (Oberthür, 1886)

18

小型灰蝶。雌蝶翅背面棕色，腹面颜色灰色，前翅具黑色中室端斑，亚外缘延翅室分布6枚黑色斑点；后翅腹面底色淡蓝色，翅脉及外缘灰色，翅中部分布有零星点状黑斑。

分布于甘肃等地。

01 ♂ 欣灰蝶 北京
02 ♂ 欣灰蝶 北京
03 ♀ 欣灰蝶 北京
04 ♂ 扫灰蝶 陕西凤县
05 ♀ 扫灰蝶 陕西凤县
01 ♂ 欣灰蝶 北京
02 ♂ 欣灰蝶 北京
03 ♀ 欣灰蝶 北京
04 ♂ 扫灰蝶 陕西凤县
05 ♀ 扫灰蝶 陕西凤县
06 ♂ 扫灰蝶 陕西凤县
07 ♂ 扫灰蝶 甘肃天水
08 ♂ 婀灰蝶 宁夏隆德
09 ♂ 婀灰蝶 云南丽江
10 ♂ 婀灰蝶 甘肃定西
11 ♀ 婀灰蝶 甘肃定西
06 ♂ 扫灰蝶 陕西凤县
07 ♂ 扫灰蝶 甘肃天水
08 ♂ 婀灰蝶 宁夏隆德
09 ♂ 婀灰蝶 云南丽江
10 ♂ 婀灰蝶 甘肃定西
11 ♀ 婀灰蝶 甘肃定西
12 ♂ 婀灰蝶 甘肃玛曲
13 ♀ 婀灰蝶 甘肃玛曲
14 ♂ 安婀灰蝶 四川巴塘
15 ♂ 安婀灰蝶 四川巴塘
16 ♂ 璐婀灰蝶 四川乡城
17 ♀ 璐婀灰蝶 四川乡城
18 ♀ 菲婀灰蝶 甘肃玛曲
12 ♂ 婀灰蝶 甘肃玛曲
13 ♀ 婀灰蝶 甘肃玛曲
14 ♂ 安婀灰蝶 四川巴塘
15 ♂ 安婀灰蝶 四川巴塘
16 ♂ 璐婀灰蝶 四川乡城
17 ♀ 璐婀灰蝶 四川乡城
18 ♀ 菲婀灰蝶 甘肃玛曲

泳婀灰蝶 / *Albulina younghusbandi* (Elwes, 1906)

01-02

小型灰蝶。雌蝶翅背面棕色，腹面颜色灰色，前翅具黑色中室端斑，亚外缘延翅室分布6枚黑色斑点；后翅腹面底色淡蓝色，外缘灰色，翅中部分布有零星点状黑斑。腹面黑斑较菲婀灰蝶发达，是两者间的主要区别。

分布于西藏等地。

爱灰蝶属 / *Aricia* Reichenbach, 1817

小型灰蝶。本属种类雌雄同色，翅背底色呈棕褐色，有些种类亚外缘具橙色或红色斑带，前翅中室端斑较明显。腹面灰白色，前后翅亚外缘多具橙色或红色斑带。

成虫栖息于高山、亚高山草甸或中低海拔林地旁活动。飞行较缓慢，有访花的习性。幼虫以牻牛苗科牻牛苗属及老鹳草属植物为寄主。

主要分布于古北区。国内目前已知3种，本图鉴收录2种。

华夏爱灰蝶 / *Aricia chinensis* Murray, 1874

03-06 / P1886

小型灰蝶。雌雄蝶斑纹相似。躯体棕褐色。翅背面棕褐色，前后翅亚外缘均具连续橙色斑带，为本种主要的分类特征。腹面灰白色，前后翅亚外缘均具连续橙色斑带，并散布着黑色斑点。

1年多代，成虫多见于4–9月。幼虫以牻牛苗科牻牛苗属植物为寄主。

分布于北京、河北、内蒙古、河南、陕西、辽宁等地。此外见于俄罗斯、朝鲜半岛等地。

阿爱灰蝶 / *Aricia allous* (Geyer, [1836])

07-08 / P1886

小型灰蝶。雌雄蝶斑纹相似。躯体棕褐色。翅背面棕褐色，前后翅亚外缘均具橙色斑点。腹面灰白色，前后翅亚外缘均具橙色斑点，但不连续，并散布着黑色斑点。

1年2代，成虫多见于5–8月。常在高山或亚高山草甸环境活动。幼虫以牻牛苗科老鹳草属植物为寄主。

分布于北京、河北、内蒙古、辽宁等地。此外见于俄罗斯、朝鲜半岛等地。

埃灰蝶属 / *Eumedonia* Forster, 1938

小型灰蝶。该属成虫翅底色为黑褐色，翅面中室端有1个小黑斑，不清晰，缘毛灰白色。

成虫飞行力一般，喜访花，常见于河边、沼泽附近草地环境活动。

主要分布于古北区。国内目前已知1种，本图鉴收录1种。

埃灰蝶 / *Eumedonia eumedon* (Esper, [1780]) 09

小型灰蝶。背面翅面黑褐色，缘毛灰白色，前翅中室端有1个不明显黑斑；腹面灰褐色，前翅中室黑斑清晰，亚缘有1列黑圆斑，有白眼圈，后翅基部灰绿色，中室端斑三角形，有的斑端部放射状，亚缘有小黑斑1列，外缘斑白色，上有黑点，内侧有橙红色三角形斑带。前后翅缘毛灰色。

1年1代，成虫多见于7月。喜访花。常见于河边、沼泽附近草地环境活动。

分布于黑龙江、内蒙古、甘肃、青海等地。此外见于蒙古等地。

紫灰蝶属 / *Chilades* Moore, [1881]

中小型灰蝶。翅背面为紫色和褐色，具有光泽，黑色翅脉明显，其中1种有尾突，有季节型之分，腹面花纹有所不同。

成虫栖息于寄主附近，沿海林边、荒废农田及较空旷低矮处，或于寄主附近，甚至城市公园也较常见，飞行高度较低，喜晒阳光，常访花，偶尔到地面吸水。幼虫主要以芸香科、苏铁属及豆科植物为寄主。

主要分布于东洋区。国内目前已知4种，本图鉴收录3种。

备注：根据外国分类系统，将福来灰蝶属合并于紫灰蝶属。

紫灰蝶 / *Chilades lajus* (Stoll, [1780]) 10-12 / P1887

小型灰蝶。雌雄同型。翅背面紫色，具有光泽，前翅外缘黑带较窄，后翅贴近外缘各室内有1个黑色斑，翅腹面为灰色，前翅中室有1个弧形斑，外中区有6个长条形黑斑、较大，弧形排列，后翅斑纹因旱、湿季而不同，旱季有大片模糊褐色纹与圆形斑重叠，湿季腹面颜色较浅，黑色斑纹明显。雌蝶翅面紫色斑不发达，整体颜色浅。

1年多代，成虫多见于8-12月。幼虫以芸香科植物苋酒饼簕为寄主。

分布于福建、广东、海南、香港、台湾等地。此外见于泰国、缅甸、越南、印度、老挝等地。

曲纹紫灰蝶 / *Chilades pandava* (Horsfield, [1829])

13-20 / P1888

中型灰蝶。雌雄异型。雄蝶翅面紫色，具有光泽，前翅外缘黑带较窄，后翅贴近外缘各室内有1个黑色斑，前缘深灰色，具尾突，翅腹面灰色，外中区与外缘间有较多黑色斑点，有白色边相伴，臀区有1块较黑色圆斑，伴有较明显橙色斑；雌蝶翅背面深灰色，前翅中部有较暗蓝色鳞斑，后翅有1个橙色斑，旱湿季腹面花纹有所不同。

1年多代，成虫全年可见。幼虫寄主为苏铁，适应力强，寄主因被全国大面积广泛引种，国内无论城区或是森林都有分布，成虫发生数量较多。

分布于长江以南等地。此外见于南亚至东南亚地区各地。

普紫灰蝶 / *Chilades putli* (Kollar, [1844])

21-23 / P1889

小型灰蝶。雌雄同型。本种为国内最小蝴蝶，翅背面全黑，缘毛灰白，翅反面为褐色，数个灰色斑并伴有白边，其中前翅基部有1个，中区有6个呈弧形排列，亚外缘有2列隐约灰色斑，后翅内中区有5个黑色斑点、较大，伴有白边，亚外缘有1列黑斑相连，伴有橙色边，黑斑内有白色金属鳞斑，为此种最显著特征。

1年多代，成虫多见于8-12月。幼虫以豆科木蓝属多种植物为寄主。

分布于海南、香港、台湾等地。此外见于泰国、缅甸、越南、印度、老挝等地。

备注：国内记载的福来灰蝶*Freyeria trochylus*不分布在中国。

豆灰蝶属 / *Plebejus* Kluk, 1780

小型灰蝶。该属成虫背面雄蝶为蓝色、蓝紫色，翅外缘黑边宽窄种间不一，缘毛白色，雌蝶多黑褐色；腹面多灰褐色，中室、亚缘、外缘有黑眼斑列，后翅基部有黑斑。

成虫飞行力弱，常活动于寄主植物附近，喜访花。幼虫多以豆科植物为寄主。

分布于古北区。国内目前已知9种，本图鉴收录3种。

豆灰蝶 / *Plebe jusargus* (Linnaeus, 1758)

24 / P1889

小型灰蝶。雄蝶背面翅色蓝紫色，前翅外缘，后翅前缘、外缘有宽阔的黑边，脉纹黑色，缘毛白色；腹面灰褐色，前后翅中室端、亚缘、外缘有黑斑列，外缘斑中部有橙色线纹，后翅基部色蓝，有黑斑，端半部底色灰白。

成虫多见于6-7月，活动于草丛，喜访花。

分布于我国北方大部分地区。此外见于朝鲜半岛、日本、蒙古、俄罗斯等地。

01 ♂ 泳婀灰蝶 西藏江孜
02 ♂ 泳婀灰蝶 西藏达孜
03 ♂ 华夏爱灰蝶 甘肃榆中
04 ♂ 华夏爱灰蝶 甘肃皋兰
05 ♀ 华夏爱灰蝶 甘肃榆中
06 ♂ 华夏爱灰蝶 北京
01 ♂ 泳婀灰蝶 西藏江孜
02 ♂ 泳婀灰蝶 西藏达孜
03 ♂ 华夏爱灰蝶 甘肃榆中
04 ♂ 华夏爱灰蝶 甘肃皋兰
05 ♀ 华夏爱灰蝶 甘肃榆中
06 ♂ 华夏爱灰蝶 北京
07 ♂ 阿爱灰蝶 北京
08 ♀ 阿爱灰蝶 北京
09 ♂ 埃灰蝶 青海湟源
10 ♂ 紫灰蝶 台湾台南
11 ♀ 紫灰蝶 台湾台南
12 ♂ 紫灰蝶 广东珠海
07 ♂ 阿爱灰蝶 北京
08 ♀ 阿爱灰蝶 北京
09 ♂ 埃灰蝶 青海湟源
10 ♂ 紫灰蝶 台湾台南
11 ♀ 紫灰蝶 台湾台南
12 ♂ 紫灰蝶 广东珠海
13 ♂ 曲纹紫灰蝶 台湾台北
14 ♀ 曲纹紫灰蝶 台湾台北
15 ♂ 曲纹紫灰蝶 广东佛山
16 ♀ 曲纹紫灰蝶 广东佛山
17 ♂ 曲纹紫灰蝶 福建福州
18 ♂ 曲纹紫灰蝶 福建福州
13 ♂ 曲纹紫灰蝶 台湾台北
14 ♀ 曲纹紫灰蝶 台湾台北
15 ♂ 曲纹紫灰蝶 广东佛山
16 ♀ 曲纹紫灰蝶 广东佛山
17 ♂ 曲纹紫灰蝶 福建福州
18 ♂ 曲纹紫灰蝶 福建福州
19 ♀ 曲纹紫灰蝶 福建福州
20 ♀ 曲纹紫灰蝶 福建福州
21 ♂ 普紫灰蝶 香港
22 ♂ 普紫灰蝶 台湾屏东
23 ♀ 普紫灰蝶 台湾屏东
24 ♂ 豆灰蝶 甘肃碌曲
19 ♀ 曲纹紫灰蝶 福建福州
20 ♀ 曲纹紫灰蝶 福建福州
21 ♂ 普紫灰蝶 香港
22 ♂ 普紫灰蝶 台湾屏东
23 ♀ 普紫灰蝶 台湾屏东
24 ♂ 豆灰蝶 甘肃碌曲

甘肃豆灰蝶 / *Plebejus ganssuensis* (Grum-Grshimailo, 1891)

01-02

小型灰蝶。和豆灰蝶相近，主要区别在于：个体明显要小，外缘黑边线状；腹面前翅亚缘斑平齐，后翅端半部无白色区域。

成虫多见于6-7月。活动于高海拔低矮草皮地表。

分布于甘肃、青海。

金川豆灰蝶 / *Plebejus fyodor* Hsu, Bálint & Johnson, 2000

03-04

小型灰蝶。和甘肃豆灰蝶相近，腹面前翅亚缘斑圆形，甘肃豆灰蝶是长圆形。

成虫多见于6-7月，活动于草丛，喜访花。

分布于四川。

灿灰蝶属 / *Agriades* Hübner, [1819]

小型灰蝶。雌雄同色，后翅腹面多具不规则白色斑点。

成虫飞行缓慢，有访花习性，分布于高山或亚高山草甸环境。

主要分布于古北区。国内目前已知8种，本图鉴收录4种。

傲灿灰蝶 / *Agriades orbona* (Grum-Grshimailo, 1891)

05

小型灰蝶。雌雄异型。雄蝶翅背面淡蓝色，外缘至亚外缘近黑色，前后翅均具黑色端斑，翅腹面棕灰色，外缘与亚外缘分布大量白色斑点，前翅中室具黑色端斑，后翅中室具白色端斑。雌蝶翅背面棕色，无蓝斑分布，腹面与雄蝶相近，颜色深于雄蝶。

分布于甘肃、青海等地。

灿灰蝶 / *Agriades pheretiades* (Eversmann, 1843)

06

小型灰蝶。雌雄同型。翅背面棕色，缘毛白色；翅腹面棕色，前翅具白色中室端斑，外缘延翅室分布披针状白色斑纹，亚外缘具5枚白色斑点；后翅中室内具白色棒状斑纹，外缘延翅室分布披针状白色斑纹，亚外缘具6枚白色斑点。

分布于甘肃、青海等地。

喇灿灰蝶 / *Agriades lamasem* (Oberthür, 1910)

07

小型灰蝶。雄蝶翅背面黑色，亚外缘至基部有暗蓝色鳞片，缘毛白色。翅腹面斑纹与灿灰蝶相似，较前者发达。

分布于四川、甘肃、青海等地。

递灿灰蝶 / *Agriades dis* (Grum-GrshimaÏlo, 1891)

08

小型灰蝶。与傲灿灰蝶极相似，主要区别在前翅腹面外缘与亚外缘黑色斑纹较发达，白色斑点较傲灿灰蝶欠发达。

分布于青海等地。

红珠灰蝶属 / *Lycaeides* Hübner, [1819]

小型灰蝶。雌雄异色。雄蝶翅背多具蓝色闪光，雌蝶棕色。腹面外缘具橙色斑带，多处分布黑色点状斑纹。

成虫飞行较缓慢，有访花的习性。城市、田间、林缘、草甸等环境均有分布，适应能力较强。

主要分布于古北区。国内目前已知3种，本图鉴收录2种。

红珠灰蝶 / *Lycaeides argyrognomon* (Bergsträsser, [1779])

09-10 / P1890

小型灰蝶。雌雄异色。雄蝶翅背蓝色至深蓝色，外缘黑色，翅腹面灰白色，前后翅均具黑色中室端斑，亚外缘有橙红色斑带，翅中分布着大量黑色斑点，雌蝶翅背面棕色，腹面颜色深于雄蝶，斑纹分布与雄蝶近似，斑纹较雄蝶发达。

1年多代，成虫多见于4-10月。飞行较缓慢，有访花的习性，从城市、田间、林间至高山草甸均有分布，适应能力极强。

分布于黑龙江、吉林、辽宁、北京、河北、陕西、山西等地。此外见于俄罗斯、日本及朝鲜半岛等地。

索红珠灰蝶 / *Lycaeides subsolanus* Eversmann, 1851

11

小型灰蝶。雌雄异色。雄蝶翅背灰黑色，散布深蓝色鳞片，翅腹面白色，前后翅均具黑色中室端斑，亚外缘有橙红色斑带，翅中分布着大量黑色斑点，斑点较红珠灰蝶发达，雌蝶翅背面棕色，腹面颜色深于雄蝶，斑纹分布与雄蝶近似，斑纹较雄蝶发达。

1年2代，成虫多见于5-8月。飞行较缓慢，有访花的习性，喜活动于林间及亚高山草甸。

分布于辽宁、北京、河北、陕西、内蒙古、新疆等地。此外见于俄罗斯、日本及朝鲜半岛等地。

点灰蝶属 / *Agrodiaetus* Hübner, 1822

中小型灰蝶。雌雄异色。雄蝶翅底色多为蓝色，雌蝶多为棕色。腹面多为灰白色，多具密集黑色斑点。本属成员外观上与眼灰蝶属类似，但本属成员通常体形较大。

主要分布于古北区。国内目前已知5种，本图鉴收录1种。

阿点灰蝶 / *Agrodiaetus amandus* (Schneider, 1792)

12-16 / P1891

中型灰蝶。雌雄异色，雄蝶翅背淡蓝色，外缘黑色，翅腹面灰色，前翅具黑色中室端斑，亚外缘具5-7枚黑色点斑，后翅腹面后缘具1列不连续橙色斑纹，亚外缘近中室部位具1列黑点，具黑色中室端斑。雌蝶翅背面棕色，腹面颜色深于雄蝶，斑纹分布与雄蝶近似。

成虫飞行较缓慢，有访花的习性，分布于海拔1000-1500米的阔叶林山区。

分布于辽宁、内蒙古、陕西等地。

01 ♂ 甘肃豆灰蝶 青海共和
02 ♀ 甘肃豆灰蝶 青海共和
03 ♂ 金川豆灰蝶 四川红原
04 ♀ 金川豆灰蝶 四川红原
05 ♀ 傲灿灰蝶 青海西宁
06 ♂ 灿灰蝶 新疆阜康
07 ♂ 喇灿灰蝶 四川稻城
01 ♂ 甘肃豆灰蝶 青海共和
02 ♀ 甘肃豆灰蝶 青海共和
03 ♂ 金川豆灰蝶 四川红原
04 ♀ 金川豆灰蝶 四川红原
05 ♀ 傲灿灰蝶 青海西宁
06 ♂ 灿灰蝶 新疆阜康
07 ♂ 喇灿灰蝶 四川稻城
08 ♂ 递灿灰蝶 青海循化
09 ♂ 红珠灰蝶 甘肃永靖
10 ♀ 红珠灰蝶 甘肃永靖
11 ♂ 索红珠灰蝶 内蒙古赤峰
12 ♂ 阿点灰蝶 甘肃榆中
08 ♂ 递灿灰蝶 青海循化
09 ♂ 红珠灰蝶 甘肃永靖
10 ♀ 红珠灰蝶 甘肃永靖
11 ♂ 索红珠灰蝶 内蒙古赤峰
12 ♂ 阿点灰蝶 甘肃榆中
13 ♀ 阿点灰蝶 甘肃榆中
14 ♂ 阿点灰蝶 陕西凤县
15 ♂ 阿点灰蝶 陕西凤县
16 ♀ 阿点灰蝶 陕西凤县
13 ♀ 阿点灰蝶 甘肃榆中
14 ♂ 阿点灰蝶 陕西凤县
15 ♂ 阿点灰蝶 陕西凤县
16 ♀ 阿点灰蝶 陕西凤县

眼灰蝶属 / *Polyommatus* Latreille, 1804

小型灰蝶。该属成虫背面雄蝶天蓝色，翅外缘黑边宽窄种间不一，缘毛白色，雌蝶多黑褐色，沿翅外缘有红斑呈现；腹面灰白色、灰褐色，基部、中室端、亚缘、外缘有黑斑及斑带，后翅中室端斑常有白色放射状三角形斑纹围绕。

成虫飞行力一般，常活动于草丛环境，喜访花。

分布于古北区。国内目前已知20种，本图鉴收录5种。

多眼灰蝶 / *Polyommatus eros* (Ochsenheimer, 1808)

01-03 / P1891

小型灰蝶。雄蝶背面翅色天蓝色，前后翅外缘有黑边，后翅外缘翅室端有黑斑；腹面灰褐色，基部、中室端、中域、亚缘、外缘有黑点斑，亚缘斑及外缘斑间有橙色斑。

成虫多见于6-7月。喜访花，活动于草地环境。

分布于大部分地区。

佛眼灰蝶 / *Polyommatus forresti* Bálint, 1992

04

小型灰蝶。和多眼灰蝶相近，区别点为背面天蓝色更亮，外缘黑边较宽；腹面灰白，亚缘斑、外缘斑间橙斑色淡。

成虫多见于5-6月。活动于林间草地。

分布于云南。

青眼灰蝶 / *Polyommatus cyane* (Eversmann, 1837)

05-07

小型灰蝶。和多眼灰蝶相近，区别点为背面青蓝色；腹面基部无斑，翅色灰白，前翅中域斑带更靠近亚缘斑，后翅中域斑第5、6斑内靠。

成虫多见于6-7月。活动于林间草地。

分布于宁夏、甘肃。此外见于蒙古。

爱慕眼灰蝶 / *Polyommatus amorata* Alphéraky, 1897

08

小型灰蝶。和多眼蝴蝶相近，区别点为背面翅外缘黑边较宽，腹面整体翅色灰白，前翅基部通常无斑或少斑。

成虫多见于6-7月。喜访花，草地环境。

分布于大部分地区。

新眼灰蝶 / *Polyommatus sinina* Grum-Grshimailo, 1891

09-11

小型灰蝶。雄蝶背面翅色天蓝色，外缘有黑边，前翅狭长；腹面灰褐色，基部、中室端、中域、外缘有黑斑。

成虫多见于7月。高海拔草地环境，喜访花。

分布于青海、甘肃。

01 ♂ 多眼灰蝶 甘肃永靖
02 ♀ 多眼灰蝶 甘肃永靖
03 ♂ 多眼灰蝶 甘肃迭部

01 ♂ 多眼灰蝶 甘肃永靖
02 ♀ 多眼灰蝶 甘肃永靖
03 ♂ 多眼灰蝶 甘肃迭部

04 ♂ 佛眼灰蝶 云南德钦
05 ♂ 青眼灰蝶 甘肃榆中
06 ♂ 青眼灰蝶 甘肃永靖
07 ♀ 青眼灰蝶 甘肃永靖

04 ♂ 佛眼灰蝶 云南德钦
05 ♂ 青眼灰蝶 甘肃榆中
06 ♂ 青眼灰蝶 甘肃永靖
07 ♀ 青眼灰蝶 甘肃永靖

08 ♂ 爱慕眼灰蝶 甘肃迭部
09 ♂ 新眼灰蝶 甘肃玛曲
10 ♀ 新眼灰蝶 甘肃玛曲
11 ♀ 新眼灰蝶 甘肃玛曲

08 ♂ 爱慕眼灰蝶 甘肃迭部
09 ♂ 新眼灰蝶 甘肃玛曲
10 ♀ 新眼灰蝶 甘肃玛曲
11 ♀ 新眼灰蝶 甘肃玛曲

< 弄蝶科

钩纹弄蝶属 / *Bibasis* Moore, 1881

中型至大型弄蝶。翅狭长，部分雄蝶翅面无性标。

成虫飞行能力强，喜访花或在地面吸水，栖息于植被较好的林缘、溪谷等环境。幼虫以使君子科、紫茉莉科、金虎尾科植物为寄主。

分布于东洋区和澳洲区。国内目前已知1种，本图鉴收录1种。

钩纹弄蝶 / *Bibasis sena* (Moore, 1865) 01-02

中大型弄蝶。翅较长，后翅臀角处突出。翅背面黑褐色，无斑；前翅腹面中域上侧呈淡紫色，下侧具淡褐色斑；后翅中域具1条白色斑带，其外侧边缘模糊，下侧呈钩状。后翅近臀角处的缘毛呈淡橙黄色。

1年多代，成虫几乎全年可见。幼虫以使君子科风车子属等植物为寄主。

分布于海南、西藏。此外见于印度、斯里兰卡、缅甸、泰国、老挝、越南、马来西亚、印度尼西亚、菲律宾等地。

伞弄蝶属 / *Burara* Swinhoe, 1893

中型至大型弄蝶。身体粗壮，体被鳞毛，翅腹面常具辐射状细纹，部分雄蝶前翅背面具有性标。

成虫飞行能力强，喜访花或在地面吸水，栖息于植被较好的林缘、溪谷等环境。幼虫以五加科、金虎尾科等植物为寄主。

主要分布于东洋区和澳洲区，少部分种类可分布至古北区东南部。国内目前已知9种，本图鉴收录9种。

雕形伞弄蝶 / *Burara aquilia* (Speyer, 1879) 03-06

中大型弄蝶。翅背面褐色，无斑或在中域具淡色小斑，翅面具有黄棕色鳞毛；翅腹面暗褐色，前翅中域下侧具淡色斑带。雌蝶翅面常具淡色斑纹。

1年1代，成虫多见于6–9月。

分布于黑龙江、吉林、辽宁、四川、陕西、甘肃、云南等地。此外见于日本、俄罗斯东南部、朝鲜半岛。

黑斑伞弄蝶 / *Burara oedipodea* (Swainson, 1820)

07-10

中大型弄蝶。体背面呈深褐色，体腹面呈橙黄色。翅背面深褐色，前翅前缘为橙黄色，雄蝶前翅基部具圆形的黑色性标；前翅腹面棕褐色，中域至后缘区域呈白褐色，后翅棕褐色，具橙红色斑纹，翅脉呈淡橙黄色。前翅缘毛呈灰褐色，后翅缘毛呈橙黄色。

1年多代，成虫多见于4-12月。幼虫以金虎尾科植物风车藤为寄主。

分布于广东、广西、海南、云南、香港等地。此外见于印度、缅甸、泰国、越南、老挝、马来西亚、印度尼西亚、菲律宾等地。

反缘伞弄蝶 / *Burara vasutana* (Moore, 1866)

11-12

大型弄蝶。体背面呈棕褐色，体腹面呈淡橙黄色。翅背面深褐色，两翅基部至中域具黄棕色的鳞毛，翅面无斑纹；翅腹面除了前翅下半部呈褐色外其余区域均呈蓝绿色，前翅中域具1个小白斑。后翅外缘的缘毛呈橙黄色。

1年多代，成虫多见于4-11月。

分布于广东、云南、西藏等地。此外见于印度、尼泊尔、缅甸、泰国、老挝、越南等地。

褐伞弄蝶 / *Burara harisa* (Moore, 1865)

13-14

中大型弄蝶。体背面呈灰褐色，体腹面呈淡橙黄色。翅背面为深褐色，前翅中域呈白褐色，翅脉呈深褐色，后翅前缘处呈白褐色；前翅腹面为淡棕褐色，中域至后缘区域呈白褐色，中室端部具1个暗斑，后翅基部具1个小黑斑，翅脉呈橙黄色。前翅缘毛呈淡黄色，后翅缘毛呈淡橙黄色。

1年多代，成虫多见于3-11月。

分布于广西、云南、海南等地。此外见于印度、缅甸、泰国、老挝、越南、马来西亚、新加坡、印度尼西亚、菲律宾等地。

耳伞弄蝶 / *Burara amara* (Moore, 1866)

15

中大型弄蝶。近似于白伞弄蝶，但本种翅背面呈黄褐色。

1年多代，成虫多见于3-11月。

分布于海南。此外见于印度、缅甸、泰国、老挝、越南等地。

橙翅伞弄蝶 / *Burara jaina* (Moore, 1866)

16-20 / p1892

中大型弄蝶。体背面呈棕褐色，体腹面呈橙黄色。翅背面为棕褐色，前翅前缘为橙黄色，雄蝶前翅中域具圆形的黑色性标；前翅腹面棕褐色，中域至后缘区域呈白褐色，中室端常具1个小白斑，其外侧具1列弧形排列的淡黄色小斑，后翅腹面呈棕褐色，翅脉呈橙黄色。前翅缘毛呈褐色，后翅缘毛呈橙黄色。

1年多代，成虫多见于3-11月。栖息于林下、林缘或溪谷环境。幼虫以金虎尾科植物猿尾藤为主。

分布于福建、广东、海南、云南、西藏、台湾、香港等地。此外见于印度、缅甸、泰国、老挝、越南、马来西亚、印度尼西亚等地。

01 ♂
钩纹弄蝶
海南五指山

01 ♂
钩纹弄蝶
海南五指山

02 ♂
钩纹弄蝶
西藏墨脱

02 ♂
钩纹弄蝶
西藏墨脱

03 ♂
雕形伞弄蝶
四川峨眉山

03 ♂
雕形伞弄蝶
四川峨眉山

04 ♂
雕形伞弄蝶
陕西长安

04 ♂
雕形伞弄蝶
陕西长安

05 ♂
雕形伞弄蝶
四川宝兴

05 ♂
雕形伞弄蝶
四川宝兴

06 ♂
雕形伞弄蝶
云南贡山

06 ♂
雕形伞弄蝶
云南贡山

07 ♂
黑斑伞弄蝶
西藏墨脱

07 ♂
黑斑伞弄蝶
西藏墨脱

08 ♂
黑斑伞弄蝶
广西南宁

08 ♂
黑斑伞弄蝶
广西南宁

09 ♂
黑斑伞弄蝶
广东广州

09 ♂
黑斑伞弄蝶
广东广州

10 ♀
黑斑伞弄蝶
广东广州

10 ♀
黑斑伞弄蝶
广东广州

⑪ ♂ 反缘伞弄蝶 西藏墨脱

⓫ ♂ 反缘伞弄蝶 西藏墨脱

⑫ ♂ 反缘伞弄蝶 广东连州

⓬ ♂ 反缘伞弄蝶 广东连州

⑬ ♂ 褐伞弄蝶 海南东方

⓭ ♂ 褐伞弄蝶 海南东方

⑭ ♀ 褐伞弄蝶 海南海口

⓮ ♀ 褐伞弄蝶 海南海口

⑮ ♂ 耳伞弄蝶 海南东方

⓯ ♂ 耳伞弄蝶 海南东方

⑯ ♂ 橙翅伞弄蝶 台湾台北

⓰ ♂ 橙翅伞弄蝶 台湾台北

⑰ ♀ 橙翅伞弄蝶 台湾台北

⓱ ♀ 橙翅伞弄蝶 台湾台北

⑱ ♂ 橙翅伞弄蝶 西藏墨脱

⓲ ♂ 橙翅伞弄蝶 西藏墨脱

⑲ ♂ 橙翅伞弄蝶 广东广州

⓳ ♂ 橙翅伞弄蝶 广东广州

⑳ ♀ 橙翅伞弄蝶 广东广州

⓴ ♀ 橙翅伞弄蝶 广东广州

白伞弄蝶 / *Burara gomata* (Moore, 1865)

01-04 / P1893

中大型弄蝶。雄蝶翅背面呈灰褐色或淡褐色，雌蝶则呈蓝色，翅脉呈深褐色，雌蝶前翅中域常具1个或2个白斑；翅腹面深褐色，翅脉和翅室具放射状蓝白色细条纹，基部至外缘具1条宽阔的蓝白色斑带。

1年多代，成虫多见于3–12月。幼虫以五加科鹅掌柴等植物为寄主。

分布于浙江、福建、江西、湖北、广东、广西、四川、云南、海南、香港等地。此外见于印度、缅甸、泰国、老挝、越南、马来西亚、印度尼西亚、菲律宾等地。

绿伞弄蝶 / *Burara striata* (Hewitson, 1867)

05-06

大型弄蝶。翅背面呈棕褐色，基部至中域具黄褐色的鳞毛，雄蝶前翅中域具数条黑色条纹状性标。翅腹面除了前翅下半部呈黑褐色外其余区域均呈灰绿色，翅脉呈褐色，翅室内具黑褐色的细纹。后翅臀角处的缘毛呈淡橙黄色。

1年1代，成虫多见于6–9月。

分布于河南、江苏、上海、浙江、福建、江西、广东、广西、四川等地。

大伞弄蝶 / *Burara miracula* (Evans, 1949)

07-10 / P1894

大型弄蝶。翅背面深褐色，两翅基部具黄棕色的鳞毛；翅腹面除了前翅下半部呈黑褐色外其余区域均呈灰绿色或淡蓝绿色，翅脉呈褐色。后翅臀角处的缘毛为呈淡橙黄色。

1年1代，成虫多见于6–9月。幼虫以五加科的变叶树参等植物为寄主。

分布于浙江、福建、江西、广东、广西、四川、重庆等地。此外见于越南等地。

01 ♂
白伞弄蝶
福建福州

02 ♀
白伞弄蝶
福建福州

03 ♀
白伞弄蝶
广西金秀

01 ♂
白伞弄蝶
福建福州

02 ♀
白伞弄蝶
福建福州

03 ♀
白伞弄蝶
广西金秀

04 ♀
白伞弄蝶
广东乳源

05 ♂
绿伞弄蝶
四川芦山

06 ♀
绿伞弄蝶
浙江宁波

04 ♀
白伞弄蝶
广东乳源

05 ♂
绿伞弄蝶
四川芦山

06 ♀
绿伞弄蝶
浙江宁波

⑦ ♀
大伞弄蝶
江西井冈山

❼ ♀
大伞弄蝶
江西井冈山

⑧ ♀
大伞弄蝶
重庆江津

❽ ♀
大伞弄蝶
重庆江津

⑨ ♂
大伞弄蝶
福建武夷山

❾ ♂
大伞弄蝶
福建武夷山

⑩ ♂
大伞弄蝶
福建福州

❿ ♂
大伞弄蝶
福建福州

趾弄蝶属 / *Hasora* Moore, [1881]

中大型弄蝶。后翅臀角常突出而呈叶状。雄蝶后足胫节无毛束。许多种类雄蝶于前翅翅表具有性标。雌蝶于前翅常有半透明斑纹，雄蝶则斑纹少或无纹。

成虫多于黄昏活动，访花性明显。幼虫以豆科植物为寄主。

分布于澳洲区及东洋区。国内目前已知7种，本图鉴收录7种。

无趾弄蝶 / *Hasora anurade* Nicéville, 1889

01-11 / P1894

中大型弄蝶。雌雄斑纹相异。躯体褐色。后翅叶状突不明显。翅表褐色，除了前翅前缘外侧有数枚黄白色小点以外无纹，翅基具褐色长毛。翅腹面底色褐色。前、后翅外半部有1条模糊斜行浅色线，后翅浅色线后端有1条黄白色小纹。后翅中室端有1个黄白色小点。雌蝶前翅有3枚明显的半透明米黄色斑。前缘外侧翅顶附近有1列同色小斑。翅基有黄褐色长毛，翅腹面色彩与雄蝶相近，唯前翅之半透明斑见于相应位置。

1年1代，成虫多见于4-10月。成虫越冬。栖息于山地常绿阔叶林。幼虫以豆科崖豆藤属及红豆属植物为寄主。

分布于四川、重庆、云南、贵州、陕西、河南、浙江、江西、广西、广东、福建、香港、海南及台湾等地。此外见于尼泊尔、不丹、印度、缅甸、泰国、老挝、越南等地。

备注：无斑趾弄蝶*Hasora danda* Evans, 1949为本种之同物异名。

三斑趾弄蝶 / *Hasora badra* (Moore, [1858])

12-16 / P1895

中型弄蝶。雌雄斑纹相异。后翅有明显叶状突。雄蝶翅表黑褐色、无纹。翅腹面底色为带紫色光泽之褐色。前、后翅外半部均有1条斜行浅色带。前翅前缘外侧有1片蓝黑色鳞。后翅中室端有1个小白点。叶状突黑褐色，其前方有1条白色短条。雌蝶于前翅有3枚明显的半透明米黄色斑。另于前缘外侧翅顶附近有1列同色小斑。翅基生有黄褐色长毛，翅腹面色彩与雄蝶相近，唯前翅半透明斑见于相应位置。

1年多代，成虫全年可见。栖息于常绿阔叶林或田园。幼虫以豆科崖豆藤属及鱼藤属植物为寄主。

分布于江西、广西、广东、福建、香港、海南、云南及台湾等地。此外见于尼泊尔、不丹、印度、缅甸、泰国、老挝、越南、马来西亚、印度尼西亚、菲律宾、日本等地。

双斑趾弄蝶 / *Hasora chromus* (Cramer, [1780])

17-20 / P1895

中型弄蝶。雌雄斑纹相异。前翅翅顶尖。后翅有明显叶状突。翅表底色暗褐色，雄蝶前翅有1条灰色条状斜行性标。翅腹面底色较背面为浅，为带黄灰色之褐色，稍带紫色光泽，前翅外侧有1条浅色带，呈黄灰色，时泛白，其内侧有1片暗色区域。后翅中央有1条斜带，呈白色而稍带蓝紫色。叶状突部位有明显黑褐色斑。雌蝶翅背面缺乏雄蝶所具有性斑，常于前翅有2枚象牙色弦月纹，翅顶内侧有时也有象牙色小斑。前翅于翅表小斑相应位置有小斑。

1年多代，成虫全年可见。栖息于热带与亚热带海岸林。幼虫以豆科植物水黄皮为寄主。

分布于广东、福建、江苏、上海、香港及台湾等地。此外见于新几内亚、澳大利亚、斐济、关岛等地。

01 ♂ 无趾弄蝶 云南贡山
01 ♂ 无趾弄蝶 云南贡山
02 ♀ 无趾弄蝶 云南贡山
02 ♀ 无趾弄蝶 云南贡山
03 ♂ 无趾弄蝶 台湾南投
03 ♂ 无趾弄蝶 台湾南投
04 ♀ 无趾弄蝶 台湾南投
04 ♀ 无趾弄蝶 台湾南投
05 ♂ 无趾弄蝶 四川峨眉山
05 ♂ 无趾弄蝶 四川峨眉山
06 ♀ 无趾弄蝶 广东乳源
06 ♀ 无趾弄蝶 广东乳源
07 ♂ 无趾弄蝶 福建福州
07 ♂ 无趾弄蝶 福建福州
08 ♀ 无趾弄蝶 福建武夷山
08 ♀ 无趾弄蝶 福建武夷山
09 ♂ 无趾弄蝶 云南普洱
09 ♂ 无趾弄蝶 云南普洱
10 ♀ 无趾弄蝶 云南普洱
10 ♀ 无趾弄蝶 云南普洱

⑪♀ 无趾弄蝶 云南屏边
⓫♀ 无趾弄蝶 云南屏边
⑫♀ 三斑趾弄蝶 云南西双版纳
⓬♀ 三斑趾弄蝶 云南西双版纳
⑬♂ 三斑趾弄蝶 云南河口
⓭♂ 三斑趾弄蝶 云南河口
⑭♀ 三斑趾弄蝶 云南元江
⓮♀ 三斑趾弄蝶 云南元江
⑮♀ 三斑趾弄蝶 台湾台北
⓯♀ 三斑趾弄蝶 台湾台北
⑯♂ 三斑趾弄蝶 台湾花莲
⓰♂ 三斑趾弄蝶 台湾花莲
⑰♀ 双斑趾弄蝶 海南五指山
⓱♀ 双斑趾弄蝶 海南五指山
⑱♀ 双斑趾弄蝶 广东广州
⓲♀ 双斑趾弄蝶 广东广州
⑲♂ 双斑趾弄蝶 台湾台东
⓳♂ 双斑趾弄蝶 台湾台东
⑳♀ 双斑趾弄蝶 台湾彰化
⓴♀ 双斑趾弄蝶 台湾彰化

银针趾弄蝶 / *Hasora taminatus* (Hübner, 1818)

01-06 / P1896

中型弄蝶。雌雄斑纹相异。后翅后端有叶状突。雄蝶翅表底色呈暗褐色，翅中央至后缘约1/3处有1条黑色线形性标。翅腹面底色较背面浅，前翅有1片宽阔的暗色区。后翅中央有1条白色细带，白带至翅基间常有蓝绿色金属光泽。臀角叶状突有褐色斑。雌蝶叶背面无雄蝶所具有之黑褐鳞及性标，且有2枚象牙色斑。前翅于翅背面小斑之相应位置有同样的小斑。

1年多代，成虫全年可见。栖息于常绿阔叶林。幼虫以豆科崖豆藤属及鱼藤属植物为寄主。

分布于四川、广东、海南、香港、台湾、香港等地。此外见于尼泊尔、不丹、印度、斯里兰卡、缅甸、泰国、老挝、越南、马来西亚、印度尼西亚、菲律宾等地。

纬带趾弄蝶 / *Hasora vitta* (Butler, 1870)

07-12 / P1896

中型弄蝶。前翅翅顶尖。后翅有叶状突。雄蝶翅表底色暗褐色，通常于前翅翅顶附近及翅面中央各有1个细小象牙色斑点，但后者有时减退、消失。翅腹面底色较背面浅，常具紫色或蓝绿色光泽，前翅内侧有1片暗色区域。后翅中央有1条白带。叶状突部位有黑褐色斑。雌蝶翅于前翅有2枚象牙色弦月纹，翅顶内侧有时也有象牙色小点。前翅于翅表小斑相应位置有小斑。

1年多代，成虫全年可见。栖息于常绿阔叶林。幼虫以豆科崖豆藤属植物为寄主。

分布于四川、重庆、云南、广东、广西、香港等地。此外见于尼泊尔、不丹、印度、缅甸、泰国、老挝、越南、马来西亚、印度尼西亚、菲律宾、新几内亚、澳大利亚、斐济、关岛等地。

迷趾弄蝶 / *Hasora mixta* (Mabille, 1876)

13-14 / P1896

中型弄蝶。雌雄斑纹相异。后翅后端有叶状突。雄蝶翅表暗褐色、无纹，翅中央至后缘约1/4处有1条黑色条状性标。翅腹面底色褐色，泛蓝紫色金属光泽，并杂有不同程度之浅黄绿色纹。前翅后侧有1个浅黄褐色斑。后翅中室端有1个模糊小白点。叶状突黑褐色，其前方有1条黄白色小纹。雌蝶于前翅有3枚半透明米黄色斑。有时于前缘翅顶附近有1列同色小斑。翅腹面色彩与雄蝶相近，唯前翅半透明米黄斑均见于相应位置。翅腹面金属光泽的浅黄绿色纹比雄蝶明显。

1年多代，成虫全年可见。栖息于热带海岸林。幼虫以豆科崖豆藤属植物为寄主。

分布于台湾。此外见于菲律宾、印度尼西亚、马来西亚等地。

金带趾弄蝶 / *Hasora schoenherr* (Latreille, [1824])

15

中型弄蝶。前翅翅顶尖。翅表底色暗褐色，翅面中央有3块象牙色斑组成的斑块，前翅翅顶内侧有同色小斑列，后翅中央有鲜明黄色纵带。翅腹面底色较背面浅，常具紫色光泽，此外斑纹类似翅背面。叶状突部位有黑褐色斑。

1年多代。栖息于热带常绿阔叶林。幼虫以豆科植物为寄主。

分布于云南。此外见于印度、缅甸、泰国、老挝、越南、马来西亚、印度尼西亚及菲律宾等地。

尖翅弄蝶属 / *Badamia* Moore, [1881]

中大型弄蝶。前翅狭长，后翅臀角显著突出，翅底色呈褐色。

成虫栖息于林缘或溪谷等环境，喜访花或在地面吸水。幼虫以金虎尾科和使君子科植物为寄主。

分布于东洋区和澳洲区。国内目前已知1种，本图鉴收录1种。

尖翅弄蝶 / *Badamia exclamationis* (Fabricius, 1775)

16-19 / P1896

中大型弄蝶。前翅狭长，后翅臀角显著突出，翅背面为褐色，翅基部具有淡褐色鳞毛，前翅中域具数个小白斑，雌蝶白斑通常更为发达。翅腹面颜色较淡。

1年多代，成虫几乎全年可见。具有较强的长距离迁飞习性。幼虫以金虎尾科的风车藤、西印度樱桃等植物为寄主。

分布于福建、广东、广西、海南、云南、西藏、香港、台湾等地。此外见于印度、缅甸、泰国、老挝、马来西亚、印度尼西亚、澳大利亚等地。

01 ♀ 银针趾弄蝶 云南河口
01 ♀ 银针趾弄蝶 云南河口
02 ♂ 银针趾弄蝶 海南五指山
02 ♂ 银针趾弄蝶 海南五指山
03 ♂ 银针趾弄蝶 香港
03 ♂ 银针趾弄蝶 香港
04 ♀ 银针趾弄蝶 香港
04 ♀ 银针趾弄蝶 香港
05 ♂ 银针趾弄蝶 台湾花莲
05 ♂ 银针趾弄蝶 台湾花莲
06 ♀ 银针趾弄蝶 台湾台东
06 ♀ 银针趾弄蝶 台湾台东
07 ♂ 纬带趾弄蝶 云南河口
07 ♂ 纬带趾弄蝶 云南河口
08 ♀ 纬带趾弄蝶 云南屏边
08 ♀ 纬带趾弄蝶 云南屏边
09 ♂ 纬带趾弄蝶 广东广州
09 ♂ 纬带趾弄蝶 广东广州
10 ♀ 纬带趾弄蝶 广东广州
10 ♀ 纬带趾弄蝶 广东广州

⑪ ♂
纬带趾弄蝶
贵州江口

⓫ ♂
纬带趾弄蝶
贵州江口

⑫ ♀
纬带趾弄蝶
海南五指山

⓬ ♀
纬带趾弄蝶
海南五指山

⑬ ♂
迷趾弄蝶
台湾台东

⓭ ♂
迷趾弄蝶
台湾台东

⑭ ♀
迷趾弄蝶
台湾台东

⓮ ♀
迷趾弄蝶
台湾台东

⑮ ♂
金带趾弄蝶
云南勐腊

⓯ ♂
金带趾弄蝶
云南勐腊

⑯ ♂
尖翅弄蝶
云南贡山

⓰ ♂
尖翅弄蝶
云南贡山

⑰ ♂
尖翅弄蝶
台湾台东

⓱ ♂
尖翅弄蝶
台湾台东

⑱ ♂
尖翅弄蝶
海南乐东

⓲ ♂
尖翅弄蝶
海南乐东

⑲ ♀
尖翅弄蝶
台湾屏东

⓳ ♀
尖翅弄蝶
台湾屏东

绿弄蝶属 / *Choaspes* Moore, [1881]

中大型弄蝶。体形壮硕，翅为鲜艳的蓝、绿色，后翅臀角有橙、黄色斑纹。雄蝶后足胫节具2组长毛束(毛笔器)，内侧者长度较短，位于后胸与腹部的沟槽内，外侧者较长，位于后足胫节后侧毛状鳞丛内。部分种类雄蝶于翅背面有性标。

主要于黄昏及阴天活动。幼虫以清风藤科植物为寄主。

分布于古北区及东洋区。国内目前已知4种，本图鉴收录4种。

绿弄蝶 / *Choaspes benjaminii* (Guérin-Méneville, 1843)

01-07 / P1897

中大型弄蝶。雌雄斑纹相似。胸部背侧被蓝褐色长毛，腹部腹面有橙黄色纹。后翅臀角有叶状突。翅背面底色暗蓝绿色，翅基有蓝绿色毛，后翅臀角沿外缘有橙红色边。翅腹面底色绿色，沿翅脉黑褐色，后翅臀区附近有橙红色及黑褐色纹。雌蝶翅背面底色较暗，蓝绿色长毛与底色的对比显著。雄蝶后足胫节基部生有2组黄褐色长毛束。

1年多代。栖息在阔叶林。幼虫以清风藤科泡花树属植物为寄主。

分布于云南、陕西、河南、江西、广西、广东、浙江、福建、香港及台湾等地。此外见于日本、印度、斯里兰卡、缅甸、泰国、老挝、越南及朝鲜半岛等地。

半黄绿弄蝶 / *Choaspes hemixanthus* Rothschild & Jordan, 1903

08-11 / P1897

中大型弄蝶。雌雄斑纹相似。雄蝶胸部背侧长毛绿褐色，雌蝶浅蓝色，两者腹部腹面均有橙黄色纹。后翅臀角有叶状突。雄蝶翅背面底色暗褐色，翅基黄绿色，后翅臀角沿外缘有橙红色边。雌蝶翅表底色黑褐色，翅基部浅蓝绿色。翅腹面底色绿色，沿翅脉黑褐色，后翅臀区附近有橙红色及黑褐色纹。雄蝶后足胫节基部生有2组褐色长毛束。

1年多代。栖息在常阔叶林。幼虫以清风藤科清风藤属植物为寄主。

分布于云南、四川、江西、广西、广东、浙江、海南及香港等地。此外见于尼泊尔、印度、缅甸、泰国、菲律宾、苏门答腊及新几内亚等地。

褐标绿弄蝶 / *Choaspes stigmata* Evans, 1932

12-13

中大型弄蝶。雌雄斑纹相似。胸部背侧长毛绿褐色，腹部腹面有橙黄色纹。后翅臀角有叶状突。雄蝶翅背面底色暗褐色，翅基黄绿色，后翅臀角沿外缘有橙红色边。雌蝶翅表底色黑褐色，翅基部浅蓝绿色。翅腹面底色绿色，沿翅脉黑褐色，后翅臀区附近有橙红色及黑褐色纹。雄蝶后足胫节基部生有2组褐色长毛束。雄蝶前翅有1片由特化鳞片构成的灰褐色性标，其前方另有黑色特化鳞片。雌蝶缺乏此构造。

1年多代。栖息在常阔叶林。幼虫以清风藤科泡花树属植物为寄主。

分布于海南。此外见于印度、缅甸、泰国、越南、印度尼西亚、马来西亚、文莱、菲律宾等地。

褐翅绿弄蝶 / *Choaspes xanthopogon* (Kollar, [1844])

14-16

中大型弄蝶。雌雄斑纹差异较明显。雄蝶胸部背侧长毛绿褐色，雌蝶浅蓝色，两者腹部腹面均有橙黄色纹。后翅臀角有叶状突。雄蝶翅表底色褐色，翅基部有具金属光泽之绿褐色毛。雌蝶翅表底色黑褐色，翅基部具浅蓝色长毛。后翅臀角沿外缘有橙红色纹。翅腹面底色绿色，沿翅脉黑褐色，后翅臀角附近有橙红色及黑褐色纹。雄蝶后足胫节基部生有2组褐色长毛束。

1年多代。栖息在常阔叶林。幼虫以清风藤科清风藤属植物为寄主。

分布于云南、四川及台湾等地。此外见于尼泊尔、印度、缅甸及泰国等地。

01 ♂
绿弄蝶
福建三明
01 ♂
绿弄蝶
福建三明
02 ♂
绿弄蝶
福建顺昌
02 ♂
绿弄蝶
福建顺昌
03 ♂
绿弄蝶
广东乳源
03 ♂
绿弄蝶
广东乳源
04 ♀
绿弄蝶
广东乳源
04 ♀
绿弄蝶
广东乳源
05 ♂
绿弄蝶
台湾台北
05 ♂
绿弄蝶
台湾台北
06 ♀
绿弄蝶
台湾宜兰
06 ♀
绿弄蝶
台湾宜兰
07 ♂
绿弄蝶
云南屏边
07 ♂
绿弄蝶
云南屏边
08 ♂
半黄绿弄蝶
广东广州
08 ♂
半黄绿弄蝶
广东广州

09 ♀ 半黄绿弄蝶 广东广州

09 ♀ 半黄绿弄蝶 广东广州

10 ♂ 半黄绿弄蝶 海南通什

10 ♂ 半黄绿弄蝶 海南通什

11 ♀ 半黄绿弄蝶 海南通什

11 ♀ 半黄绿弄蝶 海南通什

12 ♂ 褐标绿弄蝶 海南白沙

12 ♂ 褐标绿弄蝶 海南白沙

13 ♂ 褐标绿弄蝶 海南万宁

13 ♂ 褐标绿弄蝶 海南万宁

14 ♂ 褐翅绿弄蝶 台湾新北

14 ♂ 褐翅绿弄蝶 台湾新北

15 ♀ 褐翅绿弄蝶 台湾新北

15 ♀ 褐翅绿弄蝶 台湾新北

16 ♂ 褐翅绿弄蝶 云南屏边

16 ♂ 褐翅绿弄蝶 云南屏边

大弄蝶属 / *Capila* Moore, [1866]

大型弄蝶。前翅具白色或黄色的斑点和斑带，部分种类雌雄异型，有些种类的雄蝶前翅具有前缘褶，雌蝶腹部末端具鳞毛簇。

成虫栖息于植被较好的林缘、溪谷等环境，喜欢停栖在叶背面，休憩时翅摊平。幼虫以樟科等植物为寄主。

主要分布于东洋区。国内目前已知11种，本图鉴收录7种。

毛刷大弄蝶 / *Capila pennicillatum* (de Nicéville, 1893)

01-04

大型弄蝶。翅较长，翅背面深褐色，前翅中域具1条斜向的白色斑带，近顶角处具数个小白斑；后翅无斑，雄蝶后翅臀角处具稀疏的灰褐色毛簇。

1年1代，成虫多见于5–7月。

分布于福建、江西、广东、广西、海南等地。此外见于印度、越南等地。

线纹大弄蝶 / *Capila lineata* Chou & Gu, 1994

05-07

大型弄蝶。翅背面褐色，前翅中域具1条较窄的白色斑带，近顶角处具1列小白斑，后翅中域外侧具1列黑色的椭圆形斑；翅腹面为淡褐色，斑纹基本同背面。

1年1代，成虫多见于4–5月。

分布于海南、广东。此外见于越南。

峨眉大弄蝶 / *Capila omeia* (Leech, 1894)

08

大型弄蝶。翅背面深褐色，前翅中域具4个白斑，近顶角具3个白色小斑，后翅无斑，基部区域具有褐色鳞毛；翅腹面斑纹基本同背面。

1年1代，成虫多见于6–8月。

分布于重庆、四川等地。

窗斑大弄蝶 / *Capila translucida* Leech, 1894

09-11 / P1898

大型弄蝶。前翅顶角较尖，翅底色为黑褐色，雄蝶前翅中域具数个较大的白斑，其外围具放射状的白色线状斑，后翅中域数个放射状的白色线状斑。雌蝶前翅中域具1列斜向的白斑，后翅无斑。

1年1代，成虫多见于4–5月。幼虫以樟科的黄樟等植物为寄主。

分布于江西、广东、海南、四川等地。此外见于越南等地。

微点大弄蝶 / *Capila pauripunetata* Chou & Gu, 1994

12-13 / P1898

大型弄蝶。翅背面褐色，翅脉深褐色，前翅中室端具1个小白斑，外侧具1列小白斑，雄蝶具前缘褶，后翅中室内具1个小黑斑，外侧具1列椭圆形的黑色小斑；翅腹面暗褐色，其余斑纹同背面。

1年1代，成虫多见于4–5月。

分布于海南。此外见于越南。

李氏大弄蝶 / *Capila lidderdali* (Elwes, 1888)

14-15

大型弄蝶。翅背面棕褐色，翅脉呈褐色，雄蝶具前缘褶，前翅中域沿着翅脉 侧具黄色条状斑，中域外侧具数个小黄斑，后翅中室内具1个小黑斑，中域外侧颜色较淡，并具1列椭圆形的黑色小斑。

1年1代，成虫多见于4–5月。

分布于海南、西藏。此外见于印度、尼泊尔、老挝、越南等地。

白粉大弄蝶 / *Capila pieridoides* (Moore, 1878)

16-18

大型弄蝶。雄蝶翅底色为白色，前翅顶角呈黑褐色，后翅背面中域外侧具数个小黑斑；前翅腹面前缘和中室端外侧具黑褐色斑，后翅腹面中域具许多黑色的斑点，外缘翅脉端部呈黑褐色。雌蝶翅底色为褐色至棕褐色，前翅中域至外缘具数个白斑，后翅腹面具许多小黑斑。

1年1代，成虫多见于6–8月。

分布于江西、广东、广西、四川、西藏等地。此外见于印度等地。

01 ♂
毛刷大弄蝶
福建三明

02 ♀
毛刷大弄蝶
福建三明

03 ♂
毛刷大弄蝶
广东乳源

01 ♂
毛刷大弄蝶
福建三明

02 ♀
毛刷大弄蝶
福建三明

03 ♂
毛刷大弄蝶
广东乳源

04 ♀
毛刷大弄蝶
广东乳源

05 ♂
线纹大弄蝶
海南五指山

06 ♂
线纹大弄蝶
海南乐东

04 ♀
毛刷大弄蝶
广东乳源

05 ♂
线纹大弄蝶
海南五指山

06 ♂
线纹大弄蝶
海南乐东

⑦ ♂
线纹大弄蝶
广东龙门

⑧ ♀
峨眉大弄蝶
四川都江堰

⑨ ♂
窗斑大弄蝶
福建三明

❼ ♂
线纹大弄蝶
广东龙门

❽ ♀
峨眉大弄蝶
四川都江堰

❾ ♂
窗斑大弄蝶
福建三明

⑩ ♀
窗斑大弄蝶
海南五指山

⑪ ♀
窗斑大弄蝶
广东龙门

⑫ ♂
微点大弄蝶
海南五指山

❿ ♀
窗斑大弄蝶
海南五指山

⓫ ♀
窗斑大弄蝶
广东龙门

⓬ ♂
微点大弄蝶
海南五指山

⑬♀ 微点大弄蝶 海南五指山

⑭♂ 李氏大弄蝶 海南五指山

⑮♀ 李氏大弄蝶 西藏墨脱

⓭♀ 微点大弄蝶 海南五指山

⓮♂ 李氏大弄蝶 海南五指山

⓯♀ 李氏大弄蝶 西藏墨脱

⑯♂ 白粉大弄蝶 西藏墨脱

⑰♂ 白粉大弄蝶 广西金秀

⑱♂ 白粉大弄蝶 四川乐山

⓰♂ 白粉大弄蝶 西藏墨脱

⓱♂ 白粉大弄蝶 广西金秀

⓲♂ 白粉大弄蝶 四川乐山

带弄蝶属 / *Lobocla* Moore, 1884

中型弄蝶。该属成虫背面黑褐色，前翅中域、亚顶区有白色半透明斑，后翅无斑纹，腹面后翅多白色鳞片和黑色、棕褐色斑。

成虫飞行力强，喜访花，亦喜水溪旁、潮湿地表吸水，躲在土坡、崖壁上活动。

除1种分布于国内大部分地区外，其余集中在西南部高原及云南南部。国内目前已知6种，本图鉴收录6种。

双带弄蝶 / *Lobocla bifasciata* (Bremer & Grey, 1853)

01-08 / P1899

中型弄蝶。背面翅色黑褐色，雄蝶前翅前缘外翻见黄褐色性标，亚顶区有白色半透明小斑列，中域半透明白斑带斜向较宽，后翅无斑纹；腹面前翅顶区覆白色鳞片，后翅白色鳞片多，中部有2条浅黑色带，横向上下分布。

成虫多见于5-6月。喜访花，亦喜水溪旁、潮湿地表吸水。

分布于北京、辽宁、陕西、广东、云南、台湾等地。此外见于蒙古、俄罗斯等地。

弓带弄蝶 / *Lobocla nepos* (Oberthür, 1886)

09-10

中型弄蝶。本种与其他带弄蝶种类的主要区别是背面翅色为灰褐色，前翅覆有灰白色鳞毛，腹面被大面积灰白色鳞毛覆盖。

成虫多见于5-6月。喜潮湿地表吸水，亦喜栖息土坡、岩壁。

分布于云南、四川、西藏。

黄带弄蝶 / *Lobocla liliana* (Atkinson, 1871)

11-12

中型弄蝶。和双带弄蝶相近，区别在于本种中域带宽阔，斑纹到达2A翅脉。

成虫多见于5月。喜潮湿地表吸水。

分布于云南。

曲纹带弄蝶 / *Lobocla germana* (Oberthür, 1886)

13-16

中型弄蝶。和双带弄蝶相近，区别在于本种后翅腹面分布有明显黑斑。

成虫多见于5-6月。喜潮湿地表吸水，亦喜栖息土坡、岩壁。

分布于云南、四川。

嵌带弄蝶 / *Lobocla proxima* (Leech, 1891)

17

中型弄蝶。和曲纹带弄蝶相近，区别在于后翅腹面除了有黑斑之外，还有棕褐色斑分布。

成虫多见于5-6月。喜潮湿地表吸水，亦喜栖息土坡、岩壁。

分布于云南、四川。

简纹带弄蝶 / *Lobocla simplex* (Leech, 1891)

18

中型弄蝶。本种与其他带弄蝶种类的主要区别是下唇须为黑色。

成虫多见于5-6月。喜潮湿地表吸水，亦喜栖息土坡、岩壁。

分布于云南、四川。

01 ♂ 双带弄蝶 云南贡山
01 ♂ 双带弄蝶 云南贡山
02 ♀ 双带弄蝶 甘肃武都
02 ♀ 双带弄蝶 甘肃武都
03 ♂ 双带弄蝶 北京
03 ♂ 双带弄蝶 北京
04 ♂ 双带弄蝶 北京
04 ♂ 双带弄蝶 北京
05 ♂ 双带弄蝶 云南昆明
05 ♂ 双带弄蝶 云南昆明
06 ♀ 双带弄蝶 云南昆明
06 ♀ 双带弄蝶 云南昆明
07 ♂ 双带弄蝶 台湾南投
07 ♂ 双带弄蝶 台湾南投
08 ♀ 双带弄蝶 台湾新竹
08 ♀ 双带弄蝶 台湾新竹
09 ♀ 弓带弄蝶 云南德钦
09 ♀ 弓带弄蝶 云南德钦
10 ♀ 弓带弄蝶 西藏察隅
10 ♀ 弓带弄蝶 西藏察隅

⑪ ♂
黄带弄蝶
云南普洱

⓫ ♂
黄带弄蝶
云南普洱

⑫ ♂
黄带弄蝶
云南贡山

⓬ ♂
黄带弄蝶
云南贡山

⑬ ♂
曲纹带弄蝶
云南贡山

⓭ ♂
曲纹带弄蝶
云南贡山

⑭ ♂
曲纹带弄蝶
四川巴塘

⓮ ♂
曲纹带弄蝶
四川巴塘

⑮ ♂
曲纹带弄蝶
云南昆明

⓯ ♂
曲纹带弄蝶
云南昆明

⑯ ♀
曲纹带弄蝶
云南昆明

⓰ ♀
曲纹带弄蝶
云南昆明

⑰ ♂
嵌带弄蝶
四川理塘

⓱ ♂
嵌带弄蝶
四川理塘

⑱ ♂
简纹带弄蝶
云南德钦

⓲ ♂
简纹带弄蝶
云南德钦

星弄蝶属 / *Celaenorrhinus* Hübner, [1819]

中小型、中型或中大型弄蝶。翅形宽阔，前翅有白色或黄色的带纹、斑点，后翅常有白色或黄色小斑点。雄蝶有诸多第二性征，例如后足胫节具有长毛束、胸部腹面后端有一团特化鳞，以及第2腹节腹面有1对线形发香袋等。

森林性蝴蝶，休息时翅平摊。幼虫以爵床科、荨麻科及木樨科植物为寄主。

泛世界热带分布。国内目前已知23种，本图鉴收录18种。

斑星弄蝶 / *Celaenorrhinus maculosus* C. & R. Felder, [1867]

01-05 / P1900

中大型弄蝶。触角末端具1条黄白环。腹部黄黑相间。翅背面底色暗褐色。前翅中室端及其他翅室有鲜明白斑，约略排成斜列。中室端外小白斑较斑列后端小白斑更小。翅顶附近有3枚排成1列的小白纹。后翅有许多鲜明的黄色斑纹，缘毛黄黑相间，但前端黄色部分常减退、消失。翅腹面斑纹色彩与背面相似，但翅基有放射状黄色条纹。

1年1代，成虫多见于7-9月。成虫栖息于常绿阔叶林溪流附近。幼虫以荨麻科植物为寄主。

分布于贵州、四川、重庆、湖北、湖南、江苏、河南、浙江、台湾等地。此外见于老挝。

尖翅小星弄蝶 / *Celaenorrhinus pulomaya* Moore, 1865

06-08

中型弄蝶。触角末端具不鲜明白黄色环。腹部背侧褐色，有时具不鲜明的黄色细环，腹侧黄黑相间。前翅外缘长度超过内缘或与内缘等长。翅背面底色暗褐色。前翅中室端及其他翅室有鲜明白斑，约略排成斜列，斑列后端小斑1-2枚。若只有1枚，则为白色；若有2枚，则内侧斑黄色或黄白色。翅顶附近有3条排成1列的小白纹。后翅有许多细小黄色斑纹，缘毛黄黑相间，黄色部分色调多变，呈白色、白黄色或黄色。翅腹面斑纹色彩与背面相似。

1年1代，成虫多见于6-8月。成虫栖息于常绿阔叶林溪流附近。幼虫以爵床科植物为寄主。

分布于云南、贵州、重庆、台湾。此外见于不丹、印度等地。

备注：前翅白斑列后端斑点内侧斑呈黄色或消失的特征可用来与近似种区分。

台湾射纹星弄蝶 / *Celaenorrhinus major* Hsu, 1990

09-10

中型弄蝶。触角末端具不鲜明黄白环。腹部黄黑相间。翅背面底色暗褐色。前翅中室端及其他翅室有鲜明白斑，约略排成斜列。中室端外小白斑较斑列后端小白斑大或大小相若。翅顶附近另有三只排成一列的小白纹。后翅有许多鲜明黄色斑纹，缘毛黄黑相间，但前端黄色部份常减退、消失。翅腹面斑纹色彩与背面相似，但翅基有放射状黄色条纹。

1年1代，成虫多见于6-7月。成虫栖息于常绿阔叶林溪流附近。幼虫以荨麻科植物为寄主。

分布于台湾。

01 ♂ 斑星弄蝶 福建福州

01 ♂ 斑星弄蝶 福建福州

02 ♀ 斑星弄蝶 福建顺昌

02 ♀ 斑星弄蝶 福建顺昌

03 ♂ 斑星弄蝶 台湾花莲

03 ♂ 斑星弄蝶 台湾花莲

04 ♀ 斑星弄蝶 台湾花莲

04 ♀ 斑星弄蝶 台湾花莲

05 ♀ 斑星弄蝶 云南铜仁

05 ♀ 斑星弄蝶 云南铜仁

06 ♂ 尖翅小星弄蝶 贵州雷山

06 ♂ 尖翅小星弄蝶 贵州雷山

07 ♂ 尖翅小星弄蝶 重庆

07 ♂ 尖翅小星弄蝶 重庆

08 ♀ 尖翅小星弄蝶 重庆

08 ♀ 尖翅小星弄蝶 重庆

09 ♂ 台湾射纹星弄蝶 台湾南投

09 ♂ 台湾射纹星弄蝶 台湾南投

10 ♀ 台湾射纹星弄蝶 台湾南投

10 ♀ 台湾射纹星弄蝶 台湾南投

黑泽星弄蝶 / *Celaenorrhinus kurosawai* Shirôzu, 1963

01-02 / P1901

中小型弄蝶。触角末端具鲜明白环。腹部背侧褐色，有时具不鲜明的黄色细环，腹侧黄黑相间。翅背面底色暗褐色。前翅中室端及其他翅室有鲜明白斑，约略排成斜列。翅顶附近有3条排成1列的小白纹。中室白斑前方常有黄色小纹。后翅有黄色小纹，常消退而模糊不清，缘毛黄黑相间，黄色部分呈白色或浅黄色。翅腹面斑纹色彩与背面相似，但后翅黄纹常较背面鲜明。本种斑纹与小星弄蝶相似，但本种后翅腹面黄纹细小、不鲜明。

1年1代，成虫多见于7-9月。成虫栖息于常绿阔叶林溪流附近。幼虫以爵床科植物为寄主植物。

分布于台湾。

埔里星弄蝶 / *Celaenorrhinus horishanus* Shirôzu, 1960

03-04 / P1901

中型弄蝶。触角末端常具不鲜明白环。腹部背侧褐色，有时具不鲜明黄色细环，腹侧黄黑相间。翅背面底色暗褐色。前翅中室端及其他翅室有鲜明白斑，约略排成斜列。翅顶附近有3条排成1列的小白纹。中室端白斑前方常有黄色短线纹。后翅有鲜明黄色斑纹，缘毛白黑相间，白色部分呈乳白色或黄白色。翅腹面斑纹色彩与背面相似，但后翅黄纹常较背面鲜明。

1年1代，成虫多见于3-7月。成虫栖息于常绿阔叶林溪流附近。幼虫以爵床科植物为寄主。

分布于台湾。

小星弄蝶 / *Celaenorrhinus ratna* Fruhstorfer, 1909

05-06 / P1901

中型弄蝶。雌雄斑纹相似。触角末端具鲜明白环。腹部黄黑相间。翅背面底色暗褐色。前翅中室端及其他翅室有鲜明白斑，约略排成斜列。翅顶附近有3条约略排成1列的小白纹。后翅有黄色斑纹，沿外缘有1列拱形细纹，缘毛黄黑相间。翅腹面斑纹色彩与背面相似，但后翅黄纹常较背面鲜明。

1年1代，成虫多见于6-7月。成虫栖息于常绿阔叶林溪流附近。幼虫以爵床科植物为寄主。

分布于西藏、云南、台湾。此外见于印度。

同宗星弄蝶 / *Celaenorrhinus consanguineous* Leech, 1891

07-09

中型弄蝶。触角末端常具不鲜明白环。腹部背侧褐色，有时具不鲜明黄色细环，腹侧黄黑相间。翅背面底色暗褐色。前翅中室端及其他翅室有鲜明白斑，约略排成斜列。翅顶附近有3条排成1列的小白纹。中室端白斑前方常有黄色短线纹。后翅有黄白色斑纹，缘毛白黑相间。翅腹面斑纹色彩与背面相似，但后翅黄纹常较背面鲜明。

1年1代，成虫多见于5-7月。成虫栖息于常绿阔叶林溪流附近。幼虫以爵床科植物为寄主。

分布于云南、贵州、广西、广东、湖南、四川、湖北、安徽、浙江等地。

菊星弄蝶 / *Celaenorrhinus kiku* Hering, 1918

10-11 / P1902

中型弄蝶。雌雄斑纹相似。触角末端具黄白环。躯体褐色，腹部腹面有细黄环。翅背面底色暗褐色。前翅白斑排列集中。翅顶附近有3条排成1列的小白纹。后翅有黄色细小斑纹，缘毛黄黑相间。翅腹面斑纹色彩与背面相似，但后翅黄纹常较背面鲜明。

1年多代。成虫栖息于常绿阔叶林林床或溪流附近。幼虫以木樨科植物为寄主。

分布于贵州、湖南及广东。

黄射纹星弄蝶 / *Celaenorrhinus oscula* Evans, 1949

12

中小型弄蝶。触角末端具不鲜明黄白环。腹部黄黑相间。翅背面底色暗褐色。前翅白斑排列稀疏。中室端白斑杆状。翅顶附近另有3条排成1列的小白纹。后翅有许多黄色小纹，缘毛黄黑相间。翅腹面斑纹色彩与背面相似，但翅基有放射状黄色条纹。

1年1代，成虫多见于6-7月。成虫栖息于常绿阔叶林溪流附近。幼虫以荨麻科植物为寄主。

分布于四川、贵州、江西。此外见于越南。

备注：前翅中室端白斑杆状的特征可用来与近似种区分。

白角星弄蝶 / *Celaenorrhinus leucocera* (Kollar, [1844]) 13-17 / P1902

中型弄蝶。雌雄斑纹相似。雄蝶触角背侧几乎全部呈白色，雌蝶则仅末端呈白色。躯体褐色，腹部腹面有白环。翅背面底色呈暗褐色。前翅中室端及其他翅室有鲜明白斑，约略排成斜列。翅顶附近有3条排成1列的小白纹。后翅有黄色细小斑纹，缘毛黄黑相间。翅腹面斑纹色彩与背面相似，但后翅黄纹常较背面鲜明。

1年多代。成虫栖息于常绿阔叶林林床或溪流附近。幼虫以爵床科植物为寄主。

分布于广东、海南及香港等地。此外见于印度、缅甸、泰国、马来西亚、老挝、越南等地。

备注：本种斑纹与四川星弄蝶相似，但本种前翅中央大白斑约略呈矩形，四川星弄蝶则约略呈方形。

白触星弄蝶 / *Celaenorrhinus victor* Deviatkin, 2003 18

中型弄蝶。雌雄斑纹相似。雄蝶触角背侧几乎全部呈白色，雌蝶则仅末端呈白色。躯体褐色，腹部腹面有白环。翅背面底色暗褐色。前翅中室端及其他翅室有鲜明白斑，约略排成斜列。翅顶附近有3条排成1列的小白纹。后翅有黄色细小斑纹，缘毛黄黑相间。翅腹面斑纹色彩与背面相似。

1年多代。成虫栖息于常绿阔叶林林床或溪流附近。幼虫以爵床科植物为寄主。

分布于西藏、云南、四川、重庆、广西、广东等地。此外见于印度、缅甸、泰国、马来西亚、老挝、越南等地。

备注：本种斑纹与白角星弄蝶相似，但本种前翅翅形较狭长，后翅黄纹较明显。

四川星弄蝶 / *Celaenorrhinus patula* de Nicéville, 1889 19-25

中型弄蝶。雌雄斑纹相似。雄蝶触角背侧几乎全部呈白色，雌蝶则仅末端呈白色。躯体褐色，腹部腹面有白环。翅背面底色暗褐色。前翅中室端及其他翅室有鲜明白斑，约略排成斜列。翅顶附近有3条排成1列的小白纹。后翅有黄色细小斑纹，缘毛黄黑相间。翅腹面斑纹色彩与背面相似，但后翅黄纹常较背面鲜明。

1年多代。成虫栖息于常绿阔叶林林床或溪流附近。幼虫以爵床科植物为寄主植物。

分布于西藏、云南、四川、重庆、广西、广东等地。此外见于印度、缅甸、泰国、马来西亚、老挝、越南等地。

⓪1 ♂ 黑泽星弄蝶 台湾花莲
⓪2 ♀ 黑泽星弄蝶 台湾新竹
⓪3 ♂ 埔里星弄蝶 台湾台北
⓪4 ♀ 埔里星弄蝶 台湾台北
⓪5 ♂ 小星弄蝶 台湾桃园

01 ♂ 黑泽星弄蝶 台湾花莲
02 ♀ 黑泽星弄蝶 台湾新竹
03 ♂ 埔里星弄蝶 台湾台北
04 ♀ 埔里星弄蝶 台湾台北
05 ♂ 小星弄蝶 台湾桃园

⓪6 ♀ 小星弄蝶 台湾桃园
⓪7 ♀ 同宗星弄蝶 广东乳源
⓪8 ♂ 同宗星弄蝶 云南昆明
⓪9 ♀ 同宗星弄蝶 云南保山

06 ♀ 小星弄蝶 台湾桃园
07 ♀ 同宗星弄蝶 广东乳源
08 ♂ 同宗星弄蝶 云南昆明
09 ♀ 同宗星弄蝶 云南保山

⑩ ♂ 菊星弄蝶 广东乳源
⑪ ♀ 菊星弄蝶 广东乳源
⑫ ♂ 黄射纹星弄蝶 江西井冈山
⑬ ♂ 白角星弄蝶 海南五指山

10 ♂ 菊星弄蝶 广东乳源
11 ♀ 菊星弄蝶 广东乳源
12 ♂ 黄射纹星弄蝶 江西井冈山
13 ♂ 白角星弄蝶 海南五指山

⑭ ♂ 白角星弄蝶 香港

⑮ ♀ 白角星弄蝶 香港

⑯ ♀ 白角星弄蝶 广东广州

⑰ ♀ 白角星弄蝶 广东广州

⓮ ♂ 白角星弄蝶 香港

⓯ ♀ 白角星弄蝶 香港

⓰ ♀ 白角星弄蝶 广东广州

⓱ ♀ 白角星弄蝶 广东广州

⑱ ♂ 白触星弄蝶 贵州沿河

⑲ ♂ 四川星弄蝶 西藏墨脱

⑳ ♂ 四川星弄蝶 西藏墨脱

㉑ ♂ 四川星弄蝶 西藏墨脱

⓲ ♂ 白触星弄蝶 贵州沿河

⓳ ♂ 四川星弄蝶 西藏墨脱

⓴ ♂ 四川星弄蝶 西藏墨脱

㉑ ♂ 四川星弄蝶 西藏墨脱

㉒ ♂ 四川星弄蝶 贵州铜仁

㉓ ♀ 四川星弄蝶 贵州铜仁

㉔ ♂ 四川星弄蝶 湖南郴州

㉕ ♂ 四川星弄蝶 重庆

㉒ ♂ 四川星弄蝶 贵州铜仁

㉓ ♀ 四川星弄蝶 贵州铜仁

㉔ ♂ 四川星弄蝶 湖南郴州

㉕ ♂ 四川星弄蝶 重庆

黄星弄蝶 / *Celaenorrhinus pero* de Nicéville, 1889

01

中大型弄蝶。触角末端泛白。躯体褐色。翅背面底色暗褐色。前翅中室端及其他翅室有鲜明白斑，约略排成斜列。翅顶附近有3条排成1列的小白纹。后翅有许多黄色斑纹，排列较其他类似种工整。缘毛主要呈黄色。翅腹面斑纹色彩与背面相似。

1年1代，成虫多见于6–8月。成虫栖息于常绿阔叶林溪流附近。

分布于西藏、四川及广西。此外见于印度、尼泊尔、泰国等地。

疏星弄蝶 / *Celaenorrhinus aspersa* Leech, 1891

02-04

中大型弄蝶。触角末端具1条黄白环。腹部黄黑相间。翅背面底色暗褐色。前翅白斑分散排列。翅顶附近有3枚约略排成1列的小白纹。后翅有许多鲜明的黄色斑纹，缘毛黄黑相间，但前端黄色部分常减退、消失。翅腹面斑纹色彩与背面相似。

1年1代，成虫多见于夏季。成虫栖息于常绿阔叶林溪流附近。幼虫以木樨科植物为寄主。

分布于福建、江西、广东、海南、四川等地。此外见于印度、缅甸、泰国、老挝、越南等地。

西藏星弄蝶 / *Celaenorrhinus tibetana* (Mabille, 1876)

05-07

中型弄蝶。触角末端有黄白纹。躯体褐色。翅背面底色暗褐色。前翅有一半透明米白色斜带纹，向前延伸至前缘。翅顶附近有3条排成1列的小白纹，常融合成一短条。后翅无纹，缘毛黑白相间或全呈白色。翅腹面斑纹色彩与背面相似，但翅面外侧隐约有数只小黄白纹。

成虫栖息于常绿阔叶林溪流附近。

分布于西藏、四川。此外见于印度。

越南星弄蝶 / *Celaenorrhinus vietnamicus* Deviatkin, 2000

08-12 / P1903

中型弄蝶。触角末端无黄环。躯体褐色。翅背面底色暗褐色。前翅有一半透明橙黄色斜带纹，后端不隘缩。翅顶附近有3条小黄纹，最后1条分离、偏向外侧。后翅无纹，缘毛黑褐色。翅腹面斑纹色彩与背面相似。

1年多代。成虫栖息于常绿阔叶林溪流附近。

分布于云南、湖南、广东、四川、广西及重庆。此外见于印度、缅甸、泰国、越南及苏门答腊等地。

备注：本种斑纹与达娜达星弄蝶相似，但本种翅顶附近小黄纹最后1条分离并偏向外侧，达娜达星弄蝶之小黄纹则融合成一短条。

达娜达星弄蝶 / *Celaenorrhinus dhanada* Moore, [1866]

13-14

中型弄蝶。触角末端具1条黄环。躯体褐色，腹部腹面有细白环。翅背面底色暗褐色。前翅有1条半透明橙黄色斜带纹，于后端隘缩、变小。翅顶附近有3条排成1列的小黄纹，常融合成一短条。后翅无纹，缘毛黄黑相间，但后端黄色部分常减退、消失。翅腹面斑纹色彩与背面相似，但翅面隐约有小黄纹。

1年多代。成虫栖息于常绿阔叶林溪流附近。幼虫以爵床科植物为寄主。

分布于云南。此外见于印度、尼泊尔、不丹、缅甸、泰国、老挝、越南、印度尼西亚、马来西亚、文莱等地。

锡金星弄蝶 / *Celaenorrhinus badia* (Hewitson, 1877)

15 / P1903

中型弄蝶。触角末端有黄白纹。躯体褐色。翅背面底色暗褐色。前翅有一半透明白色斜带纹，前端不接触前缘。翅顶附近有3条排成1列的小白纹。后翅无纹，缘毛橙黄色。翅腹面斑纹色彩与背面相似，于中室端有1条小黄纹。

成虫栖息于常绿阔叶林溪流附近。

分布于西藏。此外见于印度。

备注：本种斑纹与西藏星弄蝶相似，但本种前翅白色斜带不延伸至前缘，且后翅缘毛呈橙黄色，而非黑白相间。

01 ♂
黄星弄蝶
四川石棉

01 ♂
黄星弄蝶
四川石棉

02 ♂
疏星弄蝶
海南陵水

02 ♂
疏星弄蝶
海南陵水

03 ♂
疏星弄蝶
福建福州

03 ♂
疏星弄蝶
福建福州

04 ♀
疏星弄蝶
广东乳源

04 ♀
疏星弄蝶
广东乳源

⑤ ♂
西藏星弄蝶
四川宝兴
❺ ♂
西藏星弄蝶
四川宝兴
⑥ ♀
西藏星弄蝶
四川宝兴
❻ ♀
西藏星弄蝶
四川宝兴
⑦ ♂
西藏星弄蝶
四川雅安
❼ ♂
西藏星弄蝶
四川雅安
⑧ ♂
越南星弄蝶
广东英德
❽ ♂
越南星弄蝶
广东英德
⑨ ♂
越南星弄蝶
广西柳州
❾ ♂
越南星弄蝶
广西柳州
⑩ ♂
越南星弄蝶
广西弄岗
❿ ♂
越南星弄蝶
广西弄岗
⑪ ♀
越南星弄蝶
重庆
⓫ ♀
越南星弄蝶
重庆
⑫ ♀
越南星弄蝶
云南勐腊
⓬ ♀
越南星弄蝶
云南勐腊
⑬ ♂
达娜达星弄蝶
云南瑞丽
⓭ ♂
达娜达星弄蝶
云南瑞丽
⑭ ♀
达娜达星弄蝶
云南福贡
⓮ ♀
达娜达星弄蝶
云南福贡
⑮ ♂
锡金星弄蝶
西藏墨脱
⓯ ♂
锡金星弄蝶
西藏墨脱

窗弄蝶属 / *Coladenia* Moore, 1881

中型弄蝶。翅色多为褐色至深褐色，翅面通常具有发达的白斑。雄蝶后足常具毛簇，雌蝶腹部末端常具发达的鳞毛簇。

成虫栖息于植被较好的林缘、溪谷等环境，喜访花、吸食鸟粪或在地面吸水，休憩时翅摊平。幼虫寄主植物类群范围广大。

主要分布于东洋区。国内目前已知12种，本图鉴收录7种。

明窗弄蝶 / *Coladenia agnioides* Elwes & Edwards, 1897　01-04

中型弄蝶。翅底色为黑褐色，前翅中域具数个大小不等的白斑，近顶角处具数个小白斑，后翅中域外侧具1列小黑斑。

1年多代，成虫多见于4-8月。幼虫以台湾枇杷等蔷薇科植物为寄主。

分布于福建、广东、广西、海南等地。此外见于印度、缅甸等地。

花窗弄蝶 / *Coladenia hoenei* Evans, 1939　05-08

中型弄蝶。后翅外缘略呈波状；翅底色为棕褐色，前后翅中域均具有大小不等的白斑，其中后翅外侧的小白斑常围有黑边，其外侧具有淡褐色环纹。

1年1代，成虫多见于5-6月。

分布于河南、安徽、浙江、福建、广东、四川、陕西等地。此外见于老挝、越南等地。

墨脱窗弄蝶 / *Coladenia motuoa* Huang & Li, 2006　09

中型弄蝶。翅底色为褐色，前翅中域具数个互相紧靠的白斑，其中中室白斑内侧下角较圆润，近顶角处具5个排列曲折的小白斑，后翅中室内具1个小黑斑，其外侧具1列弧形排列小黑斑；翅腹面斑纹同背面。

成虫多见于8月。

分布于西藏东南部。

幽窗弄蝶 / *Coladenia sheila* Evans, 1939　10-13

中型弄蝶。翅底色为黑褐色，翅背面亚外缘散布灰白色的鳞片，前翅中域具2个较大的白斑，外侧具4个小白斑，近顶角通常具5个小白斑，后翅中域具1个很大的白斑；翅腹面斑纹基本同背面，前翅内缘和后翅内缘呈灰白色。

1年1代，成虫多见于4-6月。

分布于河南、安徽、浙江、福建、广东、陕西、四川等地。

白窗弄蝶 / *Coladenia vitrea* Leech, 1893　14-16

中型弄蝶。近似幽窗弄蝶，但本种后翅白斑稍小，且白斑内的翅脉呈褐色，后翅腹面除了顶角和前缘呈褐色外，其余区域呈灰白色。

1年1代，成虫多见于5-6月。

分布于陕西、四川等地。

窗弄蝶 / *Coladenia maeniata* Oberthür, 1896

17-18

中型弄蝶。翅底色为褐色，前翅中域的6个白斑较为集中，近顶角处具3个小白斑，后翅中域具1个较大的白斑，其外侧具数个小白斑，后翅大部分区域呈灰白色；翅腹面除了前翅外侧区域外均为灰白色，斑纹基本同背面。

1年1代，成虫多见于5-7月。

分布于四川、云南、西藏等地。

备注：新窗弄蝶*Coladenia neomaeniata* Fan & Wang, 2006为本种之同物异名。

布窗弄蝶 / *Coladenia buchananii* (de Nicéville, 1889)

19-20

中大型弄蝶。翅底色为褐色，前翅中域的白斑互相紧靠或形成1个较大的白斑，近顶角处具2-3个小白点，后翅中室内常具1个小黑斑，外侧具1列弧形排列的小黑斑。

1年1代，成虫多见于3-6月。

分布于江西、云南等地。此外见于泰国、老挝等地。

蛇弄蝶属 / *Chamunda* Evans, 1949

中型弄蝶。外观近似星弄蝶属，翅底色呈黑褐色，前翅中域外侧具大小不等的白斑，后翅则无斑。

成虫栖息于林缘或溪谷等环境，休息时翅摊平。幼虫以禾本科竹亚科植物为寄主。

分布于东洋区。国内目前已知1种，本图鉴收录1种。

蛇弄蝶 / *Chamunda chamunda* (Moore, [1866])

21-22

中型弄蝶。翅底色为黑褐色，前翅基部以及后翅大部分区域覆有黄褐色的鳞片，前翅中域具数个大小不等的白斑呈斜向排列，近顶角处具数个小白斑；后翅通常无斑纹。

1年多代，成虫多见于2-9月。

分布于广西、西藏等地。此外见于印度、缅甸、泰国、老挝、马来西亚等地。

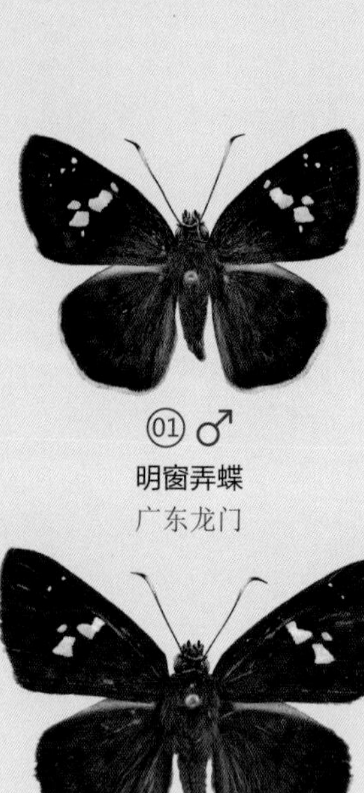

01 ♂
明窗弄蝶
广东龙门

01 ♂
明窗弄蝶
广东龙门

02 ♀
明窗弄蝶
广东龙门

02 ♀
明窗弄蝶
广东龙门

03 ♂
明窗弄蝶
广东乳源

03 ♂
明窗弄蝶
广东乳源

04 ♂
明窗弄蝶
海南昌江

04 ♂
明窗弄蝶
海南昌江

05 ♂
花窗弄蝶
浙江临安

05 ♂
花窗弄蝶
浙江临安

06 ♂
花窗弄蝶
四川宝兴

06 ♂
花窗弄蝶
四川宝兴

07 ♂
花窗弄蝶
陕西宝鸡

07 ♂
花窗弄蝶
陕西宝鸡

08 ♀
花窗弄蝶
陕西宝鸡

08 ♀
花窗弄蝶
陕西宝鸡

09 ♂
墨脱窗弄蝶
西藏墨脱

09 ♂
墨脱窗弄蝶
西藏墨脱

10 ♂
幽窗弄蝶
广东乳源

10 ♂
幽窗弄蝶
广东乳源

⑪ ♂ 幽窗弄蝶 浙江临安
⓫ ♂ 幽窗弄蝶 浙江临安
⑫ ♀ 幽窗弄蝶 浙江临安
⓬ ♀ 幽窗弄蝶 浙江临安

⑬ ♂ 幽窗弄蝶 福建武夷山
⓭ ♂ 幽窗弄蝶 福建武夷山
⑭ ♂ 白窗弄蝶 陕西宁陕
⓮ ♂ 白窗弄蝶 陕西宁陕

⑮ ♀ 白窗弄蝶 陕西宁陕
⓯ ♀ 白窗弄蝶 陕西宁陕
⑯ ♀ 白窗弄蝶 陕西宁陕
⓰ ♀ 白窗弄蝶 陕西宁陕

⑰ ♂ 窗弄蝶 云南贡山
⓱ ♂ 窗弄蝶 云南贡山
⑱ ♂ 窗弄蝶 云南腾冲
⓲ ♂ 窗弄蝶 云南腾冲

⑲ ♂ 布窗弄蝶 云南贡山
⓳ ♂ 布窗弄蝶 云南贡山
⑳ ♂ 布窗弄蝶 云南贡山
⓴ ♂ 布窗弄蝶 云南贡山

㉑ ♂ 姹弄蝶 广西百色
21 ♂ 姹弄蝶 广西百色
㉒ ♀ 姹弄蝶 广西百色
22 ♀ 姹弄蝶 广西百色

襟弄蝶属 / *Pseudocoladenia* Shirôzu & Saigusa, 1962

中型弄蝶。翅黄褐色至棕褐色，前翅具白色或黄色的半透明斑。后翅无半透明的斑纹。

成虫栖息于林下、林缘、溪谷等环境，喜访花或在地面吸水，休憩时翅摊平。雄蝶具有较强的领域性。幼虫多以苋科植物为寄主。

分布于东洋区。国内目前已知4种，本图鉴收录4种。

黄襟弄蝶 / *Pseudocoladenia dan* (Fabricius, 1787)

01-07 / P1904

中型弄蝶。翅背面棕褐色，前翅中域具数个大小不等的黄白色半透明斑，其中前翅中室上侧的外缘斑较短，后翅中域具深褐色暗斑；翅腹面黄褐色，斑纹基本同背面。全翅缘毛基本呈褐色。

1年多代，成虫多见于3-11月。幼虫以苋科牛膝属植物为寄主。

分布于福建、广东、广西、云南、海南、台湾等地。此外见于印度、缅甸、泰国、老挝、越南、马来西亚等地。

大襟弄蝶 / *Pseudocoladenia dea* (Leech, 1892)

08-09

中型弄蝶。近似黄襟弄蝶，但本种个体通常稍大，雄蝶前翅的半透明斑纹呈黄色，雌蝶则呈白色；后翅腹面中域具许多黄色斑。全翅缘毛通常为黄色和黑色相间状。

1年多代，成虫多见于5-10月。幼虫以苋科牛膝属等植物为寄主。

分布于安徽、浙江、江西、湖北、四川、甘肃等地。

密带襟弄蝶 / *Pseudocoladenia festa* (Evans, 1949)

10

中型弄蝶。近似黄襟弄蝶，但本种个体通常稍大，前翅黄白色半透明斑较为集中，且中前翅中室上侧的外缘斑通常较长。后翅缘毛通常为黄色和黑色相间状。

1年多代，成虫多见于5-9月。

分布于四川、云南等地。此外见于印度、不丹、缅甸等地。

短带襟弄蝶 / *Pseudocoladenia fatua* (Evans, 1949)

P1904

中型弄蝶。近似黄襟弄蝶，但本种翅色较亮，前翅中室上侧的外缘斑极短，后翅的黑色斑点较显著。

成虫多见于6-8月。

分布于西藏东南部。此外见于印度、不丹、缅甸等地。

毛脉弄蝶属 / *Mooreana* Evans, 1926

中型弄蝶。前翅黑褐色，具许多细小的白斑，后翅末端橙黄色。
成虫栖息于热带林缘等环境，喜访花，休憩时翅摊平。幼虫以大戟科植物为寄主。
分布于东洋区。国内目前已知1种，本图鉴收录1种。

毛脉弄蝶 / *Mooreana trichoneura* (C. & R. Felder, 1860)

11-15 / P1905

中型弄蝶。翅背面黑褐色，前翅具许多细小的白斑，后翅中域具1列黑褐色小斑，其外侧大片区域呈橙黄色。翅腹面斑纹基本同背面，翅脉则明显呈黄白色。
1年多代，成虫多见于4-11月。幼虫以毛桐等大戟科植物为寄主。
分布于广西、海南、云南等地。此外见于印度、缅甸、泰国、老挝、越南、马来西亚、印度尼西亚等地。

01 ♂ 黄襟弄蝶 广东龙门
02 ♀ 黄襟弄蝶 广东龙门
03 ♂ 黄襟弄蝶 台湾苗栗
04 ♀ 黄襟弄蝶 台湾苗栗
05 ♀ 黄襟弄蝶 云南河口
01 ♂ 黄襟弄蝶 广东龙门
02 ♀ 黄襟弄蝶 广东龙门
03 ♂ 黄襟弄蝶 台湾苗栗
04 ♀ 黄襟弄蝶 台湾苗栗
05 ♀ 黄襟弄蝶 云南河口
06 ♂ 黄襟弄蝶 四川芦山
07 ♂ 黄襟弄蝶 广西龙州
08 ♂ 大襟弄蝶 浙江临安
09 ♂ 大襟弄蝶 甘肃文县
10 ♂ 密带襟弄蝶 云南贡山
06 ♂ 黄襟弄蝶 四川芦山
07 ♂ 黄襟弄蝶 广西龙州
08 ♂ 大襟弄蝶 浙江临安
09 ♂ 大襟弄蝶 甘肃文县
10 ♂ 密带襟弄蝶 云南贡山
11 ♂ 毛脉弄蝶 西藏墨脱
12 ♂ 毛脉弄蝶 广西上思
13 ♂ 毛脉弄蝶 广西平果
14 ♀ 毛脉弄蝶 海南乐东
15 ♀ 毛脉弄蝶 广东龙门
11 ♂ 毛脉弄蝶 西藏墨脱
12 ♂ 毛脉弄蝶 广西上思
13 ♂ 毛脉弄蝶 广西平果
14 ♀ 毛脉弄蝶 海南乐东
15 ♀ 毛脉弄蝶 广东龙门

梳翅弄蝶属 / *Ctenoptilum* de Nicéville, 1890

中型弄蝶。前、后翅外缘中部呈突起状，翅面具有许多集中分布的小白斑。

成虫喜访花、吸食鸟粪或在地面吸水，栖息于林缘、溪谷、农田等环境，休憩时翅摊平。

分布于东洋区。国内目前已知1种，本图鉴收录1种。

梳翅弄蝶 / *Ctenoptilum vasava* (Moore, 1865)

01-02 / P1906

中型弄蝶。前、后翅外缘中部呈突起状，翅底色为黄褐色，翅基部至中域呈深褐色，翅面具有许多集中分布的半透明状的小白斑。

1年1代，成虫多见于3-6月。

分布于河南、江苏、浙江、福建、江西、广西、四川、云南、陕西等地。此外见于印度、缅甸、泰国、老挝、越南等地。

彩弄蝶属 / *Caprona* Wallengren, 1857

中型弄蝶。翅面斑纹季节型变化显著，通常具有许多白斑和黑斑。雌蝶腹部末端具鳞毛簇。

分布于东洋区和非洲区。国内目前已知2种，本图鉴收录1种。

白彩弄蝶 / *Caprona alida* (de Nicéville, 1891)

03-06

中型弄蝶。湿季型个体翅底色为褐色，翅背面具有许多黄白色的小斑；后翅腹面灰白色，具有许多黑斑斑点。旱季型个体翅背面为深褐色，前翅近顶角和中域具数个黄白色小斑，后翅几乎无斑。全翅缘毛呈黑白相间。

1年多代，成虫几乎全年可见。

分布于广东、广西、海南、云南、西藏、香港等地。此外见于印度、缅甸、泰国、老挝、越南、马来西亚等地。

角翅弄蝶属 / *Odontoptilum* de Nicéville, 1890

中型弄蝶。前翅外缘弧形，至后角处微凹，后翅前缘和外缘的折角显著。雌蝶腹末端具鳞毛簇。

成虫栖息于热带森林的林缘或溪谷环境，有访花或在地面吸水的习性。

分布于东洋区。国内目前已知1种，本图鉴收录1种。

角翅弄蝶 / *Odontoptilum angulata* (Felder, 1862)

07-10 / P1906

中型弄蝶。翅背面褐色，前翅中域及近顶角处具小白斑，翅面具深色斑带，后翅中域具浅色斑带。后翅腹面呈灰白色。

1年多代，成虫多见于4-11月。幼虫以椴树科植物破布叶为寄主。

分布于广东、广西、海南、云南、香港等地。此外见于印度、缅甸、泰国、老挝、越南、马来西亚、印度尼西亚、菲律宾等地。

刷胫弄蝶属 / *Sarangesa* Moore, [1881]

中小型弄蝶。前翅翅面较后翅宽。后翅臀角常突出而呈叶状。前翅1A+2A脉基部明显弯曲。雄蝶后足胫节具2对距，有毛刷或毛丛。翅面褐色，上缀许多暗色小纹，多有半透明小纹，尤其是在前翅。

成虫访花性明显。幼虫以爵床科植物为寄主。

本属大部分种类栖息在非洲，仅少数种类分布于亚洲东洋区。分布于东洋区。国内目前已知1种，本图鉴收录1种。

刷胫弄蝶 / *Sarangesa dasahara* (Moore, [1866])

11-13 / P1906

中小型弄蝶。雌雄斑纹相似。躯体暗褐色。翅表底色褐色，有暗色斑点散布。前翅中室内及其前方各有一半透明小白点，翅顶附近有1列同色小斑点。翅腹面色彩与翅背面相似而底色色调稍浅。

1年多代。栖息于热带常绿阔叶林。幼虫以爵床科鳞花草属、十万错属、百簕花等植物为寄主。

分布于云南、海南。此外见于尼泊尔、不丹、印度、斯里兰卡、缅甸、泰国、老挝、越南等地。

01 ♂ 梳翅弄蝶 陕西宁陕
02 ♀ 梳翅弄蝶 福建福州
03 ♂ 白彩弄蝶 香港
04 ♀ 白彩弄蝶 香港
05 ♂ 白彩弄蝶 云南元江
01 ♂ 梳翅弄蝶 陕西宁陕
02 ♀ 梳翅弄蝶 福建福州
03 ♂ 白彩弄蝶 香港
04 ♀ 白彩弄蝶 香港
05 ♂ 白彩弄蝶 云南元江
06 ♂ 白彩弄蝶 海南乐东
07 ♂ 角翅弄蝶 广东广州
08 ♀ 角翅弄蝶 广东广州
09 ♂ 角翅弄蝶 云南西双版纳
06 ♂ 白彩弄蝶 海南乐东
07 ♂ 角翅弄蝶 广东广州
08 ♀ 角翅弄蝶 广东广州
09 ♂ 角翅弄蝶 云南西双版纳
10 ♂ 角翅弄蝶 云南元江
11 ♀ 刷胫弄蝶 海南东方
12 ♂ 刷胫弄蝶 云南元江
13 ♂ 刷胫弄蝶 云南盈江
10 ♂ 角翅弄蝶 云南元江
11 ♀ 刷胫弄蝶 海南东方
12 ♂ 刷胫弄蝶 云南元江
13 ♂ 刷胫弄蝶 云南盈江

黑弄蝶属 / *Daimio* Murray, 1875

中型弄蝶。翅色为黑色，前翅具白斑，后翅中域具白带或无；雌蝶腹部末端具淡黄色的鳞毛簇。

成虫栖息于林缘、溪谷等环境，喜欢访花、吸食粪便或吸水。幼虫以薯蓣科植物为寄主。

分布于古北区东南部和东洋区的北部。国内目前已知1种，本图鉴收录1种。

黑弄蝶 / *Daimio tethys* (Ménétriés, 1857)

01-08 / P1907

中型弄蝶。翅底色为黑色，前翅具数个小白斑，全翅的缘毛黑白相间。南方地区的个体后翅中域具1条宽阔的白色斑带，其外围具数个小黑点；东北地区的个体通常后翅无明显斑纹。

1年多代，成虫多见于3-11月。幼虫以多种薯蓣科植物为寄主。

分布于东北、华北以及南方广大地区。此外见于俄罗斯、日本、缅甸及朝鲜半岛等地。

捷弄蝶属 / *Gerosis* Mabille, 1903

中型弄蝶。翅底色为黑褐色，前翅具许多大小不等的小白斑，后翅中域具1个较大的白斑。

成虫栖息于林缘、溪谷等环境，喜访花或吸水，休憩时翅摊平。幼虫以豆科植物为寄主。

分布于东洋区。国内目前已知4种，本图鉴收录2种。

匪夷捷弄蝶 / *Gerosis phisara* (Moore, 1884)

09-14 / P1908

中型弄蝶。翅底色为黑褐色，前翅近顶角具数个小白斑，中域数个较大的白斑通常不延伸至后缘；后翅白斑外侧具1列较大且模糊的深色斑。前、后翅缘毛黑褐色。腹部背面黑白相间。

1年多代，成虫多见于3-11月。幼虫以豆科两粤黄檀等植物为寄主。

分布于浙江、福建、广东、广西、海南、四川、贵州、云南、西藏、香港等地。此外见于印度、缅甸、泰国、老挝、越南、马来西亚等地。

中华捷弄蝶 / *Gerosis sinica* (C. & R. Felder, 1862)

15-17 / P1908

中型弄蝶。翅底色为黑褐色，前翅近顶角具数个小白斑，中域数个较大的白斑延伸至后缘；后翅中域具1个较大的白斑，其外侧具1列小黑斑。前翅缘毛为黑褐色，后翅缘毛黑白相间。腹部末端背面覆有白色鳞片。

1年多代，成虫多见于3-12月。幼虫以豆科香港黄檀等植物为寄主。

分布于浙江、福建、湖北、广东、广西、海南、四川、云南、西藏等地。此外见于印度、缅甸、泰国、老挝、越南、马来西亚等地。

裙弄蝶属 / *Tagiades* Hübner, [1819]

中型弄蝶。翅黑褐色，前翅具数个小白点；后翅常具发达的白斑；雌蝶腹部末端具鳞毛簇。

栖息于亚热带和热带地区的林缘溪谷等环境，喜访花，休憩时翅摊平。幼虫以薯蓣科植物为寄主。

分布于东洋区、澳洲区和非洲区。国内目前已知5种，本图鉴收录5种。

黑边裙弄蝶 / *Tagiades menaka* (Moore, 1865)

18-21 / P1909

中型弄蝶。翅背面黑褐色，前翅上部具数个小白斑，后翅中域下侧具1个较大的白斑，该白斑的下侧具有数个大小不等的黑斑；后翅腹面白斑更发达，外侧具许多小黑斑，并且白斑常沿着翅脉延伸至外缘。腹部末端的背面具白色鳞片。

1年多代，成虫多见于4–10月。幼虫以薯蓣科薯莨等植物为寄主。

分布于福建、广东、广西、海南、四川、云南、西藏、香港等地。此外见于印度、缅甸、泰国、老挝、越南等地。

滚边裙弄蝶 / *Tagiades cohaerens* Mabille, 1914

22-24 / P1909

中型弄蝶。翅背面黑褐色，前翅上部具数个小白斑，后翅中域下侧具1个较大的白斑，该白斑不延伸至后翅臀角处，白斑内具1列黑斑；前翅腹面斑纹基本同背面，但中域下侧常具数个小白斑，后翅腹面的白斑发达，且沿着翅脉延伸至外缘。腹部背面为黑白相间。

1年多代，成虫多见于2–11月。幼虫以薯蓣科里白叶薯榔、日本薯蓣等植物为寄主。

分布于广西、四川、云南、台湾等地。此外见于印度、缅甸、泰国、老挝、马来西亚等地。

沾边裙弄蝶 / *Tagiades litigiosa* Möschler, 1878

25-28 / P1910

中型弄蝶。翅背面黑褐色，前翅上部具数个小白斑，后翅中域下侧具1个大白斑，且沿着翅脉抵达外缘，雌蝶后翅的白斑更为发达，其外侧具1列小黑斑。腹部末端的背面具白色鳞片。

1年多代，成虫多见于4–11月。幼虫以薯蓣科的山薯等植物为寄主。

分布于浙江、福建、江西、广东、广西、海南、四川、云南、西藏、香港等地。此外见于印度、缅甸、泰国、老挝、越南等地。

⑪ ♂ 黑弄蝶 辽宁千山
⑫ ♂ 黑弄蝶 浙江临安
⑬ ♂ 黑弄蝶 云南贡山
⑭ ♂ 黑弄蝶 广东乳源
⑮ ♀ 黑弄蝶 山东济南

❶ ♂ 黑弄蝶 辽宁千山
❷ ♂ 黑弄蝶 浙江临安
❸ ♂ 黑弄蝶 云南贡山
❹ ♂ 黑弄蝶 广东乳源
❺ ♀ 黑弄蝶 山东济南

⑯ ♂ 黑弄蝶 台湾台北
⑰ ♀ 黑弄蝶 台湾基隆
⑱ ♀ 黑弄蝶 广西临桂
⑲ ♂ 匪夷捷弄蝶 福建福州
⑩ ♂ 匪夷捷弄蝶 福建福州

❻ ♂ 黑弄蝶 台湾台北
❼ ♀ 黑弄蝶 台湾基隆
❽ ♀ 黑弄蝶 广西临桂
❾ ♂ 匪夷捷弄蝶 福建福州
❿ ♂ 匪夷捷弄蝶 福建福州

⑪ ♀ 匪夷捷弄蝶 福建福州
⑫ ♂ 匪夷捷弄蝶 广东乳源
⑬ ♂ 匪夷捷弄蝶 云南贡山
⑭ ♂ 匪夷捷弄蝶 云南腾冲
⑮ ♂ 中华捷弄蝶 云南腾冲

⓫ ♀ 匪夷捷弄蝶 福建福州
⓬ ♂ 匪夷捷弄蝶 广东乳源
⓭ ♂ 匪夷捷弄蝶 云南贡山
⓮ ♂ 匪夷捷弄蝶 云南腾冲
⓯ ♂ 中华捷弄蝶 云南腾冲

⑯ ♂
中华捷弄蝶
海南五指山
⑰ ♀
中华捷弄蝶
广东乳源
⑱ ♂
黑边裙弄蝶
广西扶绥
⑲ ♀
黑边裙弄蝶
广西兴安
16 ♂
中华捷弄蝶
海南五指山
17 ♀
中华捷弄蝶
广东乳源
18 ♂
黑边裙弄蝶
广西扶绥
19 ♀
黑边裙弄蝶
广西兴安
⑳ ♂
黑边裙弄蝶
广东龙门
㉑ ♀
黑边裙弄蝶
广东龙门
㉒ ♂
滚边裙弄蝶
台湾台北
㉓ ♀
滚边裙弄蝶
台湾台北
20 ♂
黑边裙弄蝶
广东龙门
21 ♀
黑边裙弄蝶
广东龙门
22 ♂
滚边裙弄蝶
台湾台北
23 ♀
滚边裙弄蝶
台湾台北
㉔ ♂
滚边裙弄蝶
广东乳源
㉕ ♂
沾边裙弄蝶
福建福州
㉖ ♀
沾边裙弄蝶
福建福州
㉗ ♂
沾边裙弄蝶
广东广州
㉘ ♀
沾边裙弄蝶
海南五指山
24 ♂
滚边裙弄蝶
广东乳源
25 ♂
沾边裙弄蝶
福建福州
26 ♀
沾边裙弄蝶
福建福州
27 ♂
沾边裙弄蝶
广东广州
28 ♀
沾边裙弄蝶
海南五指山

白边裙弄蝶 / *Tagiades gana* (Moore, 1865)

01-02 / P1911

中型弄蝶。翅背面褐色，前翅近顶角处具数个小白斑，中域具深色暗斑，后翅中域外具1列深褐色小斑，外缘处呈灰色；后翅腹面基本呈灰白色。

1年多代，成虫几乎全年可见。

分布于广西、云南、海南等地。此外见于印度、缅甸、泰国、老挝、越南、马来西亚、印度尼西亚等地。

南洋裙弄蝶 / *Tagiades trebellius* (Höpffer, 1874)

03-04 / P1911

中型弄蝶。翅背面黑褐色，前翅上部具数个小白斑，后翅中域下侧具1个较大的白斑，该白斑延伸至后翅臀角处；后翅腹面白斑更发达，上侧具数个小黑斑。腹部背面为黑色。

1年多代，成虫多见于1-10月。幼虫以薯蓣科里白叶薯榔等植物为寄主。

分布于台湾。此外见于菲律宾、印度尼西亚等地。

瑟弄蝶属 / *Seseria* Matsumura, 1919

中型弄蝶。翅底色呈褐色，前翅有弯曲排列之半透明白斑。后翅有黑褐色斑点约略作弧状排列，大部分种类后翅翅面上有发达的白纹。雌雄二型性不发达。本属成员在外观上与飒弄蝶属类似，但本属成员通常体较小而且前翅中室无白斑。

成虫栖息于阔叶林、溪流附近等场所，有访花性，休憩时翅摊平。幼虫主要以樟科植物为寄主。

分布于东洋区。国内目前已知3种，本图鉴收录3种。

锦瑟弄蝶 / *Seseria dohertyi* (Watson, 1893)

05-07 / P1912

中型弄蝶。雌雄斑纹相似。躯体底色褐色，腹部后半段白色。前翅cu_2室有1个白斑。后翅翅面中央有明显白色带白纹。翅腹面斑纹色彩与翅背面相似，但翅腹面底色较浅，且后翅白纹范围较广。后翅腹面$sc+r_1$室外侧黑斑点外偏，与rs室黑斑点接近而离$sc+r_1$室内侧黑斑点较远。后翅腹面基部暗色纹泛蓝色。雌蝶腹部末端具有浅褐色软毛。

1年多代。栖息于常绿阔叶林。幼虫以樟科植物为寄主。

分布于云南、西藏、海南、广东及福建等地。此外见于尼泊尔、印度、老挝、越南等地。

白腹瑟弄蝶 / *Seseria sambara* (Moore, 1866)

08

中型弄蝶。雌雄斑纹相似。躯体底色褐色，腹部后半段白色。前翅cu_2室有1个白斑。后翅翅面中央有明显白色带白纹。翅腹面斑纹色彩与翅背面相似，但翅腹面底色较浅，且后翅白纹范围较广。后翅腹面$sc+r_1$室外侧黑斑点位于rs室黑斑点与$sc+r_1$室内侧黑斑点间等距离位置。后翅腹面基部暗色纹褐色。雌蝶腹部末端具有浅褐色软毛。

1年多代。栖息于常绿阔叶林。

分布于广西等地。此外见于印度、不丹、缅甸、泰国、老挝、越南等地。

台湾瑟弄蝶 / *Seseria formosana* (Fruhstorfer, 1909)

09-10 / P1912

中型弄蝶。雌雄斑纹相似。躯体褐色。前翅白斑大小多变异。cu_2室有2个小白斑。后翅翅面仅有黑褐色小斑点，无白纹。翅背、腹面斑纹色彩相似，唯翅腹面底色较浅。雌蝶腹部末端具有橙黄色软毛。

1年多代。主要栖息于常绿阔叶林。幼虫以多种樟科植物为寄主。

分布于台湾。

达弄蝶属 / *Darpa* Moore, [1866]

中型弄蝶。翅黑褐色，后翅下部具较大的白斑，雄蝶后翅臀角处的缘毛较长。

成虫栖息于热带林缘或溪谷等环境，喜访花、吸食鸟粪或在地面吸水，休憩时翅摊平。

分布于东洋区。国内目前已知2种，本图鉴收录1种。

纹毛达弄蝶 / *Darpa striata* (H. Druce, 1873)

11 / P1912

中型弄蝶。翅背面黑褐色，翅脉淡褐色，前翅中域以及近顶角处各具数个小白斑，后翅中室内具黑斑，外侧具1列长圆形的黑斑，后翅下部区域呈白色；翅腹面斑纹基本同背面，但后翅除了前缘区域外均呈白色。

1年多代，成虫几乎全年可见。

分布于云南等地。此外见于印度、缅甸、泰国、老挝等地。

01 ♂ 白边裙弄蝶 海南五指山
01 ♂ 白边裙弄蝶 海南五指山
02 ♀ 白边裙弄蝶 海南陵水
02 ♀ 白边裙弄蝶 海南陵水

03 ♂ 南洋裙弄蝶 台湾台东
03 ♂ 南洋裙弄蝶 台湾台东
04 ♀ 南洋裙弄蝶 台湾台东
04 ♀ 南洋裙弄蝶 台湾台东

05 ♂ 锦瑟弄蝶 福建福州
05 ♂ 锦瑟弄蝶 福建福州
06 ♀ 锦瑟弄蝶 福建福州
06 ♀ 锦瑟弄蝶 福建福州

07 ♂ 锦瑟弄蝶 西藏林芝
07 ♂ 锦瑟弄蝶 西藏林芝
08 ♂ 白腹瑟弄蝶 广西金秀
08 ♂ 白腹瑟弄蝶 广西金秀

09 ♂ 台湾瑟弄蝶 台湾台北
09 ♂ 台湾瑟弄蝶 台湾台北
10 ♀ 台湾瑟弄蝶 台湾高雄
10 ♀ 台湾瑟弄蝶 台湾高雄

11 ♂ 纹毛达弄蝶 云南勐腊
11 ♂ 纹毛达弄蝶 云南勐腊

飒弄蝶属 / *Satarupa* Moore, 1865

大型弄蝶。翅底色为黑色，前翅具大小不等的白斑，后翅具1个大白斑。

1年1代。成虫栖息于林缘、溪谷等环境，喜访花或在地面吸水，休憩时翅摊平。幼虫以芸香科植物为寄主。

分布于古北区东南部和东洋区北部。国内目前已知8种，本图鉴收录6种。

密纹飒弄蝶 / *Satarupa monbeigi* Oberthür, 1921

01-06

大型弄蝶。前翅中室白斑较发达，且靠近翅中域的白斑，中域下侧的白斑较小；后翅白色斑带较窄，外侧具1列不很清晰的黑色斑点；后翅腹面白斑近前缘处具2个明显的黑斑。

1年1代，成虫多见于5–8月。幼虫以芸香科吴茱萸等植物为寄主。

分布于北京、安徽、浙江、湖北、湖南、广东、广西、四川、贵州等地。此外见于蒙古等地。

小纹飒弄蝶 / *Satarupa majasra* Fruhstorfer, 1909

07-08 / P1913

大型弄蝶。前翅中室白斑较发达，且靠近翅中域的白斑，中域下侧的白斑较小；后翅的白色斑带宽阔，外侧具1列清晰的黑色圆斑。

1年1代，成虫多见于5–8月。幼虫以芸香科吴茱萸等植物为寄主。

分布于台湾。

蛱型飒弄蝶 / *Satarupa nymphalis* (Speyer, 1879)

09-12

中大型弄蝶。前翅中室白斑通常较小，且远离翅中域的白斑，中域下侧的白斑发达；后翅具1个较宽的白色斑带，外侧具1列清晰的长圆形的黑色斑点。

1年1代，成虫多见于5–8月。

分布于黑龙江、吉林、河南、安徽、浙江、福建、四川、陕西、甘肃等地。此外见于朝鲜半岛、俄罗斯等地。

01 ♂
密纹飒弄蝶
广东乳源

02 ♀
密纹飒弄蝶
广东乳源

03 ♀
密纹飒弄蝶
北京

01 ♂
密纹飒弄蝶
广东乳源

02 ♀
密纹飒弄蝶
广东乳源

03 ♀
密纹飒弄蝶
北京

04 ♂
密纹飒弄蝶
北京

05 ♀
密纹飒弄蝶
四川峨眉山

06 ♂
密纹飒弄蝶
浙江临安

04 ♂
密纹飒弄蝶
北京

05 ♀
密纹飒弄蝶
四川峨眉山

06 ♂
密纹飒弄蝶
浙江临安

⑦ ♂
小纹飒弄蝶
台湾花莲
⑧ ♀
小纹飒弄蝶
台湾花莲
⑨ ♂
蛱型飒弄蝶
浙江临安
❼ ♂
小纹飒弄蝶
台湾花莲
❽ ♀
小纹飒弄蝶
台湾花莲
❾ ♂
蛱型飒弄蝶
浙江临安
⑩ ♂
蛱型飒弄蝶
北京
⑪ ♀
蛱型飒弄蝶
北京
⑫ ♀
蛱型飒弄蝶
广东乳源
❿ ♂
蛱型飒弄蝶
北京
⓫ ♀
蛱型飒弄蝶
北京
⓬ ♀
蛱型飒弄蝶
广东乳源

四川飒弄蝶 / *Satarupa valentini* Oberthür, 1921

01-02

大型弄蝶。前翅中室白斑较小或消失，且靠近前缘而远离中域的白斑，中域下侧的白斑较小；后翅具宽阔的白色斑带，外侧具1列清晰的小黑斑。后翅臀角处具有白色鳞毛。

1年1代，成虫多见于6–8月。

分布于广东、四川等地。

台湾飒弄蝶 / *Satarupa formosibia* Strand, 1927

03-04 / P1913

大型弄蝶。前翅中室白斑较小，并远离翅中域的白斑，中域下侧的白斑较大，但宽度不及中域的白斑；后翅白色斑带宽阔，外侧具1列清晰的黑色圆斑。

1年1代，成虫多见于5–7月。幼虫以芸香科吴茱萸等植物为寄主。

分布于台湾。

西藏飒弄蝶 / *Satarupa zulla* Tytler, 1915

05-07 / P1913

大型弄蝶。前翅中室白斑极小，且靠近前缘而远离中域的白斑，中域下侧的白斑发达；后翅具1个宽阔的白色斑带，外侧具1列清晰的小黑斑。

1年1代，成虫多见于6–9月。

分布于云南、西藏等地。此外见于印度、缅甸等地。

01 ♂ 四川飒弄蝶 广东乳源

02 ♀ 四川飒弄蝶 广东乳源

03 ♂ 台湾飒弄蝶 台湾台中

04 ♀ 台湾飒弄蝶 台湾台中

01 ♂ 四川飒弄蝶 广东乳源

02 ♀ 四川飒弄蝶 广东乳源

03 ♂ 台湾飒弄蝶 台湾台中

04 ♀ 台湾飒弄蝶 台湾台中

05 ♂ 西藏飒弄蝶 云南腾冲

06 ♂ 西藏飒弄蝶 云南贡山

07 ♂ 西藏飒弄蝶 西藏墨脱

05 ♂ 西藏飒弄蝶 云南腾冲

06 ♂ 西藏飒弄蝶 云南贡山

07 ♂ 西藏飒弄蝶 西藏墨脱

白弄蝶属 / *Abraximorpha* Elwes & Edwards, 1897

中型弄蝶。翅形圆润，翅底色为灰黑色，翅面具发达的白色斑纹和小黑斑。雌蝶腹部末端具淡黄色的鳞毛簇。

成虫栖息于林缘、溪谷等环境，喜欢停栖在叶反面，有访花性，喜吸食鸟粪或在地面吸水。幼虫以蔷薇科悬钩子属植物为寄主。

分布于东洋区。国内目前已知2种，本图鉴收录2种。

白弄蝶 / *Abraximorpha davidii* (Mabille, 1876)

01-08 / P1914

中型弄蝶。翅形圆润，翅背面底色呈黑褐色，翅面具发达的白色斑纹和小黑斑，翅背面散布有灰白色鳞片和细毛；翅腹面白斑较背面发达。

1年多代，成虫多见于4-11月。幼虫以高粱泡、木莓等多种蔷薇科植物为寄主。

分布于江苏、浙江、福建、江西、湖北、广东、广西、四川、贵州、云南、陕西、香港、台湾等地。此外见于缅甸、老挝、越南等地。

艾莎白弄蝶 / *Abraximorpha esta* Evans, 1949

09-10

中型弄蝶。近似白弄蝶，但前翅白斑为长方形且均独立，后翅白斑更发达。

1年多代，成虫多见于5-8月。

分布于云南等地。此外见于缅甸北部、老挝、越南等地。

脉白弄蝶属 / *Albiphasma* Huang, Chiba, Wang & Fan, 2016

中大型弄蝶。翅底色为灰黑色，翅脉常为黑色，翅面具发达的白色斑纹。雌蝶腹部末端具淡黄色的鳞毛簇。

成虫栖息于林缘、溪谷等环境，喜欢停栖在叶反面，休憩时翅摊平。

分布于东洋区北部。国内目前已知2种，本图鉴收录2种。

黑脉白弄蝶 / *Albiphasma heringi* (Mell, 1922)

11-12

中大型弄蝶。翅底色为灰黑色，翅脉灰黑色，前翅近顶角具5个排成1列的小白斑，中域具数个大白斑；后翅中域为1个大白斑，内具2列黑色的大圆斑。

1年1代，成虫多见于5-6月。

分布于福建、江西、广东等地。

粉脉白弄蝶 / *Albiphasma pieridoides* (Liu & Gu, 1994)

13

中大型弄蝶。近似黑脉白弄蝶，但翅面白纹更发达，后翅翅脉呈白色。

1年1代，成虫多见于4-6月。

分布于海南。

秉弄蝶属 / *Pintara* Evans, 1932

中型弄蝶。翅黑褐色，前翅中域具许多黄色或白色的条状纹，后翅为黄色，具黑色斑点。

成虫栖息于阔叶林、溪流等环境。

分布于东洋区。国内目前已知2种，本图鉴收录1种。

布氏秉弄蝶 / *Pintara bowringi* (Joicey & Talbot, 1921)

14

中型弄蝶。翅黑褐色，前翅基部至中域具许多白色条状细纹，外侧具数个小白斑；后翅中域至内缘区域呈黄色，中室内具1个黑色斑点，其外侧具1列弧形排列的黑斑，外缘翅脉端部呈黑色。翅腹面斑纹基本同背面，但后翅前缘处具白色小斑。

1年多代，成虫多见于5-10月。

分布于广西、海南等地。此外见于越南。

① ♂ 白弄蝶 台湾台北

❶ ♂ 白弄蝶 台湾台北

② ♀ 白弄蝶 台湾台北

❷ ♀ 白弄蝶 台湾台北

③ ♂ 白弄蝶 浙江杭州

❸ ♂ 白弄蝶 浙江杭州

④ ♀ 白弄蝶 浙江德清

❹ ♀ 白弄蝶 浙江德清

⑤ ♂ 白弄蝶 陕西长安

❺ ♂ 白弄蝶 陕西长安

⑥ ♂ 白弄蝶 四川宝兴

❻ ♂ 白弄蝶 四川宝兴

⑦ ♂ 白弄蝶 福建福州

❼ ♂ 白弄蝶 福建福州

⑧ ♀ 白弄蝶 广东从化

❽ ♀ 白弄蝶 广东从化

⑨ ♀ 艾莎白弄蝶 云南绿春

⑩ ♂ 艾莎白弄蝶 云南绿春

⑪ ♂ 黑脉白弄蝶 福建三明

❾ ♀ 艾莎白弄蝶 云南绿春

❿ ♂ 艾莎白弄蝶 云南绿春

⓫ ♂ 黑脉白弄蝶 福建三明

⑫ ♂ 黑脉白弄蝶 广东乳源

⑬ ♀ 粉脉白弄蝶 海南昌江

⑭ ♂ 布氏秉弄蝶 海南五指山

⓬ ♂ 黑脉白弄蝶 广东乳源

⓭ ♀ 粉脉白弄蝶 海南昌江

⓮ ♂ 布氏秉弄蝶 海南五指山

珠弄蝶属 / *Erynnis* Schrank, 1801

中型弄蝶。该属成虫底色为黑褐色，前翅有斜向纵斑带，后翅浅黄斑带有或无，前翅亚顶角处有斑，后翅中室常有斑。

成虫飞行迅速，有访花和地面吸水的习性，常落在枯树叶上。幼虫以豆科、壳斗科植物为寄主。

主要分布于亚洲、欧洲、美洲。国内目前已知4种，本图鉴收录3种。

西方珠弄蝶 / *Erynnis pelias* Leech, 1891

01-06 / P1915

中型弄蝶。背面翅面黑褐色，前翅有不清晰的暗色纹，伴有大量白色毛列，后翅无斑；腹面前翅亚顶角有3个小白斑，顶角处有白鳞片，后翅无斑。

成虫多见于5–6月。喜访花和地面吸水。

分布于甘肃、青海、四川、云南、西藏、贵州。

波珠弄蝶 / *Erynnis popoviana* Nordmann, 1851

07-10

中型弄蝶。背面翅面黑褐色，前翅等距离分布有3条斜向暗黑色斑列，不连续，亚顶角2个小白斑，翅外缘白斑1列，后翅中室端斑条状，外缘、亚缘各有1列白斑。腹面基本同背面，前翅没有斜向斑。前后翅脉纹清晰。

1年多代，成虫多见于5–7月。喜在草丛中访花。幼虫以豆科植物为寄主。

分布于北京、河北、河南、陕西、甘肃、青海、四川等地。此外见于俄罗斯。

深山珠弄蝶 / *Erynnis montanus* (Bremer, 1861)

11-19 / P1916

中型弄蝶。形态和波珠弄蝶相近，区别在于：个体较大，前翅斜向黑斑列不等距，后翅斑淡黄色，个体大。前后翅脉纹不清晰。

1年1代，成虫多见于4月。喜访花，喜沿道路飞行，停落在水溪边吸水。幼虫以栎树为寄主。

分布于北京、吉林、辽宁、陕西、甘肃、青海、四川等地。此外见于日本、俄罗斯及朝鲜半岛等地。

花弄蝶属 / *Pyrgus* Hübner, [1819]

小型弄蝶。该属成虫底色为黑褐色，前翅分布有多数白斑，后翅白斑或有或无。外缘毛黑白相间。雄蝶前翅前缘有前缘褶。

成虫飞行迅速，喜访花和聚集在水边吸水。幼虫以蔷薇科委陵菜属、悬钩子属、绣线菊属、草莓属及远志科远志属等植物为寄主。

主要分布于亚洲、欧洲、北非、美洲。国内目前已知9种，本图鉴收录7种。

花弄蝶 / *Pyrgus maculatus* (Bremer & Grey, 1853)

20-26 / P1917

小型弄蝶。背面翅面黑褐色，雄蝶前翅前缘有前缘褶，从前缘褶末断向内侧斜下方有1列白斑，亚顶角处白斑3枚，排列整齐，下方白斑7枚，后翅中域及外侧白斑2列，春型白斑更明显；腹面前翅顶角红褐色或灰褐色，斑纹基本同背面，后翅红褐色或灰褐色，中域有白斑带。

成虫多见于4-7月。喜访花。幼虫以欧亚绣线菊、中华三叶委陵菜等植物为寄主。

分布于北京、辽宁、吉林、内蒙古、陕西、云南、浙江等地。此外见于日本、蒙古及朝鲜半岛。

锦葵花弄蝶 / *Pyrgus malvae* (Linnaeus, 1758)

27

小型弄蝶。形态和花弄蝶相近，区别在于：背面前翅中室端斑下方第1个翅室内无斑，腹面后翅上部有长方斑，不是带状。

成虫多见于4-8月。喜访花。幼虫以委陵菜、悬钩子、草莓等植物为寄主。

分布于吉林、黑龙江、青海、新疆等地。此外见于西班牙、法国、德国、希腊及朝鲜半岛等地。

北方花弄蝶 / *Pyrgus alveus* Hübner, [1800-1803]

28-33

中型弄蝶。背面黑褐色，雄蝶前翅前缘有前缘褶，从前缘褶末断向内侧斜下方有3个斑，亚顶部3个白斑排列整齐，下部7个斑，后翅中域隐见白宽带；腹面后翅基部3个白斑，中域、外侧有白斑带。

成虫多见于7月。喜访花。幼虫以委陵菜、龙牙草、远志等植物为寄主。

分布于内蒙古、北京、河北、甘肃等地。此外见于蒙古、俄罗斯等地。

斯拜尔花弄蝶 / *Pyrgus speyeri* (Staudinger, 1887)

34-35

中型弄蝶。和北方花弄蝶相近，区别在于：前翅斑小，亚顶部3个斑中斑内靠，腹面后翅斑少，颜色整体呈黄褐色，而北方花弄蝶是灰绿色基调。

成虫多见于7月。喜访花。

分布于吉林、内蒙古、黑龙江。此外见于蒙古、俄罗斯等地。

三纹花弄蝶 / *Pyrgus dejeani* (Oberthür, 1912)

36

小型弄蝶。背面黑褐色，前翅顶角尖，中室端斑方形，亚顶角3个白斑排列整齐，下侧斑列整齐，后翅斑带2条；腹面后翅基大部褐色，基部有1个长斑，中域有白色横条斑，是本种独有特征。

成虫多见于7月。喜访花。

分布于甘肃、青海、四川、西藏。此外见于印度。

中华花弄蝶 / *Pyrgus bieti* (Oberthür, 1886)

37-38

中型弄蝶。形态和花弄蝶相近，区别在于：腹面后翅基部、中域、外侧有不规则的白斑、斑带。

成虫多见于5月。喜访花，亦喜水边吸水。

分布于四川、云南、西藏、青海。

奥氏花弄蝶 / *Pyrgus oberthuri* Leech, 1891

39

中型弄蝶。背面翅面黑褐色，前翅前缘有前缘褶，从前缘褶末断向内侧斜下方有白斑带，亚顶角有相错3个斑，下侧7个斑。后翅中域及中域外侧各有1列白斑，中室端外侧斑“H”形；腹面青灰色，前翅同背面，后翅基部、中域、中域外侧各有斑列。

成虫多见于5月。喜水边湿地。

分布于云南、四川、西藏。此外见于哈萨克斯坦。

点弄蝶属 / *Muschampia* Tutt, 1906

中小型弄蝶。翅背面黑褐色，具白色斑点，雄蝶前翅通常具有前缘褶。

成虫栖息于偏干旱的草原、山坡、山谷等开阔环境，幼虫以蔷薇科植物为寄主植物。

分布于古北区。国内目前已知6种，本图鉴收录3种。

吉点弄蝶 / *Muschampia gigas* (Bremer, 1864)

40

中小型弄蝶。较本属其他种类稍大一些；翅背面呈黑褐色，中域外侧具许多白色小斑，雄蝶前翅前缘具较小的前缘褶，前翅及后翅亚外缘的白斑较小，翅腹面颜色较深。

1年1代，成虫多见于7−8月。

分布于黑龙江、吉林、辽宁、北京、山西、陕西等地。此外见于蒙古和俄罗斯。

星点弄蝶 / *Muschampia tessellum* (Hübner, 1803)

41-42 / P1918

中小型弄蝶。翅背面黑褐色，中域外侧具许多白色小斑，雄蝶前翅前缘具较小的前缘褶；翅腹面灰黄色，具许多白斑，前翅前缘以及后翅内缘呈灰白色。全翅缘毛黑白相间。

成虫多见于4−7月。幼虫以唇形科糙苏属植物为寄主。

分布于北京、内蒙古、黑龙江、吉林、青海、新疆等地。此外见于蒙古、俄罗斯、中亚、西亚和欧洲南部。

筛点弄蝶 / *Muschampia cribrellum* (Eversman, 1841)

43-44 / P1919

中小型弄蝶。近似星点弄蝶，本种翅面的白斑较发达，后翅腹面淡绿褐色，外缘白斑发达。中足胫节具刺，全翅缘毛黑白相间。

成虫多见于5−7月。幼虫以蔷薇科委陵菜属植物为寄主。

分布于北京、黑龙江、甘肃、青海、新疆等地。此外见于蒙古、俄罗斯等地。

卡弄蝶属 / *Carcharodus* Hübner, 1819

中型弄蝶。翅棕褐色，具暗色和淡色的斑纹，雄蝶前翅具有前缘褶。
成虫栖息于草地、灌丛、林缘等环境。休憩时翅摊平。
分布于古北区。国内目前已知1种，本图鉴收录1种。

花卡弄蝶 / *Carcharodus flocciferus* (Zeller, 1847)

45-46

中型弄蝶。翅背面淡棕褐色，前翅中域具3个小白斑，近顶角处具3个小白斑，翅面具有褐色斑纹，雄蝶前翅具有前缘褶，后翅中域褐色，具2列淡色斑带；翅腹面淡褐色，后翅具淡色斑点和斑带。全翅缘毛为深褐色和淡褐色相间。

1年1代，成虫多见于6-7月。幼虫以唇形科欧夏至草属植物为寄主。

分布于新疆。此外见于中亚、西亚、欧洲。

饰弄蝶属 / *Spialia* Swinhoe, 1912

中小型弄蝶。翅背面黑褐色，散布小白点，雄蝶前翅无前缘褶。
成虫栖息于偏干旱的草原、山坡、山谷等开阔环境。
分布于古北区、东洋区、非洲区。国内目前已知4种，本图鉴收录2种。

欧饰弄蝶 / *Spialia orbifer* (Hübner, 1823)

47

中小型弄蝶。翅背面黑褐色，前翅中域至亚外缘散布小白斑，亚外缘具1列白斑，后翅中域具数个小白斑，亚外缘具1列白斑；后翅具许多大小不等的白色斑纹，内缘呈白色；两翅缘毛均为黑白相间。

1年1-2代，成虫多见于4-8月。幼虫栖息于较干旱的草原等环境。幼虫以覆盆子等蔷薇科植物为寄主。

分布于河北、山西、辽宁、吉林、黑龙江、陕西、青海、西藏、新疆等地。此外见于俄罗斯、日本、中亚、西亚以及朝鲜半岛、欧洲中东部等广大地区。

黄饰弄蝶 / *Spialia galba* (Fabricius, 1793)

48-49

中小型弄蝶。翅背面黑褐色，散布小白斑；后翅腹面淡黄褐色，具2条白色宽带，内缘呈白色；两翅缘毛均为黑白相间。

1年多代，成虫几乎全年可见。

分布于海南。此外见于巴基斯坦、斯里兰卡、印度、缅甸、泰国、老挝、越南等地。

01 ♂
西方珠弄蝶
甘肃榆中

02 ♀
西方珠弄蝶
甘肃榆中

03 ♂
西方珠弄蝶
贵州宁海

04 ♂
西方珠弄蝶
四川九龙

05 ♀
西方珠弄蝶
云南丽江

01 ♂
西方珠弄蝶
甘肃榆中

02 ♀
西方珠弄蝶
甘肃榆中

03 ♂
西方珠弄蝶
贵州宁海

04 ♂
西方珠弄蝶
四川九龙

05 ♀
西方珠弄蝶
云南丽江

06 ♂
西方珠弄蝶
云南德钦

07 ♂
波珠弄蝶
甘肃榆中

08 ♀
波珠弄蝶
甘肃榆中

09 ♂
波珠弄蝶
北京

10 ♀
波珠弄蝶
北京

06 ♂
西方珠弄蝶
云南德钦

07 ♂
波珠弄蝶
甘肃榆中

08 ♀
波珠弄蝶
甘肃榆中

09 ♂
波珠弄蝶
北京

10 ♀
波珠弄蝶
北京

11 ♂
深山珠弄蝶
四川九寨沟

12 ♂
深山珠弄蝶
广东乳源

13 ♂
深山珠弄蝶
江苏南京

14 ♀
深山珠弄蝶
江苏南京

11 ♂
深山珠弄蝶
四川九寨沟

12 ♂
深山珠弄蝶
广东乳源

13 ♂
深山珠弄蝶
江苏南京

14 ♀
深山珠弄蝶
江苏南京

⑮♂ 深山珠弄蝶 甘肃榆中
⑯♀ 深山珠弄蝶 甘肃榆中
⑰♂ 深山珠弄蝶 浙江临安
⑱♂ 深山珠弄蝶 北京
⑲♀ 深山珠弄蝶 北京

⓯♂ 深山珠弄蝶 甘肃榆中
⓰♀ 深山珠弄蝶 甘肃榆中
⓱♂ 深山珠弄蝶 浙江临安
⓲♂ 深山珠弄蝶 北京
⓳♀ 深山珠弄蝶 北京

⑳♂ 花弄蝶 北京
㉑♂ 花弄蝶 北京
㉒♀ 花弄蝶 北京
㉓♀ 花弄蝶 北京
㉔♂ 花弄蝶 甘肃榆中
㉕♀ 花弄蝶 甘肃榆中

⓴♂ 花弄蝶 北京
㉑♂ 花弄蝶 北京
㉒♀ 花弄蝶 北京
㉓♀ 花弄蝶 北京
㉔♂ 花弄蝶 甘肃榆中
㉕♀ 花弄蝶 甘肃榆中

㉖♂ 花弄蝶 云南丽江
㉗♀ 锦葵花弄蝶 内蒙古乌奴耳
㉘♂ 北方花弄蝶 甘肃碌曲
㉙♂ 北方花弄蝶 内蒙古赤峰
㉚♂ 北方花弄蝶 北京
㉛♀ 北方花弄蝶 北京

㉖♂ 花弄蝶 云南丽江
㉗♀ 锦葵花弄蝶 内蒙古乌奴耳
㉘♂ 北方花弄蝶 甘肃碌曲
㉙♂ 北方花弄蝶 内蒙古赤峰
㉚♂ 北方花弄蝶 北京
㉛♀ 北方花弄蝶 北京

㉜♂ 北方花弄蝶 甘肃榆中
㉝♀ 北方花弄蝶 甘肃碌曲
㉞♂ 斯拜尔花弄蝶 内蒙古满归
㉟♂ 斯拜尔花弄蝶 吉林靖宇
㊱♂ 三纹花弄蝶 青海玉树
㊲♂ 中华花弄蝶 云南丽江
㊳♂ 中华花弄蝶 青海玉树

32♂ 北方花弄蝶 甘肃榆中
33♀ 北方花弄蝶 甘肃碌曲
34♂ 斯拜尔花弄蝶 内蒙古满归
35♂ 斯拜尔花弄蝶 吉林靖宇
36♂ 三纹花弄蝶 青海玉树
37♂ 中华花弄蝶 云南丽江
38♂ 中华花弄蝶 青海玉树

㊴♂ 奥氏花弄蝶 云南丽江
㊵♂ 吉点弄蝶 北京
㊶♂ 星点弄蝶 甘肃永靖
㊷♂ 星点弄蝶 新疆天山
㊸♂ 筛点弄蝶 北京

39♂ 奥氏花弄蝶 云南丽江
40♂ 吉点弄蝶 北京
41♂ 星点弄蝶 甘肃永靖
42♂ 星点弄蝶 新疆天山
43♂ 筛点弄蝶 北京

㊹♀ 筛点弄蝶 北京
㊺♂ 花卡弄蝶 新疆天山
㊻♀ 花卡弄蝶 新疆天山
㊼♂ 欧饰弄蝶 甘肃榆中
㊽♂ 黄饰弄蝶 海南乐东
㊾♀ 黄饰弄蝶 海南三亚

44♀ 筛点弄蝶 北京
45♂ 花卡弄蝶 新疆天山
46♀ 花卡弄蝶 新疆天山
47♂ 欧饰弄蝶 甘肃榆中
48♂ 黄饰弄蝶 海南乐东
49♀ 黄饰弄蝶 海南三亚

链弄蝶属 / *Heteropterus* Duméril, 1806

中型弄蝶。翅背面黑褐色，无斑纹；后翅腹面淡黄色，具有许多围有黑边的椭圆形斑。

成虫飞行不快，常在森缘、农田或荒地环境活动。幼虫以禾本科植物为寄主。

分布于古北区。国内目前已知1种，本图鉴收录1种。

链弄蝶 / *Heteropterus morpheus* (Pallas, 1771)

01-05 / P1920

中型弄蝶。触角较短，腹部狭长；翅背面黑褐色，无斑或前翅近顶角处具3个小黄斑；前翅腹面顶角处呈淡黄色，后翅腹面为淡黄色，具许多围有黑边的椭圆形黄白色斑。

1年1代，成虫多见于6–8月。幼虫以旱熟禾、麦氏草属等禾本科植物为寄主。

分布于黑龙江、吉林、辽宁、内蒙古、北京、山西、河南、陕西、甘肃等地。此外见于俄罗斯及朝鲜半岛、欧洲、中亚等地。

舟弄蝶属 / *Barca* de Nicéville, 1902

中型弄蝶。翅黑褐色，前翅具黄色宽带，后翅腹面具黄白色细带。

成虫多见于植被较好的阔叶林缘、林下等环境，喜欢在潮湿的地面吸水。

分布于东洋区北部。国内目前已知1种，本图鉴收录1种。

双色舟弄蝶 / *Barca bicolor* (Oberthür, 1896)

06-09

中型弄蝶。翅底色为黑褐色，前翅具1条黄色的宽阔斜带，内具1个小黑点；后翅背面无斑，腹面具1条黄白色的细带；全翅缘毛为黑褐色。

1年1代，成虫多见于5–6月。

分布于福建、江西、湖北、广东、四川、云南、陕西等地。此外见于越南等地。

小弄蝶属 / *Leptalina* Mabille, 1904

小型弄蝶。翅背面黑褐色，无斑纹；后翅腹面具银白色的辐射纹。

成虫飞行不快，常在林缘、草地活动。

分布于亚洲东部和东北部。国内目前已知1种，本图鉴收录1种。

小弄蝶 / *Leptalina unicolor* (Bremer & Grey, 1852)

10-11

小型弄蝶。翅背面黑褐色，无斑纹；前翅腹面顶角处呈淡黄褐色，后翅腹面黄褐色，从基部至外缘具1条宽阔的银白色辐射纹。

1年1代或多代，成虫多见于4-9月。幼虫以荻、狗尾草属等禾本科植物为寄主。

分布于黑龙江、吉林、辽宁、北京、河北、陕西、河南、湖北、浙江等地。此外见于俄罗斯、日本及朝鲜半岛。

01 ♂
链弄蝶
甘肃榆中
02 ♀
链弄蝶
甘肃榆中
03 ♂
链弄蝶
宁夏隆德
04 ♂
链弄蝶
北京
05 ♂
链弄蝶
内蒙古赤峰
01 ♂
链弄蝶
甘肃榆中
02 ♀
链弄蝶
甘肃榆中
03 ♂
链弄蝶
宁夏隆德
04 ♂
链弄蝶
北京
05 ♂
链弄蝶
内蒙古赤峰
06 ♂
双色舟弄蝶
云南贡山
07 ♂
双色舟弄蝶
四川宝兴
08 ♂
双色舟弄蝶
广东乳源
09 ♂
双色舟弄蝶
广东乳源
06 ♂
双色舟弄蝶
云南贡山
07 ♂
双色舟弄蝶
四川宝兴
08 ♂
双色舟弄蝶
广东乳源
09 ♂
双色舟弄蝶
广东乳源
10 ♂
小弄蝶
北京
11 ♀
小弄蝶
北京
10 ♂
小弄蝶
北京
11 ♀
小弄蝶
北京

窄翅弄蝶属 / *Apostictopterus* Leech, 1893

大型弄蝶。翅色黑褐色，翅面无斑纹。
成虫飞行跳跃式，栖息于植被较好的中海拔阔叶林缘、林下等环境，常停栖在叶面，休憩时翅竖立。
分布于东洋区北部及古北区东南部。国内目前已知1种，本图鉴收录1种。

窄翅弄蝶 / *Apostictopterus fuliginosus* Leech, 1893

01-05

大型弄蝶。翅色为黑褐色，前翅中域呈黑色，翅面无斑纹；全翅缘毛为黑褐色。
1年1代，成虫多见于7–8月。
分布于江西、福建、广西、四川、西藏、广东等地。此外见于印度等地。

01 ♂
窄翅弄蝶
四川雅安

02 ♂
窄翅弄蝶
广东乳源

01 ♂
窄翅弄蝶
四川雅安

02 ♂
窄翅弄蝶
广东乳源

03 ♂
窄翅弄蝶
广西临桂

04 ♂
窄翅弄蝶
四川宝兴

05 ♂
窄翅弄蝶
西藏墨脱

03 ♂
窄翅弄蝶
广西临桂

04 ♂
窄翅弄蝶
四川宝兴

05 ♂
窄翅弄蝶
西藏墨脱

银弄蝶属 / *Carterocephalus* Lederer, 1852

小型弄蝶。该属成虫底色为黄褐色至黑褐色，翅面有白色或黄色斑，前翅狭长，前缘中部常凹陷，后翅外角常尖锐。前后翅缘毛颜色不同。

成虫飞行力一般，喜访花和在潮湿地表吸水。阴雨天栖息在草叶或花朵上。幼虫以禾本科雀麦属、洋狗尾草属、短柄草属等植物为寄主。

分布于古北区、东阳区、新北区。国内目前已知18种，本图鉴收录16种。

黄翅银弄蝶 / *Carterocephalus silvicola* (Meigen, 1829)

01-06 / P1922

小型弄蝶。背面翅面前翅黄色，中室及中室下侧各有2个黑色长圆斑，外缘内侧黑斑7个，第3、4个斑小，后翅黑褐色，基半部5个黄斑，外缘内侧黄斑1列；腹面色浅，斑纹同背面。缘毛前翅黑褐色，后翅黄色。

1年1代，成虫多见于5月。喜访花，栖息于林缘及林间开阔地。幼虫以雀麦、栗草等为寄主。

分布于内蒙古、北京、河北及东北三省等地。此外见于俄罗斯、德国、日本及朝鲜半岛等地。

愈斑银弄蝶 / *Carterocephalus houangty* Oberthür, 1886

07-08

小型弄蝶。背面翅面前翅橙黄色，中室及中室下部各有2个黑斑，外缘长黑斑7个，后翅黑色，由中室向外延长1个长橙色斑，外侧1列橙黄色斑；腹面色浅，前翅斑同背面，后翅被黄色覆盖，上有模糊不规则分布的褐色、黑色斑。

1年1代，成虫多见于7月。喜访花。

分布于四川、云南、西藏等地。此外见于缅甸。

银弄蝶 / *Carterocephalus palaemon* (Pallas, 1771)

09-10

小型弄蝶。背面翅面黑褐色，前翅围绕中室有橙斑，外侧沿外缘平行有1列橙色斑，后翅中域3个橙斑，外侧有1列斑不明显；腹面黄褐色，前翅外缘内侧有1列黄斑，其余同背面，后翅多卵圆形浅黄斑。

1年1代，成虫多见于6月。喜水边吸水。幼虫以雀麦、短柄草等植物为寄主。

分布于吉林、黑龙江、内蒙古、辽宁等地。此外见于欧洲、北美洲。

乌拉银弄蝶 / *Carterocephalus urasimataro* Sugiyama, 1992

11-13

小型弄蝶。背面翅面黑褐色，前翅基部、中域、亚顶角处共有4个淡黄斑，后翅中域1个淡黄斑；腹面前翅同背面，后翅中室内1个小白斑，中域及外侧有白斑带。

1年1代，成虫多见于5月。喜访花。

分布于四川、陕西、甘肃、青海。

美丽银弄蝶 / *Carterocephalus pulchra* (Leech, 1891)

14

小型弄蝶。背面翅面棕褐色，斑纹黄色，前翅中室端2个斑相连，端上部1个小斑，端下部2个斑，其中1个为三角形，亚顶角斑3个，外侧内斜有1列斑6个，后翅中室内有1个细长斑，中域有3个斑，亚外缘斑3个；腹面棕色，前翅斑同背面，后翅中室银白色，中域有银白斑4个，1个大，近圆形，2个长条形，亚外缘有3个银斑。

1年1代，成虫多见于3月。

分布于云南。

射线银弄蝶 / *Carterocephalus abax* Oberthür, 1886

15-16

小型弄蝶。背面翅面黑褐色，斑纹橙黄色，前翅前缘下方有1个长条斑触及中室端斑，中室端斑方形，下侧有2枚斑，亚顶区有2个斑，后翅中室1个斑，中室外侧3个斑；前翅缘毛黑褐色，后翅缘毛橙黄色；腹面色淡，前翅斑同正面，后翅沿中室向外缘有1条黄白色放射型斑。

1年1代，成虫多见于8月。喜访花。

分布于四川、云南。

五斑银弄蝶 / *Carterocephalus stax* Sugiyama, 1992

17-18

小型弄蝶。形态和射线银弄蝶相近，区别在于：前翅中室端斑和下方斑相连，亚顶区2斑相连；后翅中室外3斑相连；腹面后翅无放射纹 。

1年1代，成虫多见于7月。

分布于陕西、四川、甘肃。

黄斑银弄蝶 / *Carterocephalus alcinoides* Lee, 1962

19-21 / P1921

小型弄蝶。背面翅面黑褐色，前翅前缘内半段下方及中室端有橙色斑，中室下侧有1个橙色斑，外侧3个大斑，后翅中室内有1个橙色斑，中域有3个斑；腹面色浅，前翅斑同背面，后翅基部、中域、外侧有黄色斑带。

成虫多见于5月。喜访花。

分布于云南、四川。

基点银弄蝶 / *Carterocephalus argyrostigma* (Eversmann, 1851)

22-25 / P1921

小型弄蝶。背面翅面黑褐色，斑纹黄色，前翅前缘中部内陷，中室内及中室端各有1个黄斑，中室下方有2个不规则斑，顶角及亚顶区有斑，后翅基部、中域、外侧共有7枚黄斑；腹面后翅棕色，多枚银白色斑纹，分布在基部、中域及外侧。

1年1代，成虫多见于5月。喜访花，亦喜潮湿地表吸水。

分布于内蒙古、北京、甘肃、青海等地。此外见于蒙古、俄罗斯等地。

前进银弄蝶 / *Carterocephalus avanti* (de Nicéville, 1886)

26

小型弄蝶。背面翅面黑褐色，前翅前缘中部凹陷，基部、中域、亚顶角区有黄斑数枚，后翅中部有1个大黄斑；腹面前翅斑同背面，后翅棕黄色，中域有3个白斑，其中1个为大三角形，外侧有长形斑。

1年1代，成虫多见于5月。喜在路面、水溪旁活动。

分布于云南、四川、西藏。此外见于印度、不丹。

白斑银弄蝶 / *Carterocephalus dieckmanni* Graeser, 1888

27-33 / P1922

小型弄蝶。背面翅面黑褐色，斑纹白色，前翅顶角尖白色，前缘中部凹陷，基部及中室端各有1个白斑，中室外侧有斑4枚，亚顶区有5枚斑，后翅中部有2个白斑；腹面棕褐色，前翅斑同背面，后翅基部、中域、外侧分布有斑和斑带，中域及外侧斑因产地不同形成斑状或带状。

1年1代，成虫多见于5月。喜潮湿地表吸水。

分布于北京、辽宁、内蒙古、甘肃、四川、云南等地。此外见于俄罗斯、缅甸等地。

小银弄蝶 / *Carterocephalus micio* Oberthür, 1891 34

小型弄蝶。背面翅面黑褐色，斑纹白色，略呈紫色，前翅前缘中部凹陷，中域有上下3枚斑，外侧有1个白点，亚顶角处有小斑5枚排成1列，后翅中部有1个圆斑；腹面前翅斑相同，后翅基部多白色鳞片，中部有大型三角形白斑，外侧有2条相错的白色线纹。

1年1代，成虫多见于5月。喜贴地表飞行于路面上。

分布于四川、云南、西藏。

克理银弄蝶 / *Carterocephalus christophi* Grum-Grshimailo, 1891 35-36

小型弄蝶。和白斑银弄蝶相近，区别在于：前翅白斑仅靠基部，中域只有2个斑且靠近，触角端白色。

1年1代，成虫多见于6月。喜访花。

分布于青海、云南、四川、西藏。

黄点银弄蝶 / *Carterocephalus flavomaculatus* Oberthür, 1886 37-38

小型弄蝶。背面翅面黑褐色，斑纹黄色，前翅近基部有1-3枚小斑，中域斑斜向3-4枚斑、亚顶区4-5枚小斑，后翅中部有2个斑；腹面褐色，前翅斑基本相同，后翅覆有黄色毛列，基部斑1个，中域及外侧各5枚斑排成带状。

1年1代，成虫多见于5-6月。

分布于云南、四川、青海、西藏。

雪斑银弄蝶 / *Carterocephalus niveomaculatus* Oberthür, 1886 39-41

小型弄蝶。形态和黄点银弄蝶相近，主要区别在于：斑纹白色，同产地前翅中域斑纹宽，腹面前翅斑纹清晰，黄点银弄蝶斑纹复杂。

1年1代，成虫多见于5-6月。

分布于四川、云南、青海、甘肃。

银线银弄蝶 / *Carterocephalus patra* Evans, 1939 42

小型弄蝶。形态和射线银弄蝶相似，腹面后翅沿翅脉走向的2条白色条纹更清晰，后翅没有黄斑分布。

1年1代，成虫多见于8月。访花。

分布于云南。

01 ♂ 黄翅银弄蝶 内蒙古根河

01 ♂ 黄翅银弄蝶 内蒙古根河

02 ♂ 黄翅银弄蝶 吉林安图

02 ♂ 黄翅银弄蝶 吉林安图

03 ♀ 黄翅银弄蝶 吉林安图

03 ♀ 黄翅银弄蝶 吉林安图

04 ♂ 黄翅银弄蝶 辽宁鞍山

04 ♂ 黄翅银弄蝶 辽宁鞍山

05 ♀ 黄翅银弄蝶 辽宁鞍山

05 ♀ 黄翅银弄蝶 辽宁鞍山

06 ♀ 黄翅银弄蝶 北京

06 ♀ 黄翅银弄蝶 北京

07 ♂ 愈斑银弄蝶 四川理塘

07 ♂ 愈斑银弄蝶 四川理塘

08 ♂ 愈斑银弄蝶 云南丽江

08 ♂ 愈斑银弄蝶 云南丽江

09 ♂ 银弄蝶 内蒙古西乌珠穆沁

09 ♂ 银弄蝶 内蒙古西乌珠穆沁

10 ♀ 银弄蝶 吉林安图

10 ♀ 银弄蝶 吉林安图

11 ♂ 乌拉银弄蝶 陕西凤县

11 ♂ 乌拉银弄蝶 陕西凤县

12 ♂ 乌拉银弄蝶 陕西凤县

12 ♂ 乌拉银弄蝶 陕西凤县

13 ♀ 乌拉银弄蝶 陕西凤县

13 ♀ 乌拉银弄蝶 陕西凤县

14 ♂ 美丽银弄蝶 云南大理

14 ♂ 美丽银弄蝶 云南大理

15 ♂ 射线银弄蝶 四川摩西

15 ♂ 射线银弄蝶 四川摩西

16 ♀ 射线银弄蝶 四川泸定

16 ♀ 射线银弄蝶 四川泸定

17 ♂ 五斑银弄蝶 甘肃康乐

17 ♂ 五斑银弄蝶 甘肃康乐

18 ♂ 五斑银弄蝶 陕西长安

18 ♂ 五斑银弄蝶 陕西长安

19 ♂ 黄斑银弄蝶 云南昆明

19 ♂ 黄斑银弄蝶 云南昆明

20 ♀ 黄斑银弄蝶 云南昆明

20 ♀ 黄斑银弄蝶 云南昆明

21 ♂ 黄斑银弄蝶 四川雅江

21 ♂ 黄斑银弄蝶 四川雅江

22 ♂
基点银弄蝶
北京

22 ♂
基点银弄蝶
北京

23 ♀
基点银弄蝶
北京

23 ♀
基点银弄蝶
北京

24 ♂
基点银弄蝶
青海湟中

24 ♂
基点银弄蝶
青海湟中

25 ♀
基点银弄蝶
甘肃榆中

25 ♀
基点银弄蝶
甘肃榆中

26 ♂
前进银弄蝶
云南维西

26 ♂
前进银弄蝶
云南维西

27 ♂
白斑银弄蝶
云南昆明

27 ♂
白斑银弄蝶
云南昆明

28 ♂
白斑银弄蝶
四川九寨沟

28 ♂
白斑银弄蝶
四川九寨沟

29 ♂
白斑银弄蝶
云南丽江

29 ♂
白斑银弄蝶
云南丽江

30 ♂
白斑银弄蝶
云南德钦

30 ♂
白斑银弄蝶
云南德钦

31 ♀
白斑银弄蝶
北京

31 ♀
白斑银弄蝶
北京

32 ♂
白斑银弄蝶
甘肃榆中

32 ♂
白斑银弄蝶
甘肃榆中

33 ♀
白斑银弄蝶
甘肃榆中

33 ♀
白斑银弄蝶
甘肃榆中

34 ♂
小银弄蝶
云南维西

34 ♂
小银弄蝶
云南维西

35 ♂
克理银弄蝶
青海循化

35 ♂
克理银弄蝶
青海循化

36 ♂
克理银弄蝶
云南腾冲

36 ♂
克理银弄蝶
云南腾冲

37 ♂
黄点银弄蝶
四川理塘

37 ♂
黄点银弄蝶
四川理塘

38 ♂
黄点银弄蝶
青海循化

38 ♂
黄点银弄蝶
青海循化

39 ♂
雪斑银弄蝶
甘肃定西

39 ♂
雪斑银弄蝶
甘肃定西

40 ♂
雪斑银弄蝶
四川康定

40 ♂
雪斑银弄蝶
四川康定

41 ♂
雪斑银弄蝶
甘肃夏河

41 ♂
雪斑银弄蝶
甘肃夏河

42 ♂
银线银弄蝶
云南香格里拉

42 ♂
银线银弄蝶
云南香格里拉

锷弄蝶属 / *Aeromachus* de Nicéville, 1890

小型弄蝶。翅背面黑褐色，通常无斑，翅腹面常具数列淡色小斑，部分种类雄蝶前翅背面具性标。多数种类斑纹较为近似，较难辨识。

成虫栖息于林缘、溪谷、农田等环境，喜访花或在地面吸水。幼虫以禾本科植物为寄主。

分布于古北区东南部和东洋区。国内目前已知14种，本图鉴收录11种。

紫点锷弄蝶 / *Aeromachus kali* (de Nicéville, 1885)

01

中小型弄蝶。翅背面深褐色，无斑纹，雄蝶前翅无线状性标；后翅腹面中域具1列暗蓝紫色的小斑。

成虫多见于5-7月。

分布于广西、云南等地。此外见于印度、缅甸、老挝等地。

紫斑锷弄蝶 / *Aeromachus catocyanea* (Mabille, 1876)

02-04

中小型弄蝶。翅背面黑褐色，雄蝶前翅中域具褐色性标；翅腹面深褐色，后翅中域具暗蓝紫色的斑带。

成虫多见于6-8月。

分布于四川、云南、陕西、西藏等地。

黑点锷弄蝶 / *Aeromachus propinquus* Alphéraky, 1897

05-07

小型弄蝶。翅背面黑褐色，雄蝶前翅中域具黑色性标，上侧具数个小黄点，后翅无斑；翅腹面黄褐色，后翅具许多小白斑，这些白斑外围具有黑色的斑点。

成虫多见于7-9月。

分布于四川、云南等地。

黑锷弄蝶 / *Aeromachus piceus* Leech, 1893

08-12 / P1923

小型弄蝶。翅背面黑褐色，雄蝶前翅中域具黑色性标，雌蝶前翅中域常具1列淡黄色小斑；翅腹面黄褐色，前翅具1列淡黄色小斑，后翅具2列淡黄色小斑。

1年多代，成虫多见于5-9月。

分布于浙江、福建、广东、广西、四川、云南、陕西、甘肃等地。

万大锷弄蝶 / *Aeromachus bandaishanus* Murayama & Shimonoya, 1968

13-14 / P1923

小型弄蝶。翅背面黑褐色，前翅中室端具1个小黄斑，中域外侧具数个黄色小斑，后翅无斑；后翅腹面散布黄褐色鳞片。

成虫多见于6-8月。

分布于台湾。

宽锷弄蝶 / *Aeromachus jhora* (de Nicéville, 1885)

15-18 / P1924

小型弄蝶。背面褐色，无斑纹，雄蝶前翅无线状性标；翅腹面黄褐色，前翅和后翅中域外侧具1列或2列模糊的淡色小斑。

1年多代，成虫在亚热带地区多见于5-10月，热带地区几乎全年可见。

分布于浙江、福建、广东、广西、云南、香港等地。此外见于印度、缅甸、马来西亚等地。

标锷弄蝶 / *Aeromachus stigmatus* (Moore, 1878)

19-20

小型弄蝶。翅背面深褐色，雄蝶前翅具较短的线状性标，外侧常具1列小白斑；翅腹面褐色，翅脉淡褐色，后翅具2列淡褐色的小斑。

1年多代，成虫多见于4-10月。

分布于云南、西藏等地。此外见于印度、缅甸、泰国、老挝等地。

河伯锷弄蝶 / *Aeromachus inachus* (Ménétriès, 1859)

21-24 / P1924

小型弄蝶。翅背面深褐色，前翅中室端常具1个小白斑，外侧具1列弧形排列的小白斑；翅腹面呈褐色，翅脉呈淡褐色，后翅具许多淡黄褐色的小斑。

1年多代，成虫多见于5-10月。幼虫以芒等禾本科植物为寄主。

分布于黑龙江、吉林、辽宁、北京、河北、河南、江苏、浙江、福建、江西、湖北、四川、陕西、台湾等地。此外见于日本及俄罗斯东南部、朝鲜半岛等地。

藏锷弄蝶 / *Aeromachus dadlailamus* (Mabille, 1876)

25

小型弄蝶。翅背面黑褐色，前翅中域外侧具数个黄色小斑，后翅中域外侧具1列小黄斑；后翅腹面散布黄褐色鳞片，具有许多大小不等的黄色小斑。

成虫多见于7-8月。

分布于四川、陕西、甘肃等地。

侏儒锷弄蝶 / *Aeromachus pygmaeus* (Fabricius, 1775)

26-27

小型弄蝶。翅背面褐色，无斑；翅腹面灰褐色，后翅具淡灰褐色的小斑。

1年多代，成虫多见于4-11月。

分布于广东、云南、香港等地。此外见于印度、缅甸、泰国、老挝、马来西亚等地。

小锷弄蝶 / *Aeromachus nanus* Leech, 1890

28-29 / P1925

小型弄蝶。翅背面黑褐色，前翅中域外侧具数个淡黄色小点，后翅无斑纹；后翅腹面散布淡黄褐色鳞片，具有许多淡黄色小斑。

1年多代，成虫多见于5-10月。

分布于安徽、浙江、福建、江西、湖北、广东、广西、贵州等地。

黄斑弄蝶属 / *Ampittia* Moore, 1881

小型至中型弄蝶。翅黑褐色，具黄色或橙黄色斑纹，部分种类雄蝶前翅背面具性标。
成虫栖息于林缘、溪谷、农田、湿地等环境，幼虫以多种禾本科植物为寄主。
分布于东洋区和澳洲区。国内目前已知3种，本图鉴收录3种。

黄斑弄蝶 / *Ampittia dioscorides* (Fabricius, 1793)

30-35 / P1926

小型弄蝶。翅背面黑褐色，斑纹呈黄色，雄蝶前翅中域具发达的黄斑，内有黑色斑带，后翅中域也具1个较大黄斑；翅腹面黄色，具许多黑色小斑。雌蝶翅面的黄斑不及雄蝶发达。

1年多代，成虫在亚热带地区多见于5-10月，热带地区几乎全年可见。幼虫以禾本科植物李氏禾为寄主。

分布于江苏、上海、浙江、福建、广东、广西、海南、云南、香港、台湾等地。此外见于印度、缅甸、泰国、老挝、越南、马来西亚、新加坡、印度尼西亚等地。

钩形黄斑弄蝶 / *Ampittia virgata* (Leech, 1890)

36-42 / P1927

中型弄蝶。翅背面黑褐色，前翅的淡橙黄斑发达，并被中域的黑色斑带分割，雄蝶性标位于黑色斑带中；翅腹面呈淡橙黄色，后翅翅脉黄色并有许多黑色小斑。雌蝶前翅的黄斑被黑色斑带分隔呈数个小斑，后翅中域的黄斑较小。

1年多代，成虫多见于4-11月。幼虫以芒等禾本科植物为寄主。

分布于河南、安徽、浙江、福建、湖北、广东、广西、海南、四川、云南、台湾、香港等地。

三黄斑弄蝶 / *Ampittia trimacula* (Leech, 1891)

43-46

中型弄蝶。翅背面黑褐色，前翅具3个黄斑，后翅中域具1个黄斑；翅腹面深黄色，具有黄色斑纹。

成虫多见于5-7月。

分布于四川、陕西等地。

奥弄蝶属 / *Ochus* de Nicéville, 1894

小型弄蝶。翅腹面黄色，具黑色线纹。
成虫栖息于较开阔的林缘、溪谷等环境，喜访花或在地面吸水。
分布于东洋区。国内目前已知1种，本图鉴收录1种。

奥弄蝶 / *Ochus subvittatus* (Moore, 1878)

47-48 / P1928

小型弄蝶。翅背面黑褐色，无斑纹；前翅腹面上部具黄色细纹，后翅腹面呈黄色，具黑色线纹。
1年多代，成虫多见于5-10月。
分布于广东、广西、云南、西藏等地。此外见于印度、缅甸、泰国、老挝、越南等地。

讴弄蝶属 / *Onryza* Watson, 1893

中小型弄蝶。翅背面黑褐色，具黄色小斑，翅腹面黄色，具许多黑色细纹或小黑斑。
成虫栖息于林缘、溪谷、农田等环境，喜访花、吸水、吸食鸟粪或动植物残体。
分布于东洋区。国内目前已知1种，本图鉴收录1种。

讴弄蝶 / *Onryza maga* (Leech, 1890)

49-54 / P1929

中小型弄蝶。翅背面黑褐色，前翅中域具数个黄色的矩形小斑，后翅中域具1个或2个小黄斑；后翅腹面黄色，具有许多黑色细纹或小黑斑。其中台湾亚种*Onryza maga* takeuchii翅腹面呈暗黄色，黑斑不清晰。
1年多代，成虫多见于3-11月。
分布于安徽、浙江、福建、江西、湖南、广东、广西、贵州、四川、陕西、台湾等地。

斜带弄蝶属 / *Sebastonyma* Watson, 1893

中型弄蝶。前翅具数个小白斑，雄蝶前翅腹面后缘具毛簇，后翅腹面深褐色或棕红色，具黄色或黄白色斑带。

成虫栖息于森林、溪谷等环境。有在地面吸水的习性。

分布于东洋区。国内目前已知1种，本图鉴收录1种。

斜带弄蝶 / *Sebastonyma dolopia* (Hewitson, 1868)

55-59

中型弄蝶。翅背面深褐色，前翅具数个小白斑，后翅中域隐约可见1条黄色的斑带，其中中室内的2个白斑相连；翅腹面深褐色，后翅中域具1条宽阔的黄色斑带，雄蝶前翅腹面后缘具黑色毛簇。

成虫多见于5-9月。

分布于云南和西藏。此外见于印度、缅甸、泰国、老挝等地。

帕弄蝶属 / *Parasovia* Devyatkin, 1996

中型弄蝶。翅黑褐色，前翅背面具白斑，腹面具黄色斑纹；雄蝶前翅背面具线状性标，前翅腹面后缘处具有毛簇。

成虫栖息于森林、溪谷等环境。

分布于东洋区北部。国内目前已知1种，本图鉴收录1种。

帕弄蝶 / *Parasovia perbella* (Hering, 1918)

60-61

中型弄蝶。翅背面黑褐色，前翅具数个小白斑，雄蝶前翅背面具线状性标；翅腹面深褐色斑纹，雄蝶前翅后缘有灰褐色毛簇，后翅具许多黄色细纹且互相连接。全翅缘毛黑白相间。

1年1代，成虫多见于6-7月。

分布于广东、广西等地。此外见于越南。

01 ♂ 紫点锷弄蝶 云南贡山

01 ♂ 紫点锷弄蝶 云南贡山

02 ♂ 紫斑锷弄蝶 四川宝兴

02 ♂ 紫斑锷弄蝶 四川宝兴

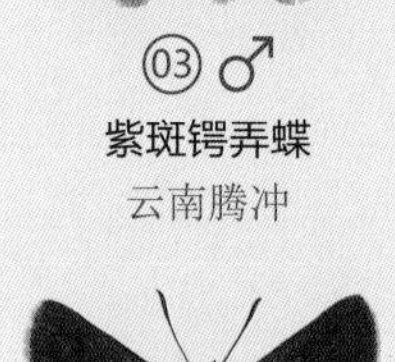
03 ♂ 紫斑锷弄蝶 云南腾冲

03 ♂ 紫斑锷弄蝶 云南腾冲

04 ♂ 紫斑锷弄蝶 云南贡山

04 ♂ 紫斑锷弄蝶 云南贡山

05 ♂ 黑点锷弄蝶 云南昆明

05 ♂ 黑点锷弄蝶 云南昆明

06 ♂ 黑点锷弄蝶 贵州宁海

06 ♂ 黑点锷弄蝶 贵州宁海

07 ♂ 黑点锷弄蝶 云南贡山

07 ♂ 黑点锷弄蝶 云南贡山

08 ♂ 黑锷弄蝶 广西临桂

08 ♂ 黑锷弄蝶 广西临桂

09 ♀ 黑锷弄蝶 广西临桂

09 ♀ 黑锷弄蝶 广西临桂

10 ♂ 黑锷弄蝶 云南贡山

10 ♂ 黑锷弄蝶 云南贡山

11 ♂ 黑锷弄蝶 云南贡山

11 ♂ 黑锷弄蝶 云南贡山

12 ♀ 黑锷弄蝶 广东乳源

12 ♀ 黑锷弄蝶 广东乳源

13 ♂ 万大锷弄蝶 台湾花莲

13 ♂ 万大锷弄蝶 台湾花莲

14 ♀ 万大锷弄蝶 台湾宜兰

14 ♀ 万大锷弄蝶 台湾宜兰

15 ♂ 宽锷弄蝶 福建三明

15 ♂ 宽锷弄蝶 福建三明

16 ♀ 宽锷弄蝶 广东广州

16 ♀ 宽锷弄蝶 广东广州

17 ♀ 宽锷弄蝶 海南五指山

17 ♀ 宽锷弄蝶 海南五指山

18 ♂ 宽锷弄蝶 云南盈江

18 ♂ 宽锷弄蝶 云南盈江

19 ♂ 标锷弄蝶 四川石棉

19 ♂ 标锷弄蝶 四川石棉

20 ♂ 标锷弄蝶 西藏察隅

20 ♂ 标锷弄蝶 西藏察隅

21 ♂ 河伯锷弄蝶 浙江宁波

21 ♂ 河伯锷弄蝶 浙江宁波

22 ♂ 河伯锷弄蝶 台湾南投

22 ♂ 河伯锷弄蝶 台湾南投

23 ♀ 河伯锷弄蝶 台湾南投

23 ♀ 河伯锷弄蝶 台湾南投

24 ♀ 河伯锷弄蝶 浙江临安

24 ♀ 河伯锷弄蝶 浙江临安

25 ♂ 藏锷弄蝶 四川天全

25 ♂ 藏锷弄蝶 四川天全

26 ♂ 侏儒锷弄蝶 香港

26 ♂ 侏儒锷弄蝶 香港

27 ♀ 侏儒锷弄蝶 香港

27 ♀ 侏儒锷弄蝶 香港

28 ♂ 小锷弄蝶 福建福州

28 ♂ 小锷弄蝶 福建福州

29 ♂ 小锷弄蝶 贵州荔波

29 ♂ 小锷弄蝶 贵州荔波

30 ♂ 黄斑弄蝶 广西环江

30 ♂ 黄斑弄蝶 广西环江

31 ♀ 黄斑弄蝶 广西兴安

31 ♀ 黄斑弄蝶 广西兴安

32 ♂ 黄斑弄蝶 海南乐东

32 ♂ 黄斑弄蝶 海南乐东

33 ♀ 黄斑弄蝶 浙江宁波

33 ♀ 黄斑弄蝶 浙江宁波

34 ♂ 黄斑弄蝶 台湾桃园

34 ♂ 黄斑弄蝶 台湾桃园

35 ♀ 黄斑弄蝶 台湾桃园

35 ♀ 黄斑弄蝶 台湾桃园

36 ♂ 钩形黄斑弄蝶 福建福州

36 ♂ 钩形黄斑弄蝶 福建福州

37 ♀ 钩形黄斑弄蝶 福建福州

37 ♀ 钩形黄斑弄蝶 福建福州

38 ♂ 钩形黄斑弄蝶 台湾桃园

38 ♂ 钩形黄斑弄蝶 台湾桃园

39 ♀ 钩形黄斑弄蝶 台湾台北

39 ♀ 钩形黄斑弄蝶 台湾台北

40 ♂ 钩形黄斑弄蝶 浙江庆元

40 ♂ 钩形黄斑弄蝶 浙江庆元

41 ♀ 钩形黄斑弄蝶 浙江庆元

41 ♀ 钩形黄斑弄蝶 浙江庆元

42 ♂ 钩形黄斑弄蝶 广东乳源

42 ♂ 钩形黄斑弄蝶 广东乳源

43 ♂ 三黄斑弄蝶 云南贡山

43 ♂ 三黄斑弄蝶 云南贡山

44 ♂ 三黄斑弄蝶 甘肃文县

44 ♂ 三黄斑弄蝶 甘肃文县

45 ♂ 三黄斑弄蝶 甘肃康县
45 ♂ 三黄斑弄蝶 甘肃康县
46 ♂ 三黄斑弄蝶 四川汉源
46 ♂ 三黄斑弄蝶 四川汉源
47 ♂ 奥弄蝶 云南贡山
47 ♂ 奥弄蝶 云南贡山
48 ♂ 奥弄蝶 西藏墨脱
48 ♂ 奥弄蝶 西藏墨脱

49 ♂ 讴弄蝶 福建武夷山
49 ♂ 讴弄蝶 福建武夷山
50 ♀ 讴弄蝶 福建武夷山
50 ♀ 讴弄蝶 福建武夷山
51 ♂ 讴弄蝶 福建福州
51 ♂ 讴弄蝶 福建福州

52 ♂ 讴弄蝶 浙江宁波
52 ♂ 讴弄蝶 浙江宁波
53 ♂ 讴弄蝶 台湾花莲
53 ♂ 讴弄蝶 台湾花莲
54 ♀ 讴弄蝶 台湾花莲
54 ♀ 讴弄蝶 台湾花莲

55 ♂ 斜带弄蝶 西藏墨脱
55 ♂ 斜带弄蝶 西藏墨脱
56 ♂ 斜带弄蝶 云南贡山
56 ♂ 斜带弄蝶 云南贡山
57 ♂ 斜带弄蝶 云南贡山
57 ♂ 斜带弄蝶 云南贡山

58 ♂ 斜带弄蝶 西藏察隅

58 ♂ 斜带弄蝶 西藏察隅

59 ♂ 斜带弄蝶 云南腾冲

59 ♂ 斜带弄蝶 云南腾冲

60 ♂ 帕弄蝶 广东乳源

60 ♂ 帕弄蝶 广东乳源

61 ♂ 帕弄蝶 广西上思

61 ♂ 帕弄蝶 广西上思

飕弄蝶属 / *Sovia* Evans, 1949

中小型至中型弄蝶。翅深褐色，前翅具白色或淡黄色的小斑，后翅背面通常无斑，雄蝶前翅背面具性标。成虫栖息于林缘、溪谷等环境。有访花或在地面吸水习性。

分布于东洋区。国内目前已知8种，本图鉴收录6种。

飕弄蝶 / *Sovia lucasii* (Mabille, 1876)

01-05

中型弄蝶。翅背面黑褐色，基部至中域具褐色鳞毛，前翅中域具数个淡黄色的小斑点，后翅无斑；翅腹面黄褐色，后翅中域具数个小黑点。全翅缘毛基本呈黑白相间状。

成虫多见于6–8月。

分布于湖北、广东、广西、四川、云南、陕西等地。

李氏飕弄蝶 / *Sovia lii* Xue, 2015

06-07

中型弄蝶。外观极近似飕弄蝶，区别在于本种前翅中室斑向外倾斜或与后缘垂直。

成虫多见于7月。

分布于陕西、甘肃等地。

暗缘飕弄蝶 / *Sovia grahami* (Evans, 1926)

08-10

中型弄蝶。翅背面黑褐色，前翅具数个黄白色小斑，雄蝶前翅中域具暗色性标，后翅无斑；翅腹面暗棕褐色，斑纹同背面。翅缘毛呈灰褐色。

成虫多见于7–8月。

分布于云南、西藏等地。此外见于尼泊尔、印度等地。

错缘飕弄蝶 / *Sovia separata* (Moore, 1882)

11-13

中型弄蝶。翅背面黑褐色，前翅具数个细小的白斑，雄蝶前翅中域具暗色性标，后翅无斑；翅腹面棕褐色，后翅无斑或具深褐色小斑。翅缘毛呈黄白色与黑褐色相间状。

成虫多见于6–8月。

分布于云南、西藏等地。此外见于印度、缅甸等地。

方氏飕弄蝶 / *Sovia fangi* Huang & Wu, 2003

14

中型弄蝶。本种翅面和暗缘飕弄蝶极为相似，通过外生殖器检验才能准确鉴定。

成虫多见于7–8月。

分布于云南。

显飕弄蝶 / *Sovia eminens* Devyatkin, 1996

15 / P1929

中型弄蝶。翅背面深褐色，前翅中室内具2个小白斑，其外侧具5个小白斑，亚外缘处具1列淡色的小斑，雄蝶前翅中域具暗色性标；翅腹面褐色，后翅翅脉黄白色，外缘和亚外缘具黄白色横纹，形成了许多褐色的小斑。

1年1代，成虫多见于5–6月。

分布于广东。此外见于越南。

01 ♂
飑弄蝶
四川大邑

02 ♀
飑弄蝶
四川石棉

03 ♀
飑弄蝶
广东乳源

04 ♂
飑弄蝶
广西兴安

05 ♂
飑弄蝶
四川宝兴

01 ♂
飑弄蝶
四川大邑

02 ♀
飑弄蝶
四川石棉

03 ♀
飑弄蝶
广东乳源

04 ♂
飑弄蝶
广西兴安

05 ♂
飑弄蝶
四川宝兴

06 ♂
李氏飑弄蝶
陕西岚皋

07 ♂
李氏飑弄蝶
陕西岚皋

08 ♂
暗缘飑弄蝶
云南贡山

09 ♂
暗缘飑弄蝶
云南腾冲

10 ♂
暗缘飑弄蝶
西藏错那

06 ♂
李氏飑弄蝶
陕西岚皋

07 ♂
李氏飑弄蝶
陕西岚皋

08 ♂
暗缘飑弄蝶
云南贡山

09 ♂
暗缘飑弄蝶
云南腾冲

10 ♂
暗缘飑弄蝶
西藏错那

11 ♂
错缘飑弄蝶
西藏墨脱

12 ♂
错缘飑弄蝶
云南贡山

13 ♂
错缘飑弄蝶
云南腾冲

14 ♂
方氏飑弄蝶
云南维西

15 ♂
显飑弄蝶
广东乳源

11 ♂
错缘飑弄蝶
西藏墨脱

12 ♂
错缘飑弄蝶
云南贡山

13 ♂
错缘飑弄蝶
云南腾冲

14 ♂
方氏飑弄蝶
云南维西

15 ♂
显飑弄蝶
广东乳源

陀弄蝶属 / *Thoressa* Swinhoe, [1913]

中小型弄蝶。该属成虫底色为黑褐色，前翅有透明白斑，中室有斑或无斑，雄蝶cu_2室常有烙印状性标，有些种类无性标；后翅中域常有褐色毛列，后翅有斑或无斑。

成虫飞行迅速，喜聚集在水溪石壁及地表吸水，

分布于东阳区、古北区。国内目前已知21种，本图鉴收录21种。

贝利陀弄蝶 / *Thoressa baileyi* (South, 1913)

01-05

小型弄蝶。背面翅面黑褐色，斑纹黄白色，前翅中室端有1个斑，中室外侧2个斑靠近，亚顶角3个并排的小斑，雄蝶有性标，后翅中域黄色无斑；腹面黄褐色，后翅中域有斑或无斑。

成虫多见于5月。喜在溪边地表、岩石处吸水。

分布于云南。

马苏陀弄蝶 / *Thoressa masuriensis* (Moore, 1878)

06 / P1930

小型弄蝶。背面翅面黑褐色，斑纹黄色，前翅中室端斑与外侧2斑相交，亚顶角处有3个并排小斑，后翅无斑；腹面红棕色，斑同背面。

成虫多见于5月。喜在溪边地表、岩石处吸水。和贝利陀弄蝶混合发生。

分布于云南、西藏。

银条陀弄蝶 / *Thoressa bivitta* (Oberthür, 1886)

07-09 / P1930

中型弄蝶。背面翅面黑褐色，斑纹白色，前翅狭长，中室端有2个斑，中域有2个斑，亚顶角斑3个，后翅无斑；腹面棕色，前翅同背面，后翅有银白色放射状长条纹。

成虫多见于5月。喜在溪旁吸水。

分布于云南、四川。

长标陀弄蝶 / *Thoressa blanchardii* (Mabille, 1876)

10-14

小型弄蝶。背面翅面黑褐色，斑纹黄色，前翅中室端有2斑，中室端外侧有2个斑靠近，亚顶角处3个并排小斑，雄蝶中室下方有1条斜向线状性标，后翅无斑；腹面斑同背面，后翅棕色，中域有斑或无斑。

成虫多见于5月。喜聚集在水溪旁吸水。

分布于陕西、四川。

无标陀弄蝶 / *Thoressa pandita* (de Nicéville, 1885)

15

小型弄蝶。形态和贝利陀弄蝶相近，区别在于：前翅无性标，腹面红褐色。

成虫多见于5月。喜潮湿地表吸水。

分布于云南。

凹瓣陀弄蝶 / *Thoressa fusca* (Elwes, [1893]) 16-19

中型弄蝶。背面翅面黑褐色，斑纹黄白色半透明，前翅中室有斑或无斑，外侧中域两斑分离，亚顶角3个小斑，雄蝶中室下方有性标，后翅无斑；腹面棕褐色，后翅无斑或斑纹隐见。

成虫多见于6月。喜聚集在潮湿地表吸水。

分布于福建、广西、四川、云南、广东等地。此外见于印度、缅甸。

直瓣陀弄蝶 / *Thoressa gupta* (de Nicéville, 1886) 20-22

中型弄蝶。背面翅面黑褐色，斑纹白色半透明，前翅中室有斑或无斑，雄蝶中室下方有性标，中室端外侧中域有2斑，亚顶区斜向排列3个小斑，后翅无斑；腹面棕黄色，后翅隐有白斑纹。

成虫多见于5月。喜聚集在潮湿地表吸水。

分布于陕西、甘肃、广东、四川、云南等地。

褐陀弄蝶 / *Thoressa hyrie* (de Nicéville, 1891) 23 / P1930

中型弄蝶。背面翅面黑褐色，前翅中室端斑2个相搭，中室外中域2个斑相错，下边斑方形，亚顶角处有3个斑，雄蝶无性标，后翅无斑。腹面后翅棕色，中域斑隐见。

成虫多见于5月。喜潮湿地表吸水。

分布于西藏。

绿陀弄蝶 / *Thoressa viridis* (Huang, 2003) 24

中型弄蝶。背面翅面黑褐色，斑白色，前翅中室无斑，中室端外侧中域2斑相错，亚顶角2个斑，雄蝶中室下方有性标，后翅无斑；腹面后翅多灰绿色毛列，中域斑隐见。

成虫多见于5月。喜沿有水溪的沙土路面活动。

分布于云南。

花裙陀弄蝶 / *Thoressa submacula* (Leech, 1890) 25-28

中型弄蝶。背面翅面黑褐色，斑纹白色，中室端斑2个，中域2个斑，亚顶角斑3个，雄蝶中室下方有性标，后翅中域有3个斑；腹面棕色，前翅亚外缘有暗黄色带斑，后翅中域有白色勺形带，亚外缘有暗黄色带斑，和勺形带交搭。

成虫多见于4-7月。喜聚集在湿地吸水。

分布于甘肃、贵州、广东、浙江等地。

黄条陀弄蝶 / *Thoressa horishana* (Matsumura, 1910) 29-30 / P1931

中型弄蝶。背面翅面黑褐色，斑纹白色，前翅中室及中室外侧各有2个斑，亚顶角斑3个，雄蝶中室下方有性标，后翅中部有2个白斑；腹面前翅外缘有暗黄色斑带，后翅中域有白色斑带，外缘有暗黄色斑带，从翅基部向前缘、中室、臀区发散3条暗黄色放射状条纹。

1年多代。常见于溪流处吸水或访花。幼虫以禾本科植物芒草为寄主。

分布于台湾。

黄毛陀弄蝶 / *Thoressa kuata* (Evans, 1940) 31-32

大型弄蝶。背面翅面黑褐色，斑纹白色半透明，前翅中室端2斑相连，中域2个斑靠近，亚顶角斑2-3个，前翅中室下方有性标，后翅中部多棕色毛列；腹面棕黄色，后翅有点状斑4个。

成虫多见于6月。喜聚集在潮湿地表吸水。

分布于浙江、福建、陕西等地。

01 ♂ 贝利陀弄蝶 云南维西

01 ♂ 贝利陀弄蝶 云南维西

02 ♂ 贝利陀弄蝶 云南维西

02 ♂ 贝利陀弄蝶 云南维西

03 ♀ 贝利陀弄蝶 云南维西

03 ♀ 贝利陀弄蝶 云南维西

04 ♂ 贝利陀弄蝶 云南贡山

04 ♂ 贝利陀弄蝶 云南贡山

05 ♂ 贝利陀弄蝶 云南贡山

05 ♂ 贝利陀弄蝶 云南贡山

06 ♂ 马苏陀弄蝶 云南维西

06 ♂ 马苏陀弄蝶 云南维西

07 ♂ 银条陀弄蝶 云南香格里拉

07 ♂ 银条陀弄蝶 云南香格里拉

08 ♀ 银条陀弄蝶 云南德钦

08 ♀ 银条陀弄蝶 云南德钦

09 ♂ 银条陀弄蝶 四川九龙

09 ♂ 银条陀弄蝶 四川九龙

10 ♂ 长标陀弄蝶 陕西凤县

10 ♂ 长标陀弄蝶 陕西凤县

11 ♂ 长标陀弄蝶 陕西宝鸡

11 ♂ 长标陀弄蝶 陕西宝鸡

12 ♂ 长标陀弄蝶 四川宝兴

12 ♂ 长标陀弄蝶 四川宝兴

13 ♂ 长标陀弄蝶 四川九龙

13 ♂ 长标陀弄蝶 四川九龙

14 ♂ 长标陀弄蝶 四川峨边

14 ♂ 长标陀弄蝶 四川峨边

15 ♂ 无标陀弄蝶 云南腾冲

15 ♂ 无标陀弄蝶 云南腾冲

16 ♂ 凹瓣陀弄蝶 广西金秀

16 ♂ 凹瓣陀弄蝶 广西金秀

17 ♂ 凹瓣陀弄蝶 福建武夷山

17 ♂ 凹瓣陀弄蝶 福建武夷山

18 ♂ 凹瓣陀弄蝶 云南贡山

18 ♂ 凹瓣陀弄蝶 云南贡山

⑲♀
凹瓣陀弄蝶
四川峨边
⑳♂
直瓣陀弄蝶
陕西宝鸡
㉑♂
直瓣陀弄蝶
四川都江堰
㉒♂
直瓣陀弄蝶
湖北神农架
㉓♂
褐陀弄蝶
西藏墨脱
19 ♀
凹瓣陀弄蝶
四川峨边
20 ♂
直瓣陀弄蝶
陕西宝鸡
21 ♂
直瓣陀弄蝶
四川都江堰
22 ♂
直瓣陀弄蝶
湖北神农架
23 ♂
褐陀弄蝶
西藏墨脱
㉔♂
绿陀弄蝶
云南腾冲
㉕♂
花裙陀弄蝶
甘肃康县
㉖♂
花裙陀弄蝶
贵州江口
㉗♂
花裙陀弄蝶
广东乳源
㉘♀
花裙陀弄蝶
广东乳源
24 ♂
绿陀弄蝶
云南腾冲
25 ♂
花裙陀弄蝶
甘肃康县
26 ♂
花裙陀弄蝶
贵州江口
27 ♂
花裙陀弄蝶
广东乳源
28 ♀
花裙陀弄蝶
广东乳源
㉙♂
黄条陀弄蝶
台湾南投
㉚♀
黄条陀弄蝶
台湾桃园
㉛♂
黄毛陀弄蝶
福建武夷山
㉜♂
黄毛陀弄蝶
浙江开化
29 ♂
黄条陀弄蝶
台湾南投
30 ♀
黄条陀弄蝶
台湾桃园
31 ♂
黄毛陀弄蝶
福建武夷山
32 ♂
黄毛陀弄蝶
浙江开化

侏儒陀弄蝶 / *Thoressa pedla* (Evans, 1956)

01-03

小型弄蝶。背面翅面黑褐色，前翅狭长，中室端2个白斑，中域白斑2个，亚顶角斑2个，中室下方有性标，后翅无斑，缘毛灰色；腹面前翅斑同背面，后翅棕红色，中部有1条放射状白条纹。本种描述特征只限云南丽江、香格里拉、维西产地。

成虫多见于5月。喜在溪边湿地环境吸水。

分布于云南。

秦岭陀弄蝶 / *Thoressa yingqii* Huang, 2010

04-05

小型弄蝶。背面翅面黑褐色，斑纹黄白色，前翅中室端及中室端外侧各有2个斑，顶角尖，亚顶角处3枚小斑，雄蝶中室下方有性标，后翅无斑；腹面黄褐色，雌蝶黄色，斑同背面。

1年1代，成虫多见于5月。喜在潮湿地表吸水。

分布于陕西、甘肃。

丽江陀弄蝶 / *Thoressa zinnia* (Evans, 1939)

06

中型弄蝶。背面翅面黑褐色，斑纹白色，前翅中室端有1个小斑，中室外中域2斑相错、等大，亚顶角斑3个，雄蝶中室下方有性标，后翅无斑；腹面黄色，后翅无斑，臀区黑褐色。

成虫多见于6月。喜聚集在水溪附近吸水。

分布于云南。

南岭陀弄蝶 / *Thoressa xiaoqingae* Huang & Zhan, 2004

07 / P1931

中型弄蝶。背面翅面黑褐色，斑纹白色，前翅中室端有1-2个斑，上部斑常不清晰，中室外侧有2个斑，亚顶角斑2个，雄蝶中室下方有性标，后翅无斑；腹面红褐色，有褐色毛列，后翅有2个白斑。

成虫多见于5月。喜在潮湿地表吸水。

分布于广东、广西。

栾川陀弄蝶 / *Thoressa luanchuanensis* (Wang & Niu, 2002)

08-09

小型弄蝶。背面翅面棕色，斑纹黄色，前翅中室及中室外各有2个斑，亚顶角斑3个，后翅中域有黄色毛列，黄斑2个；腹面黄色，背面斑透视明显。

成虫多见于5月。喜在溪边吸水。

分布于陕西、甘肃、河南等地。

斑陀弄蝶 / *Thoressa maculata* Fan & Wang, 2009

10-11

中型弄蝶。背面翅面黑褐色，前翅中室端、中室外侧、亚顶区分别有2个斑，中室下方有线状性标，后翅无斑纹，前后翅有棕黄色毛列；腹面大部分棕黄色，前翅斑同背面，后翅中域有几个黑斑。

成虫多见于7月。喜在路边湿地吸水。

分布于广西。

赛陀弄蝶 / *Thoressa serena* (Evans, 1937)

12

小型弄蝶。形态和贝利陀弄蝶相近，区别在于：个体较大，前翅斑较小，圆形，中域2个斑分离，腹面棕褐色。

成虫多见于5月。喜在溪边地表、岩石处吸水。

分布于云南。

徕陀弄蝶 / *Thoressa latris* (Leech, 1894)

13-14

中型弄蝶。形态和秦岭陀弄蝶相近，主要区别在于：个体大，腹面后翅棕色。

1年1代，成虫多见于5月。

分布于云南。

黑斑陀弄蝶 / *Thoressa monastyrskyi* Devyatkin, 1996

15-16

中型弄蝶。形态和斑陀弄蝶相近，区别在于：前翅无性标，后翅中室有暗色性标，中室外有2个黄色斑，腹面后翅中域黑色斑更发达。

成虫多见于5-6月。喜在潮湿地表吸水。

分布于香港。

01 ♂ 侏儒陀弄蝶 云南维西

02 ♂ 侏儒陀弄蝶 云南香格里拉

03 ♂ 侏儒陀弄蝶 云南腾冲

04 ♂ 秦岭陀弄蝶 陕西宝鸡

05 ♀ 秦岭陀弄蝶 陕西宝鸡

06 ♂ 丽江陀弄蝶 云南维西

01 ♂ 侏儒陀弄蝶 云南维西

02 ♂ 侏儒陀弄蝶 云南香格里拉

03 ♂ 侏儒陀弄蝶 云南腾冲

04 ♂ 秦岭陀弄蝶 陕西宝鸡

05 ♀ 秦岭陀弄蝶 陕西宝鸡

06 ♂ 丽江陀弄蝶 云南维西

07 ♂ 南岭陀弄蝶 广东南岭

08 ♂ 栾川陀弄蝶 陕西镇安

09 ♀ 栾川陀弄蝶 甘肃康县

10 ♂ 斑陀弄蝶 广西兴安

11 ♂ 斑陀弄蝶 广西金秀

07 ♂ 南岭陀弄蝶 广东南岭

08 ♂ 栾川陀弄蝶 陕西镇安

09 ♀ 栾川陀弄蝶 甘肃康县

10 ♂ 斑陀弄蝶 广西兴安

11 ♂ 斑陀弄蝶 广西金秀

12 ♂ 赛陀弄蝶 云南腾冲

13 ♂ 徕陀弄蝶 云南昆明

14 ♀ 徕陀弄蝶 云南昆明

15 ♂ 黑斑陀弄蝶 香港

16 ♀ 黑斑陀弄蝶 香港

12 ♂ 赛陀弄蝶 云南腾冲

13 ♂ 徕陀弄蝶 云南昆明

14 ♀ 徕陀弄蝶 云南昆明

15 ♂ 黑斑陀弄蝶 香港

16 ♀ 黑斑陀弄蝶 香港

酣弄蝶属 / *Halpe* Moore, 1878

中型或中小型弄蝶。翅背面黑褐色，前翅具数个白色或黄白色小斑，雄蝶前翅背面有性标；后翅腹面常具有淡色的斑纹。本属种类外观近似，许多种类雄蝶需要检验外生殖器才能有效鉴定，而雌蝶则难以识别。

成虫栖息于林缘开阔地或溪谷环境，喜访花、吸食鸟粪或动植物残体，也经常会在地面吸水。幼虫多以禾本科竹亚科植物为寄主。

分布于东洋区。国内目前已知20种，本图鉴收录8种。

峨眉酣弄蝶 / *Halpe nephele* Leech, 1893

01-04 / P1932

中型弄蝶。翅背面深褐色，前翅中室内具1个椭圆形的淡黄色小斑，其外侧具5个小斑，雄蝶前翅中域具性标，后翅中域具淡色斑；翅腹面淡黄褐色，前翅外侧具1列黄色小斑，后翅具2列黄色长条斑。前翅缘毛黑白相间；后翅缘毛为白色，脉端略呈黑色。

1年多代，成虫多见于4-11月。

分布于安徽、浙江、福建、江西、广西、四川、重庆、贵州、海南等地。

备注：本种与地藏酣弄蝶*Halpe dizangpusa* Huang, 2002的关系有待进一步研究。

黄斑酣弄蝶 / *Halpe gamma* Evans, 1937

05-13 / P1932

中型弄蝶。翅背面深褐色，前翅中室内具2个椭圆形的淡黄色小斑，其外侧具4或5个小斑，雄蝶前翅中域具性标，后翅中域具淡黄色斑；翅腹面黄褐色，前翅外侧具1列黄色小斑，后翅黄斑发达。

1年多代，成虫多见于6-9月。幼虫以多种禾本科竹亚科植物为寄主。

分布于福建、广东、广西、四川、甘肃、台湾等地。此外见于老挝、越南等地。

凹缘酣弄蝶 / *Halpe concavimarginata* Yuan, Wang & Yuan, 2007

14-15

中型弄蝶。翅面上近似峨眉酣弄蝶，但本种后翅腹面的黄斑略小、斑纹颜色略深，后翅缘毛基本为黑白相间，两者最可靠的鉴定方法是检验外生殖器结构。本种与峨眉酣弄蝶在国内许多地区同地分布。

1年多代，成虫多见于4-10月。

分布于浙江、福建、四川等地。

⓪1 ♂ 峨眉酣弄蝶 四川宝兴
⓪2 ♂ 峨眉酣弄蝶 浙江临安
⓪3 ♂ 峨眉酣弄蝶 福建福州
⓪4 ♀ 峨眉酣弄蝶 福建武夷山
⓪5 ♂ 黄斑酣弄蝶 四川宝兴

❶01 ♂ 峨眉酣弄蝶 四川宝兴
❶02 ♂ 峨眉酣弄蝶 浙江临安
❶03 ♂ 峨眉酣弄蝶 福建福州
❶04 ♀ 峨眉酣弄蝶 福建武夷山
❶05 ♂ 黄斑酣弄蝶 四川宝兴

⓪6 ♂ 黄斑酣弄蝶 台湾桃园
⓪7 ♀ 黄斑酣弄蝶 台湾新竹
⓪8 ♂ 黄斑酣弄蝶 福建武夷山
⓪9 ♂ 黄斑酣弄蝶 广西金秀
⑩ ♀ 黄斑酣弄蝶 广西金秀

❶06 ♂ 黄斑酣弄蝶 台湾桃园
❶07 ♀ 黄斑酣弄蝶 台湾新竹
❶08 ♂ 黄斑酣弄蝶 福建武夷山
❶09 ♂ 黄斑酣弄蝶 广西金秀
❿ ♀ 黄斑酣弄蝶 广西金秀

⑪ ♂ 黄斑酣弄蝶 广东乳源
⑫ ♀ 黄斑酣弄蝶 广东乳源
⑬ ♀ 黄斑酣弄蝶 广东龙门
⑭ ♂ 凹缘酣弄蝶 四川宝兴
⑮ ♂ 凹缘酣弄蝶 四川宝兴

⓫ ♂ 黄斑酣弄蝶 广东乳源
⓬ ♀ 黄斑酣弄蝶 广东乳源
⓭ ♀ 黄斑酣弄蝶 广东龙门
⓮ ♂ 凹缘酣弄蝶 四川宝兴
⓯ ♂ 凹缘酣弄蝶 四川宝兴

库酣弄蝶 / *Halpe kumara* de Nicéville, 1885

01-02

中型弄蝶。翅背面深褐色，斑纹淡黄白色，前翅中室内具1个小斑，中域具2个小斑，中域上侧通常具2个小斑，雄蝶前翅具暗色性标；翅腹面深褐色，后翅均匀地布满黄褐色鳞片。

成虫多见于6-9月。

分布于西藏和云南。此外见于印度等地。

汉酣弄蝶 / *Halpe handa* Evans, 1949

03

中型弄蝶。翅背面深褐色，前翅中室无斑，中域具2个紧靠的黄白色小斑，其上侧具3个排成1列的小斑，雄蝶前翅中域具黑色性标；后翅腹面中域至内缘区域不均匀地分布有淡黄褐色的鳞片，中域具1列暗斑。全翅缘毛基本为淡褐色与黑色相间状。

成虫多见于6-8月。

分布于云南。此外见于缅甸、泰国、老挝、越南等地。

帕酣弄蝶 / *Halpe paupera* Devyatkin, 2002

04-05

中型弄蝶。翅背面深褐色，前翅中室内具2个小白斑，中域具2个白斑，近顶角通常具2个小白斑，雄蝶前翅中域具黑色性标；翅腹面褐色，前翅外侧具1列淡黄色小斑，后翅基部至中域呈淡黄色，外侧具1列模糊的褐色斑，亚外缘具1列黄色小斑。

1年多代，成虫多见于4-10月。幼虫以禾本科竹亚科植物为寄主。

分布于香港。此外见于越南。

黑酣弄蝶 / *Halpe knyvetti* Elwes & Edwards, 1897

06-07

中型弄蝶。翅背面深褐色，斑纹淡黄白色，前翅中室内具1个椭圆形的小斑，其外侧具4个小斑，雄蝶前翅中域具黑色性标；翅腹面褐色，后翅外侧具1列模糊的暗斑，近臀角处常具黄色小斑。前翅缘毛为淡褐色与黑褐色相间状，后翅缘毛为淡褐色。

成虫多见于6-9月。

分布于西藏。此外见于印度、缅甸等地。

双子酣弄蝶 / *Halpe porus* (Mabille, 1877)

08-09

中型弄蝶。翅背面深褐色，前翅中室内具2个小白斑，中域具2个白斑，近顶角处具3个小白斑。前翅腹面亚外缘具1列小白斑，后翅腹面中域具1条白色斑带。全翅缘毛基本为淡褐色与黑色相间状。

1年多代，成虫多见于4-11月。

分布于广东、广西、海南、云南、香港等地。此外见于印度、缅甸、泰国、老挝、越南、马来西亚等地。

琵弄蝶属 / *Pithauria* Moore, 1878

中型弄蝶。身体较强壮，触角钩区细长，部分种类雄蝶翅背面具黄色鳞毛。

成虫栖息于林缘、溪谷等环境。有访花或在地面吸水习性。幼虫以禾本科植物为寄主。

分布于东洋区。国内目前已知4种，本图鉴收录2种。

琵弄蝶 / *Pithauria murdava* (Moore, 1865)

10-11

中型弄蝶。雄蝶翅背面深褐色，前翅中室斑2个小黄斑，中域外侧具4个小黄斑，前翅中域下侧以及后翅基部至中域具有少量的淡黄绿色鳞毛；翅腹面深褐色，后翅上侧常具1个小斑，外侧具1条模糊的淡色斑带。

1年多代，成虫几乎全年可见。

分布于广西、海南、云南、西藏等地。此外见于印度、缅甸、泰国、老挝、越南等地。

拟槁琵弄蝶 / *Pithauria linus* Evans, 1937

12-16 / P1933

中型弄蝶。雄蝶翅背面深褐色，前翅中室斑消失或具2个极小的斑点，中域外侧具4个小黄斑，前翅中域下侧以及后翅基部至中域具有淡黄绿色的鳞毛；翅腹面黄褐色，后翅中域通常具3个淡色小斑点。雌蝶翅背面无淡黄绿色的鳞毛，前翅中室斑发达，翅腹面覆有黄绿色鳞。

1年多代，成虫多见于4-9月。

分布于浙江、福建、江西、广东、广西、四川、甘肃等地。此外见于越南。

⓪① ♂ 库酣弄蝶 西藏墨脱
⓪② ♀ 库酣弄蝶 西藏墨脱
⓪③ ♂ 汉酣弄蝶 云南贡山
⓪④ ♂ 帕酣弄蝶 香港
⓪⑤ ♀ 帕酣弄蝶 香港

01 ♂ 库酣弄蝶 西藏墨脱
02 ♀ 库酣弄蝶 西藏墨脱
03 ♂ 汉酣弄蝶 云南贡山
04 ♂ 帕酣弄蝶 香港
05 ♀ 帕酣弄蝶 香港

⓪⑥ ♂ 黑酣弄蝶 西藏墨脱
⓪⑦ ♂ 黑酣弄蝶 西藏墨脱
⓪⑧ ♂ 双子酣弄蝶 香港
⓪⑨ ♀ 双子酣弄蝶 香港
⑩ ♂ 琵弄蝶 西藏墨脱
⑪ ♂ 琵弄蝶 云南元江

06 ♂ 黑酣弄蝶 西藏墨脱
07 ♂ 黑酣弄蝶 西藏墨脱
08 ♂ 双子酣弄蝶 香港
09 ♀ 双子酣弄蝶 香港
10 ♂ 琵弄蝶 西藏墨脱
11 ♂ 琵弄蝶 云南元江

⑫ ♂ 拟槁琵弄蝶 福建福州
⑬ ♀ 拟槁琵弄蝶 福建福州
⑭ ♂ 拟槁琵弄蝶 广西兴安
⑮ ♀ 拟槁琵弄蝶 广西兴安
⑯ ♂ 拟槁琵弄蝶 广东韶关

12 ♂ 拟槁琵弄蝶 福建福州
13 ♀ 拟槁琵弄蝶 福建福州
14 ♂ 拟槁琵弄蝶 广西兴安
15 ♀ 拟槁琵弄蝶 广西兴安
16 ♂ 拟槁琵弄蝶 广东韶关

旖弄蝶属 / *Isoteinon* C. & R. Felder, 1862

中型弄蝶。本属种类的前翅中域具有数个大小不等的白斑；后翅背面无斑，后翅腹面具有许多小白斑。
成虫栖息于林缘、溪谷等环境。有访花吸水的习性。幼虫以禾本科植物为寄主。
分布于东洋区的北部区域。国内目前已知1种，本图鉴收录1种。

旖弄蝶 / *Isoteinon lamprospilus* C. & R. Felder, 1862

01-05 / P1933

中型弄蝶。翅背面黑褐色，前翅中域具有7个大小不等的白色或黄白色斑，后翅无斑纹。前翅腹面前缘至顶角以及后翅腹面大部分区域呈黄褐色或棕褐色，前翅腹面斑纹同背面，后翅腹面具9个圆形白斑，其外围有黑色环。

1年多代，成虫多见于4-11月。幼虫以五节芒等禾本科植物为寄主。

分布于安徽、浙江、福建、江西、广东、广西、四川、台湾、香港等地。此外见于日本、越南、朝鲜半岛等地。

突须弄蝶属 / *Arnetta* Watson, 1893

小型弄蝶。翅黑褐色，具白色小斑，部分种类雄蝶前翅腹面后缘具毛簇。
成虫栖息于林缘、溪谷等环境。有访花习性。
分布于东洋区和非洲区。国内目前已知1种，本图鉴收录1种。

突须弄蝶 / *Arnetta atkinsoni* (Moore, 1878)

06-08

小型弄蝶。翅背面黑褐色，前翅中域具数个大小不等的白色小斑，后翅无斑。翅腹面深褐色，覆有褐色鳞片，前翅斑纹同背面，雄蝶前翅后缘具黑色毛簇，后翅中域具许多白色的小斑。

1年多代，成虫几乎全年可见。

分布于广东、广西、云南等地。此外见于印度、缅甸、泰国、老挝、越南等地。

暗弄蝶属 / *Stimula* de Nicéville, 1898

中型弄蝶。翅色呈黑色，翅面无斑纹。
成虫栖息于植被较好的热带林缘等环境。
分布于东洋区。国内目前已知1种，本图鉴收录1种。

斯氏暗弄蝶 / *Stimula swinhoei* (Elwes & Edwards, 1897)

09

中型弄蝶。触角较短，翅背面黑褐色，翅腹面深褐色，翅面无斑纹。
1年多代，成虫几乎全年可见。
分布于云南、西藏等地。此外见于印度、缅甸等地。

钩弄蝶属 / *Ancistroides* Butler, 1874

中大型弄蝶。触角较长，翅色为黑色，翅面无斑纹。
成虫栖息于林缘、溪谷等环境。
分布于东洋区。国内目前已知1种，本图鉴收录1种。

黑色钩弄蝶 / *Ancistroides nigrita* (Latreille, 1824)

10

中大型弄蝶。翅形较圆润，翅色为黑色，无斑纹。
分布于云南、海南、西藏等地。此外见于印度、缅甸、马来西亚、印度尼西亚、菲律宾等地。

腌翅弄蝶属 / *Astictopterus* C. & R. Felder, 1860

中型弄蝶。身体纤细，翅黑褐色，通常无斑。
成虫栖息于林缘、林下、溪谷等环境。飞行速度较慢，有访花习性。幼虫以禾本科植物为寄主。
分布于东洋区。国内目前已知1种，本图鉴收录1种。

腌翅弄蝶 / *Astictopterus jama* C. & R. Felder, 1860

11-15 / P1934

中型弄蝶。翅背面黑褐色，无斑或仅在前翅顶角处具2-3个排成1列的小白斑；后翅腹面呈深棕褐色，具有黑色的暗斑，散布有黄褐色或灰色鳞片。

1年多代，成虫多见于4-11月。幼虫以芒等禾本科植物为寄主。

分布于浙江、福建、江西、广东、广西、海南、云南、香港等地。此外见于印度、缅甸、泰国、老挝、越南、印度尼西亚、菲律宾等地。

红标弄蝶属 / *Koruthaialos* Watson, 1893

中型弄蝶。翅黑褐色，前翅常具有红色斑带。
分布于东洋区。国内目前已知2种，本图鉴收录1种。

新红标弄蝶 / *Koruthaialos sindu* (Felder & Felder, 1860)

P1934

中型弄蝶。翅底色为黑褐色，前翅中域外侧的红色斜带发达。
分布于云南。此外见于印度、缅甸、泰国、老挝、马来西亚、印度尼西亚、菲律宾等地。

01 ♂ 旖弄蝶 浙江宁波
02 ♂ 旖弄蝶 台湾台北
03 ♀ 旖弄蝶 台湾新北
04 ♂ 旖弄蝶 广东广州
05 ♀ 旖弄蝶 广东广州

01 ♂ 旖弄蝶 浙江宁波
02 ♂ 旖弄蝶 台湾台北
03 ♀ 旖弄蝶 台湾新北
04 ♂ 旖弄蝶 广东广州
05 ♀ 旖弄蝶 广东广州

06 ♂ 突须弄蝶 云南盈江
07 ♂ 突须弄蝶 广西弄岗
08 ♂ 突须弄蝶 广西金秀
09 ♀ 斯氏暗弄蝶 西藏墨脱
10 ♂ 黑色钩弄蝶 海南五指山

06 ♂ 突须弄蝶 云南盈江
07 ♂ 突须弄蝶 广西弄岗
08 ♂ 突须弄蝶 广西金秀
09 ♀ 斯氏暗弄蝶 西藏墨脱
10 ♂ 黑色钩弄蝶 海南五指山

11 ♂ 腌翅弄蝶 广东广州
12 ♂ 腌翅弄蝶 浙江庆云
13 ♂ 腌翅弄蝶 香港
14 ♂ 腌翅弄蝶 广西兴安
15 ♀ 腌翅弄蝶 海南乐东

11 ♂ 腌翅弄蝶 广东广州
12 ♂ 腌翅弄蝶 浙江庆云
13 ♂ 腌翅弄蝶 香港
14 ♂ 腌翅弄蝶 广西兴安
15 ♀ 腌翅弄蝶 海南乐东

袖弄蝶属 / *Notocrypta* de Nicéville, 1889

中型弄蝶。翅底色为黑褐色，前翅中域具有1个大白斑，后翅无白斑。

成虫栖息于林缘、林下、溪谷等环境，有访花或在地面吸水习性。幼虫以姜科植物为寄主。

分布于东洋区和澳洲区。国内目前已知4种，本图鉴收录3种。

曲纹袖弄蝶 / *Notocrypta curvifascia* (C. & R. Felder, 1862)

01-06 / P1935

中型弄蝶。前翅腹面中域的白斑不到达前翅前缘，前翅顶角处具有数个小白斑；翅腹面具黄褐色和暗蓝色的鳞片。

1年多代，成虫在亚热带地区多见于4–11月，热带地区几乎全年可见。幼虫以多种姜科植物为寄主。

分布于浙江、福建、广东、广西、四川、云南、海南、西藏、香港、台湾等地。此外见于日本以及东南亚、南亚等地。

宽纹袖弄蝶 / *Notocrypta feisthamelii* (Boisduval, 1832)

07-12 / P1935

中型弄蝶。前翅腹面中域的白斑到达前翅前缘，前翅顶角处具有数个小白斑；后翅腹面具黄褐色和暗蓝色的鳞片。

1年多代，成虫多见于3–11月，热带地区全年可见。幼虫以多种姜科植物为寄主。

分布于浙江、福建、湖南、广东、广西、四川、云南、西藏、台湾等地。此外见于新几内亚、东南亚、南亚等地。

窄纹袖弄蝶 / *Notocrypta paralysos* (Wood-Mason & de Nicéville, 1881)

13-14 / P1936

中型弄蝶。前翅腹面中域的白斑到达前翅前缘，前翅顶角的下侧通常只有1个小白斑。

1年多代，成虫多见于3–11月。幼虫以种姜科植物为寄主。

分布于福建、广西、海南、云南、香港等地。此外见于东南亚和南亚等地。

姜弄蝶属 / *Udaspes* Moore, 1881

中型至中大型弄蝶。翅底色为黑褐色，具白色斑纹。

成虫栖息于林缘、溪谷、农田等环境。幼虫以姜科植物为寄主。

分布于东洋区。国内目前已知2种，本图鉴收录2种。

姜弄蝶 / *Udaspes folus* (Cramer, [1775])

15-19 / P1937

中大型弄蝶。翅背面黑褐色，前翅中域具有数个白斑，后翅中域具1个较大的白斑；翅腹面底色为棕褐色，斑纹基本同背面，但后翅基部至内缘区域散布灰白色鳞片；全翅的缘毛为黑白相间。

1年多代，成虫在亚热带地区多见于4-11月，热带地区几乎全年可见。幼虫以生姜、蘘荷等姜科植物为寄主。

分布于江苏、浙江、福建、广东、云南、四川、香港、台湾等地。此外见于日本以及亚洲南部的印度、缅甸、泰国、老挝、越南、印度尼西亚等地。

小星姜弄蝶 / *Udaspes stellatus* (Oberthür, 1896)

20

中型弄蝶。翅背面黑褐色，前翅中域具数个白斑，后翅中域外侧具1-2个小白斑；翅腹面斑纹基本同背面，但前翅顶角区域以及后翅具有由灰白色、褐色和黑褐色组成的云状纹。

成虫多见于5-6月。

分布于四川、云南、西藏等地。

⓪1 ♂
曲纹袖弄蝶
广东乳源

❶ ♂
曲纹袖弄蝶
广东乳源

⓪2 ♂
曲纹袖弄蝶
广西兴安

❷ ♂
曲纹袖弄蝶
广西兴安

⓪3 ♀
曲纹袖弄蝶
福建福州

❸ ♀
曲纹袖弄蝶
福建福州

⓪4 ♂
曲纹袖弄蝶
台湾台北

❹ ♂
曲纹袖弄蝶
台湾台北

⓪5 ♀
曲纹袖弄蝶
台湾台北

❺ ♀
曲纹袖弄蝶
台湾台北

⓪6 ♂
曲纹袖弄蝶
浙江宁波

❻ ♂
曲纹袖弄蝶
浙江宁波

⓪7 ♂
宽纹袖弄蝶
台湾台北

❼ ♂
宽纹袖弄蝶
台湾台北

⓪8 ♀
宽纹袖弄蝶
台湾台北

❽ ♀
宽纹袖弄蝶
台湾台北

⓪9 ♂
宽纹袖弄蝶
广东龙门

❾ ♂
宽纹袖弄蝶
广东龙门

⑩ ♀
宽纹袖弄蝶
四川峨眉山

❿ ♀
宽纹袖弄蝶
四川峨眉山

⑪ ♂
宽纹袖弄蝶
云南贡山

⓫ ♂
宽纹袖弄蝶
云南贡山

⑫ ♂
宽纹袖弄蝶
西藏墨脱

⓬ ♂
宽纹袖弄蝶
西藏墨脱

⑬ ♂
窄纹袖弄蝶
云南西双版纳

⓭ ♂
窄纹袖弄蝶
云南西双版纳

⑭ ♀
窄纹袖弄蝶
海南陵水

⓮ ♀
窄纹袖弄蝶
海南陵水

⑮ ♂
姜弄蝶
台湾屏东

⓯ ♂
姜弄蝶
台湾屏东

⑯ ♀
姜弄蝶
台湾台北

⓰ ♀
姜弄蝶
台湾台北

⑰ ♂
姜弄蝶
福建福州

⓱ ♂
姜弄蝶
福建福州

⑱ ♀
姜弄蝶
福建福州

⓲ ♀
姜弄蝶
福建福州

⑲ ♀
姜弄蝶
云南元江

⓳ ♀
姜弄蝶
云南元江

⑳ ♂
小星姜弄蝶
四川九龙

⓴ ♂
小星姜弄蝶
四川九龙

雅弄蝶属 / *Iambrix* Watson, 1893

中小型弄蝶。翅黑褐色至黄褐色，翅腹面具白色小斑点。
成虫栖息于林缘、荒地等环境。幼虫以禾本科植物为寄主。
分布于东洋区。国内目前已知1种，本图鉴收录1种。

雅弄蝶 / *Iambrix salsala* (Moore, 1865)

01-05 / P1938

中小型弄蝶。翅背面黑褐色，前翅中域具有1列黄褐色小斑；翅腹面散布黄褐色鳞片，无斑纹或在翅中域具有数个小白斑。

1年多代，成虫多见于3-11月。多见于林缘边的草丛，飞行时贴近地面，喜访花。幼虫以淡竹叶等禾本科植物为寄主。

分布于福建、广东、广西、海南、云南、香港等地。此外见于印度、缅甸、泰国、老挝、越南、越南、马来西亚、印度尼西亚、菲律宾等地。

素弄蝶属 / *Suastus* Moore, 1881

中型弄蝶。翅褐色，前翅具白色小斑，后翅腹面具有小黑斑。
成虫栖息于林缘、溪谷、海岸林、城市绿地等环境。有访花习性。幼虫以棕榈植物为寄主。
分布于东洋区。国内目前已知2种，本图鉴收录2种。

小素弄蝶 / *Suastus minutus* (Moore, 1877)

06

小型弄蝶。前翅中域的白斑较小；后翅腹面散布灰白色鳞片，中域具有数个较模糊的小黑斑。
成虫多见于2-9月。
分布于海南。此外见于印度、缅甸、泰国、越南、马来西亚、印度尼西亚、斯里兰卡等地。

素弄蝶 / *Suastus gremius* (Fabricius, 1798)

07-11 / P1938

中型弄蝶。翅褐色，前翅中域具数个白色或淡黄色小斑；后翅背面无斑，腹面中域具有数个小黑斑。
1年多代，成虫几乎全年可见。幼虫以棕榈科棕竹等植物为寄主。
分布于福建、广东、广西、海南、云南、香港、福建、台湾等地。此外见于印度、缅甸、泰国、老挝、越南、马来西亚、斯里兰卡、印度尼西亚等地。

伊弄蝶属 / *Idmon* de Nicéville, 1895

中型弄蝶。身体纤细，翅面黑褐色，翅背面通常无斑，后翅腹面常具淡色的斑纹。
成虫栖息于林缘、溪谷等环境。
分布于东洋区。国内目前已知4种，本图鉴收录3种。

中华伊弄蝶 / *Idmon sinica* (Huang, 1997)

12-13

中型弄蝶。前翅Cu_2脉起点至翅基部的距离较Cu_2脉起点至Cu_1脉起点的距离短。全翅黑褐色，无斑纹，翅腹面散布有黄褐色鳞片。
成虫多见于7–8月。
分布于四川、贵州。

福建伊弄蝶 / *Idmon fujiananus* (Chou & Huang, 1994)

14

中大型弄蝶。翅黑褐色，背面无斑纹，翅腹面翅脉颜色较淡，中室端具白色斑纹，后翅中域具黑色斑点。
成虫多见于6月。
分布于福建。

双色伊弄蝶 / *Idmon bicolorum* Fan, Wang & Zeng, 2007

15-16

中型弄蝶。翅背面黑褐色，无斑纹；后翅腹面中域呈淡黄褐色，具数个较大的黑斑。
成虫多见于5月。
分布于福建、广东。

⑪ ♂ 雅弄蝶 广东广州

⑫ ♀ 雅弄蝶 海南乐东

⑬ ♂ 雅弄蝶 海南乐东

⑭ ♂ 雅弄蝶 香港

⑮ ♂ 雅弄蝶 香港

⑯ ♂ 小素弄蝶 海南万宁

01 ♂ 雅弄蝶 广东广州

02 ♀ 雅弄蝶 海南乐东

03 ♂ 雅弄蝶 海南乐东

04 ♂ 雅弄蝶 香港

05 ♂ 雅弄蝶 香港

06 ♂ 小素弄蝶 海南万宁

⑦ ♂ 素弄蝶 海南三亚

⑧ ♂ 素弄蝶 海南乐东

⑨ ♀ 素弄蝶 广东佛山

⑩ ♂ 素弄蝶 台湾台北

⑪ ♀ 素弄蝶 台湾台北

07 ♂ 素弄蝶 海南三亚

08 ♂ 素弄蝶 海南乐东

09 ♀ 素弄蝶 广东佛山

10 ♂ 素弄蝶 台湾台北

11 ♀ 素弄蝶 台湾台北

⑫ ♀ 中华伊弄蝶 贵州铜仁

⑬ ♂ 中华伊弄蝶 四川眉山

⑭ ♂ 福建伊弄蝶 福建南平

⑮ ♂ 双色伊弄蝶 广东乳源

⑯ ♀ 双色伊弄蝶 广东乳源

12 ♀ 中华伊弄蝶 贵州铜仁

13 ♂ 中华伊弄蝶 四川眉山

14 ♂ 福建伊弄蝶 福建南平

15 ♂ 双色伊弄蝶 广东乳源

16 ♀ 双色伊弄蝶 广东乳源

肿脉弄蝶属 / *Zographetus* Watson, 1893

中型弄蝶。翅底色为褐色，前翅中域具数个小白斑，部分种类雄蝶前翅具性标。

成虫栖息于林缘、溪谷等环境。幼虫以豆科等植物为寄主。

分布于东洋区。国内目前已知3种，本图鉴收录2种。

黄裳肿脉弄蝶 / *Zographetus satwa* (de Nicéville, 1884)

01-02 / P1938

中型弄蝶。翅背面黑褐色，前翅中域具数个小白斑，后翅背面无斑；翅腹面褐色，闪有暗紫色光泽，后翅腹面上半部呈黄褐色，中域具2-3个褐色小斑。

1年多代，成虫多见于5-10月。幼虫以豆科植物龙须藤为寄主。

分布于广东、广西、海南、云南、香港等地。此外见于印度、缅甸、泰国、老挝、越南、马来西亚等地。

庞氏肿脉弄蝶 / *Zographetus pangi* Fan, Wang & Chen, 2007

03

中型弄蝶。翅背面黑褐色，前翅中域具数个大小不等且互相紧靠的白斑，雄蝶前翅背面后缘处具有淡褐色的毛簇；翅腹面黑褐色，前翅上部以及后翅大部分区域呈黄褐色，后翅中室内具1个显著的黑斑，下侧具1列小黑斑。

成虫多见于5-6月。

分布于福建、广东。

希弄蝶属 / *Hyarotis* Moore, 1881

中型弄蝶。翅背面黑褐色，前翅具发达的白斑，后翅的斑纹通常不如前翅显著。

成虫栖息于热带林缘等环境。幼虫以棕榈科植物为寄主。

分布于东洋区。国内目前已知2种，本图鉴收录2种。

希弄蝶 / *Hyarotis adrastus* (Stoll, [1780])

04-05

中型弄蝶。翅背面黑褐色，前翅中域具3个较大的白斑，外侧具4个小白点，后翅无斑；翅腹面基部呈黑褐色，前翅中域外侧具淡褐色斑带，后翅中域具淡褐色斑带，其上部边缘具白斑。

1年多代，成虫在热带地区几乎全年可见。幼虫以棕榈科植物软叶刺葵等为寄主。

分布于福建、广东、广西、海南、云南、香港等地。此外见于印度、缅甸、泰国、老挝、越南、马来西亚、印度尼西亚、菲律宾、斯里兰卡等地。

五斑希弄蝶 / *Hyarotis quinquepunctatus* Fan & Chiba, 2008

06

中型弄蝶。翅背面黑褐色，雄蝶前翅中域具5个小白斑，后翅无斑；雌蝶前翅中域的白斑较大，雌蝶后翅中域下侧具2个小白斑。翅腹面斑纹基本同背面。

1年1代，成虫多见于5月。

分布于海南。

琦弄蝶属 / *Quedara* Swinhoe, 1919

中型弄蝶。翅多呈深褐色，前翅无斑或具白色至黄白色的斑带，后翅无斑，翅面无性标。

成虫栖息于热带林缘地区。

分布于东洋区。国内目前已知1种，本图鉴收录1种。

黄带琦弄蝶 / *Quedara flavens* Devyatkin, 2000

07

中型弄蝶。翅呈深褐色，前翅中域具1个较大的黄白色斑，该斑不抵达前翅前缘及后缘；后翅无斑纹；前翅腹面下侧区域颜色较淡，并与中域的黄白色斑融为一体。

成虫多见于4–7月。栖息于热带林缘或溪谷环境。

分布于广西、云南等地。此外见于越南北部。

毗弄蝶属 / *Praescobura* Devyatkin, 2002

中型弄蝶。翅黑褐色，前翅中域具很大的黄白色斑带，雄蝶前翅基部具黑色性标。后翅无斑。
成虫栖息于森林、溪谷等环境。
分布于东洋区。国内目前已知1种，本图鉴收录1种。

毗弄蝶 / *Praescobura chrysomaculata* Devyatkin, 2002

08-09

中型弄蝶。翅黑褐色，前翅中域具很大的黄白色斑带，后翅无斑；翅腹面斑纹同背面。
1年1代，成虫多见于6-7月。
分布于广东、广西等地。此外见于越南。

须弄蝶属 / *Scobura* Elwes & Edwards, 1897

中型弄蝶。翅色为深褐色，翅面具有白色或黄色的小斑，翅腹面常呈黄色，部分种类雄蝶具性标。
成虫栖息于森林、溪谷等环境。幼虫以竹亚科等禾本科植物为寄主。
分布于东洋区。国内目前已知10种，本图鉴收录6种。

黄须弄蝶 / *Scobura coniata* Hering, 1918

10-13

中型弄蝶。翅背面深褐色，前翅中域具数个大小不等的白斑，雄蝶前翅最下部的2个白斑内侧具有黑色的线状性标，后翅中域具2个白斑；翅腹面黑褐色，前翅上部和后翅的翅脉呈黄褐色，如同放射纹，后翅中域白斑外围具黑色的椭圆形斑。全翅缘毛基本呈黑白相间。
成虫多见于6-9月。
分布于福建、广东、广西等地。此外见于越南。

01 ♂ 黄裳肿脉弄蝶 云南元江
02 ♂ 黄裳肿脉弄蝶 福建福州
03 ♂ 庞氏肿脉弄蝶 福建福州
04 ♂ 希弄蝶 广东广州
05 ♂ 希弄蝶 海南乐东

01 ♂ 黄裳肿脉弄蝶 云南元江
02 ♂ 黄裳肿脉弄蝶 福建福州
03 ♂ 庞氏肿脉弄蝶 福建福州
04 ♂ 希弄蝶 广东广州
05 ♂ 希弄蝶 海南乐东

06 ♂ 五斑希弄蝶 海南乐东
07 ♂ 黄带琦弄蝶 广西龙州
08 ♀ 毗弄蝶 广西临桂
09 ♂ 毗弄蝶 广东乳源

06 ♂ 五斑希弄蝶 海南乐东
07 ♂ 黄带琦弄蝶 广西龙州
08 ♀ 毗弄蝶 广西临桂
09 ♂ 毗弄蝶 广东乳源

10 ♀ 黄须弄蝶 广东乳源
11 ♂ 黄须弄蝶 广西金秀
12 ♂ 黄须弄蝶 福建武夷山
13 ♀ 黄须弄蝶 福建武夷山

10 ♀ 黄须弄蝶 广东乳源
11 ♂ 黄须弄蝶 广西金秀
12 ♂ 黄须弄蝶 福建武夷山
13 ♀ 黄须弄蝶 福建武夷山

长须弄蝶 / *Scobura cephaloides* (de Nicéville, 1888)

01

中型弄蝶。翅背面黑褐色，前翅中域具2个互相紧靠的矩形白斑，其外侧具数个小白斑，后翅中域外侧具3个小白斑；翅腹面棕褐色，前翅前缘以及后翅基半部为黄色，前翅斑纹同背面，后翅基部有1个小黑斑，外侧具4个白色小斑。

1年多代，成虫多见于3–8月。

分布于海南。此外见于印度、缅甸、泰国、老挝、越南等地。

星须弄蝶 / *Scobura stellata* Fan, Chiba & Wang, 2010

02

中型弄蝶。翅背面深褐色，前翅中域上部具数个大小不等的白斑，前翅最下部具有1个小黄斑，后翅无斑；翅腹面棕褐色，前翅斑纹同背面，后翅中域具有数个大小不等的白斑。

1年1代，成虫多见于6–8月。

分布于广东、广西、四川等地。

显脉须弄蝶 / *Scobura lyso* (Evans, 1939)

03

中大型弄蝶。翅背面深褐色，基部具黄色鳞毛，前翅中域具数个大小不等的白斑，其中中室内2个白斑通常分离，后翅中域具2个白斑；翅腹面黑褐色，前翅上部和后翅覆有黄色鳞片，后翅的翅脉呈黄色，如同放射纹，后翅中域的白斑外侧具许多黑色小斑。

1年1代，成虫多见于6–8月。幼虫以禾本科箬竹属植物为寄主。

分布于安徽、浙江等地。

都江偃须弄蝶 / *Scobura masutarai* Sugiyama, 1996

04-05

中型弄蝶。翅背面深褐色，前翅中域具数个大小不等的黄斑，后翅中域具2个黄斑；翅腹面黑褐色，前翅上部和后翅的翅脉呈黄绿色，如同放射纹。全翅缘毛基本为黄黑相间状。

成虫多见于7–8月。

分布于四川、陕西、甘肃等地。

海南须弄蝶 / *Scobura hainana* (Gu & Wang, 1998)

06-07

中大型弄蝶。近似于显脉须弄蝶，但本种后翅2个白斑外侧具有1个小白斑。

成虫多见于5–6月。

分布于广东、海南。

珞弄蝶属 / *Lotongus* Distant, 1886

中型弄蝶。前翅具白斑；后翅腹面无斑或有黄白色斑带。
成虫栖息于林缘、溪谷及海岸林等环境。幼虫以棕榈科植物为寄主。
分布于东洋区。国内目前已知1种，本图鉴收录1种。

珞弄蝶 / *Lotongus saralus* (de Nicéville, 1889)

08-09

中型弄蝶。翅底色为黑褐色，前翅中域具5个互相紧靠的小白斑；后翅背面中域具白斑，腹面具1条黄白色的斑带。
1年多代，成虫多见于5-9月，热带地区几乎全年可见。幼虫以棕榈科植物为寄主。
分布于浙江、福建、广东、广西、海南、四川、云南等地。此外见于印度、缅甸、泰国、老挝、越南等地。

火脉弄蝶属 / *Pyroneura* Eliot, 1978

中型弄蝶。翅背面深褐色，前翅中域具发达的黄斑，后翅具黄斑。
成虫栖息于热带林缘等环境。
分布于东洋区。国内目前已知1种，本图鉴收录1种。

火脉弄蝶 / *Pyroneura margherita* (Doherty, 1889)

10

中型弄蝶。翅背面深褐色，前翅中域具发达的黄斑，多数黄斑相连或紧靠着；后翅近基部具1个小斑，中域具1个较大的黄斑；翅腹面棕褐色。
1年多代，成虫多见于3-10月。
分布于海南。此外见于印度、缅甸、泰国、老挝等地。

蜡痣弄蝶属 / *Cupitha* Moore, 1884

中型弄蝶。翅黑褐色，翅中域具宽大的黄斑，内有黑色斑带；雄蝶前翅腹面后缘具黄色毛簇，后翅背面基部具灰白色性标。

成虫栖息于热带林缘等环境。幼虫以使君子科植物为寄主。

分布于东洋区。国内目前已知1种，本图鉴收录1种。

蜡痣弄蝶 / *Cupitha purreea* (Moore, 1877)

11-12

中型弄蝶。翅黑褐色，翅中域具宽大的黄斑，内有黑色斑带；雄蝶前翅腹面后缘具黄色毛簇，后翅背面基部具灰白色性标。

1年多代，成虫几乎全年可见。幼虫以使君子科榄仁树属植物为寄主。

分布于云南、海南等地。此外见于印度、缅甸、泰国、老挝、越南、马来西亚、印度尼西亚等地。

01 ♂
长须弄蝶
海南乐东
02 ♂
星须弄蝶
广东乳源
03 ♀
显脉须弄蝶
浙江临安
04 ♂
都江堰须弄蝶
甘肃康县
05 ♀
都江偃须弄蝶
甘肃康县
01 ♂
长须弄蝶
海南乐东
02 ♂
星须弄蝶
广东乳源
03 ♀
显脉须弄蝶
浙江临安
04 ♂
都江堰须弄蝶
甘肃康县
05 ♀
都江偃须弄蝶
甘肃康县
06 ♂
海南须弄蝶
广东乳源
07 ♀
海南须弄蝶
广东乳源
08 ♂
珞弄蝶
四川宝兴
09 ♀
珞弄蝶
福建福州
06 ♂
海南须弄蝶
广东乳源
07 ♀
海南须弄蝶
广东乳源
08 ♂
珞弄蝶
四川宝兴
09 ♀
珞弄蝶
福建福州
10 ♂
火脉弄蝶
海南万宁
11 ♂
蜡痣弄蝶
海南东方
12 ♀
蜡痣弄蝶
广西龙州
10 ♂
火脉弄蝶
海南万宁
11 ♂
蜡痣弄蝶
海南东方
12 ♀
蜡痣弄蝶
广西龙州

椰弄蝶属 / *Gangara* Moore, [1881]

大型弄蝶。前翅具有白色或黄色斑，后翅背面无斑，腹面散布灰色鳞片。
成虫栖息于森林、海岸林等环境。幼虫以棕榈科植物为寄主。
分布于东洋区。国内目前已知2种，本图鉴收录1种。

椰弄蝶 / *Gangara thyrisis* (Fabricius, 1775)

01

大型弄蝶。前翅狭长，翅底色为深褐色，中域具3个较大的黄斑，顶角外侧具3个小白斑；后翅背面无斑纹，腹面散布的灰白色鳞片构成斑带状。
1年多代，成虫多见于3-11月。
分布于广东、云南、海南等地。此外见于印度、缅甸、泰国、越南、马来西亚、印度尼西亚、菲律宾等地。

蕉弄蝶属 / *Erionota* Mabille, 1878

大型弄蝶。身体粗壮，翅狭长，前翅具有白斑或黄斑，后翅则无斑。
成虫栖息于林缘、农田等环境。幼虫以芭蕉科、棕榈科等植物为寄主。
分布于东洋区。国内目前已知3种，本图鉴收录3种。

黄斑蕉弄蝶 / *Erionota torus* Evans, 1941

02-08 / P1939

大型弄蝶。身体粗且强壮；翅背面为褐色，前翅中域具3个黄斑，后翅无斑纹；翅腹面淡黄褐色，斑纹同背面。
1年多代，成虫多见于4-10月，热带地区几乎全年可见。幼虫以芭蕉科芭蕉、香蕉等植物为寄主。
分布于浙江、福建、江西、广东、广西、海南、四川、云南、香港等地。此外见于印度、缅甸、泰国、老挝、越南、马来西亚等地。

白斑蕉弄蝶 / *Erionota grandis* (Leech, 1890)

09

大型弄蝶。翅色为深褐色，前翅中域具3个长条形白斑，后翅无斑纹，翅腹面斑纹同背面。
1年多代，成虫多见于5-9月。幼虫以棕榈科棕榈等植物为寄主。
分布于广东、广西、四川、云南、陕西等地。

阿蕉弄蝶 / *Erionota acroleuca* (Wood-Mason & de Nicéville, 1881)

10

大型弄蝶。翅色为深褐色，前翅中域具3个长条形黄斑，顶角处颜色较淡；后翅无斑纹，翅腹面斑纹同背面。前翅腹面顶角处呈黄褐色。
1年多代，成虫多见于3-11月。幼虫以棕榈科植物鱼尾葵和南椰为寄主。
分布于广西、云南。此外见于印度、越南、菲律宾等地。

01 ♂
椰弄蝶
海南五指山

02 ♂
黄斑蕉弄蝶
广西兴安

03 ♀
黄斑蕉弄蝶
广西金秀

01 ♂
椰弄蝶
海南五指山

02 ♂
黄斑蕉弄蝶
广西兴安

03 ♀
黄斑蕉弄蝶
广西金秀

04 ♀
黄斑蕉弄蝶
广东广州

05 ♀
黄斑蕉弄蝶
广东广州

06 ♂
黄斑蕉弄蝶
台湾屏东

04 ♀
黄斑蕉弄蝶
广东广州

05 ♀
黄斑蕉弄蝶
广东广州

06 ♂
黄斑蕉弄蝶
台湾屏东

⑦♀ 黄斑蕉弄蝶 台湾屏东

❼♀ 黄斑蕉弄蝶 台湾屏东

⑧♀ 黄斑蕉弄蝶 浙江临安

❽♀ 黄斑蕉弄蝶 浙江临安

⑨♀ 白斑蕉弄蝶 广东乳源

❾♀ 白斑蕉弄蝶 广东乳源

⑩♂ 阿蕉弄蝶 广西那坡

❿♂ 阿蕉弄蝶 广西那坡

玛弄蝶属 / *Matapa* Moore, 1881

中大型弄蝶。复眼为红色，翅褐色至黑褐色，翅面无斑。雄蝶前翅常具线状性标，雌蝶腹部末端具鳞毛簇。

成虫栖息于林缘或溪谷环境。幼虫体表覆有白色蜡质。幼虫以竹亚科植物为寄主。

分布于东洋区。国内目前已知6种，本图鉴收录5种。

玛弄蝶 / *Matapa aria* (Moore, 1865)

01-05 / P1940

中大型弄蝶。复眼棕红色，翅背面褐色，翅腹面呈棕红褐色，无斑纹；雄蝶前翅背面中域具灰褐色的线状性标；全翅缘毛呈淡黄色至黄色。

1年多代，成虫多见于4-11月。热带地区几乎全年可见。幼虫以禾本科竹亚科植物为寄主。

分布于浙江、福建、江西、广东、香港、海南、云南等地。此外见于印度、斯里兰卡、缅甸、老挝、泰国、马来西亚、印度尼西亚、菲律宾等地。

绿玛弄蝶 / *Matapa sasivarna* (Moore, 1865)

06-08

中大型弄蝶。复眼棕红色，翅黑褐色，无斑纹；雄蝶前翅背面中域具淡棕色的线状性标；后翅腹面翅脉呈黑色，后翅缘毛呈金黄色。

成虫多见于4-5月。

分布于海南。此外见于印度、缅甸、越南、老挝、泰国、马来西亚、印度尼西亚等地。

珠玛弄蝶 / *Matapa druna* (Moore, 1865)

09

中大型弄蝶。复眼棕红色，翅色呈深褐色，无斑纹；雄蝶前翅背面中域具淡褐色的线状性标，较粗且略呈弯曲状；后翅缘毛呈黄色。

1年多代，成虫多见于4-9月，热带地区几乎全年可见。

分布于福建、广东等地。此外见于印度、缅甸、泰国、老挝、马来西亚、印度尼西亚等地。

柯玛弄蝶 / *Matapa cresta* Evans, 1949

10

中型弄蝶。复眼棕红色，翅黑褐色，无斑纹；雄蝶前翅背面中域具灰黑色、分裂成3段的线状性标；后翅外缘的缘毛呈金黄色。

成虫多见于4-5月。

分布于海南。此外见于印度、缅甸、泰国、老挝、印度尼西亚、马来西亚等地。

拟珠玛弄蝶 / *Matapa pseudodruna* Fan, Chiba & Wang, 2014

11-13

中大型弄蝶。外观非常近似珠玛弄蝶，但本种翅外缘略凸，雄蝶前翅性标略窄，准确鉴定需要通过检验外生殖器结构。

1年多代，成虫多见于4-9月。幼虫寄主植物为禾本科箬竹属植物。

分布于福建、广东等地。

01 ♂
玛弄蝶
广东广州
02 ♀
玛弄蝶
广东广州
03 ♂
玛弄蝶
香港
04 ♀
玛弄蝶
香港
05 ♂
玛弄蝶
云南元江
01 ♂
玛弄蝶
广东广州
02 ♀
玛弄蝶
广东广州
03 ♂
玛弄蝶
香港
04 ♀
玛弄蝶
香港
05 ♂
玛弄蝶
云南元江
06 ♂
绿玛弄蝶
海南东方
07 ♀
绿玛弄蝶
海南万宁
08 ♀
绿玛弄蝶
海南乐东
09 ♂
珠玛弄蝶
广东南岭
10 ♂
柯玛弄蝶
海南陵水
06 ♂
绿玛弄蝶
海南东方
07 ♀
绿玛弄蝶
海南万宁
08 ♀
绿玛弄蝶
海南乐东
09 ♂
珠玛弄蝶
广东南岭
10 ♂
柯玛弄蝶
海南陵水
11 ♂
拟珠玛弄蝶
广东乳源
12 ♂
拟珠玛弄蝶
福建武夷山
13 ♀
拟珠玛弄蝶
福建武夷山
11 ♂
拟珠玛弄蝶
广东乳源
12 ♂
拟珠玛弄蝶
福建武夷山
13 ♀
拟珠玛弄蝶
福建武夷山

弄蝶属 / *Hesperia* Fabricius, 1793

中型弄蝶。翅黑褐色，翅背面具橙黄色斑纹，雄蝶前翅背面具有性标。
成虫栖息于林缘、草地等环境。幼虫以禾本科和莎草科植物为寄主。
分布于古北区和新北区。国内目前已知2种，本图鉴收录2种。

弄蝶 / *Hesperia comma* (Linnaeus, 1758)

01

中型弄蝶。翅背面黑褐色，翅中域具橙黄色斑纹，雄蝶前翅具深色的线状性标；翅腹面淡绿褐色，后翅具有许多白色的小斑。两翅缘毛呈灰白色。

1年1代，成虫多见于6-9月。幼虫以禾本科早熟禾属、羊茅等植物为寄主。

分布于黑龙江、吉林、山西、四川、西藏、青海、新疆等地。此外见于欧亚大陆、非洲北部以及北美洲。

红弄蝶 / *Hesperia florinda* (Butler, 1878)

02-04 / P1940

中型弄蝶。翅背面黑褐色，翅中域具橙黄色斑纹，雄蝶前翅具黑色的线状性标；翅腹面暗橙黄色，前翅斑纹基本同背面，后翅具数个很小的白斑或无斑。

1年1代，成虫见于6-9月。幼虫以莎草科薹草属植物为寄主。

分布于黑龙江、辽宁、北京、内蒙古、山西、山东等地。此外见于日本、俄罗斯东南部、朝鲜半岛等地。

赭弄蝶属 / *Ochlodes* Scudder, 1872

中型弄蝶。该属成虫底色为黄褐色、黑褐色，翅面有黄褐色斑或白色斑，有些斑透明；后翅腹面有较少较小的黄斑或白斑，雄蝶前翅有线状性标。

成虫飞行迅速，喜访花，亦喜在潮湿地表吸水。幼虫寄主为莎草科、禾本科植物。

分布于古北区、东阳区。国内目前已知15种，本图鉴收录14种。

小赭弄蝶 / *Ochlodes venata* (Bremer & Grey, 1853)

05-07 / P1941

中型弄蝶。背面翅面赭黄色，雄蝶前翅中室下方有线状性标，中室外侧脉纹清晰，亚外缘隐见暗色斑，后翅前缘黑褐色，翅面翅脉清晰，前后翅外缘线黑色，缘毛橙黄色；腹面色淡，翅脉清晰。

1年1代，成虫多见于6月。喜访花，幼虫寄主为芒、香附子等植物。

分布于北京、辽宁、吉林、河南、陕西、甘肃、浙江、新疆等地。此外见于蒙古、俄罗斯、日本及朝鲜半岛。

似小赭弄蝶 / *Ochlodes similis* (Leech, 1893)

08-13 / P1941

中小型弄蝶。背面翅面赭黄色，个体比森赭弄蝶小，雄蝶性标短粗，呈纺锤形，前翅中室端外侧及外缘黑褐色，后翅中室斑及亚缘带明显。

1年1代，成虫多见于7月。喜访花。

分布于北京、黑龙江、陕西、甘肃、四川等地。此外见于俄罗斯及朝鲜半岛。

肖小赭弄蝶 / *Ochlodes sagitta* Hemming, 1934

14 / P1942

中小型弄蝶。背面翅面赭黄色，前翅中室下方性标短粗，呈纺锤形，中间有棕色线纹，外侧黑褐色区域宽阔，翅脉不清晰，后翅大部分黑褐色，中室及亚缘有赭黄色斑。

1年1代，成虫多见于6月。喜访花。

分布于四川、云南、西藏等地。

宽边赭弄蝶 / *Ochlodes ochracea* (Bremer, 1861)

15-16

中型弄蝶。背面翅面红褐色，雄蝶中室下方有线状性标，中室端上方黑褐色与外侧黑褐色带相连通，不封闭，后翅中部红褐色；雌蝶翅面黑褐色区域更阔，但斑纹的分布形态没有改变；腹面翅脉清晰，背面斑纹隐见。

1年1代，成虫多见于6月。喜访花及在潮湿地表吸水。幼虫寄主植物为拂子茅。

分布于辽宁、吉林、黑龙江、陕西、甘肃、浙江等地。此外见于日本、俄罗斯及朝鲜半岛。

⑪♂ 弄蝶 甘肃临潭
⑫♂ 红弄蝶 北京
⑬♂ 红弄蝶 北京
⑭♀ 红弄蝶 北京
⑮♂ 小赭弄蝶 北京

❶♂ 弄蝶 甘肃临潭
❷♂ 红弄蝶 北京
❸♂ 红弄蝶 北京
❹♀ 红弄蝶 北京
❺♂ 小赭弄蝶 北京

⑯♂ 小赭弄蝶 浙江临安
⑰♀ 小赭弄蝶 浙江临安
⑱♂ 似小赭弄蝶 青海平安
⑲♀ 似小赭弄蝶 青海平安
⑩♂ 似小赭弄蝶 甘肃榆中

❻♂ 小赭弄蝶 浙江临安
❼♀ 小赭弄蝶 浙江临安
❽♂ 似小赭弄蝶 青海平安
❾♀ 似小赭弄蝶 青海平安
❿♂ 似小赭弄蝶 甘肃榆中

⑪♀ 似小赭弄蝶 甘肃榆中
⑫♂ 似小赭弄蝶 陕西凤县
⑬♀ 似小赭弄蝶 陕西凤县
⑭♂ 肖小赭弄蝶 云南香格里拉
⑮♂ 宽边赭弄蝶 陕西凤县
⑯♀ 宽边赭弄蝶 陕西凤县

⓫♀ 似小赭弄蝶 甘肃榆中

⓬♂ 似小赭弄蝶 陕西凤县

⓭♀ 似小赭弄蝶 陕西凤县

⓮♂ 肖小赭弄蝶 云南香格里拉

⓯♂ 宽边赭弄蝶 陕西凤县

⓰♀ 宽边赭弄蝶 陕西凤县

透斑赭弄蝶 / *Ochlodes linga* Evans, 1939

01-07 / P1942

中型弄蝶。形态和宽边赭弄蝶相近，区别在于：前翅性标内有灰色线纹。

1年1代，成虫多见于6月。喜访花及在潮湿地表吸水。

分布于北京、陕西、浙江等。

黄赭弄蝶 / *Ochlodes crataeis* (Leech, 1893)

08-12

中型弄蝶。背面翅面棕褐色，斑纹红褐色，前翅中室端斑方形，中室下方有线状性标，性标外侧有3个斑，亚顶角斑3个，后翅中下部有3个斑；腹面棕色，后翅斑为实斑。

1年1代，成虫多见于7月。

分布于四川、云南、浙江、江西等地。

净裙赭弄蝶 / *Ochlodes lanta* Evans, 1939

13

中型弄蝶。背面翅面棕褐色，雄蝶中室下方有长梭形黑色性标，中有灰白色细线，性标周围分布黄褐色斑，亚顶角处有3枚黄褐色斑，后翅无斑；腹面前翅棕色，cu_1室有1个大黄斑，后翅黄绿色，中域有3-4个黑斑。

1年1代，成虫多见于5月。

分布于云南。

素赭弄蝶 / *Ochlodes hasegawai* Chiba & Tsukiyama, 1996

14

中型弄蝶。背面翅面暗褐色，斑纹白色，前翅中室端有“H”形斑，中室下方有线状性标，中有灰白色线纹，性标外3枚白斑，亚顶角有3个并排小斑；后翅无斑；腹面灰绿色毛列覆盖，前翅cu_2室斑长型，后翅中部隐见3个白斑。

1年1代，成虫多见于5月。

分布于云南。

黄斑赭弄蝶 / *Ochlodes flavomaculata* Draeseke & Reuss, 1905

15

中型弄蝶。形态和黄赭弄蝶相近，区别在于：斑纹黄白色，前翅中室端2个斑，性标内有灰白线纹。

1年1代，成虫多见于6月。

分布于四川、甘肃、江西等地。

01 ♂
透斑赭弄蝶
陕西宁陕

02 ♂
透斑赭弄蝶
北京

03 ♀
透斑赭弄蝶
北京

04 ♂
透斑赭弄蝶
浙江临安

05 ♀
透斑赭弄蝶
浙江临安

01 ♂
透斑赭弄蝶
陕西宁陕

02 ♂
透斑赭弄蝶
北京

03 ♀
透斑赭弄蝶
北京

04 ♂
透斑赭弄蝶
浙江临安

05 ♀
透斑赭弄蝶
浙江临安

06 ♂
透斑赭弄蝶
浙江临安

07 ♀
透斑赭弄蝶
浙江临安

08 ♂
黄赭弄蝶
四川芦山

09 ♀
黄赭弄蝶
四川芦山

10 ♂
黄赭弄蝶
云南贡山

06 ♂
透斑赭弄蝶
浙江临安

07 ♀
透斑赭弄蝶
浙江临安

08 ♂
黄赭弄蝶
四川芦山

09 ♀
黄赭弄蝶
四川芦山

10 ♂
黄赭弄蝶
云南贡山

11 ♂
黄赭弄蝶
四川石棉

12 ♀
黄赭弄蝶
四川石棉

13 ♂
净裙赭弄蝶
云南丽江

14 ♂
素赭弄蝶
云南丽江

15 ♂
黄斑赭弄蝶
四川都江堰

11 ♂
黄赭弄蝶
四川石棉

12 ♀
黄赭弄蝶
四川石棉

13 ♂
净裙赭弄蝶
云南丽江

14 ♂
素赭弄蝶
云南丽江

15 ♂
黄斑赭弄蝶
四川都江堰

菩提赭弄蝶 / *Ochlodes bouddha* (Mabille, 1876)

01-05 / P1943

中型弄蝶。背面翅面棕褐色，斑纹黄色，前翅中室端有2个斑，中室下方有线状性标，性标外侧上下并列3个斑，亚顶角斑3个，后翅有3个斑；腹面前翅同背面，后翅亚外缘区有3个白色实斑。

1年1代，成虫多见于7月。喜访花。

分布于四川、陕西、云南、贵州等地。此外见于缅甸。

台湾赭弄蝶 / *Ochlodes formosana* (Matsumura, 1919)

06-07 / P1943

中型弄蝶。形态和菩提赭弄蝶相近，区别在于：前翅中室端斑两斑分开，后翅斑不如菩提赭弄蝶清晰。

成虫多见于7-8月。

分布于台湾。

白斑赭弄蝶 / *Ochlodes subhyalina* (Bremer & Grey, 1853)

08-10

中型弄蝶。背面翅面棕褐色，斑纹黄白色，半透明，中室端斑2个，细长，雄蝶中室外有线状性标，性标外侧有3个斑，亚顶角斑3个，下方常有1-2个小斑或无，后翅中室有1个斑，亚外缘区有5个小斑，腹面斑纹同背面。

1年1代，成虫多见于6月。喜访花。幼虫以植物为莎草、求米草为寄主。

分布于北京、辽宁、吉林、山东、陕西、四川、福建、云南等地。此外见于日本、印度、缅甸等地及朝鲜半岛。

西藏赭弄蝶 / *Ochlodes thibetana* (Oberthür, 1886)

11-15 / P1943

中型弄蝶。形态和白斑赭弄蝶相近，区别在于：前翅斑橙色或橙黄色，后翅腹面常呈绿色。

1年1代，成虫多见于6月。喜访花。

分布于四川、云南、西藏。此外见于缅甸。

01 ♂ 菩提赭弄蝶 陕西凤县

02 ♀ 菩提赭弄蝶 陕西凤县

03 ♂ 菩提赭弄蝶 贵州铜仁

04 ♂ 菩提赭弄蝶 台湾宜兰

05 ♀ 菩提赭弄蝶 台湾台中

01 ♂ 菩提赭弄蝶 陕西凤县

02 ♀ 菩提赭弄蝶 陕西凤县

03 ♂ 菩提赭弄蝶 贵州铜仁

04 ♂ 菩提赭弄蝶 台湾宜兰

05 ♀ 菩提赭弄蝶 台湾台中

06 ♂ 台湾赭弄蝶 台湾花莲

07 ♀ 台湾赭弄蝶 台湾新竹

08 ♂ 白斑赭弄蝶 陕西凤县

09 ♀ 白斑赭弄蝶 陕西凤县

10 ♂ 白斑赭弄蝶 福建浦城

06 ♂ 台湾赭弄蝶 台湾花莲

07 ♀ 台湾赭弄蝶 台湾新竹

08 ♂ 白斑赭弄蝶 陕西凤县

09 ♀ 白斑赭弄蝶 陕西凤县

10 ♂ 白斑赭弄蝶 福建浦城

11 ♂ 西藏赭弄蝶 云南腾冲

12 ♀ 西藏赭弄蝶 云南腾冲

13 ♂ 西藏赭弄蝶 四川康定

14 ♂ 西藏赭弄蝶 四川泸定

15 ♀ 西藏赭弄蝶 四川泸定

11 ♂ 西藏赭弄蝶 云南腾冲

12 ♀ 西藏赭弄蝶 云南腾冲

13 ♂ 西藏赭弄蝶 四川康定

14 ♂ 西藏赭弄蝶 四川泸定

15 ♀ 西藏赭弄蝶 四川泸定

针纹赭弄蝶 / *Ochlodes klapperichii* Evans, 1940

01-03

中型弄蝶。背面翅面褐色，有银白色斑，前翅中室2个斑，其中1个细长，雄蝶中室外有线状性标，中有白线纹，性标外侧有2个斑，亚顶角斑2个，后翅中室有1个斑，外侧有3个斑；腹面黄褐色，斑纹同背面。

1年1代，成虫多见于6月。喜访花。

分布于福建、浙江、广西、甘肃等地。

豹弄蝶属 / *Thymelicus* Hübner, [1819]

中型弄蝶。翅背面橙黄色，翅脉呈黑色，翅外缘呈黑褐色，雄蝶中域具线状性标，雌蝶翅面黑色区域发达。翅腹面为淡橙黄色，翅脉呈黑色，雌蝶翅中域具淡黄色斑。

1年1代，成虫多见于6-8月。幼虫以禾本科植物为寄主。

分布于黑龙江、吉林、辽宁、内蒙古、北京、河北、浙江、福建、江西、湖北、四川、甘肃等地。此外见于日本及俄罗斯东南部、朝鲜半岛等地。国内目前已知4种，本图鉴收录3种。

豹弄蝶 / *Thymelicus leoninus* (Butler, 1878)

04-09 / P1943

中型弄蝶。翅背面橙黄色，翅脉呈黑色，翅外缘呈黑褐色，雄蝶中域具线状性标，雌蝶翅面黑色区域发达。翅腹面为淡橙黄色，翅脉呈黑色，雌蝶翅中域具淡黄色斑。

1年1代，成虫多见于6-8月。幼虫以禾本科植物为寄主。

分布于黑龙江、吉林、辽宁、内蒙古、北京、河北、浙江、福建、江西、湖北、四川、甘肃等地。此外见于日本、俄罗斯东南部、朝鲜半岛等地。

线豹弄蝶 / *Thymelicus lineola* Ochsenheimer, 1808

10-12

中小型弄蝶。翅背面呈橙黄色，外缘呈黑褐色，雄蝶前翅具较短的灰黑色线状性标；翅腹面呈淡橙黄色。

1年1-2代，成虫多见于5-8月。幼虫以梯牧草等禾本科植物为寄主。

分布于黑龙江、陕西、甘肃、新疆等地。此外见于中亚、西亚、欧洲、非洲北部及北美洲。

黑豹弄蝶 / *Thymelicus sylvaticus* (Bremer, 1861)

13-19

中型弄蝶。翅背面黑褐色，中域具橙黄色斑，被黑色的翅脉分隔。雄蝶前翅背面无线状性标。翅腹面为淡橙黄色，翅脉呈黑色，中域具淡橙黄色斑。本种不同个体间翅面的黄色斑纹存在一定差异，有待进一步地研究。

1年1代，成虫多见于6-8月。幼虫以禾本科植物为寄主。

分布于黑龙江、吉林、辽宁、内蒙古、北京、河北、浙江、福建、江西、湖北、四川、甘肃等地。此外见于日本及俄罗斯东南部、朝鲜半岛等地。

黄弄蝶属 / *Taractrocera* Butler, 1870

小型弄蝶。触角末端呈扁圆形，通常不呈钩状，翅面具白色或黄色的斑纹。
成虫栖息于亚热带或热带地区的开阔的林缘或草地环境。幼虫以禾本科植物为寄主。
分布于东洋区和澳洲区。国内目前已知5种，本图鉴收录3种。

黄弄蝶 / *Taractrocera flavoides* Leech, 1892

20-21

小型弄蝶。前翅中室至前缘呈黄色，两翅中域外侧的黄斑发达且相连；后翅腹面呈暗黄色，后翅黄斑外侧具有许多小黑斑。

成虫多见于6–8月。

分布于四川、云南。

微黄弄蝶 / *Taractrocera maevius* (Fabricius, 1793)

22-23

小型弄蝶。翅底色为深褐色，斑纹极为小且呈白色。翅腹面黄褐色，白色斑纹较背面发达。

1年多代，成虫多见于4–9月。幼虫以禾本科鸭咀草属植物为寄主。

分布于香港。此外见于印度、斯里兰卡、缅甸、泰国等地。

草黄弄蝶 / *Taractrocera ceramas* (Hewitson, 1868)

24-25

小型弄蝶。翅底色为黑褐色，斑纹呈黄色；前翅和后翅中室内均具有黄斑；两翅中域外侧有数个近矩形的黄斑，独立或相连。翅腹面呈深黄色，具黑色斑点。

1年多代，成虫几乎全年可见。

分布于江西、福建、广东、广西、香港等地。此外见于印度、缅甸等地。

偶侣弄蝶属 / *Oriens* Evans, 1932

中小型弄蝶。翅底色黑褐色，具橙黄色斑，雄蝶翅面无性标。

成虫栖息于森林、溪谷等环境。有访花习性。幼虫以禾本科植物为寄主。

分布于东洋区和澳洲区。国内目前已知2种，本图鉴收录1种。

偶侣弄蝶 / *Oriens gola* (Moore, 1877)　26

中小型弄蝶。翅背面黑褐色，前翅中域具1条斜向的橙黄色斑带，后翅中域外侧具1个较大的黄斑；翅腹面呈暗黄色，但前翅下部呈黑褐色。

1年多代，成虫多见于3-11月。幼虫以禾本科植物为寄主。

分布于广西、海南、云南等地。此外见于印度、缅甸、泰国、越南、老挝、马来西亚、印度尼西亚等地。

黄室弄蝶属 / *Potanthus* Scudder, 1872

中小型弄蝶。翅底色为黑褐色，具发达的黄色或橙黄色斑纹，大部分种类的雄蝶前翅具线状性标。本属种类翅面斑纹极度近似，大部分种类需检验外生殖器结构才能准确鉴定。

成虫栖息于林缘、溪谷或草地，喜访花。幼虫以禾本科植物为寄主。

分布于东洋区。极少数种类分布可以延伸至古北区东南部。国内目前已知约21种，本图鉴收录12种。

孔子黄室弄蝶 / *Potanthus confucius* (C. & R. Felder, 1862)　27-30 / P1945

中小型弄蝶。翅面黄斑发达，前翅外侧的黄斑相连。

1年多代，成虫多见于5-10月，热带地区几乎全年可见。幼虫以毛马唐、白茅、芒等禾本科植物为寄主。

分布于浙江、安徽、江西、福建、湖北、广东、海南、香港、台湾等地。此外见于印度、缅甸、泰国、老挝、越南、马来西亚、印度尼西亚等地。

玛拉黄室弄蝶 / *Potanthus mara* (Evans, 1932)　31

中小型弄蝶。前翅外侧的黄斑相连或最上侧的3个黄斑与其他5个黄斑分隔，前翅中室内常具有1条黑色细带。

1年多代，成虫多见于4-9月。

分布于贵州、云南、西藏等地。此外见于印度等地。

01 ♂
针纹赭弄蝶
福建武夷山

02 ♂
针纹赭弄蝶
广东乳源

03 ♂
针纹赭弄蝶
甘肃康县

01 ♂
针纹赭弄蝶
福建武夷山

02 ♂
针纹赭弄蝶
广东乳源

03 ♂
针纹赭弄蝶
甘肃康县

04 ♂
豹弄蝶
甘肃天水

05 ♂
豹弄蝶
陕西凤县

06 ♂
豹弄蝶
四川宝兴

07 ♂
豹弄蝶
四川石棉

08 ♂
豹弄蝶
浙江临安

09 ♀
豹弄蝶
湖南炎陵

04 ♂
豹弄蝶
甘肃天水

05 ♂
豹弄蝶
陕西凤县

06 ♂
豹弄蝶
四川宝兴

07 ♂
豹弄蝶
四川石棉

08 ♂
豹弄蝶
浙江临安

09 ♀
豹弄蝶
湖南炎陵

10 ♂
线豹弄蝶
陕西凤县

11 ♀
线豹弄蝶
陕西凤县

12 ♂
线豹弄蝶
甘肃天水

13 ♂
黑豹弄蝶
浙江临安

14 ♂
黑豹弄蝶
广东乳源

10 ♂
线豹弄蝶
陕西凤县

11 ♀
线豹弄蝶
陕西凤县

12 ♂
线豹弄蝶
甘肃天水

13 ♂
黑豹弄蝶
浙江临安

14 ♂
黑豹弄蝶
广东乳源

⑮ ♂
黑豹弄蝶
陕西凤县

⑯ ♂
黑豹弄蝶
陕西凤县

⑰ ♀
黑豹弄蝶
福建武夷山

⑱ ♀
黑豹弄蝶
北京

⑲ ♀
黑豹弄蝶
湖南炎陵

⓯ ♂
黑豹弄蝶
陕西凤县

⓰ ♂
黑豹弄蝶
陕西凤县

⓱ ♀
黑豹弄蝶
福建武夷山

⓲ ♀
黑豹弄蝶
北京

⓳ ♀
黑豹弄蝶
湖南炎陵

⑳ ♂
黄弄蝶
云南宣威

㉑ ♀
黄弄蝶
云南丽江

㉒ ♂
微黄弄蝶
香港

㉓ ♀
微黄弄蝶
香港

㉔ ♂
草黄弄蝶
香港

㉕ ♀
草黄弄蝶
香港

⓴ ♂
黄弄蝶
云南宣威

21 ♀
黄弄蝶
云南丽江

22 ♂
微黄弄蝶
香港

23 ♀
微黄弄蝶
香港

24 ♂
草黄弄蝶
香港

25 ♀
草黄弄蝶
香港

㉖ ♂
偶侣弄蝶
广西上思

㉗ ♂
孔子黄室弄蝶
香港

㉘ ♀
孔子黄室弄蝶
台湾屏东

㉙ ♂
孔子黄室弄蝶
台湾屏东

㉚ ♀
孔子黄室弄蝶
浙江宁波

㉛ ♂
玛拉黄室弄蝶
云南贡山

26 ♂
偶侣弄蝶
广西上思

27 ♂
孔子黄室弄蝶
香港

28 ♀
孔子黄室弄蝶
台湾屏东

29 ♂
孔子黄室弄蝶
台湾屏东

30 ♀
孔子黄室弄蝶
浙江宁波

31 ♂
玛拉黄室弄蝶
云南贡山

曲纹黄室弄蝶 / *Potanthus flavus* (Murray, 1875)

01-02

中型弄蝶。翅面黄斑发达，前翅外侧的黄斑相连；后翅中域黄斑的外缘曲折，后翅腹面颜色通常较深。

1年多代，成虫多见于5-9月。

分布于吉林、辽宁、北京、河北、山东、浙江、福建、湖北、湖南、贵州、四川、云南等地。此外见于俄罗斯、日本、印度、缅甸及朝鲜半岛等地。

拟黄室弄蝶 / *Potanthus pseudomaesa* (Moore, 1881)

03-04 / P1945

中型弄蝶。翅背面底色为黑褐色，斑纹呈黄色；前翅外侧的黄斑相连，后翅中域黄斑的外缘曲折；后翅腹面颜色较黄，黄斑外围具许多小黑斑。

1年多代，成虫多见于5-9月。

分布于湖北、四川、云南、香港等地。此外见于印度、斯里兰卡、缅甸等地。

西藏黄室弄蝶 / *Potanthus tibetana* Huang, 2002

05

中型弄蝶。翅背面底色为黑褐色，斑纹为浅橙黄色，前翅外侧的黄斑相连；后翅腹面散布暗黄色鳞片，黄斑较清晰。

成虫多见于7-8月。

分布于西藏、云南。此外见于越南北部。

尖翅黄室弄蝶 / *Potanthus palnia* (Evans, 1914)

06-07

中小型弄蝶。翅背面底色为黑褐色，斑纹呈黄色至淡橙黄色；前翅外侧的黄斑相连或最上侧的3个黄斑与其他5个黄斑分隔；后翅腹面底色通常较深。

1年多代，成虫多见于6-10月。

分布于福建、湖北、海南、广西、贵州、四川、云南、西藏等地。此外见于印度、缅甸、泰国、印度尼西亚等地。

宽纹黄室弄蝶 / *Potanthus pava* (Fruhstorfer, 1911)

08-11

中小型弄蝶。前翅外侧的黄斑通常相连，雄蝶前翅基部至中室的黄斑发达；后翅腹面底色较浅。

1年多代，成虫几乎全年可见。幼虫以白茅、五节芒等禾本科植物为寄主。

分布于福建、湖北、广东、海南、四川、云南、香港、台湾等地。此外见于印度、缅甸、泰国、马来西亚、印度尼西亚、菲律宾等地。

断纹黄室弄蝶 / *Potanthus trachalus* (Mabille, 1878)

12-15 / P1946

中型弄蝶。翅背面底色为黑褐色，斑纹呈黄色至淡橙黄色；前翅外侧的黄斑被分隔为3块，后翅中域的大黄斑相对较窄；后翅腹面覆有暗黄色鳞片，黄斑较明显。

1年多代，成虫多见于4-11月。幼虫以五节芒等禾本科植物为寄主。

分布于安徽、浙江、福建、江西、湖北、广东、海南、四川、云南、西藏、香港等地。此外见于印度、斯里兰卡、缅甸、泰国、印度尼西亚等地。

严氏黄室弄蝶 / *Potanthus yani* Huang, 2002

16-19

中型弄蝶。翅面黄斑发达，前翅外侧的黄斑相连；后翅腹面颜色较浅，中域的黄斑常向上延伸。

1年多代，成虫多见于5-10月。

分布于安徽、浙江、福建、江西、广西等地。

蓬莱黄室弄蝶 / *Potanthus diffusus* Hsu, Tsukiyama & Chiba, 2005

20-21

中型弄蝶。翅面黄斑通常较细，前翅外侧的黄斑被分隔为3块，后翅腹面覆有暗黄绿色鳞片。

1年多代，成虫多见于3-11月。幼虫以芒等禾本科植物为寄主。

分布于台湾。

墨子黄室弄蝶 / *Potanthus motzui* Hsu, Li & Li, 1990

22-23 / P1946

中小型弄蝶。前翅外侧的黄斑相连或最上侧的3个黄斑与其他5个黄斑分隔；后翅腹面底色通常较深，黄斑显著。

1年多代，成虫几乎全年可见。幼虫以棕叶狗尾草、毛马唐等禾本科植物为寄主。

分布于台湾。

直纹黄室弄蝶 / *Potanthus rectifasciata* (Elwes & Edwards, 1897)

24

中型弄蝶。翅背面底色为黑褐色，斑纹为橙黄色，前翅外侧的黄斑相连，雄蝶前翅背面的性标从近后缘处抵达翅中域。

成虫几乎全年可见。

分布于云南。此外见于印度、不丹、缅甸、泰国、老挝、马来西亚等地。

长标弄蝶属 / *Telicota* Moore, 1881

中型弄蝶。前翅较尖，翅底色为黑褐色，具发达的橙黄色斑纹，雄蝶前翅背面中域具线状灰色性标。

成虫栖息于林缘、溪谷、农田等环境，有访花习性。幼虫以禾本科刚竹属、棕叶狗尾草、芒等植物为寄主。

分布于东洋区和澳洲区。国内目前已知7种，本图鉴收录5种。

长标弄蝶 / *Telicota colon* (Fabricius, 1775)

25-29

中型弄蝶。翅背面底色为黑褐色，斑纹呈橙黄色且发达，翅脉呈黑色，前翅中域外侧的橙黄色斑沿着翅脉延伸至外缘；雄蝶性标较粗，位于中域黑带的内侧；翅腹面为暗橙黄色。

1年多代，成虫多见于3-11月，热带地区几乎全年可见。幼虫以五节芒、象草等禾本科植物为寄主。

分布于福建、广东、广西、海南、云南、香港、台湾等地。此外见于印度、缅甸、泰国、老挝、越南、马来西亚、菲律宾、澳大利亚、新几内亚、所罗门群岛等地。

黄纹长标弄蝶 / *Telicota ohara* (Plötz, 1883)

30-37 / P1947

中型弄蝶。翅背面底色为黑褐色，斑纹呈橙黄色，翅脉呈黑色；雄蝶性标细而直，位于中域黑带的内侧；翅腹面为暗橙黄色。

1年多代，成虫多见于3-11月，热带地区几乎全年可见。幼虫以禾本科棕叶狗尾草等植物为寄主。

分布于福建、广东、广西、海南、四川、贵州、云南、香港、台湾等地。此外见于印度、缅甸、泰国、老挝、越南、马来西亚、菲律宾等地。

黑脉长标弄蝶 / *Telicota besta* Evans, 1949

38-40

中型弄蝶。翅背面底色为黑褐色，斑纹呈橙黄色，翅脉呈黑色；雄蝶性标略粗，略偏向中域黑带的内侧；翅腹面为暗橙黄色，黄斑较显著。

1年多代，成虫多见于4-11月，热带地区几乎全年可见。幼虫以五节芒等禾本科植物为寄主。

分布于海南、广东、云南、香港等地。此外见于泰国、老挝、越南等地。

竹长标弄蝶 / *Telicota bambusae* (Moore, 1878)

41-49 / P1947

中型弄蝶。翅背面斑纹呈橙黄色且发达，雄蝶前翅中域外侧的橙黄色斑沿着翅脉延伸至外缘；雄蝶性标较粗，几乎占据翅中域的黑带；翅腹面底色稍暗，黄斑不显著。

1年多代，成虫多见于4-11月，热带地区几乎全年可见。幼虫以禾本科竹亚科植物为寄主。

分布于浙江、福建、湖南、广东、广西、海南、香港、台湾等地。此外见于印度、缅甸、泰国、越南、马来西亚、印度尼西亚等地。

01 ♂
曲纹黄室弄蝶
云南贡山

02 ♂
曲纹黄室弄蝶
浙江庆元

03 ♂
拟黄室弄蝶
云南元江

04 ♀
拟黄室弄蝶
云南元江

05 ♂
西藏黄室弄蝶
西藏察隅

06 ♂
尖翅黄室弄蝶
贵州荔波

01 ♂
曲纹黄室弄蝶
云南贡山

02 ♂
曲纹黄室弄蝶
浙江庆元

03 ♂
拟黄室弄蝶
云南元江

04 ♀
拟黄室弄蝶
云南元江

05 ♂
西藏黄室弄蝶
西藏察隅

06 ♂
尖翅黄室弄蝶
贵州荔波

07 ♂
尖翅黄室弄蝶
云南元江

08 ♂
宽纹黄室弄蝶
香港

09 ♂
宽纹黄室弄蝶
台湾台东

10 ♀
宽纹黄室弄蝶
台湾台东

11 ♂
宽纹黄室弄蝶
西藏察隅

12 ♂
断纹黄室弄蝶
香港

07 ♂
尖翅黄室弄蝶
云南元江

08 ♂
宽纹黄室弄蝶
香港

09 ♂
宽纹黄室弄蝶
台湾台东

10 ♀
宽纹黄室弄蝶
台湾台东

11 ♂
宽纹黄室弄蝶
西藏察隅

12 ♂
断纹黄室弄蝶
香港

13 ♂
断纹黄室弄蝶
海南昌江

14 ♀
断纹黄室弄蝶
贵州沿河

15 ♀
断纹黄室弄蝶
浙江宁波

16 ♂
严氏黄室弄蝶
浙江宁波

17 ♀
严氏黄室弄蝶
浙江临安

18 ♂
严氏黄室弄蝶
广西金秀

13 ♂
断纹黄室弄蝶
海南昌江

14 ♀
断纹黄室弄蝶
贵州沿河

15 ♀
断纹黄室弄蝶
浙江宁波

16 ♂
严氏黄室弄蝶
浙江宁波

17 ♀
严氏黄室弄蝶
浙江临安

18 ♂
严氏黄室弄蝶
广西金秀

⑲♀ 严氏黄室弄蝶 江西奉新
⑳♂ 蓬莱黄室弄蝶 台湾嘉义
㉑♀ 蓬莱黄室弄蝶 台湾嘉义
㉒♂ 墨子黄室弄蝶 台湾南投
㉓♀ 墨子黄室弄蝶 台湾南投
㉔♂ 直纹黄室弄蝶 云南盈江

⑲♀ 严氏黄室弄蝶 江西奉新
⑳♂ 蓬莱黄室弄蝶 台湾嘉义
㉑♀ 蓬莱黄室弄蝶 台湾嘉义
㉒♂ 墨子黄室弄蝶 台湾南投
㉓♀ 墨子黄室弄蝶 台湾南投
㉔♂ 直纹黄室弄蝶 云南盈江

㉕♂ 长标弄蝶 香港
㉖♀ 长标弄蝶 香港
㉗♂ 长标弄蝶 云南元江
㉘♂ 长标弄蝶 台湾高雄
㉙♀ 长标弄蝶 台湾台东

㉕♂ 长标弄蝶 香港
㉖♀ 长标弄蝶 香港
㉗♂ 长标弄蝶 云南元江
㉘♂ 长标弄蝶 台湾高雄
㉙♀ 长标弄蝶 台湾台东

㉚♂ 黄纹长标弄蝶 广东广州
㉛♂ 黄纹长标弄蝶 广东乳源
㉜♀ 黄纹长标弄蝶 广东乳源
㉝♀ 黄纹长标弄蝶 广西金秀
㉞♂ 黄纹长标弄蝶 四川宝兴

㉚♂ 黄纹长标弄蝶 广东广州
㉛♂ 黄纹长标弄蝶 广东乳源
㉜♀ 黄纹长标弄蝶 广东乳源
㉝♀ 黄纹长标弄蝶 广西金秀
㉞♂ 黄纹长标弄蝶 四川宝兴

35 ♂ 黄纹长标弄蝶 海南五指山

36 ♂ 黄纹长标弄蝶 台湾南投

37 ♀ 黄纹长标弄蝶 台湾南投

38 ♂ 黑脉长标弄蝶 广东广州

39 ♀ 黑脉长标弄蝶 广东广州

35 ♂ 黄纹长标弄蝶 海南五指山

36 ♂ 黄纹长标弄蝶 台湾南投

37 ♀ 黄纹长标弄蝶 台湾南投

38 ♂ 黑脉长标弄蝶 广东广州

39 ♀ 黑脉长标弄蝶 广东广州

40 ♂ 黑脉长标弄蝶 海南乐东

41 ♂ 竹长标弄蝶 广东广州

42 ♀ 竹长标弄蝶 广东广州

43 ♂ 竹长标弄蝶 广西临桂

44 ♀ 竹长标弄蝶 广西兴安

40 ♂ 黑脉长标弄蝶 海南乐东

41 ♂ 竹长标弄蝶 广东广州

42 ♀ 竹长标弄蝶 广东广州

43 ♂ 竹长标弄蝶 广西临桂

44 ♀ 竹长标弄蝶 广西兴安

45 ♂ 竹长标弄蝶 四川宝兴

46 ♂ 竹长标弄蝶 浙江宁波

47 ♀ 竹长标弄蝶 浙江宁波

48 ♂ 竹长标弄蝶 台湾高雄

49 ♀ 竹长标弄蝶 台湾高雄

45 ♂ 竹长标弄蝶 四川宝兴

46 ♂ 竹长标弄蝶 浙江宁波

47 ♀ 竹长标弄蝶 浙江宁波

48 ♂ 竹长标弄蝶 台湾高雄

49 ♀ 竹长标弄蝶 台湾高雄

莉娜长标弄蝶 / *Telicota linna* Evans, 1949

01

中型弄蝶。翅背面底色为黑褐色，斑纹呈橙黄色，翅脉呈黑色；雄蝶性标较粗且直，略偏向中域黑带的外侧；翅腹面为暗橙黄色，黄斑较显著。

1年多代，成虫多见于3–11月。

分布于云南等地。此外见于印度、缅甸、泰国、马来西亚等地。

金斑弄蝶属 / *Cephrenes* Waterhouse & Lyell, 1914

中型弄蝶。翅底色为黑褐色，具发达的橙黄色斑纹，雄蝶翅面无性标。

成虫栖息于林缘、海岸林等环境。幼虫以棕榈科等植物为寄主。

分布于东洋区和澳洲区。国内目前已知1种，本图鉴收录1种。

金斑弄蝶 / *Cephrenes acalle* (Hopffer, 1874)

02-03

中型弄蝶。翅底色为黑褐色，雄蝶翅面具发达的橙黄色斑纹，且翅面无性标；雌蝶翅面斑纹不及雄蝶发达，呈淡黄色；翅腹面橙黄色，斑纹颜色略亮。

1年多代，成虫几乎全年可见。幼虫以棕榈科椰子、省藤属等植物为寄主。

分布于海南、云南、香港等地。此外见于印度、缅甸、泰国、越南、马来西亚、菲律宾等地。

稻弄蝶属 / *Parnara* Moore, 1881

小型弄蝶。触角短，翅底色为褐色至深褐色，斑点为白色或淡黄白色。前翅具3-8个斑点，后翅中域常具4-5个曲折或直线状排列的斑点。雄蝶无性标。

成虫栖息于林缘、农田或溪谷环境，喜访花。幼虫以禾本科植物为寄主。

分布于古北区、东洋区、澳洲区和非洲区。国内目前已知5种，本图鉴收录5种。

直纹稻弄蝶 / *Parnara guttata* (Bremer & Grey, 1853)

04-12 / P1948

中型弄蝶。翅背面褐色，翅腹面黄褐色，翅面的斑点呈白色半透明状，前翅具6-8个斑点呈弧状排列，后翅中部具4个排列成直线的斑点。全翅背面和腹面的斑纹基本一致。

1年多代，成虫多见于3-11月。幼虫以水稻、芒、李氏禾等禾本科植物为寄主。

分布于除新疆等西北干旱地区外的大部分地区。此外见于俄罗斯、日本、朝鲜半岛以及亚洲南部的印度、缅甸、老挝、越南、马来西亚等地。

挂墩稻弄蝶 / *Parnara batta* Evans, 1949

13-19 / P1949

中小型弄蝶。翅背面褐色，翅腹面黄褐色，翅面的斑点细小，呈白色至淡黄白色，前翅具4-8个斑点呈弧状排列，后翅通常具2-4个略呈曲折排列的小斑点，但有时这些斑点会退化消失。

1年多代，成虫多见于4-11月。

分布于浙江、福建、江西、湖南、广东、广西、四川、贵州、云南、西藏等地。此外见于越南等地。

幺纹稻弄蝶 / *Parnara bada* (Moore, 1878)

20-23 / P1950

中小型弄蝶。前翅翅型略尖锐，翅背面褐色，翅腹面呈淡黄褐色，翅面的斑点较细小，呈白色半透明，前翅通常具4-5个小斑点，后翅中部的斑点变异幅度较大，最多有5个，有些个体则退化消失。

1年多代，成虫几乎全年可见。幼虫寄主以水稻、柳叶箬、牛筋草等禾本科植物为寄主。

分布于福建、广东、海南、台湾、香港、西藏等地。此外见于亚洲南部的印度、缅甸、泰国、越南、老挝、马来西亚、印度尼西亚、菲律宾、巴布亚新几内亚以及澳大利亚等地。

曲纹稻弄蝶 / *Parnara ganga* Evans, 1937

24-28 / P1950

中小型弄蝶。翅背面褐色，翅腹面黄褐色，翅面斑点呈白色半透明状，前翅通常具5-6个斑点，后翅中部具4-5个曲折状排列的斑点。

1年多代，成虫多见于3-12月。幼虫以李氏禾等禾本科植物为寄主。

分布于福建、海南、广东、广西、云南、四川、香港等地。此外见于亚洲南部的印度、缅甸、泰国、越南、老挝、马来西亚等地。

01 ♂ 莉娜长标弄蝶 云南勐腊
02 ♂ 金斑弄蝶 香港
03 ♀ 金斑弄蝶 香港
04 ♂ 直纹稻弄蝶 台湾基隆
05 ♀ 直纹稻弄蝶 台湾基隆

01 ♂ 莉娜长标弄蝶 云南勐腊
02 ♂ 金斑弄蝶 香港
03 ♀ 金斑弄蝶 香港
04 ♂ 直纹稻弄蝶 台湾基隆
05 ♀ 直纹稻弄蝶 台湾基隆

06 ♂ 直纹稻弄蝶 上海
07 ♀ 直纹稻弄蝶 上海
08 ♂ 直纹稻弄蝶 福建福州
09 ♀ 直纹稻弄蝶 福建福州
10 ♀ 直纹稻弄蝶 安徽合肥

06 ♂ 直纹稻弄蝶 上海
07 ♀ 直纹稻弄蝶 上海
08 ♂ 直纹稻弄蝶 福建福州
09 ♀ 直纹稻弄蝶 福建福州
10 ♀ 直纹稻弄蝶 安徽合肥

11 ♀ 直纹稻弄蝶 四川峨眉山
12 ♀ 直纹稻弄蝶 广东龙门
13 ♂ 挂墩稻弄蝶 西藏墨脱
14 ♂ 挂墩稻弄蝶 贵州贵阳

11 ♀ 直纹稻弄蝶 四川峨眉山
12 ♀ 直纹稻弄蝶 广东龙门
13 ♂ 挂墩稻弄蝶 西藏墨脱
14 ♂ 挂墩稻弄蝶 贵州贵阳

⑮ ♂
挂墩稻弄蝶
安徽合肥

⑯ ♂
挂墩稻弄蝶
福建武夷山

⑰ ♀
挂墩稻弄蝶
福建武夷山

⑱ ♂
挂墩稻弄蝶
浙江宁波

⑲ ♀
挂墩稻弄蝶
浙江临安

⓯ ♂
挂墩稻弄蝶
安徽合肥

⓰ ♂
挂墩稻弄蝶
福建武夷山

⓱ ♀
挂墩稻弄蝶
福建武夷山

⓲ ♂
挂墩稻弄蝶
浙江宁波

⓳ ♀
挂墩稻弄蝶
浙江临安

⑳ ♂
幺纹稻弄蝶
香港

㉑ ♂
幺纹稻弄蝶
广东广州

㉒ ♂
幺纹稻弄蝶
台湾嘉义

㉓ ♀
幺纹稻弄蝶
台湾嘉义

⓴ ♂
幺纹稻弄蝶
香港

21 ♂
幺纹稻弄蝶
广东广州

22 ♂
幺纹稻弄蝶
台湾嘉义

23 ♀
幺纹稻弄蝶
台湾嘉义

㉔ ♂
曲纹稻弄蝶
福建福州

㉕ ♂
曲纹稻弄蝶
福建武夷山

㉖ ♂
曲纹稻弄蝶
海南陵水

㉗ ♀
曲纹稻弄蝶
四川芦山

㉘ ♀
曲纹稻弄蝶
广东广州

24 ♂
曲纹稻弄蝶
福建福州

25 ♂
曲纹稻弄蝶
福建武夷山

26 ♂
曲纹稻弄蝶
海南陵水

27 ♀
曲纹稻弄蝶
四川芦山

28 ♀
曲纹稻弄蝶
广东广州

圆突稻弄蝶 / *Parnara apostata* (Snellen, 1886)

01-02

中小型弄蝶。翅背面黑褐色，翅腹面呈深褐色，翅面斑点呈白色半透明状，前翅具5-6个斑点，后翅中部具4-5个斑点，且排列曲折。

1年多代，成虫多见于2-11月。

分布于福建、广西、海南、云南等地。此外见于尼泊尔、缅甸、越南、老挝、马来西亚、印度尼西亚等地。

籼弄蝶属 / *Borbo* Evans, 1949

中小型弄蝶。该属成虫触角短，翅底色为褐色，斑点为白色或淡黄色。前翅斑点较发达，后翅斑点通常不显著，雄蝶翅面无性标。

成虫栖息于林缘、农田或荒地等环境。幼虫以禾本科植物为寄主。

分布于东洋区、澳洲区和非洲区。国内目前已知1种，本图鉴收录1种。

籼弄蝶 / *Borbo cinnara* (Wallace, 1866)

03-07 / P1951

中小型弄蝶。翅色为褐色，前翅中上部具6-8个大小不等的白色斑点呈弧状排列，前翅下部的中央具1个淡黄色的三角形斑，后翅背面通常无斑纹，后翅腹面中部具3-5个小白斑。

1年多代，成虫几乎全年可见。幼虫以柳叶箬、水稻、棕叶狗尾草等禾本科植物为寄主。

分布于浙江、福建、江西、广东、广西、海南、云南、台湾、香港等地。此外见于日本、印度、缅甸、泰国、老挝、越南、马来西亚、印度尼西亚、菲律宾、澳大利亚、新几内亚、所罗门群岛等地。

拟籼弄蝶属 / *Pseudoborbo* Lee, 1966

中小型弄蝶。该属成虫触角短，翅底色为褐色，翅面上的斑点非常细小，雄蝶无性标。

成虫栖息于林缘、农田或荒地环境。幼虫以禾本科植物为寄主。

分布于东洋区。国内目前已知1种，本图鉴收录1种。

拟籼弄蝶 / *Pseudoborbo bevani* (Moore, 1878)

08-14 / P1951

中小型弄蝶。翅色为褐色，前翅具6-8个白色小斑点，后翅背面通常无斑纹，后翅腹面斑纹变异幅度大，通常具2-5个模糊的小斑。

1年多代，成虫多见于3-11月。幼虫以禾本科植物为寄主。

分布于浙江、福建、江西、广东、四川、云南、贵州、海南、台湾、香港等地。此外见于亚洲南部的印度、缅甸、老挝、泰国、越南、印度尼西亚等地。

01 ♂ 圆突稻弄蝶 海南五指山
02 ♂ 圆突稻弄蝶 云南元江
03 ♂ 籼弄蝶 海南陵水
04 ♀ 籼弄蝶 海南陵水
05 ♀ 籼弄蝶 广东佛山

01 ♂ 圆突稻弄蝶 海南五指山
02 ♂ 圆突稻弄蝶 云南元江
03 ♂ 籼弄蝶 海南陵水
04 ♀ 籼弄蝶 海南陵水
05 ♀ 籼弄蝶 广东佛山

06 ♂ 籼弄蝶 台湾台东
07 ♀ 籼弄蝶 台湾南投
08 ♂ 拟籼弄蝶 香港
09 ♂ 拟籼弄蝶 台湾南投
10 ♀ 拟籼弄蝶 台湾南投

06 ♂ 籼弄蝶 台湾台东
07 ♀ 籼弄蝶 台湾南投
08 ♂ 拟籼弄蝶 香港
09 ♂ 拟籼弄蝶 台湾南投
10 ♀ 拟籼弄蝶 台湾南投

11 ♂ 拟籼弄蝶 台湾台中
12 ♂ 拟籼弄蝶 西藏墨脱
13 ♀ 拟籼弄蝶 江西井冈山
14 ♂ 拟籼弄蝶 云南贡山

11 ♂ 拟籼弄蝶 台湾台中
12 ♂ 拟籼弄蝶 西藏墨脱
13 ♀ 拟籼弄蝶 江西井冈山
14 ♂ 拟籼弄蝶 云南贡山

刺胫弄蝶属 / *Baoris* Moore, 1881

中型弄蝶。翅底色为灰褐色至黑褐色，前翅具白色或淡黄色小斑。前翅腹面下部通常具椭圆形性标，后翅无明显的斑纹，后翅背面中部内侧常具刷毛状性标。

成虫栖息于林缘、溪谷等环境，有访花或在地面吸水习性。幼虫寄主为禾本科植物。

分布于东洋区。国内目前已知4种，本图鉴收录3种。

黎氏刺胫弄蝶 / *Baoris leechii* Elwes & Edwards, 1897

01-07 / P1952

中型弄蝶。翅背面深褐色，翅腹面黄褐色，前翅具8–9个白斑，后翅无斑纹；雄蝶前翅腹面中下部具椭圆形的灰白色性标，后翅背面中部具刷毛状性标。

1年多代，成虫多见于4–11月。幼虫寄主为多种禾本科竹亚科。

分布于浙江、安徽、福建、江西、湖南、广东、广西、四川、陕西等地。

刺胫弄蝶 / *Baoris farri* (Moore, 1878)

08-09

中型弄蝶。翅色为褐色，翅面白斑细小，前翅通常具7个呈弧状排列的小斑，后翅无斑纹，雄蝶前翅腹面中下部具椭圆形的淡黄色性标，后翅背面中部具刷毛状性标。

1年多代，成虫多见于2–11月。幼虫寄主植物为禾本科竹亚科植物。

分布于江西、福建、广东、广西、海南、云南、香港等地。此外见于印度、缅甸、泰国、越南、老挝、马来西亚、印度尼西亚等地。

刷翅刺胫弄蝶 / *Baoris penicillata* Moore, 1881

10

中型弄蝶。翅色为深褐色，翅面斑点白色，前翅斑点变化幅度较大，通常具3–5个小斑点，有些个体斑点完全消失，后翅无斑纹。雄蝶前翅腹面中下部具椭圆形的淡色性标，后翅背面中部具刷毛状性标。

1年多代，成虫几乎全年可见。

分布于广西、海南、云南等地。此外见于印度、缅甸、泰国、老挝、马来西亚、印度尼西亚等地。

谷弄蝶属 / *Pelopidas* Walker, 1870

中大型弄蝶。该属成虫翅底色黄褐色至黑褐色，斑纹为白色或淡黄色。部分种类雄蝶前翅背面具有线状性标。后翅腹面基部外侧常具1个斑点，并与后翅中部的小白斑排列成弧状。

成虫栖息于林缘、山谷、农田或荒地环境，飞行迅速，有访花或在地面吸水习性。幼虫寄主为多种禾本科植物。

分布于古北区、东洋区、澳洲区和非洲区。国内目前已知7种，本图鉴收录7种。

隐纹谷弄蝶 / *Pelopidas mathias* (Fabricius, 1798)

11-21 / P1953

中型弄蝶。翅背面深褐色，翅腹面覆有灰黄色鳞片，前翅具8个呈弧状排列的细小斑点，雄蝶前翅背面中下部具线状性标，并与前翅2个中室斑的延长线相交；后翅背面通常无斑，后翅腹面中部通常具8个弧状排列的小斑点，但有些个体的部分斑点会退化消失。雌蝶斑纹基本与雄蝶一致，但前翅性标位置取代为2个小白斑。其翅面以及外生殖器特征均显示与隐纹谷弄蝶相近，本图鉴作为同种处理。

1年多代，成虫多见于3-12月。幼虫寄主为稗、狗尾草、牛筋草等多种禾本科植物。

分布于北京、山西、辽宁、上海、浙江、福建、湖南、广东、广西、四川、贵州、云南、台湾、香港等地区。此外见于日本及俄罗斯远东、朝鲜半岛，以及南亚、东南亚、西亚、大洋洲、非洲等地区。

备注：描述自陕西秦岭地区的灰边谷弄蝶*Pelopidas grisemarginata* Yuan, Zhang & Yuan, 2010属本种之同物异名。其翅面以及外生殖器特征均显示与隐纹谷弄蝶相近，本图鉴作为同种处理。

南亚谷弄蝶 / *Pelopidas agna* (Moore, [1866])

22-27 / P1954

中型弄蝶。翅背面深褐色，翅腹面黄褐色，前翅具8个呈弧形排列的小斑点，雄蝶前翅背面中下部具线状性标，其长度较短，不与前翅2个中室斑的延长线相交，后翅背面通常无斑，后翅腹面中部通常具5-8个弧状排列的小斑点。雌蝶斑纹基本与雄蝶一致，但翅面斑纹较发达，前翅性标位置取代为2个黄白色小斑。

1年多代，成虫几乎全年可见。幼虫寄主为稗、水稻、芒等多种禾本科植物。

分布于福建、广西、广东、海南、云南、西藏、香港、台湾等地。此外见于亚洲南部的印度、斯里兰卡、缅甸、泰国、马来西亚、印度尼西亚、菲律宾等地。

中华谷弄蝶 / *Pelopidas sinensis* (Mabille, 1877)

28-32 / P1955

中型弄蝶。翅色为深褐色，翅面白色斑点较发达，前翅具8个呈弧形排列的白斑；雄蝶前翅背面中下部具线状性标，其长度较短，不与前翅2个中室斑的延长线相交；后翅背面中域具3-5个小白斑，腹面通常具6个白斑。雌蝶斑纹基本与雄蝶一致，前翅性标位置取代为2个小白斑。

1年多代，成虫多见于4-10月。幼虫寄主为芒、象草等多种禾本科植物。

分布于北京、辽宁、河南、上海、浙江、安徽、福建、湖南、广东、广西、四川、云南、西藏、台湾等地。此外见于印度、缅甸等地。

近赭谷弄蝶 / *Pelopidas subochracea* (Moore, 1878)

33-34

中型弄蝶。翅色为褐色，翅腹面黄褐色，翅面白斑细小，前翅具8个呈弧状排列的小白斑，雄蝶前翅背面中下部具线状性标，与前翅最靠近基部的2个小斑的延长线相交，后翅背面具3-5个小白斑，后翅腹面中部通常具6个白斑。雌蝶斑纹基本与雄蝶一致，前翅性标位置取代为2个白色小斑。

1年多代，成虫多见于4-10月。幼虫寄主为禾本科植物。

分布于安徽、海南、云南、香港等地。此外见于印度、斯里兰卡、缅甸、泰国等地。

印度谷弄蝶 / *Pelopidas assamensis* (de Nicéville, 1882)

35-37 / P1955

中大型弄蝶。翅色为黑褐色，翅面白斑发达，前翅具10个白斑，后翅背面具1-2个小白斑，后翅腹面中部通常具6个白斑。雄蝶无性标，雌蝶斑纹基本与雄蝶一致。

1年多代，成虫多见3-12月。幼虫寄主植物为棕叶芦等禾本科植物。

分布于福建、广东、广西、四川、云南、海南、香港等地。此外见于亚洲南部的印度、缅甸、越南、老挝、泰国、马来西亚等地。

01 ♂ 黎氏刺胫弄蝶 浙江临安
02 ♀ 黎氏刺胫弄蝶 浙江临安
03 ♂ 黎氏刺胫弄蝶 福建福州
04 ♀ 黎氏刺胫弄蝶 福建福州

01 ♂ 黎氏刺胫弄蝶 浙江临安
02 ♀ 黎氏刺胫弄蝶 浙江临安
03 ♂ 黎氏刺胫弄蝶 福建福州
04 ♀ 黎氏刺胫弄蝶 福建福州

05 ♂ 黎氏刺胫弄蝶 广西兴安
06 ♂ 黎氏刺胫弄蝶 广东乳源
07 ♀ 黎氏刺胫弄蝶 广东乳源

05 ♂ 黎氏刺胫弄蝶 广西兴安
06 ♂ 黎氏刺胫弄蝶 广东乳源
07 ♀ 黎氏刺胫弄蝶 广东乳源

08 ♂ 刺胫弄蝶 海南陵水
09 ♂ 刺胫弄蝶 广东广州
10 ♂ 刷翅刺胫弄蝶 云南景洪
11 ♂ 隐纹谷弄蝶 福建福州

08 ♂ 刺胫弄蝶 海南陵水
09 ♂ 刺胫弄蝶 广东广州
10 ♂ 刷翅刺胫弄蝶 云南景洪
11 ♂ 隐纹谷弄蝶 福建福州

⑫ ♂ 隐纹谷弄蝶 安徽合肥

⑬ ♂ 隐纹谷弄蝶 广东佛山

⑭ ♀ 隐纹谷弄蝶 广东佛山

⑮ ♀ 隐纹谷弄蝶 台湾嘉义

⑯ ♂ 隐纹谷弄蝶 台湾嘉义

12 ♂ 隐纹谷弄蝶 安徽合肥

13 ♂ 隐纹谷弄蝶 广东佛山

14 ♀ 隐纹谷弄蝶 广东佛山

15 ♀ 隐纹谷弄蝶 台湾嘉义

16 ♂ 隐纹谷弄蝶 台湾嘉义

⑰ ♂ 隐纹谷弄蝶 山西太原

⑱ ♂ 隐纹谷弄蝶 上海

⑲ ♀ 隐纹谷弄蝶 湖南湘潭

⑳ ♀ 隐纹谷弄蝶 湖南湘潭

㉑ ♀ 隐纹谷弄蝶 安徽合肥

17 ♂ 隐纹谷弄蝶 山西太原

18 ♂ 隐纹谷弄蝶 上海

19 ♀ 隐纹谷弄蝶 湖南湘潭

20 ♀ 隐纹谷弄蝶 湖南湘潭

21 ♀ 隐纹谷弄蝶 安徽合肥

㉒ ♂ 南亚谷弄蝶 福建金门

㉓ ♂ 南亚谷弄蝶 海南陵水

㉔ ♀ 南亚谷弄蝶 海南陵水

㉕ ♂ 南亚谷弄蝶 广东佛山

㉖ ♀ 南亚谷弄蝶 广东佛山

22 ♂ 南亚谷弄蝶 福建金门

23 ♂ 南亚谷弄蝶 海南陵水

24 ♀ 南亚谷弄蝶 海南陵水

25 ♂ 南亚谷弄蝶 广东佛山

26 ♀ 南亚谷弄蝶 广东佛山

㉗♀
南亚谷弄蝶
台湾台中
㉘♂
中华谷弄蝶
台湾花莲
㉙♀
中华谷弄蝶
云南贡山
㉚♂
中华谷弄蝶
四川康定
㉗♀
南亚谷弄蝶
台湾台中
㉘♂
中华谷弄蝶
台湾花莲
㉙♀
中华谷弄蝶
云南贡山
㉚♂
中华谷弄蝶
四川康定
㉛♀
中华谷弄蝶
广东乳源
㉜♀
中华谷弄蝶
浙江泰顺
㉝♂
近赭谷弄蝶
香港
㉞♀
近赭谷弄蝶
香港
㉛♀
中华谷弄蝶
广东乳源
㉜♀
中华谷弄蝶
浙江泰顺
㉝♂
近赭谷弄蝶
香港
㉞♀
近赭谷弄蝶
香港
㉟♂
印度谷弄蝶
云南元江
㊱♂
印度谷弄蝶
福建福州
㊲♂
印度谷弄蝶
海南五指山
㉟♂
印度谷弄蝶
云南元江
㊱♂
印度谷弄蝶
福建福州
㊲♂
印度谷弄蝶
海南五指山

古铜谷弄蝶 / *Pelopidas conjuncta* (Herrich-Schäffer, 1869)

01-03 / P1956

中大型弄蝶。翅色为褐色，前翅具9个显著的白斑，雄蝶无性标。后翅背面无斑，后翅腹面中部具3-5个细小的白斑，有些个体的白斑会完全消失。雌蝶斑纹基本与雄蝶一致。

1年多代，成虫多见于3-11月。幼虫以芒、五节芒、象草等禾本科植物为寄主。

分布于浙江、福建、广东、广西、海南、香港、台湾等地。此外见于亚洲南部的印度、斯里兰卡、缅甸、越南、老挝、泰国、马来西亚、菲律宾、印度尼西亚等地。

山地谷弄蝶 / *Pelopidas jansonis* (Butler, 1878)

04

中小型弄蝶。翅色为褐色，前翅具8个显著的白斑，雄蝶无性标。后翅背面中域具2个紧靠着的小白斑，后翅腹面靠近基部具1个大白斑，后翅中部具4个白斑，其中第3个白斑很大。

1年多代，成虫多见于4-9月。幼虫以禾本科植物为寄主。

分布于北方地区，包括北京、黑龙江、吉林、辽宁等地。此外见于俄罗斯、日本、朝鲜半岛。

白斑弄蝶属 / *Tsukiyamaia* Zhu, Chiba & Wu, 2016

中型弄蝶。翅底色为深褐色，翅面斑点和斑纹为白色。前翅斑点较发达，后翅腹面具有1块大白斑，雄蝶翅面上无性标。

成虫飞行迅速，有访花或吸水习性，常在开阔的林缘或溪谷活动。

分布于东洋区。国内目前已知1种，本图鉴收录1种。

白斑弄蝶 / *Tsukiyamaia albimacula* Zhu, Chiba & Wu, 2016

05-06

中型弄蝶。翅色为深褐色，前翅中部具2个相邻的白斑，外侧具4个排成1列的小白斑，后翅背面中部具有1个长条形的白斑，后翅腹面中部具1块很大的白斑。雌蝶翅面斑纹基本同雄蝶。

1年多代，成虫多见于4-9月。栖息于开阔的林缘或溪谷等环境，飞行迅速，有访花吸水的习性。

分布于云南。此外见于缅甸北部和越南北部。

孔弄蝶属 / *Polytremis* Mabille, 1904

中型弄蝶。该属成虫翅底色为黄褐色至黑褐色，翅面具白色、淡黄色或淡紫色斑点，后翅常具排成1列的小斑。部分种类的雄蝶前翅背面具有线状性标。

成虫栖息于森林、溪谷、农田或荒地等环境。有访花或在地面吸水习性。幼虫以禾本科植物为寄主。

分布于古北区东南部和东洋区北部，国内目前已知16种，本图鉴收录15种。

黄纹孔弄蝶 / *Polytremis lubricans* (Herrich-Schäffer, 1869)

07-11 / P1956

中型弄蝶。翅色黄褐色，翅面斑点为淡黄色，前翅具9个大小不等的斑点，其中中室内的2个斑点互相紧靠，翅中域的斑纹呈长条状，后翅中域具4–5个曲折排列的小斑。雄蝶翅面无性标。

1年多代，成虫在亚热带地区多见于5–10月，热带地区几乎全年可见。幼虫以鸭嘴草等禾本科植物为寄主。

分布于浙江、安徽、江西、福建、湖北、湖南、贵州、广东、广西、海南、四川、云南、西藏、香港、台湾等地。此外见于日本以及印度、缅甸、泰国、越南、老挝、马来西亚、印度尼西亚等地。

台湾孔弄蝶 / *Polytremis eltola* (Hewitson, [1869])

12-15 / P1957

中型弄蝶。翅背面深褐色，翅腹面黄褐色，翅面斑点为白色至黄色，前翅具7–8个大小不等的斑点，其中最靠下部的斑点颜色为黄色。后翅中域具3个斑点，其中位于外侧的斑点最大，位于中间的斑点最小。雄蝶翅面无性标。

1年多代，成虫多见于3–11月。幼虫以竹叶草、芦竹、求米草等禾本科植物为寄主。

分布于福建、广东、广西、海南、云南、西藏、台湾等地。此外见于印度、缅甸、泰国、越南、老挝等地。

融纹孔弄蝶 / *Polytremis discreta* (Elwes & Edwards, 1897)

16-17

中型弄蝶。翅背面深褐色，翅腹面深黄褐色，翅面斑点为白色至淡黄色，前翅具7–8个大小不等的斑点。后翅中域具3个斑点，其中位于外侧的斑点最大。雄蝶翅面无性标。本种外观上与台湾孔弄蝶非常近似，较难辨识，但外生殖器结构差异显著。

1年多代，成虫多见于5–10月。幼虫以禾本科植物为寄主。

分布于四川、云南和西藏。此外见于亚洲南部的印度、尼泊尔、缅甸、泰国、越南、马来西亚等地。

刺纹孔弄蝶 / *Polytremis zina* (Evans, 1932)

18-24 / P1957

中型弄蝶。翅背面深褐色，翅腹面黄褐色，翅面斑点较发达并呈白色，前翅具9个大小不等的斑点，其中雄蝶前翅靠近基部位置的白斑呈长条状。后翅中部具4–5个排列曲折的椭圆形小斑。雄蝶翅面无性标。

1年1代，成虫多见于6–8月。幼虫以芒、玉山箭竹等禾本科植物为寄主。

分布于黑龙江、吉林、辽宁、河南、浙江、安徽、江西、福建、四川、广东、广西、陕西、台湾等地。此外见于俄罗斯。

松井孔弄蝶 / *Polytremis matsuii* Sugiyama, 1999

25-27

中型弄蝶。翅背面深褐色，翅腹面黄褐色，翅面斑点呈白色，前翅具8个大小不等的斑点，其中靠近翅基部的白斑略呈长条状，雄蝶前翅背面下部具1条线状性标，雌蝶在同样位置具1个小斑。后翅中部具4-5个椭圆形小斑。

1年1代，成虫多见于6-8月。

分布于浙江、四川、广东、云南等地。

奇莱孔弄蝶 / *Polytremis kiraizana* (Sonan, 1938)

28-29 / P1958

中型弄蝶。翅色面深褐色，翅面斑点较细小呈白色，前翅具6-8个大小不等的斑点，雄蝶前翅背面下部具1条线状性标，雌蝶在同样位置具1个小斑。后翅中域具4个曲折排列的小斑。

1年1代，成虫多见于6-7月。幼虫以禾本科植物芒为寄主。

分布于台湾。

硕孔弄蝶 / *Polytremis gigantea* Tsukiyama, Chiba & Fujioka, 1997

30

中型弄蝶。个体较其他孔弄蝶属种类略大，翅背面深褐色，翅腹面黄褐色，翅面斑点呈白色，前翅具9个大小不等的斑点，其中最下部的斑点呈淡黄色，后翅中域具4-5个排列曲折的白斑。雄蝶翅面无线状性标。

1年1代，成虫多见于6-9月。

分布于浙江、福建、广东、四川、贵州等地。

透纹孔弄蝶 / *Polytremis pellucida* (Murray, 1875)

31-32 / P1958

中型弄蝶。翅背面褐色，翅腹面淡黄褐色，翅面斑点呈白色且个体变异幅度较大，前翅通常具7-9个大小不等的斑点，后翅中部一般具4个小白斑，有些个体白斑完全消失。雄蝶翅面无线状性标。

1年多代，成虫多见于5-10月。幼虫以多种禾本科植物为寄主。

分布于黑龙江、吉林、河南、江苏、浙江、安徽、江西、福建、广东等地。此外见于俄罗斯、日本及朝鲜半岛。

黑标孔弄蝶 / *Polytremis mencia* (Moore, 1877)

33-34 / P1959

中型弄蝶。翅型较圆润，翅背面褐色，翅腹面淡绿褐色，翅面斑点细小呈白色，前翅通常具7-8个小斑点，雄蝶前翅背面中下部具线状性标，雌蝶在同样位置则为1个小白斑。后翅中部具4个排成一直线的小白斑。雌蝶翅面斑纹较雄蝶发达。

1年多代，成虫多见于5-11月。幼虫以禾本科竹亚科植物为寄主。

分布于上海、江苏、浙江、安徽、江西、福建、湖南等地。

盒纹孔弄蝶 / *Polytremis theca* (Evans, 1937)

35-39 / P1959

中型弄蝶。翅背面黑褐色，翅腹面褐色或覆有灰白色鳞片，翅面斑点呈白色，前翅通常具8-9个斑点。后翅中部具4个排列曲折的小斑。雄蝶翅面无性标。

1年多代，成虫多见于4-10月。幼虫以禾本科竹亚科植物为寄主。

分布于浙江、安徽、江西、福建、湖南、广东、广西、贵州、四川、陕西、云南等地。

天目孔弄蝶 / *Polytremis jigongi* Zhu, Chen & Li, 2012

40

中型弄蝶。翅背面褐色，翅腹面灰褐色，翅面斑点呈白色，前翅通常具8个斑点，雄蝶前翅背面下部具1条线状性标，且性标常呈断裂状。后翅中部具4个排列曲折的小斑。

1年1代，成虫多见于6-8月。

分布于浙江。

01 ♀ 古铜谷弄蝶 广东广州
02 ♀ 古铜谷弄蝶 香港
03 ♀ 古铜谷弄蝶 台湾新北
04 ♂ 山地谷弄蝶 北京

01 ♀ 古铜谷弄蝶 广东广州
02 ♀ 古铜谷弄蝶 香港
03 ♀ 古铜谷弄蝶 台湾新北
04 ♂ 山地谷弄蝶 北京

05 ♂ 白斑弄蝶 云南腾冲
06 ♀ 白斑弄蝶 云南贡山
07 ♂ 黄纹孔弄蝶 福建福州
08 ♂ 黄纹孔弄蝶 云南元江
09 ♂ 黄纹孔弄蝶 贵州荔波

05 ♂ 白斑弄蝶 云南腾冲
06 ♀ 白斑弄蝶 云南贡山
07 ♂ 黄纹孔弄蝶 福建福州
08 ♂ 黄纹孔弄蝶 云南元江
09 ♂ 黄纹孔弄蝶 贵州荔波

10 ♀ 黄纹孔弄蝶 台湾台北
11 ♀ 黄纹孔弄蝶 台湾桃园
12 ♂ 台湾孔弄蝶 台湾阿里
13 ♀ 台湾孔弄蝶 台湾屏东
14 ♂ 台湾孔弄蝶 广西上思

10 ♀ 黄纹孔弄蝶 台湾台北
11 ♀ 黄纹孔弄蝶 台湾桃园
12 ♂ 台湾孔弄蝶 台湾阿里
13 ♀ 台湾孔弄蝶 台湾屏东
14 ♂ 台湾孔弄蝶 广西上思

⑮ ♀ 台湾孔弄蝶 广西金秀
⑯ ♂ 融纹孔弄蝶 云南贡山
⑰ ♀ 融纹孔弄蝶 四川雅安
⑱ ♂ 刺纹孔弄蝶 广西金秀
⑲ ♂ 刺纹孔弄蝶 甘肃文县

15 ♀ 台湾孔弄蝶 广西金秀
16 ♂ 融纹孔弄蝶 云南贡山
17 ♀ 融纹孔弄蝶 四川雅安
18 ♂ 刺纹孔弄蝶 广西金秀
19 ♂ 刺纹孔弄蝶 甘肃文县

⑳ ♂ 刺纹孔弄蝶 广东乳源
㉑ ♂ 刺纹孔弄蝶 四川雅安
㉒ ♂ 刺纹孔弄蝶 台湾宜兰
㉓ ♀ 刺纹孔弄蝶 台湾宜兰
㉔ ♀ 刺纹孔弄蝶 浙江庆元

20 ♂ 刺纹孔弄蝶 广东乳源
21 ♂ 刺纹孔弄蝶 四川雅安
22 ♂ 刺纹孔弄蝶 台湾宜兰
23 ♀ 刺纹孔弄蝶 台湾宜兰
24 ♀ 刺纹孔弄蝶 浙江庆元

㉕ ♂ 松井孔弄蝶 四川宝兴
㉖ ♀ 松井孔弄蝶 四川宝兴
㉗ ♀ 松井孔弄蝶 云南贡山
㉘ ♂ 奇莱孔弄蝶 台湾花莲

25 ♂ 松井孔弄蝶 四川宝兴
26 ♀ 松井孔弄蝶 四川宝兴
27 ♀ 松井孔弄蝶 云南贡山
28 ♂ 奇莱孔弄蝶 台湾花莲

㉙ ♀ 奇莱孔弄蝶 台湾宜兰

㉚ ♂ 硕孔弄蝶 广东乳源

㉛ ♂ 透纹孔弄蝶 浙江宁波

㉜ ♀ 透纹孔弄蝶 浙江宁波

㉙ ♀ 奇莱孔弄蝶 台湾宜兰

㉚ ♂ 硕孔弄蝶 广东乳源

㉛ ♂ 透纹孔弄蝶 浙江宁波

㉜ ♀ 透纹孔弄蝶 浙江宁波

㉝ ♂ 黑标孔弄蝶 浙江宁波

㉞ ♀ 黑标孔弄蝶 浙江宁波

㉟ ♂ 盒纹孔弄蝶 江西玉山

㊱ ♂ 盒纹孔弄蝶 四川峨边

㉝ ♂ 黑标孔弄蝶 浙江宁波

㉞ ♀ 黑标孔弄蝶 浙江宁波

㉟ ♂ 盒纹孔弄蝶 江西玉山

㊱ ♂ 盒纹孔弄蝶 四川峨边

㊲ ♂ 盒纹孔弄蝶 四川石棉

㊳ ♂ 盒纹孔弄蝶 广东乳源

㊴ ♀ 盒纹孔弄蝶 陕西凤县

㊵ ♂ 天目孔弄蝶 浙江临安

㊲ ♂ 盒纹孔弄蝶 四川石棉

㊳ ♂ 盒纹孔弄蝶 广东乳源

㊴ ♀ 盒纹孔弄蝶 陕西凤县

㊵ ♂ 天目孔弄蝶 浙江临安

华西孔弄蝶 / *Polytremis nascens* (Leech, 1893)

01-05 / P1960

中型弄蝶。翅背面深褐色，翅腹面为深黄褐色，翅面斑点细小呈白色，前翅通常具7个斑点，雄蝶前翅背面下部具1条线状性标，且性标常呈断裂状，雌蝶于同等位置为1个白色小斑。后翅中部具4个小斑。

1年1代，成虫多见于7–9月。

分布于南方地区，包括浙江、湖北、广西、贵州、四川、云南、陕西、甘肃等地。

紫斑孔弄蝶 / *Polytremis caerulescens* (Mabille, 1876)

06-09

中型弄蝶。翅背面深褐色，翅腹面为深黄褐色，前翅具7个微小的白色小斑。后翅背面无斑纹，腹面具6个弧形排列的蓝紫色斑纹。雄蝶翅面上无性标。

1年1代，成虫多见于7–8月。

分布于重庆、四川、贵州和云南。

怒江孔弄蝶 / *Polytremis micropunctata* Huang, 2003

10-11

中型弄蝶。翅背面深褐色，翅腹面为深黄褐色，翅面斑点细小呈白色，前翅具7个斑点，雄蝶前翅背面下部具1条线状性标。后翅背面中部斑点不明显，腹面具4个排成1列的小白斑。

1年1代，成虫多见于7–8月。

分布于云南。

微点孔弄蝶 / *Polytremis gotama* Sugiyama, 1999

12

中小型弄蝶。翅背面深褐色，翅腹面为黄褐色，翅面斑点极为细小并呈白色。前翅具4–5个斑，雄蝶前翅背面下部具1条较短的线状性标。后翅背面无斑纹，腹面基部具1个长条形的白斑，中部具4个排成1列的银白色斑。

1年1代，成虫多见于7–8月。

分布于云南。

珂弄蝶属 / *Caltoris* Swinhoe, 1893

中型弄蝶。该属成虫翅底色黄褐色至黑褐色，翅面具白色、淡黄色或淡紫色斑纹。本属多数种类后翅无斑点，大部分种类雄蝶翅面无性标。

成虫栖息于林下、林缘、溪谷等环境，有访花习性。幼虫以多种禾本科植物为寄主。

主要分布于东洋区。国内目前已知8种，本图鉴收录5种。

珂弄蝶 / *Caltoris cahira* (Moore, 1877)

13-18 / P1960

中小型弄蝶。翅背面为黑褐色，翅腹面为深褐色，斑点为白色，个体间变异幅度较大，通常前翅具有4-8个小白斑。后翅无斑纹。

1年多代，成虫多见于4-11月，热带地区几乎终年可见。幼虫以玉山箭竹、佛竹、唐竹等禾本科竹亚科植物为寄主。

分布于浙江、福建、江西、广东、广西、海南、贵州、四川、云南、香港、台湾等地。此外见于印度、缅甸、泰国、老挝、越南、马来西亚等地。

黑纹珂弄蝶 / *Caltoris septentrionalis* Koiwaya, 1993

19-20

中型弄蝶。翅背面为黑褐色，无斑纹，翅腹面为黑灰色，翅脉间具黑色条纹。

1年1代，成虫多见于5-6月。

分布于浙江、陕西、甘肃等地。

斑珂弄蝶 / *Caltoris bromus* (Leech, 1894)

21-30

中型弄蝶。翅背面为深褐色，翅腹面为褐色，斑点为白色至淡黄白色，个体间变异幅度较大，通常前翅具8-10个小白斑，也有些个体前翅完全无斑纹。后翅中部通常具1-2个淡黄色小斑，有些个体则无斑。

1年多代，成虫多见于3-11月，热带地区几乎终年可见。幼虫寄主植物为开卡芦、芦竹等禾本科植物。

分布于浙江、福建、广东、广西、海南、四川、云南、香港、台湾等地。此外见于印度、缅甸、泰国、老挝、越南、马来西亚、印度尼西亚等地。

金缘珂弄蝶 / *Caltoris aurociliata* (Elwes & Edwards, 1897)

31

中型弄蝶。翅色为深褐色，斑纹为白色或淡黄色，前翅中上部具7-8个大小不等的白色小斑，中下部具1个淡黄色小斑。后翅无斑纹。全翅缘毛为金黄色。

成虫多见于7-8月。

分布于西藏。此外见于印度。

天狼珂弄蝶 / *Caltoris sirius* (Evans, 1926)

32

中型弄蝶。翅色为深褐色，斑纹细小呈白色，前翅背面具7-9个大小不等的白色小斑。后翅无斑纹。全翅缘毛为淡褐色。

成虫多见于7-8月。

分布于西藏。此外见于印度、缅甸、越南、泰国、马来西亚、印度尼西亚等地。

01 ♂ 华西孔弄蝶 四川宝兴
02 ♂ 华西孔弄蝶 广西临桂
03 ♂ 华西孔弄蝶 贵州铜仁
04 ♂ 华西孔弄蝶 陕西凤县
05 ♀ 华西孔弄蝶 陕西汉阴
01 ♂ 华西孔弄蝶 四川宝兴
02 ♂ 华西孔弄蝶 广西临桂
03 ♂ 华西孔弄蝶 贵州铜仁
04 ♂ 华西孔弄蝶 陕西凤县
05 ♀ 华西孔弄蝶 陕西汉阴
06 ♂ 紫斑孔弄蝶 四川峨边
07 ♂ 紫斑孔弄蝶 云南维西
08 ♂ 紫斑孔弄蝶 贵州江口
09 ♀ 紫斑孔弄蝶 贵州六盘水
06 ♂ 紫斑孔弄蝶 四川峨边
07 ♂ 紫斑孔弄蝶 云南维西
08 ♂ 紫斑孔弄蝶 贵州江口
09 ♀ 紫斑孔弄蝶 贵州六盘水
10 ♂ 怒江孔弄蝶 云南贡山
11 ♂ 怒江孔弄蝶 云南贡山
12 ♂ 微点孔弄蝶 云南腾冲
13 ♂ 珂弄蝶 台湾新竹
14 ♀ 珂弄蝶 台湾台中
10 ♂ 怒江孔弄蝶 云南贡山
11 ♂ 怒江孔弄蝶 云南贡山
12 ♂ 微点孔弄蝶 云南腾冲
13 ♂ 珂弄蝶 台湾新竹
14 ♀ 珂弄蝶 台湾台中

⑮ ♂
珂弄蝶
广东广州
⑯ ♂
珂弄蝶
海南五指山
⑰ ♀
珂弄蝶
海南陵水
⑱ ♂
珂弄蝶
福建福州
⓯ ♂
珂弄蝶
广东广州
⓰ ♂
珂弄蝶
海南五指山
⓱ ♀
珂弄蝶
海南陵水
⓲ ♂
珂弄蝶
福建福州
⑲ ♂
黑纹珂弄蝶
甘肃康县
⑳ ♂
黑纹珂弄蝶
陕西周至
㉑ ♂
斑珂弄蝶
台湾南投
㉒ ♀
斑珂弄蝶
台湾台北
⓳ ♂
黑纹珂弄蝶
甘肃康县
⓴ ♂
黑纹珂弄蝶
陕西周至
21 ♂
斑珂弄蝶
台湾南投
22 ♀
斑珂弄蝶
台湾台北
㉓ ♂
斑珂弄蝶
海南陵水
㉔ ♀
斑珂弄蝶
海南陵水
㉕ ♂
斑珂弄蝶
四川宝兴
㉖ ♀
斑珂弄蝶
四川芦山
23 ♂
斑珂弄蝶
海南陵水
24 ♀
斑珂弄蝶
海南陵水
25 ♂
斑珂弄蝶
四川宝兴
26 ♀
斑珂弄蝶
四川芦山

㉗ ♂
斑珂弄蝶
香港

㉘ ♀
斑珂弄蝶
香港

㉙ ♂
斑珂弄蝶
海南白沙

㉚ ♀
斑珂弄蝶
海南白沙

27 ♂
斑珂弄蝶
香港

28 ♀
斑珂弄蝶
香港

29 ♂
斑珂弄蝶
海南白沙

30 ♀
斑珂弄蝶
海南白沙

㉛ ♀
金缘珂弄蝶
西藏墨脱

㉜ ♂
天狼珂弄蝶
西藏墨脱

31 ♀
金缘珂弄蝶
西藏墨脱

32 ♂
天狼珂弄蝶
西藏墨脱

国外标本参考

- 该图版为国外标本，所示种类在中国亦有分布，在此仅供参考。